Skylab

Amerikas einzige Raumstation

Bernd Leitenberger

Skylab

Amerikas einzige Raumstation

Bibliografische Information der Deutschen Nationalbibliothek

Die Deutsche Nationalbibliothek verzeichnet diese Publikation in der Deutschen

Nationalbibliografie; detaillierte bibliografische Daten sind im Internet über

http://dnb.d-nb.de abrufbar.

Edition Raumfahrt

© 2011, 2016: Bernd Leitenberger

http://www.raumfahrtbuecher.de

Herstellung und Verlag: Books on Demand GmbH, Norderstedt

ISBN-13: 978-3-8423-3853-1

Inhaltsverzeichnis

Vorwort zur Erstauflage 2011

Skylab ist ein heute weitestgehend vergessenes Raumfahrtprogramm – zu Unrecht. In der Raumstation wurden ein halbes Jahr lang zahllose Experimente durchgeführt. Gemessen an den Kosten war das Programm äußerst erfolgreich. Mehr noch: Die NASA konnte die Station retten, die nach dem Start zuerst verloren schien, und die geplante Nutzungsdauer deutlich übertreffen. Die letzte Besatzung stellte einen Rekord für die Aufenthaltsdauer im Weltraum auf, der fast zwanzig Jahre lang von keinem Amerikaner übertroffen werden sollte. Obwohl die Raumstation bald durch eine größere ersetzt werden sollte, blieb sie die einzige US-Raumstation. Die NASA sollte erst zwanzig Jahre, nachdem Skylab verglühte, den ersten US-Basisblock für die ISS (International Space Station) starten. Wie die Abkürzung schon aussagt, sind an dieser noch andere Nationen beteiligt. So bleibt Skylab die einzige amerikanische Raumstation.

Für den Fachjournalisten von Vorteil ist, dass es über die Station nicht nur zahlreiche technische Memoranden gibt (interne NASA Dokumente, welche alle Subsysteme detailliert beschreiben und als begleitende Dokumentation der Station entstanden), sondern auch nicht weniger als zehn Publikationen entstanden, die sich an eine vorgebildete Allgemeinheit wenden. Diese Informationsfülle ist zugleich aber auch Fluch. Es gilt dann, Schwerpunkte zu setzen. Es gibt in neuerer Zeit zwei englischsprachige Bücher über Skylab. Beide konzentrieren sich auf den „menschlichen Faktor", also die Missionen, die Vorbereitung, die Rettung und die Aktivitäten, um die Station kontrolliert verglühen zu lassen. Dazu kommt noch ein Abriss der Projektgeschichte. Die Technologie der Station, die Experimente und ihre Ergebnisse werden nur gestreift. Ich habe mich daher entschlossen, gerade diese Punkte ausführlicher zu behandeln und den Erstgenannten dafür deutlich weniger Platz einzuräumen. Zusammen mit den Büchern „Homesteading Space" oder „America's first Space Station" hat der Leser dann einen kompletten Überblick über das Programm. Für die weitergehende Lektüre sind die Special Publications (SP-XXX) und besonders „EP-107: Skylab – a Guidebook" zu empfehlen, die heute auch online gelesen werden können. (Siehe S. 341).

Idealerweise sollte man das Buch nicht nur am Stück durchlesen können, sondern auch als Nachschlagewerk benutzen können, zum Beispiel um die Ereignisse einer Mission sich nochmals ins Gedächtnis zu rufen, oder sich über die Luftschleuse von Skylab zu informieren. Ich hoffe diesem gerecht zu werden und habe die einzelnen Kapitel weitgehend so geschrieben, dass sie für sich alleine gelesen werden können. Allerdings war es dadurch nötig bestimmte Umstände (vor allem die Folgen der Beschädigung beim Start und Fakten zu wiederholen.

Ich habe mir erlaubt, die Saturn IB und V detaillierter zu behandeln und dabei Teile aus meinem Buch „Raketenlexikon US-Trägerraketen" zu übernehmen. Sie nehmen daher einen größeren Raum im Buch ein, als ihnen eigentlich zustehen würde. Ich denke, der Leser wird mir eine ausführlichere Darstellung aber eher verzeihen als eine zu kurze.

Es gibt in der Weltraumfahrt sehr viele Abkürzungen. Ich habe diese bei der ersten Benutzung erklärt und verweise beim erneuten Auftreten im Text auf das Abkürzungsverzeichnis auf S.335, in dem die Akronyme kurz erläutert sind. Die krummen Zahlenwerte für zahlreiche technische Angaben beruhen vorwiegend auf der Umrechnung vom US-Imperialen ins metrische Einheitensystem. In den originalen Spezifikationen waren es oft runde Werte im angloamerikanischen Einheitensystem. So hat der Docking-Adapter einen Durchmesser von 120 Zoll. Das entspricht 304,8 cm. Um den Eindruck einer nicht vorhandenen Präzision der Angaben zu vermeiden, habe ich daher zumeist auf gerade Dezimalstellen gerundet.

Ganz besonderen Dank schulde ich Kevin Glinka und Arne Thomsen für das Korrekturlesen des Manuskripts sowie Michel Van für zahlreiche fachliche Anmerkungen. Die meisten Abbildungen wurden von der NASA zur Verfügung gestellt. Andere Quellen wurden gesondert ausgewiesen. Da die Qualität der meisten Aufnahmen sehr schlecht war, habe ich auf eine zu starke Vergrößerung verzichtet. Trotzdem sind bei vielen Abbildungen die niedrige Auflösung und Verluste beim Digitalisieren alter Printvorlagen seitens der NASA deutlich sichtbar. Ich bitte, diesen Umstand zu entschuldigen.

Vorwort zur Neuauflage 2016

Die vorliegende Neuauflage ist ein unveränderter Nachdruck der ersten Auflage von 2011. Skylab ist seit 1979 Geschichte. Neue Erkenntnisse zu der Station, die eine Erweiterung rechtfertigen würden , gab es in den vergangenen Jahren keine.

Der einzige Grund für mich, das Buch nochmals zu veröffentlichen, liegt in den in den letzten fünf Jahren gesunkenen Druckkosten, die es erlaubten den Verkaufspreis von 29,99 auf 22,99 Euro zu senken. Zudem ist das Buch nun auch als E-Book erhältlich.

Ihr

Bernd Leitenberger

Projektgeschichte

Wernher von Braun und die meisten Visionäre der Raumfahrt sahen nach dem Start von Satelliten den einer Raumstation als nächsten Schritt in das Weltall vor. Erst danach sollten Flüge zum Mond und zu den Planeten folgen. Eine Raumstation ist technisch einfacher zu verwirklichen, und das Einsatzrisiko ist geringer: Im Notfall kann eine Besatzung mit ihrem Raumschiff ablegen und innerhalb von wenigen Stunden zur Erde zurückkehren. Die politischen Gründe hinter der Eroberung des Weltraums führten zu einem Wettlauf zum Mond, sodass die NASA die dritte Phase der Zweiten vorzog.

Doch dachten die Verantwortlichen im **M**arshall **S**pace **F**light **C**enter (MSFC) schon während der Entwicklung von Apollo daran, die Hardware auch für eine Raumstation zu benutzen. Daraus entstand das **A**pollo **A**pplications **P**rogram (AAP). Unter mehreren Projekten war das Raumlabor Skylab das Einzige, welches auch tatsächlich umgesetzt wurde. So schloss sich das Projekt direkt an das Apollo-Programm an. Im Folgenden soll kurz die Projektgeschichte von den Anfängen bis zu den Startvorbereitungen skizziert werden.

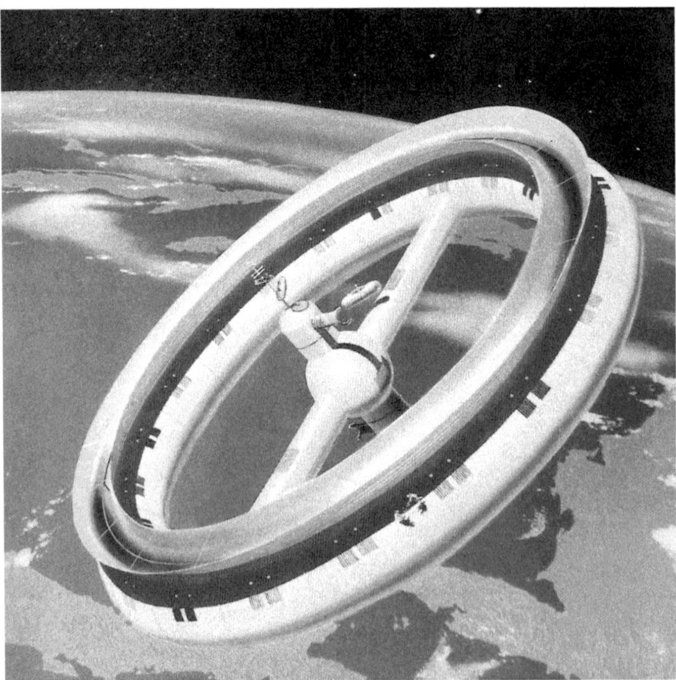

Abbildung 1: Eine von Wernher von Braun 1952 skizzierte Raumstation.

Das Apollo Applications Program

Skylab war das einzige Projekt, welches aus dem **A**pollo **A**pplications **P**rogram (AAP) hervorging. Schon im Juli 1963 beauftragte die NASA North American, den Hersteller der Kapsel und des Servicemoduls, mit einer Studie. Sie sollte erweiterte und verlängerte Missionen mit dem Apollo Raumschiff untersuchen. 1964 fragte Präsident Lyndon B. Johnson die NASA nach ihren Plänen für die Zeit nach Apollo. Das führte im August 1965 zu der Schaffung des Saturn Apollo Applications Office, das untersuchen sollte, welche Projekte mit der Apollo Hardware sonst noch angegangen werden könnten. Dies war die offizielle Geburtsstunde des Programmes, aus dem Skylab hervorging.

Für die NASA waren die Anschlussprojekte sehr wichtig, um ihre Kompetenz aufrechtzuerhalten. Jedes Raumfahrtprogramm durchläuft mehrere Phasen, die zusammengefasst werden können unter Design, Entwicklung, Produktion und Einsatz. Die NASA-Zentren waren verantwortlich für die ersten beiden. Das Manned Space Flight Center in Houston (später umbenannt in Johnson Space Center) war auch an den beiden folgenden Phasen beteiligt. Doch bei allen anderen NASA-Zentren würde nach abgeschlossener Entwicklung und Fertigstellung der Prototypen die Arbeit drastisch zurückgehen, sobald die Industrie die Produktion übernimmt. Als Folge müssten Tausende von qualifizierten Ingenieuren entlassen werden, und die NASA verlöre damit einen Großteil ihres Know-hows, das mit Milliardenaufwand während des Apollo-Programmes erworben wurde. Manche Autoren führen die Probleme und Kostenüberschreitungen bei der Entwicklung des Space Shuttles auf die nach Ende des Apolloprogramms folgenden Massenentlassungen zurück.

Es war aber auch der NASA klar, dass es kein neues bemanntes Programm geben würde, solange Apollo noch lief. Es galt also die Ingenieure zu beschäftigen, bis ein neues Programm wieder Arbeit versprach. Das war die Idee hinter dem AAP. Die Verwendung der Komponenten von Apollo für neue Einsatzmöglichkeiten versprach ein Überbrückungsprogramm, bei dem die Entwicklungskosten überschaubar waren. Zudem gab es damit eine weitere Rechtfertigung für das Apollo-Programm, das nun aus mehr als „nur" der Mondlandung bestand.

Die treibende Kraft im AAP war das von Wernher von Braun geleitete **M**arshall **S**pace **F**light **C**enter (MSFC). Das MSFC entwickelte die Saturn Trägerraketen. Da die Trägerraketen flugqualifiziert sein mussten, bevor die ersten bemannten Erprobungsflüge beginnen konnten, war es klar, dass hier der Personalabbau zuerst beginnen würde.

Weiterhin rechnete dieses Zentrum noch mit einer Serienproduktion der Saturn Trägerraketen über den Bedarf von Apollo hinaus. So ging es 1965 noch davon aus, dass nicht weniger als 26 Saturn IB und 19 Saturn V für das AAP zur Verfügung stehen würden.

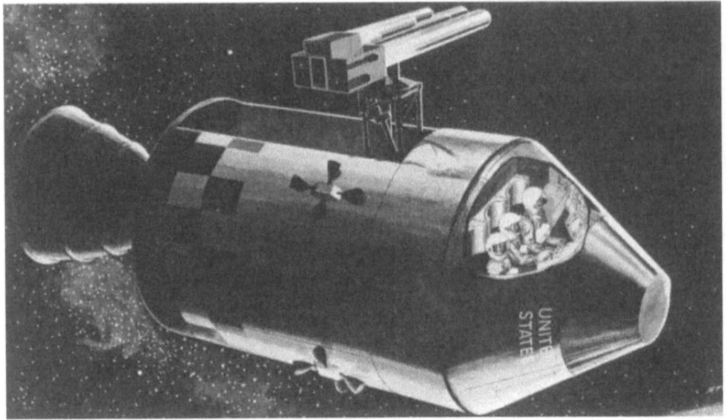

Eines der Kernprojekte war von Anfang an eine Raumstation. Zum einen sahen Wernher von Braun, George Mueller und andere NASA-Verantwortliche sie als den folgerichtigen, nächsten Schritt nach den ersten Erdorbitmissionen. Der zweite Grund war, dass Wernher von Braun

Abbildung 2: Frühe Projektstudie eines Apolloraumschiffes mit Teleskopen im Servicemodul

als nächstes großes Projekt nach den bemannten Mondmissionen eine Marslandung plante. Dies bedeutete aber selbst im günstigsten Fall den Sprung von einem zweiwöchigen Flug zu einem mit einer Dauer von über einem Jahr. Eine Raumstation im Erdorbit würde es erlauben, weitgehend risikolos (die Rückkehr zur Erde ist in wenigen Stunden möglich) die nötigen Erfahrungen mit einem Langzeitflug über diesen Zeitraum zu sammeln. Vor allem war damals offen, ob Menschen einen so langen Aufenthalt in der Schwerelosigkeit ohne gesundheitliche Probleme überstehen können. Gleichzeitig schien eine Raumstation (mit Apollo Raumschiffen als Versorgungstransportern und der Zweckentfremdung von Oberstufen als Raumlabor) kostengünstig umsetzbar, sodass sich die Untersuchungen auf dieses Projekt konzentrierten.

Frühe Pläne für Raumstationen

Pläne für Raumstationen gab es schon lange vor dem ersten Satelliten. Auch in der frühen Phase der Raumfahrt tauchten zahllose Pläne und Projektstudien auf. Hermann Oberth beschrieb sie schon in den zwanziger Jahren in seinen Schriften. Er postulierte auch, dass eine solche Raumstation nicht nur zur Forschung dienen, sondern auch einen praktischen Nutzen haben könnte. Nach dem Zweiten Weltkrieg gab es Pläne von Wernher von Braun, die Anfang der fünfziger Jahre in der Zeitschrift „Collier" und als Bestandteil eines TV Programms, das er zusammen mit Walt Disney entwickelte, publiziert wurden.

Die Raumstation, die Wernher von Braun skizzierte, war auf die Erdbeobachtung ausgerichtet. Er sah den offensichtlichen militärischen Nutzen, das Gebiet des Ostblocks aus dem All zu inspizieren. Sie befand sich in einer viel weiter entfernten Bahn als heutige Raumstationen (damals war auch der Van Allen Gürtel noch nicht entdeckt – dessen Strahlung nimmt mit steigender Entfernung von der

Erdoberfläche rasch zu). Weiterhin war sie radförmig und rotierte, um eine künstliche Schwerkraft zu erzeugen. Schwerelosigkeit galt damals noch als Hindernis bei der Arbeit, das beseitigt werden sollte. Im Vergleich zu späteren Raumstationen war sie riesig: Ihr Durchmesser betrug 75 m, sie hätte eine Masse von 510 t gehabt und Platz für zehn Astronauten geboten.

Die ersten konkreten Planungen für eine US-Raumstation begannen beim Militär in den frühen sechziger Jahren. Die USAF (US Air Force) plante ein bemanntes Labor, das zusammen mit einem Gemini-Raumschiff gestartet werden würde. Dieses Programm wurde MOL (**M**anned **O**rbital **L**aboratory) genannt. Das zylinderförmige Labor von 3 m Durchmesser und 11 m Länge hätte mit einer hochauflösenden Kamera Aufnahmen von der Erde gemacht, die von den Astronauten bei der Landung zurückgebracht worden wären. Eine Titan 3C Rakete war als Träger vorgesehen. Nach 14 Tagen wäre die Besatzung zur Erde zurückgekehrt. Jedes Labor war nur für eine Besatzung vorgesehen, daher waren insgesamt zwanzig Flüge geplant. 1968 offerierte McDonnell Douglas MOL der NASA als ziviles Labor. Sie blieb aber bei den Plänen für eine eigene Raumstation. Das Projekt wurde weitaus teurer als geplant, und der sich ausweitende Vietnamkrieg führte schließlich dazu, dass die Air Force das Programm im Juli 1969 aufgrund fehlender Mittel einstellte. Die Astronauten, die dafür rekrutiert worden waren, wechselten dann teilweise zur NASA.

Die Basisidee, eine Oberstufe als Weltraumlabor zu nutzen, ist ebenfalls älter als das Apollo-Programm. Schon während der frühen Designphase der Saturn IB Trägerrakete im Jahr 1959 machte Wernher von Braun den Vorschlag, eine Oberstufe zu einem Labor umzurüsten, nur wussten die In-

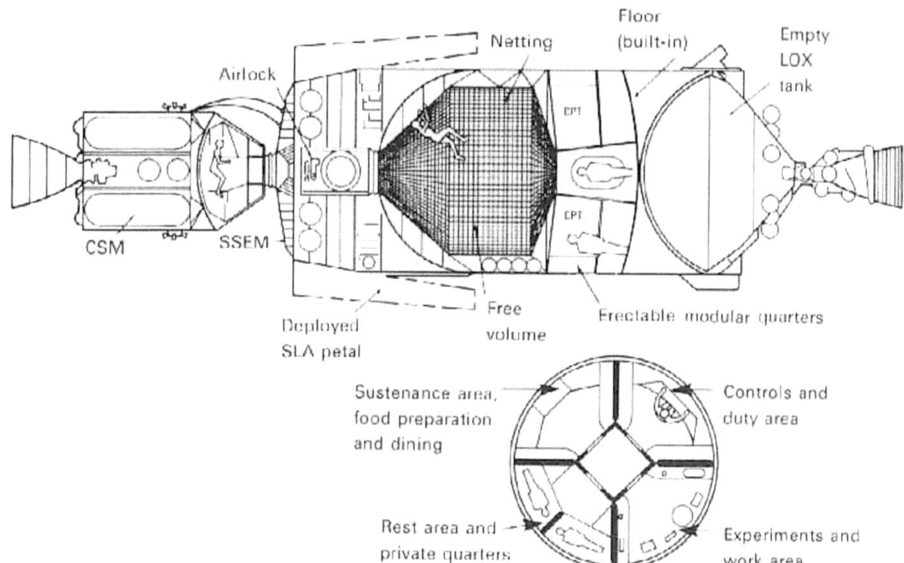

Abbildung 3: Frühe Konzeptstudie von Douglas für die Nutzung der S-IVB von 1966

genieure damals noch nicht, wie das zu bewerkstelligen wäre. Die Triebfeder dafür war in der Folge Douglas, damaliger Hersteller der Saturn IV Oberstufe. Diese Stufe war die zweite Stufe der Saturn I. Natürlich war die Firma daran interessiert, diese Stufe umzubauen, da sie dadurch einen weiteren Auftrag erhielt und sich neues Know-how über den Bau einer Raumstation erwerben konnte. Schon 1962 gab es erste Pläne für die Nutzung der Raketenstufe als Raumlabor. Damals setzte Douglas die Kosten für eine Umrüstung mit 220 Millionen Dollar an und plante für eine Besatzung von zwei Astronauten. Eine S-IV Oberstufe der Saturn I wäre mit einem Gemini-Raumschiff gestartet worden. Die S-IV ist kleiner als die bei der Saturn V verwendete S-IVB (118 m³ statt 283 m³ Volumen im Wasserstofftank), aber die Vorgehensweise wäre die gleiche wie beim späteren Konzept des „Wet Workshop" gewesen: den Resttreibstoff aus beiden Tanks entlassen, den Deckel zum Wasserstofftank abmontieren und den Wasserstofftank als Wohnraum oder zum Testen der Bewegung in der Schwerelosigkeit nutzen.

Die erste Idee eines Labors aus Apollo-Bestandteilen, damals noch „Apollo A" genannt, war ein 3,90 m durchmessender und 2,40 m langer Adapter unterhalb des Servicemoduls, in dem sich Experimente befanden, die auf dem Weg zum Mond durchgeführt werden sollten. Der Antrieb des Servicemoduls sollte dazu verkleinert werden. Eine Landung auf dem Mond war dabei nicht Bestandteil der Mission. Dies war offensichtlich ein frühes Konzept, als die Planungen viel mehr vorbereitende Flüge vor der ersten Landung vorsahen (analog zum Mercury- und Gemini-Programm, bei denen die Flüge ebenfalls schrittweise komplexer wurden). Die ersten Entwürfe innerhalb des Apollo-Programms für längere Erdorbitmissionen konzentrierten sich im Zeitraum von 1961 bis 1963 mehr auf umgebaute Apollo-Raumschiffe: In das CSM (**C**ommand und **S**ervice **M**odule) sollten Experimente integriert und diese dann im Erdorbit durchgeführt werden. Dabei wurde vor allem an astronomische Beobachtungen mit einem Teleskop gedacht. Auch das Design des Apollo-CSM wurde auf drei Missionstypen, die das Raumfahrzeug erfüllen sollte, ausgelegt: Erkundung aus dem Mondorbit, reine Erdorbitmissionen und der Besuch einer Raumstation. Die NASA erwog einen Einsatz über das Mondlandeprogramm hinaus. Dabei sollten sich die Experimente in dem Sektor I, einem von sechs Kreissegmenten des Servicemoduls, der unbelegt ist, befinden. Die Gesamtzuladung sollte 1.000 kg betragen, davon entfielen 340 kg auf die Experimente und 272 kg auf die Batterien. Später wurde dieser freie Sektor bei den Missionen Apollo 15 bis 17 genutzt um dort Instrumente einzubauen, die im Mondorbit aktiviert wurden.

Im April 1964 gründete die NASA das Apollo Logistics Support Systems Office. Dies war der erste große Schritt zu Skylab. Wie der Name sagt, war es die Aufgabe dieses Büros, nach weiteren Verwendungsmöglichkeiten der Apollo-Hardware zu suchen. In erster Linie war es zu diesem Zeitpunkt noch eine Ideenschmiede, die z.B. auch die Möglichkeit erwog, aus den Mondlandern eine permanente Mondbasis aufzubauen. Sowohl das Büro, als auch später das ganze Programm, hatten jedoch ein Problem, das Apollo nicht hatte: Es fehlte ein klar definiertes Ziel mit festem Termin. Das von Apollo war einfach: eine bemannte Landung auf dem Mond vor dem 1.1.1970. Doch das Ziel „Apollo Hardware wiederverwenden" war weich und ohne Terminvorgabe.

In der Folge wurde neben den Konzepten für Raumstationen auch zahllose andere Möglichkeiten untersucht:

- Eine wiederverwendbare und vergrößerte Apollo-Kapsel, welche die Kosten senken und bis zu sechs Astronauten aufnehmen könnte.

- Reine Mondorbitmissionen von 30 Tagen Dauer, bei denen unser nächster Himmelskörper ausführlich mit Fernerkundungsinstrumenten aus dem Orbit heraus untersucht werden sollte. Diese Fernerkundung war zeitweise unter der Bezeichnung „Apollo I Mission" Bestandteil des Apollo-Flugplanes.

- Ambitionierte Pläne sahen sogar einen Venusvorbeiflug mit einem Apollo-Raumschiff vor. Dabei wäre das Servicemodul durch ein Wohnmodul ersetzt worden. Zwei Saturn V Starts wären notwendig gewesen, um diese Mission durchzuführen.

- Verlängerte Mondlandemissionen: Dabei hätte die Abstiegsstufe eine Nutzlast von rund 4.000 bis 4.500 kg Masse zum Mond befördert, dies konnten z.B. Wohnquartiere sein. Danach sollte die Besatzung mit einem normalen Mondlander in deren Nähe niedergehen.

Zuerst wurde noch das Konzept von „Apollo A" weiter verfolgt, das inzwischen in verfeinerter Form „Apollo X" hieß. Im Orbit sollten biomedizinische und andere wissenschaftliche Untersuchungen durchgeführt werden. Angedacht waren vier aufeinander aufbauende Flüge:

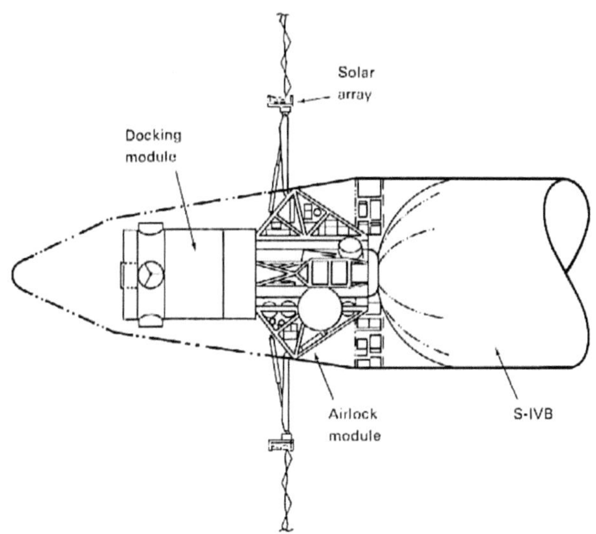

- Konfiguration A: zwei Astronauten, 14-45 Tage Dauer, kein Labor

- Konfiguration B: drei Astronauten, 45 Tage Dauer, ein Labor

- Konfiguration C: drei Astronauten, 45 Tage Dauer, ein Labor bestehend aus zwei Modulen

Abbildung 4: Projektzeichnung des Wet Workshops 1966

- Konfiguration D: drei Astronauten, 120 Tage Dauer, ein Labor mit eigener Stromversorgung, ohne Abhängigkeit vom Raumschiff.

Wie bei den bisherigen Programmen waren auch hier eine schrittweise Verlängerung der Aufenthaltsdauer und das Aufbauen auf den Erfahrungen der vorigen Missionen geplant.

Vom Wet zum Dry Workshop

Es blieb jedoch sehr lange bei diesen reinen Projektideen, keine davon hatte auch nur die Chance zu einem Programm zu werden. Das änderte sich, als das Planungsbüro in Washington nach einem neuen, starken Verbündeten suchte, um dieses „Post-Apollo" Programm politisch durchzusetzen. Er wurde gefunden im Marshall Zentrum der NASA. Der neue Chef für das Apollo-Programm George E. Mueller wollte eines verhindern: dass die NASA nach dem Projekt all die qualifizierten Mitarbeiter verlor, in deren Köpfen das Wissen und die Erfahrungen steckten. Daher trat er für ein Programm ein, das nach Möglichkeit zunächst einmal Elemente der Saturn verwendete, also Arbeit für die Ingenieure im MSFC bedeutete. Das beschwor Konflikte mit dem **M**anned **S**pacecraft **C**enter (MSC) in Houston herauf, das es als sein „Geburtsrecht" bezeichnete alle Programme zu leiten, die mit bemannten Raumfahrzeugen zu tun hatten. Mueller argumentierte, dass es sich ja eigentlich nicht um ein neues Programm handelte, sondern vielmehr um die Erweiterung eines bestehenden. Weiterhin hätte das MSC gerade dann, wenn die Arbeit am MSFC abnehmen würde, genug mit der Durchführung der Apollo-Missionen zu tun. So wanderte die Verantwortlichkeit für die Station nach Huntsville. Damit war auch eine Vorentscheidung gefallen: Anstatt aus einem modifizierten Raumschiff sollte das Labor nun aus einer Stufe einer Saturn entstehen. Für diese Vorgehensweise sprachen auch technische Gründe: Das Apollo-CSM hatte zu diesem Zeitpunkt schon die Entwurfsphase durchlaufen. Weitere gravierende Änderungen wären zeitaufwändig und teuer gewesen.

Das neue Programm hieß nun „**A**pollo **E**xtension **S**ystem" (AES). Bei einer Präsentation am 12.5.1965 wurden 86 Experimente genannt, die in der Station durchgeführt werden sollten. Die größte Gruppe waren die biomedizinischen Untersuchungen, die 21 Experimente umfassten. Nicht weniger als 15 Flüge sollten durchgeführt werden, davon sieben mit der Saturn V und acht mit der Saturn IB. Die Missionen sollten zwischen 14 und 45 Tagen andauern, und es waren auch Missionen in eine polare Umlaufbahn und Flüge in die geostationäre Bahn geplant. Dabei wurde ein modulares Konzept verfolgt, was bedeutet, dass die zunächst kleinen Stationen durch weitere Flüge ausgebaut werden sollten. Dieses damals revolutionäre Konzept liegt auch der Mir und der ISS zugrunde. Für den Endausbau waren eine Besatzungsstärke von 24 bis 26 Personen und eine Betriebszeit von fünf bis zehn Jahren vorgesehen.

Im August 1965 nahmen die Vorplanungen eine weitere Hürde. Die NASA richtete das **S**aturn/**A**pollo **A**pplications (SAA) Büro ein, das nun schon auf der gleichen Hierarchiestufe wie das Büro für bemannte Flüge stand. Sie übertrug ihm die Befugnisse, über den Ausbau der Saturn IB Centaur zu entscheiden und über das AES zu beraten. Es gab nun erste Aufträge sowohl an das MSFC wie auch an Douglas, Hersteller der S-IVB. Dazu kamen Untersuchungen an Universitäten, beispielsweise welche Atmosphäre eingesetzt werden sollte. Das SAA achtete darauf, dass sowohl bei den industriellen Kontrakten wie auch beim MSFC die Zusammenarbeit mit dem MSC erfolgte. Das MSC selbst war verantwortlich für Veränderungen des CSM und war dadurch in das Programm eingebunden und unterstützte es.

Im Dezember 1965 schlug Mueller vor, für die Luftschleuse und das Umweltkontrollsystem übrig gebliebene Gemini-Hardware zu verwenden, um die Kosten zu senken. Die Firma Douglas untersuchte, wie diese integriert werden konnte. Im Februar 1966 tauchte erstmals das Konzept des **A**pollo **T**elescope **M**ounts (ATM) auf, das mit leistungsfähigen Fernrohren die Sonne und ihre Korona beobachten sollte, damals noch integriert in das Servicemodul. Die Besatzung sollte mit den RCS-Triebwerken (**R**eaction **C**ontrol **S**ystem) die Ausrichtung der Fernrohre korrigieren und 20 bis 60 Minuten lang pro Umlauf die Sonne beobachten. Vor der Rückkehr zur Erde sollten die Filmkassetten geborgen und in leeren Essensbeuteln verstaut werden.

Später wandelte sich das Konzept des ATM, dieser Begriff sollte jedoch über die Konzepte hinweg bestehen bleiben. Es erschien in der Folge viel einfacher, den Mondlander umzubauen als das Servicemodul. Teleskope hätten dabei die Abstiegsstufe ersetzt. Gedacht war an eine Montierung von 1,50 m Durchmesser für ein Teleskop mit einer Öffnung von 50 Zoll (1,27 m). In der Aufstiegsstufe hätten die Astronauten das Teleskop steuern und Filme auswechseln können. Durch die erheblich leichtere Zugänglichkeit aufgrund der bewohnbaren Aufstiegsstufe war dieses Konzept viel einfacher. Zudem würden die Teleskope nicht verlorengehen, wenn die Crew vor dem Wiedereintritt das Haupttriebwerk des Servicemoduls zündet, um die Bahn abzusenken. Das ATM könnte in der Umlaufbahn verbleiben und von einer folgenden Mission besucht werden. Später war es nur noch ein kleiner Schritt, das ATM an eine Raumstation anzukoppeln. Bis Juli 1969 bekam Grumman verschiedene Aufträge, welche den Umbau des LM zu einem Teleskopträger untersuchten. Zuerst war nur gedacht die Abstiegsstufe durch Teleskope zu ersetzen und das Triebwerk der Aufstiegsstufe auszubauen, um mehr Platz zu gewinnen und einen leichteren Zugang zu erreichen. Später kamen Racks an den Wänden hinzu in denen sich weitere Instrumente und Ausrüstung befand.

Am 23.3.1966 veröffentlichte das AAP seinen ersten Ablaufplan, den George Mueller dann in Memos an die NASA Direktoren weitergab. Er sah nicht weniger als 26 Saturn IB und 19 Saturn V Starts vor, den Ersten bereits im April 1968. Darunter waren drei „nasse" Labore, gestartet mit einer Saturn IB, drei größere „trockene" Stationen, befördert von der Saturn V, und vier Apollo-Teleskop-Montierungen. Schon am nächsten Tag bekam Mueller eine Antwort von Robert Gilruth, dem Leiter des MSC. Er konstatierte, dass das AAP mehr Starts vorsehe, als der eigentliche Apollo-Zeitplan, er vermutete gravierende Änderungen an den CSM und sah in Zeitplan und Umfang eine Konkurrenz zum eigentlichen Apollo-Programm. Dieser ambitionierte Plan könnte das Ziel der ersten Mondlandung vor 1970 gefährden. Gilruth schlug weniger Flüge und die Verwendung von nur geringfügig modifizierten Raumschiffen vor – dies wäre viel eher in das laufende Programm zu integrieren.

Am 5.4.1966 vergab das AAP Aufträge für 60-Tage-Studien für die Verwendung von S-IVB Stufen und den Umbau von LM zu Teleskopträgern. Im selben Monat warnte NASA-Administrator Jim Webb vor der Möglichkeit, dass 1968 weniger Geld zur Verfügung stehen könnte. Es sollten die Beratungen über den Haushalt im Herbst abgewartet werden. Er wies auch darauf hin, dass das MSFC zwar eine Raumstation planen würde, es aber kaum Experimente für sie gäbe und schon jetzt durch den sich ausweitenden Vietnamkrieg jedes Nachfolgeprogramm einen schweren Stand hätte.

Dagegen ging Gilruth in seiner Argumentation einen Schritt weiter: Um Geld zu bekommen, bräuchte das Programm ein festes Ziel wie Apollo, und das wäre ein Marsvorbeiflug. Woher kam dieser Wandel? Gilruth hatte seine Meinung zwar nicht geändert, sah aber, dass das Programm mit dem derzeitigen Fokus auf Raumstationen schon vom MSFC vereinnahmt war. Ein Marsvorbeiflug würde mit einem veränderten CSM erfolgen, es war ein neuer bemannter Missionstyp, und damit wäre wieder das MSC für dieses Projekt verantwortlich.

Inzwischen waren die Vorstellungen, wie die Raumstation aussehen sollte, verhältnismäßig konkret geworden. Das favorisierte Konzept war nun das des „nassen" Labors, genannt „Wet Workshop". Es sah im Prinzip so aus:

- Eine Saturn IB transportiert als Nutzlast eine Luftschleuse und einen Kopplungsadapter. Dabei gelangt auch die zweite Stufe mit in den Orbit. Luftschleuse und Kopplungsadapter sind fest an der Stufe montiert. Im Kopplungsadapter befinden sich Gerätschaften, welche später in die leere Stufe transportiert werden.

- Eine zweite Saturn IB transportiert ein Apollo Raumschiff in den Orbit. Die Astronauten montieren den Deckel des Wasserstofftanks der Stufe mit dem Adapter ab und können diesen nun als Aufenthaltsraum nutzen – der Tank hat eine Länge von etwa 9 m und einen Durchmesser von über 6 m. Gedacht war z.B. an das Erproben der Rucksäcke der Apollo-Mondmissionen und der tragbaren Manövriereinheiten – im Tank herrschte Schwerelosigkeit wie im Weltraum, aber niemand konnte verlorengehen, auch wenn er keine Sicherheitsleine hatte. Da sich in dem Tank vor dem Start der Wasserstoff befand, war es nicht möglich, ihn vor dem Start voll auszurüsten. Die Ausrüstung wäre sonst -253°C kaltem Wasserstoff ausgesetzt, und sie könnte den Treibstofffluss behindern. Lediglich ein Gitterboden zur Unterteilung des Tanks in zwei Stockwerke, sowie Befestigungsmöglichkeiten für die Ausrüstung an den Wänden wären einbaubar gewesen.

- Die erste Besatzung sollte nun zunächst die Stufe bewohnbar machen: Die Resttreibstoffe mussten entlüftet, Ventile geschlossen, elektrische Systeme abgeschaltet und pyrotechnische Sprengvorrichtungen deaktiviert werden. Danach wäre der Wasserstofftank mit reinem Sauerstoff aus dem Servicemodul von Apollo gefüllt und die Ausrüstung aus dem Kopplungsadapter montiert worden. Diese erste Besatzung wäre dann bis zu 14 Tage im Labor verblieben.

- Ein weiterer Start hätte ein Teleskop mit einem umgebauten Mondlander in den Orbit gebracht. Es wäre am Kopplungsadapter angebracht worden. Eine zweite Besatzung hätte nun mit diesem Teleskop astronomische Beobachtungen oder Sonnenforschung durchführen können. Sie sollte dann 28 Tage im All verbleiben.

Dieses nasse Labor sah also für die erste Mission drei Saturn IB Starts vor, jede folgende hätte dann nur eine neue Besatzung und Experimente in den Orbit gebracht. Die Lebenserhaltung stammte von dem Apollo-Raumschiff, wobei das Teleskop Solarzellen erhielt, um eine längere Aufenthaltsdauer zu

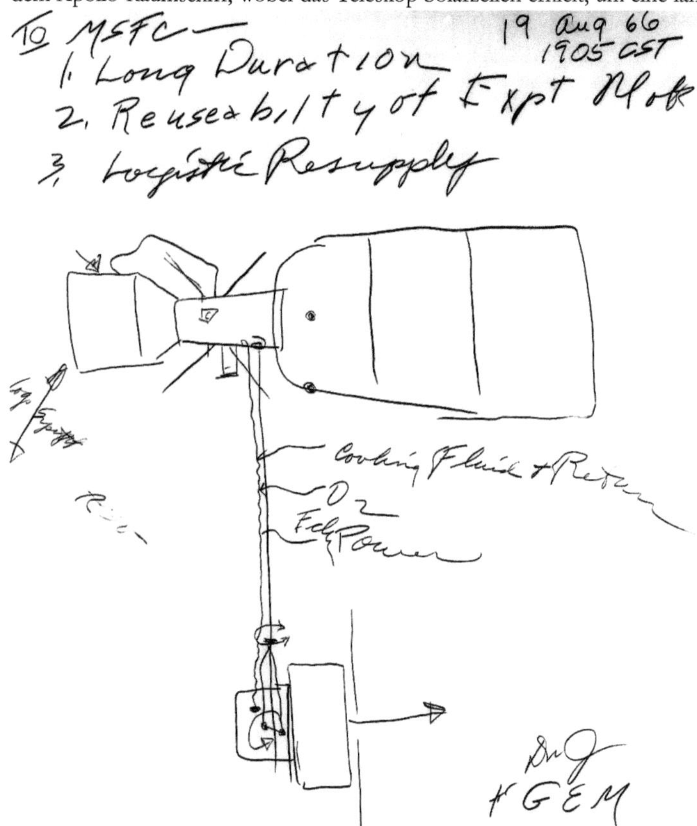

Abbildung 5: Damit wurde das Konzept von Skylab genehmigt: Diese Skizze entstand in einer Besprechung am 19.8.1966 und wurde von George Mueller unterschrieben.

ermöglichen. Die folgende Missionen wären stufenweise verlängert worden. Beim Einsatz von reinen Transportschiffen ohne Besatzung wäre eine Aufenthaltsdauer von bis zu einem Jahr denkbar gewesen. Konkrete Pläne gab es für bis zu 56 Tage dauernden Missionen.

In dieser Form wurde das Konzept am 19.8.1966 fixiert. Es gab nun auch erstmals konkrete Zuweisungen für das Projekt: Die Saturn IB SA-209 sollte die Station und den Kopplungsadapter transportieren, die SA-210 dann die erste Besatzung mit dem CSM und einer Luftschleuse zur Station bringen. Bei Mission SA-211 oder SA-212 könnte das ATM transportiert werden. Erstmals tauchten die Abkürzungen OWS (**O**rbital **W**orks**h**op) für die umgebaute Stufe und AM (**A**irlock **M**odule) für die Luftschleuse auf.

Die folgenden Monate vergingen nicht ohne weitere Diskussionen: Chris Kraft (damals für die Flugoperationen verantwortlich) reklamierte eine führende Rolle des MSC. Nach einem Meeting wurde zwischen dem 13. und 15.8.1966 festgelegt, dass das MSC für die Operationen zuständig sein sollte und das MSFC für die Entwicklung. Dies sah zunächst nach einer Arbeitsteilung aus, doch in Wirklichkeit war nun das MSFC ein Zulieferer des MSC. Es musste die Station dessen Wünschen anpassen.

Im Herbst gab es den ersten Rückschlag für das AAP: Anstatt beantragter 17 Millionen Dollar für das nächste Haushaltsjahr wurden nur 8,6 Millionen Dollar bewilligt. Im November tauchte erstmals das Konzept eines trockenen Workshops, gestartet mit einer Saturn V, auf – einem Labor, das schon am Boden vollkommen ausgerüstet werden konnte. Damals war aber noch ein Kopplungsadapter mit fünf Anschlussmöglichkeiten vorgesehen. So konnten weitere „nass" gestartete Labore dieses trockene Labor um zusätzliche Module erweitern.

Die folgenden Jahre führten dann zu einem fundamentalen Wechsel in der Konfiguration: zum trockenen Labor („Dry Workshop"). Die Idee dazu gab es schon zu Beginn der Planung. Die S-IVB war nicht nur die zweite Stufe der Saturn IB, sondern auch die Dritte der Saturn V. Diese Trägerrakete war aber anders als die Saturn IB in der Lage, mit zwei Stufen einen Erdorbit zu erreichen, und sie hatte trotzdem noch die sechsfache Nutzlast einer Saturn IB. Das erlaubte es, die S-IVB schon vor dem Start umzurüsten. Das Triebwerk würde entfernt, im Wasserstofftank konnten Aufenthaltsräume, sanitäre Einrichtungen und Experimente untergebracht werden. Die Luftschleuse sollte umgebaut werden. Sie ermöglichte nun nicht nur Ausstiege, sondern diente auch als Lagerraum für Vorräte, Gase und Wasser. Vom operationellen Standpunkt aus war dieses Konzept viel einfacher: Astronauten fänden schon bei der Ankunft eine wohnliche Station vor, nicht nur einen leeren Raum (bedingt durch die kleinen Volumina der Apollo-Kapseln und den Durchmesser der Kopplungsadapter war es auch nicht möglich, beim Wet Workshop sperrige Gegenstände und Einrichtungen zu installieren). Die Dauer eines Aufenthaltes hinge auch nicht mehr von den Vorräten des Apollo-Raumschiffs ab, sondern davon, wie viele Vorräte beim Start der Station mitgeführt wurden. Es entfiel mindestens einer, wahrscheinlich sogar mehrere, bemannte Starts, um den nassen Workshop erst auszubauen.

Der Nachteil war, dass dieses Konzept eine Saturn V zum Start erforderte. In den Jahren zwischen 1966 und 1969 wechselten die meisten Verantwortlichen in der NASA vom Wet zum Dry Workshop. Vor allem das MSC, das die Arbeiten im Weltraum als zu riskant ansah, befürwortete dieses Konzept. Es gab eine Reihe von Argumenten für den „trockenen" Workshop. Das Erste war der veränderte Zeitplan. Das AAP sollte ja dafür sorgen, dass die Zentren weiter Arbeit hatten, bis (so wurde gehofft) im Jahr 1969/70 dann die Entscheidung für ein Marsprogramm fiel, welches auf den Erfahrungen von Apollo aufbaute. Der Brand von Apollo 1 am 27.1.1967 verschob aber den gesamten Zeitplan um 18 Monate nach hinten.

Damit war die Saturn V bereits flugqualifiziert, als die zweite bemannte Apollo-Mission anstand. Ursprünglich sollten die ersten Apollo-Missionen mit der Saturn IB erfolgen und folgerichtig dann auch die Flüge für den Wet Workshop stattfinden, bevor es an die Landung auf dem Mond ging. Nun stand das Apollo-Raumschiff nicht vor Oktober 1968 zur Verfügung, und der zeitliche Vorteil des Wet Workshops war nicht mehr gegeben.

Der zweite Punkt war, dass Techniker im MSFC erprobten, ob der Umbau einer Stufe denn überhaupt funktionierte. Die Ingenieure wünschten sich schon frühzeitig die Möglichkeit, Arbeiten in der Schwerelosigkeit zu simulieren. Einer entdeckte, dass sich das Haar seiner Ehefrau beim Schwimmen im Pool auffächerte und weder an die Oberfläche trieb, noch auf die Schulter absank. Das inspirierte ihn dazu, Experimente durchzuführen, ob nicht in einem Pool ähnliche Bedingungen wie in der Schwerelosigkeit herrschten. Mangels offizieller Unterstützung musste dies zusammen mit anderen Ingenieuren in der Freizeit erfolgen und an Material genommen werden, was verfügbar war. So fanden die ersten Versuche in einem Tankdom eines Saturn I Tanks von 1,80 m Durchmesser und Tiefe statt. Als Nächstes wurde ein übrig gebliebener Stufenadapter von 3,66 m Durchmesser verwendet. Die Experimente wurden in Hochdruckanzügen der Navy durchgeführt, da entsprechende Anzüge der NASA damals noch rar waren und einfachen Ingenieuren nicht zur Verfügung standen. Die Luft wurde dabei durch einen Verbindungsschlauch in den Anzug gepumpt, was nur bestimmte Haltungen unter Wasser zuließ, da sonst die Balance verloren ging.

Die Experimente waren jedoch sehr vielversprechend, und so luden die Ingenieure einmal Wernher von Braun ein, nachdem sie erfahren hatten, dass er in seiner Freizeit gerne tauchte. Wernher von Braun war begeistert und ordnete den Bau eines großen Tanks von 23 m Länge und

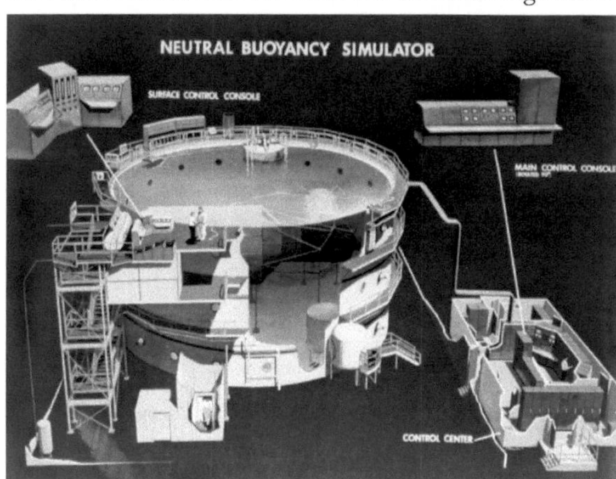

Abbildung 6: Aufbau des NBS

12 m Breite und Tiefe an. Das geschah aber unter Umgehung der entsprechenden Vorschriften. Der Tank war eine neue Installation und wäre deshalb von George Mueller, dem Leiter des Apollo-Programms, zu genehmigen gewesen. Diese Vorschrift diente dazu, die Ressourcen optimal zu verwenden. Andernfalls würde jedes NASA-Zentrum beginnen, eigene Test- und Forschungseinrichtungen zu bauen. Ziel war es, die Mittel gemeinsam zu nutzen, und bestimmte Aktivitäten zu zentralisieren. Das MSFC sollte z.B. die Stufen und Träger bauen und testen, das MSC in Houston war dagegen für das Training der Astronauten zuständig. Dort existierte auch schon ein Wassertank, der jedoch damals (1965) zum Training der Wasserungen und Rettungsübungen der Gemini-Raumschiffe benutzt wurde. Die Nutzung als „**N**eutral **B**uoyancy **L**aboratory" (NBL) wurde aber im MSFC erfunden. „Neutral Buoyancy" bedeutet, dass der Auftrieb neutralisiert ist, also eine Versuchsperson weder zur Wasseroberfläche treibt, noch zum Boden absinkt. Das wird erreicht durch Bleigewichte, die in Taschen im Anzug untergebracht werden. Das Problem ist dabei, die Menge und Verteilung so zu platzieren, dass die Arme und Beine noch bewegt werden können, aber der Körper in jeder Position das Gefühl der Quasi-Schwerelosigkeit aufweist. Die Bleimenge betrug bei den Skylab-Raumanzügen etwa 27 bis 36 kg pro Person.

Der Tank wurde mit den beim MSFC verfügbaren Mitteln hergestellt. So bestand die Tankhülle aus Stahl, der mit derselben Technik wie die Saturn IB Erststufen verschweißt wurde. Um der Bürokratie Genüge zu leisten, bekam er an einer Ecke einen Stempel, der ihn als bewegbares Werkzeug kennzeichnete. Er hätte auch theoretisch aus dem Becken genommen und in Einzelteile zerlegt woanders wieder aufgebaut werden können.

Das MSFC begann nun mit ersten Tests der Arbeit am Wet Workshop, noch mit den Gemini-Raumanzügen. Es erwies sich bei den Versuchen als nahezu unmöglich, den mit 72 Schrauben angebrachten Tankdeckel einer S-IVB im NBL zu demontieren. Wernher von Braun probierte dies selbst aus und lud 1966 George Mueller ein, es ebenfalls zu versuchen. Dieser war recht erstaunt, ein neues, nicht genehmigtes, Trainingszentrum im MSFC vorzufinden. Aber auch er erkannte sofort, dass diese Methode nicht praktikabel war. Damit war auch das Konzept des Wet Workshops stark ins Hintertreffen geraten. Die Methode, Schwerelosigkeit im NBL zu simulieren, wurde sehr schnell in Houston übernommen, wo zur gleichen Zeit die ersten Probleme bei Arbeiten im Weltraum auftraten. Bei der Mission von Gemini 9A musste der Einsatz von Eugene Cernan abgebrochen werden, als sich die Arbeit ohne irgendwelche Stütz- und Haltepunkte als sehr anstrengend erwies und sein Lebenserhaltungssystem nicht mit der abgeführten Wärme fertig wurde. Eugene Cernan besuchte dann das MSFC, erprobte dort den NBL und fand die Bedingungen vergleichbar mit denen bei seinem Außeneinsatz. Der NBL wurde daraufhin genutzt, um die Gemini 12 Besatzung auf ihre Mission vorzubereiten, die dann auch ein voller Erfolg wurde.

Die gravierendste Auswirkung des Tods der drei Astronauten der Apollo 1 Mission war aber, dass nun die Mondlandung absolute Priorität hatte. Der Flugplan sah vor Apollo 1 vor, dass die erste Mondlandung bei einer der Missionen von Apollo 7 bis 9, (nach sechs bis acht bemannten Flügen)

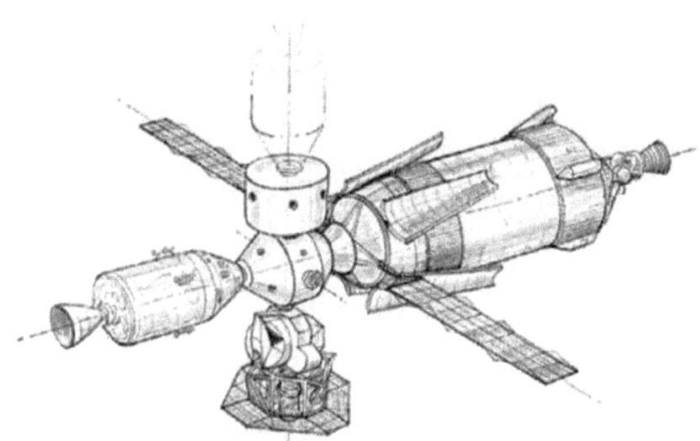

Abbildung 7: Ein Konzept von 1968 für den Wet Workshop. Rechts die S-IVB, in der Mitte der Kopplungsadapter, unten ein ATM aus einer Mondlanderaufstiegsstufe

beginnend ab Sommer 1968 stattfinden sollte. Durch die Verzögerungen im Zeitplan und den resultierenden zusätzlichen Kosten blieben alle weitergehenden Projekte weiterhin im Planungsstadium. Mittel für die Entwicklung würde es erst geben, wenn das Ziel von Kennedy erreicht würde.

So folgten zunächst weitere Jahre der Verschiebungen und Planungsänderungen. Im Herbst 1967 zwangen die Budgetkürzungen das AAP zu Streichungen. Die geplanten erweiterten Mondmissionen wurden auf vier zusammengestrichen. Ein Jahr später sah es nicht besser aus, und so standen weitere Streichungen an. Noch problematischer war, dass die NASA nun schon anfing, die Produktion zu begrenzen, obwohl noch kein bemannter Start stattgefunden hatte. Das Apollo-Budget sank seit 1966 kontinuierlich. Als Erstes erfolgte am 1.8.1968 Kürzungen bei den Produktionszahlen der Triebwerke: 27 H-1, acht F-1 und drei J-1 Triebwerke wurden gestrichen. Später folgten Streichungen bei den Trägerraketen: Mehr als die anfänglich bestellten fünfzehn Saturn V wurden nie gefertigt. Die Produktion der letzten drei Exemplare wurde nun abgebrochen. Damit waren die meisten Pläne des AAP gestorben, denn schließlich baute es darauf, dass die Produktion weitergehen würde. Die folgende Tabelle zeigt, wie sich die Flugpläne im Laufe der Zeit änderten:

Zeitpunkt	Saturn IB	Saturn V	Bemerkung
12.5.1965	8	7	Nur Erdorbitmissionen
23.3.1966	26	19	Auch Mondmissionen und Venusvorbeiflüge, zehn Erdorbitmissionen (drei Saturn V Labs, drei Saturn IB Labs und vier ATM Flüge)
28.11.1966	22	15	Davon zwei Saturn V Labore und vier ATM Flüge
4.7.1968	11	1	Davon je ein OWS Start mit einer Saturn IB und V
13.8.1969	7	2	Je ein Skylab Labor mit drei Besatzungen, keine darüber hinausgehenden Pläne.

Im Jahre 1968 tendierte die NASA nun zum „trockenen Labor". Eine interne Untersuchung ergab, dass der nasse Workshop „nur marginal angemessen" zur Langzeituntersuchung der Schwerelosigkeit, dem wichtigsten Forschungsgebiet an Bord, war. Es gab anfangs zwei Konzepte. Das eine, OWS-B, war eine Erweiterung des nassen Labors. Es würde nun schon am Boden vollständig eingerichtet werden, Luftschleuse und auch ATM könnten schon vor dem Start montiert werden und erforderten so keinen eigenen Start mehr. Das Zweite war die Idee, die größere Nutzlast für ein Labor zu nutzen, das viel mehr Möglichkeiten bietet. Dieses Konzept, OWS-C, sollte eine Besatzung von bis zu neun Personen aufnehmen und eine Betriebsdauer von bis zu zwei Jahren erlauben. Dieses Labor würde nicht aus einer umgebauten Stufe entstehen.

Im Sommer 1969 war das MSFC zum Schluss gekommen, dass OWS-C zwar die bessere Lösung war, aber wohl nicht finanziert werden könnte. Gleichzeitig wurde der Start weiter verschoben: Gingen die ersten Planungen noch von 1968 aus, so wurde er nun vom November 1971 auf Juli 1972 verschoben. Am 22.7.1969 wurde das Konzept des trockenen Workshops offiziell beschlossen. Damals rechnete die NASA noch mit einer Startmasse von 68 t, weit unterhalb der 95 t Nutzlast, die eine Saturn V damals in den für Skylab vorgesehenen Orbit transportieren konnte. Einen Monat später kamen weitere Budgetkürzungen. Nun wurden alle Nicht-Erdorbitmissionen, die das AAP plante, gestrichen. Es sollten nur noch zwei Labore gestartet werden. Von den beiden Konzepten entschied sich die NASA für das einfachere OWS-B.

Immerhin bewegte sich nun etwas im AAP. Zwar wurde das Programm laufend gekürzt, bisher gab es aber nur Projektstudien und Entwürfe, ergänzt durch vorbereitende Tests an Mockups Aber es war noch kein einziger Programmpunkt fest beschlossen. Nun wurde aber Skylab offizielles Projekt. Nachdem nun Apollo 11 das Ziel des Apolloprogramms „landing a man on the moon, and returning him safely back on the earth" noch vor Ablauf der Dekade erreicht hatte, war der Weg frei für das Nachfolgeprogramm AAP. Am 8.8.1969 bestellte die NASA zwei Labore bei McDonnell Douglas, lieferbar im Juli 1972. Douglas fusionierte 1967 mit McDonnell, sodass nun diese Firma die S-IVB fertigte. Es sollten jeweils drei Besatzungen gestartet werden. Zusätzlich gab es eine optionale Rettungsmission. McDonnell Douglas baute aus den zweiten Stufen zweier Saturn IB die Labore. Es waren zu diesem Zeitpunkt keine weiteren Flüge dieses Trägers geplant, und die Stufen waren verfügbar. Dagegen war die Saturn V noch in der Produktion, und alle Exemplare wurden für die Mondlandungen benötigt. Die Programmleitung wurde an das MSC übertragen, obwohl das MSFC am stärksten in das Projekt involviert war und die Struktur des MDA (**M**ultiple **D**ocking **A**dapter = Mehrfachkopplungsadapter) alle Experimente und auch den ATM komplett selbst entwickelte. Weiterhin machte es aus der von McDonnell Douglas umgebauten Stufe erst den Workshop. Grumman, die seit 1965 Forschungsaufträge für einen Umbau des Mondlanders zum ATM bekamen, gingen leer aus. Im selben Monat wurde der laufende Entwicklungsauftrag terminiert.

Es ist kein Zufall, dass einen Monat vorher Verteidigungsminister McNamara das Programm der militärischen Raumstation MOL einstellte. Lange Zeit war sie ein Konkurrent für das Projekt Skylab, und James Webb hatte wenig Erfolg, den Kongress vom AAP zu überzeugen. Wozu sollten die USA zwei Raumstationen entwickeln? Zeitweise schlug die Air Force sogar vor, die NASA sollte sich nur um Missionen zum Mond kümmern, alles was sich im Erdorbit abspielen würde, wäre hingegen das „Hoheitsgebiet" der Air Force.

Skylab musste nun recht schnell umgesetzt werden, denn nun wurde auch das Apollo-Programm zusammengestrichen. Im Haushaltsjahr 1969 bekam die NASA erheblich weniger Geld als beantragt, das Budget fiel auf das Niveau von 1963 zurück. Die Hoffnungen, Skylab könnte nun von den sinkenden Ausgaben für Apollo profitieren, zerschlugen sich. Das Gegenteil war der Fall: Wenn die Station nicht bald gebaut würde, so könnte es passieren, dass auch sie den Streichungen zum Opfer fiele.

Im Dezember 1969 strich die NASA die Mondmission Apollo 20, und die dadurch verfügbar gewordene Saturn V wurde zur Trägerrakete für Skylab. Am 19. Februar 1970 wurde das Konzept der Öffentlichkeit vorgestellt und erhielt gleichzeitig einen Namen: Aus dem Apollo Applications Programm wurde nun „Skylab". Der Vorschlag stammte von Lt. Col. Donald Steelman, einem Air Force Offizier, der 1968 beim MSFC arbeitete. Es war die Abkürzung von „laboratory in the sky". NASA Administrator James Fletcher hatte zur Namensfindung eigens eine Kommission eingesetzt, die sich aber über alle eingereichten Vorschläge hinwegsetzte und „Skylab" als Namen wählte. Intern sprachen die Mitarbeiter meist nur von der „Space Station".

Die Kosten wurden mit 2,4 Milliarden Dollar angegeben, etwa ein Zehntel der Summe, die Apollo verschlang. Diese Summe konnte recht gut eingehalten werden, letztendlich kostete das Programm insgesamt etwa 2,6 Milliarden Dollar.

Die letzte große Änderung am Programm gab es im Januar 1970, als die Bahnneigung von 35 auf 50 Grad erhöht wurde, da nun auch Erdbeobachtungsexperimente Bestandteil des wissenschaftlichen Programms waren. Die Bahnhöhe von 435,2 km wurde dann nur noch leicht auf 433 km abgesenkt, um eine Umlaufdauer zu erhalten, bei der ein Gebiet auf der Erde nach fünf Tagen erneut beobachtet werden kann.

Im September 1970 strich die NASA die Missionen Apollo 16 und 19 und nummerierte die verbliebenen um. Der neue Zeitplan sah eine Beendigung der Mondlandungen im Jahr 1972 vor und einen Start von Skylab unmittelbar danach. Das Labor sollte am 9.11.1972 gestartet werden, die erste Besatzung am 10.11.1972. Die beiden nächsten sollten am 19.1.1973 und 1.5.1973 folgen. Zu diesem Zeitpunkt stand das Design der Hardware, und die meisten Experimente waren selektiert worden. Es begannen nun auch Diskussionen, welche Astronauten an dem Programm beteiligt sein sollten.

So schien das Programm auf einem guten Weg, als zwei neue Probleme auftauchten. Zum einen sank das NASA-Budget weiter. Gleichzeitig plante nun die NASA den nächsten Schritt: ein wiederverwendbares Raumfahrzeug, das weitere Mittel erforderte. Doch auch die Verwendung der noch verfügbaren Trägerraketen und Raumschiffe wurde erneut diskutiert. Im späten Sommer 1970 gab es nach einigen Vorsondierungen erstmals Gespräche zwischen NASA Administrator Tom Paine und Mstislav Keldysh, dem Präsidenten der sowjetischen Akademie der Wissenschaften, über eine gemeinsame russisch-amerikanische Mission. Dabei ging es auch um Rettungsmissionen für die beiden geplanten Raumstationen. Wenn diese einen identischen Kopplungsadapter verwendeten, so wäre es möglich, eine Sojus an Skylab anzukoppeln und ein Apollo-CSM an eine Saljut Station. Die technischen Hürden waren jedoch zu groß. Zum einen verwendeten beide Stationen unterschiedliche Atmosphären. Vor allem aber war das Volumen in der Sojus begrenzt und ihre Manövrierfähigkeit ebenso. Sie hätte unbemannt gestartet werden müssen, um die drei Mann von Skylab zur Erde zurückzubringen. Das schied aber aus, weil die Sojus damals nicht automatisch ankoppeln konnte.

Für den russischen Vorschlag des Besuchs einer Sojus an Skylab (möglich durch die zwei Kopplungsadapter) war die NASA nicht zu begeistern. Sie sah in einer weiteren Modifikation eine zusätzliche Verzögerung. Schließlich war ursprünglich geplant, 1968 mit dem Aufbau des Labors zu beginnen, nun war Ende 1972 im Gespräch. Für das erste Labor käme die Modifikation zu spät, und ob die NASA das Zweite jemals starten würde, war ungewiss angesichts weiter sinkenden Finanzen. Die Sowjets sagten zwar die Möglichkeit einer Ankopplung eines Apollo-Raumschiffes an eine zukünftige russische Station zu (ohne bekannt zu geben, dass diese noch vor Skylab gestartet werden würde), doch das war der NASA zu vage. Es war schließlich offen, ob es nach dem ersten Labor überhaupt weitere Apollo-Flüge geben würde.

Als Saljut 1 gestartet war, wurde das Thema kurzzeitig nochmals aktuell. Nun gab es ja die Raumstation, und die NASA überlegte nun doch noch, ob das Projekt nicht sinnvoll sei. Russland gab an, an Saljut 1 könne nur ein Raumschiff ankoppeln, aber eine zukünftige Station hätte noch einen zweiten, rückwärtigen, Kopplungsadapter. Doch dann machte Russland einen Rückzieher. Es gab dafür vermutlich zwei Gründe. Das eine waren die Probleme bei Saljut 1. Die Besatzung (die bei der Landung verunglückte) berichtete über schlechte Luft und Geruch nach Rauch und Verschmortem, und auch zahlreiche Installationen arbeiteten nicht so, wie sie sollten. Der andere Grund war, dass der zweite Kopplungsadapter in der militärischen Ausführung der Station, Almaz genannt, vorgesehen war. Ein Besuch der Almaz durch Amerikaner war aber ausgeschlossen. So wäre eine Kopplung erst bei einem

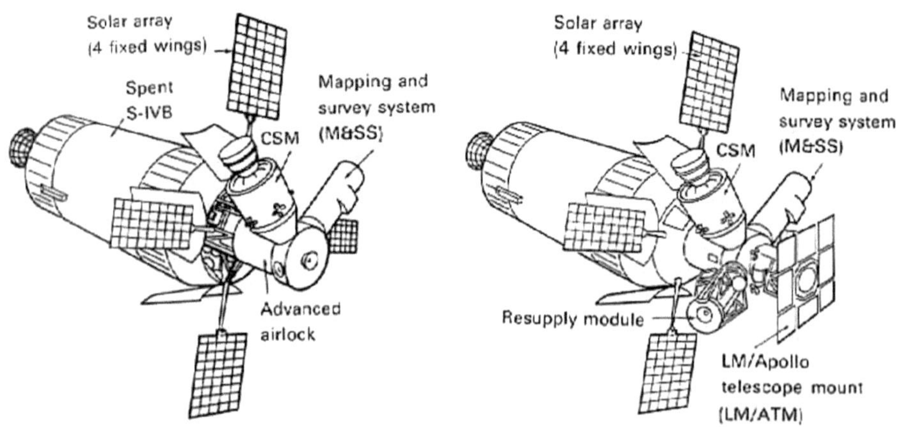

Abbildung 8: Ein zweites Konzept des Wet Workshops von 1968

substanziell modifizierten, zivilen Modell zustande gekommen, das noch nicht existierte. Doch aus diesen Konsultationen sollte schließlich eine neue Mission entstehen: das Apollo-Sojus-Testprojekt. Das reduzierte die Anzahl der zur Verfügung stehenden Saturn IB Trägerraketen und Apollo-Raumschiffe um je ein weiteres.

Die Entwicklung des, auf bewährten Komponenten basierenden, Labors verlief erstaunlich glatt. Der Termin wurde trotzdem zweimal verschoben, zunächst auf April 1973, weil die Apollo 17 Mission erst im Dezember 1972 abgeschlossen wurde. Skylab musste danach starten, weil es acht Monate lang die Kräfte des MSC binden würde. Danach gab es noch einige Verzögerungen bei der Abnahme von Komponen-

Abbildung 9: Modell von Skylab, noch mit fünf Kopplungsstellen

ten, die dazu führten, dass die NASA im Januar 1973 den Starttermin um einen Monat auf den 14. Mai 1973 verschob.

Schon am 6.11.1971 war die Station fertiggestellt und wurde bis zum 16.8.1972 durchgecheckt. Dabei wurde festgestellt, dass ein Drittel der Experimente aufgrund verschiedener Mängel ausgetauscht werden musste.

Das Konzept

Als Folgeprojekt von Apollo war Skylab einigen Einschränkungen unterworfen. Eine davon war, dass die Raumstation nur zeitlich begrenzt genutzt wurde, anders als die ISS heute. Zu der damaligen Zeit war dies jedoch eine übliche Vorgehensweise. Auch die Sowjets nutzten ihre Saljut Stationen bis zu Saljut 6 nur jeweils für einige Missionen. Skylab würde von drei bemannten Missionen besucht werden. Die Zahl orientierte sich an den noch verfügbaren Saturn IB Raketen. 12 wurden insgesamt gebaut, davon waren fünf bis zu diesem Zeitpunkt gestartet. Eine war für das Apollo-Sojus-Programm reserviert, eine Zweite musste die NASA für ein Rettungsraumschiff bereithalten. Zwei Saturn IB fielen weg, weil aus den Oberstufen die Labore für Skylab A+B gebaut wurden. So verblieben drei Raketen für Starts von Besatzungen. Nach den Planungen sollte die erste Crew 28 Tage an Bord bleiben, die beiden folgenden jeweils 56 Tage. Für diese Missionen war die Versorgung mit Wasser, Gasen und Nahrung ausgelegt. Skylab hatte wegen der kurzen Betriebszeit von maximal acht Monaten keinerlei Antriebssysteme, welche die Umlaufbahn anheben würden, wenn er durch Reibung an der Atmosphäre absinkt.

Die Bahnhöhe wurde mit 435 km festgelegt. Dies würde der Station eine Lebensdauer von mindestens fünf Jahren und damit genügend Zeit geben, um sie später wieder in Betrieb zu nehmen, wenn dies gewünscht wäre. Die Entfernung zur Erdoberfläche wurde diktiert durch die geplanten Erdbeobachtungen. In dieser Höhe wiederholt sich eine Passage desselben Gebietes alle 71 Umläufe, das entspricht fünf Tagen. Ebenso wurde die Bahnneigung durch die zu untersuchenden Gebiete festgelegt. Auch wenn es andere Zielkoordinaten gab, war das primäre Ziel die Beobachtung der Vereinigten Staaten. Hier sollten die Erdbeobachtungen mit gleichzeitigen Flügen von Flugzeugen mit Luftbildkameras koordiniert werden. Mit Ausnahme von Alaska liegen alle Bundesstaaten der USA südlich des 49-sten Breitengrades.

Eine weitere Nebenbedingung war, dass die Umlaufbahn genügend Startfenster beim Start von Cape Canaveral bot, da sich ein Start z.B. durch Verzögerungen im Countdown um einen Tag verschieben konnte. Des weiteren sollte bei der Rückkehr nach 28 und 56 Tagen diese im Zielgebiet bei Tageslicht möglich sein.

Der Umbau einer S-IVB Oberstufe zu einer Raumstation hatte nur wenige Auswirkungen auf den Start. Es bedeutete, dass an der Saturn V nur kleine Änderungen nötig waren. Skylab ersetzte einfach die S-IVB Oberstufe. Da Skylab leichter war, als die Kombination S-IVB und Apollo-Raumschiff, reichte auch die zweistufige Saturn vollkommen aus, um einen Erdorbit zu erreichen.

Eine Besonderheit war die Konfiguration. Da der OWS die S-IVB ersetzte, umgab eine Nutzlasthülle nur den oberen Teil mit der Luftschleuse, dem ATM und dem MDA. Sowohl die Solarpaneele des Workshops wie auch der Mikrometeoritenschutzschild waren beim Start der Atmosphäre ausgesetzt und sollten erst im Orbit entfaltet werden. Die Solarpaneele des OWS waren zuerst in Längsrichtung gefaltet und der entstehende Streifen dann mit einem aerodynamischen Schutz überzogen. Die Anlehnung an die Herkunft aus dem „nassen Labor" zeigte sich auch in der internen Bezeichnung: Sie lautete „**S**aturn **W**ork**s**hop" (SWS). Das angekoppelte Apollo-Raumschiff war Bestandteil von Skylab und wickelte einen Teil der Kommunikation ab. Die Abkürzung SWS ist daher vorzuziehen, da darunter nur die Station verstanden wurde, unter „Skylab" dagegen sowohl das gesamte Projekt als auch die Kombination aus CSM und Raumstation.

Anders als bei den meisten Raketenstarts wurde die Nutzlasthülle erst im Orbit abgesprengt. Üblicherweise erfolgt eine Abtrennung möglichst frühzeitig, in etwa 110-120 km Höhe, um die Nutzlast zu maximieren. Die NASA konnte sich die spätere Abtrennung in diesem Fall leisten, weil die Saturn V nicht nur Skylab mit der Nutzlasthülle, sondern sogar noch 8-10 t mehr in den gewünschten Orbit hätte befördern können. Ein Teil der Performance wurde genutzt, um beim Aufstieg ein Seitenmanöver durchzuführen, das die Bahnebene um 0,1 Grad nach Westen verschob. Das ermöglichte es, bei einem Start am nächsten Tag die Raumstation innerhalb von fünf bis sieben Umläufen zu erreichen. (M-5 / M-7 Rendezvous). Am zweiten bis vierten Tag nach dem Start war ein Rendezvous innerhalb von 18-22 Umläufen möglich. Danach folgten einige Tage, in denen Skylabs Position so ungünstig war, dass ein Start nicht möglich war oder ein Rendezvous länger dauern würde als das Warten auf die nächste optimale Startgelegenheit. Am sechsten und elften Tag nach dem Start des Labors war erneut ein M-5 / M-7 Rendezvous möglich. Alle fünf Tage wiederholte sich so ein optimales Startfenster.

Die Atmosphäre wurde schon früh im Programm festgelegt. Nach den Erfahrungen mit dem Brand bei Apollo 1 galt eine reine Sauerstoffatmosphäre, wie sie bisher in amerikanischen Raumfahrzeugen eingesetzt wurde, als zu gefährlich. Das MSFC entschied sich bei Skylab für eine Atmosphäre von knapp 80% Sauerstoffgehalt. Diese ist einzigartig im gesamten Weltraumprogramm. Die frühen amerikanischen Missionen setzten eine reine Sauerstoffatmosphäre mit einem Druck von 280 hPa ein (etwa der 0,28 fache Atmosphärendruck). Das Feuer bei Apollo 1 lenkte die Aufmerksamkeit auf einen Nachteil dieser Atmosphäre – eine sehr hohe Brandgefahr. In Russland hatte ein Brand in einer Isolationskammer, in welcher der Kosmonaut Walentin Wassiljewitsch Bondarenko am 23.3.1961 ums Leben kam, schon vorher zur Umstellung auf eine normale Atmosphäre wie am Erdboden geführt.

Allerdings bedeutet eine normale Atmosphäre, dass sowohl die Konstruktion massiver sein muss (der Innendruck ist viermal höher), als auch große Vorräte an Stickstoff mitgeführt werden müssen (der 80% der Luft ausmacht). Eine normale Atmosphäre hätte anstatt 1,365 kg Stickstoff 13,430 kg des Gases erfordert. Zudem war Skylab nicht druckdicht. Das war bei dem damaligen Stand der Technik bei einem so großen Raumschiff nicht möglich. Die Verluste an Gasen würden ansteigen, je höher die Differenz des Innendrucks zum Vakuum war (Außendruck: 0). Das sprach gegen eine derartige Atmosphäre. In den frühen Projektphasen wurden auch andere Gasgemische wie jeweils 50% Sauerstoff und Stickstoff, 70% Sauerstoff, 30% Stickstoff und 70% Sauerstoff und 30% Helium untersucht. Nach verschiedenen Untersuchungen zeigte sich aber, dass schon ein kleiner Stickstoffanteil die Brandgefahr deutlich senkte. Es blieb allerdings der einzige Einsatz dieser Atmosphäre. Die ISS setzt eine normale Atmosphäre wie an der Erdoberfläche ein (1.013 hPa, 80% Stickstoff, 20% Sauerstoff).

Während das Apollo-Programm „Schedule driven" war, es also wichtig war, das geplante Ziel einer Mondlandung vor Ende des Jahrzehntes zu erreichen, hatten bei Skylab ökonomische Faktoren einen größeren Stellenwert. Wo es möglich war, wurde daher auf bestehende Systeme zurückgegriffen.

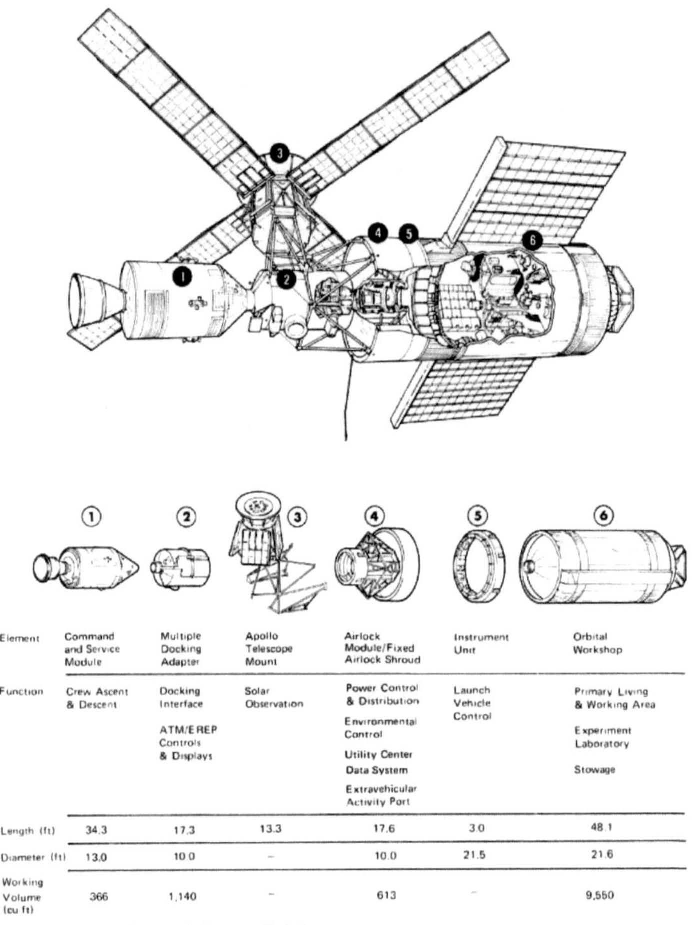

	①	②	③	④	⑤	⑥
Element	Command and Service Module	Multiple Docking Adapter	Apollo Telescope Mount	Airlock Module/Fixed Airlock Shroud	Instrument Unit	Orbital Workshop
Function	Crew Ascent & Descent	Docking Interface ATM/EREP Controls & Displays	Solar Observation	Power Control & Distribution Environmental Control Utility Center Data System Extravehicular Activity Port	Launch Vehicle Control	Primary Living & Working Area Experiment Laboratory Stowage
Length (ft)	34.3	17.3	13.3	17.6	3.0	48.1
Diameter (ft)	13.0	10.0	–	10.0	21.5	21.6
Working Volume (cu ft)	366	1,140	–	613	–	9,550

Abbildung 10: Die Bestandteile von Skylab

28

Skylab – Die Raumstation

Die Raumstation untergliedert sich in mehrere Teile, deren Aufbau hier zuerst kurz erläutert werden soll. Beginnen wir am Kopplungspunkt. Dort befindet sich als Erstes die Apollo-Kommandokapsel. Sie ist weitgehend inaktiv während des Aufenthalts an Bord der Station. Sie ist allerdings auch dann noch für die Sprachübertragung verantwortlich. Weiterhin bietet sie Privatsphäre. Ein Besatzungsmitglied kann von dort aus ungestört mit der Missionsleitung sprechen, den Arzt konsultieren oder ein Privatgespräch mit Familienangehörigen führen. Die Kapsel ist weit genug von Kontrollen der Station entfernt. Bei der dünnen Luft können die anderen Besatzungsmitglieder nicht mithören. Während sie angekoppelt ist, wird die Kommandokapsel vom SWS mit Strom versorgt.

Es schließt sich der Kopplungszylinder MDA (**M**ultiple **D**ocking **A**dapter) an. Er verfügt über zwei Kopplungsmöglichkeiten. Von den beiden Ports, einem am Ende des Zylinders und einem an der Seite, wird nur der am Ende des Zylinders benutzt. Der andere steht für ein Rettungsraumschiff zur Verfügung.

Der MDA ist Dreh- und Angelpunkt der Steuerung der Station. Seine gesamte Wände sind voller Experimente und Konsolen. Der MDA enthält die Steuerkonsole des ATM wie auch die meisten anderen Steuerungen von Skylab.

Die nächste Komponente ist die Luftschleuse (**A**irlock **M**odule AM). Ihr Hauptzweck ist es, wie der Name schon sagt, den Astronauten das Verlassen der Station zu ermöglichen. Vorgesehen war im ursprünglichen Konzept nur die Bewegung zum Boden des ATM, um dort Filmkassetten zu wechseln. Dafür gibt es an dem Gerüst des ATM Haltegriffe und Fußangeln, damit die Astronauten diese Arbeit durchführen können. Die AM besteht aus zwei Zylindern. In dem am OWS angebrachten Zylinder sind über einem Kreisring die Gase und Flüssigkeiten untergebracht, die für das Lebenserhaltungssystem benötigt werden. Zwei Türen ermöglichen es, die Luftschleuse sowohl gegenüber dem MDA wie auch dem OWS abzuriegeln, da sie für einen Ausstieg entlüftet wird. An der Seite gibt es eine dritte Luke, mit der ein Ausstieg am Basispunkt des ATM möglich ist. Die AM ist auch struktureller Hauptbestandteil der Station. Sie nimmt beim Start die Lasten der Teleskope auf und die von der Nutzlasthülle übertragenen Kräfte.

An der Luftschleuse sind die Teleskope von Skylab, der Apollo Telescope Mount (ATM) angebracht. Dies sind Fernrohre in einem Kanister, die auf die Sonne ausgerichtet werden. An der Montierung sind vier Solarpaneele angebracht, die Skylab ein windmühlenartiges Aussehen geben. Die Verbindung zur Station bildet ein Gitterrohrgerüst, das nach dem Start den ATM zur Seite schwenkt.

Der letzte Teil der Station ist der Orbital Workshop (OWS). Er dient sowohl als Wohnquartier für die Besatzung, als auch als Lagerraum. Voluminöse Experimente sind ebenfalls dort untergebracht. Im

Wasserstofftank der Saturn S-IVB Stufe sind dazu zwei Böden eingezogen worden. Auf dem unteren Deck befinden sich die Wohnquartiere für die drei Astronauten, die Mannschaftsmesse und die hygienischen Einrichtungen. Im oberen, höheren, Raum befinden sich die meisten Experimente und ein Großteil der Vorräte. Der Sauerstofftank der S-IVB wird als Abfallbehälter genutzt. An der Seite gibt es zwei Solarpaneele, die bei einem nominellen Missionsverlauf den größten Teil der benötigten elektrischen Leistung erzeugen sollten.

Die Steuerung der Trägerrakete, die IU, ist über dem Workshop angebracht. Sie steuert die Saturn V und führt auch die Abtrennung der Nutzlastverkleidung und das Drehen der Raumstation im Orbit durch. Sieben Stunden nach dem Start hat sie ihre Aufgaben erfüllt und ist danach inaktiv.

Skylab verfügt mit 324 m³ über ungefähr das Volumen, das eine Wohnung bietet, wenn die Wandhöhe 2,50 m und die Grundfläche 130 m² beträgt. Das ist ein Quantensprung gegenüber den Apollo-Kapseln, die für die gleiche Besatzungsstärke nur 11 m³ Raum bieten. Die Station ist so groß, dass eine eigene Sprechanlage installiert wurde. Diese erwies sich als unverzichtbar, denn in der dünnen Atmosphäre verliert nicht nur die Stimme deutlich an Volumen, sondern die Sprache ist über geringe Distanzen kaum mehr zu hören. Es war ohne Sprechfunkgerät unmöglich, vom Boden des OWS aus eine Mitteilung an einen Kollegen im MDA zu machen. Er konnte sie zwar noch hören, aber nicht mehr verstehen.

Abbildung 11: Blick auf den Kopplungsadapter beim Anflug auf die Station. Oben der ATM

Neben den beiden Stationen gab es drei Mockups im MSFC in voller Größe für Tests und das Training der Astronauten. Eines dieser Mockups wurde in den NBL versenkt, um die EVA zu erproben. Später wurde an ihm die Rettung von Skylab trainiert. Ein zweites Mockup diente zur Erprobung und zum Test der Inneneinrichtung und Handhabung aller Systeme, ein Drittes zum Test der elektrischen Systeme.

Skylab in Zahlen	
Startgewicht:	88.474 kg (88.829 kg mit beiden Paneelen)
Davon Nutzlastverkleidung:	11.794 kg
Davon Instrumenteneinheit Saturn V:	2.065 kg
Davon Orbital Workshop:	35.380 kg
Davon Luftschleuse:	22.230 kg
Davon Dockingadapter:	6.260 kg
Davon Apollo Teleskope Mount:	11.100 kg
Gewicht im Orbit (mit Apollo Raumschiff):	90.606 kg
Davon Skylab:	77.030 kg
Davon CSM:	<13.600 kg (abhängig von der Zuladung)
Nach Abkoppeln von Skylab 4:	76.295 kg
Wohnvolumen:	324 m³
Gesamtlänge im Orbit:	36,20 m
Spannweite:	27,00 m
Elektrische Gesamtleistung geplant:	22,9 kW
Tatsächlich vorhanden (nach Ausfall eines OWS Paneels):	16,7 kW
Atmosphäre:	<28% Stickstoff, >72% Sauerstoff, 0,35-0,4 Bar Druck
Experimente:	54
Untersuchungen:	270

Der Orbital Workshop (OWS)

Zentraler Teil der Station ist die umgebaute S-IVB Oberstufe. Sie wurde von McDonnell Douglas gefertigt. Das Labor ist primärer Arbeitsplatz für medizinische Experimente und der Wohnraum der Astronauten, weiterhin befinden sich hier die meisten Verbrauchsgüter und Werkzeuge. Der OWS liefert über zwei Solarpaneele den größten Teil des elektrischen Stroms für die Station. Er wurde aus der S-IVB der Saturn SA-212 gebaut (die S-IVB einer Saturn IB, nicht einer Saturn V). Das J-2 Triebwerk, der Schubrahmen, alle Leitungen und die Heliumdruckgastanks wurden entfernt.

Die Astronauten bewohnten den ehemaligen Wasserstofftank der S-IVB. Der Sauerstofftank wurde als Abfall- und Abwasserbehälter genutzt. Er ist vom Wasserstofftank durch einen Boden mit einer Luftschleuse abgetrennt. Ein Aluminiumgitter teilt den Wasserstofftank in zwei Sektionen. In der Mitte gibt es eine kreisrunde Öffnung, um in das darunterliegende Stockwerk zu gelangen. Dieser Zwischenboden enthält dreieckige Vertiefungen, in denen sich die Astronauten mit den Schuhen einhaken konnten, um arbeiten zu können, da sie in der Schwerelosigkeit sonst keinen Halt haben. Dazu hatten die Sohlen der Schuhe Profile, die passend zu den Vertiefungen sind. Es erwies sich aber in der Praxis als zu umständlich, da die Fixierung fest ist und die Bewegungsfreiheit so eingeschränkt. Die Astronauten bevorzugten es, sich an einem Gegenstand oder einem Handgriff festzuhalten.

Der untere Teil des Labors ist der Mannschaftsraum, das obere Stockwerk die Werkstatt oder der Experimentierraum. Der Tank war nicht verändert worden, so endet

Abbildung 12: Montage des OWS

er oben in einem halbkugelförmigen Dom. Dort ist eine verschließbare Luke angebracht. Auch die Polyurethaninnenverkleidung der Saturn S-IVB Stufe blieb. Sie ist allerdings mit einer Aluminiumschicht überzogen, um dort leichter Gegenstände anbringen zu können und vor allem die Sicherheit im Falle eines Brandes zu gewährleisten.

Da der OWS einen Innendurchmesser von über 6 m hat, gab es vor dem Start die Besorgnis, ein Astronaut könnte in der Mitte des OWS „stranden": Er würde dort schwerelos schweben und hätte keine Möglichkeit, sich irgendwo festzuhalten oder abzustoßen, um sich gezielt in eine Richtung fortzubewegen. Darüber hinaus ist der obere Teil so hoch, dass Ingenieure sich fragten, wie die Astronauten vom MDA in die Öffnung in der Mitte des Zwischenbodens gelangen könnten. Um beide Probleme zu lösen, wurde eine zusammensetzbare Stange im Zentrum des Workshops installiert, vergleichbar derer, an denen Feuerwehrmänner vom oberen Stockwerk ins Erdgeschoss rutschen. An ihr sollte sich die Crew nach unten durchhangeln. In der Praxis störte diese „Feuerleiter" nur. Jede Besatzung montierte sie nach dem Eintreffen ab und verstaute sie, um sie vor dem Verlassen der Station wieder anzubringen. Es reichte, sich durch den OWS zu bewegen, indem er sich mit den Füßen in die richtige Richtung abstieß. Es gab den inoffiziellen Wettbewerb „Wer kommt am weitesten?", bei dem sich ein Crewmitglied vom unteren Deck abstieß und festgestellt wurde, wie weit er schweben konnte, bis er doch an die Wand stieß. Es gelang einigen, die gesamte Strecke bis zum MDA zurückzulegen.

Abbildung 13: Blick auf die beiden Zwischenboden des OWS bei der Montage

Das untere Deck ist durch Querwände in mehrere Räume unterteilt. Es enthält die Mannschaftsquartiere, Nahrungszubereitungsanlagen, eine Messe (einen Tisch, aber keine Stühle), hygienische Einrichtungen und Vorrichtungen, um Abfälle zu beseitigen. Ein Raum steht zur Körperertüchtigung und Überwachung medizinischer Funktionen zur Verfügung. Dort befindet sich das Fahrradergometer und das Gerät zur Erzeugung eines Unterdrucks in der unteren Körperhälfte für medizinische Untersuchungen. Es gibt an der Wand Vorratsschränke, eine Dusche und eine Weltraumtoilette. Insgesamt unterteilen Zwischenwände das Stockwerk mit 35 m² Wohnfläche in vier Räume. 58 Schließfächer nehmen Ausrüstungsgegenstände, Nahrung, Abfalltüten etc. auf. Hier befindet sich ein Kontrollpult für die Versuchsanlagen auf diesem Stockwerk. In der Mitte befand sich die Luftschleuse zum Sauerstofftank, über die der Abfall entsorgt wurde. Alleine die Mannschaftsquartiere haben ein Raumvolumen von 62,8 m³ – im Space Shuttle liegt das gesamte Innenvolumen mit 71 m³ nur wenig darüber (und dies für sieben anstatt drei Personen).

Das obere Stockwerk enthält das Experimentier- und Arbeitszimmer, es nimmt etwa die Hälfte des Raumes ein. Hier befinden sich Kontrollinstrumente für die ganze Station, Experimente, die Regelung der Beleuchtung und verschiedene Schränke mit Werkzeugen. Ein Großteil der Steuerungskonsolen des OWS befindet sich im oberen Stockwerk, insgesamt 30 Warnlichter und Schalter. Davon dienen acht Schalter zur Trennung grundlegender Systeme von der Stromversorgung, die anderen für die Sprechanlage (Intercomsystem) sowie Warnungen für Feuer, abfallende Spannung oder eine Fehlfunktion im ATM. Im oberen Bereich des oberen Stockwerks gibt es 25 Schrankfächer, die Ausrüstung, Vorräte, Werkzeuge und Ersatzteile enthalten. Dazu kommt ein Ring, der zehn Wassertanks aufnimmt. Zwei kleine Luftschleusen an der oberen Wand gestatten den Zugang zum Vakuum des Weltraums für kleinere Experimente (Breite bis maximal 21 cm). Die Experimente zum Anbringen an die Luftschleusen wurden auch dort gelagert. Sie konnten trotz des kleinen Durchmessers bis zu 2 m lang sein. Daher ist der obere Raum nicht unterteilt. Hier gibt es am meisten unverstellten Raum in der Station.

Außen schützt eine 0,6 mm dünne Aluminiumfolie vor Mikrometeoriten. Sie ist in 12 cm Abstand von der Oberfläche montiert. Sie lag beim Start plan an, sollte dann aber durch federbetriebene Abstandselemente auf diese Distanz gebracht werden. Ein Mikrometeorit konnte sie zwar durchschlagen, jedoch

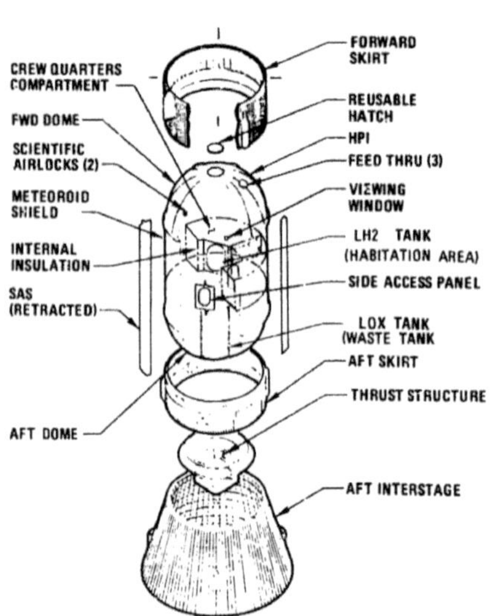

Abbildung 14: Hauptbestandteile der Struktur des OWS

würde seine Integrität dabei beschädigt und er zerbröselte in kleine Teile, die dann nicht mehr die Stationswand durchschlagen können. Geschützt ist die Station durch den Schild gegen Meteoriten bis zu einer Größe von 1 cm. Die Wahrscheinlichkeit einer Durchlöcherung der Wand wurde mit 1:200 während der ersten acht Monate angegeben. Die eigentliche Wand der Station ist 3,18 mm stark, sie wurde während der gesamten Mission nicht beschädigt, obwohl der Schutzschild beim Start verloren ging.

Zwei am OWS angebrachte Paneele liefern den Strom für die Station. Jedes Paneel besteht aus 30 Modulen. Die Lage wird kontrolliert mit zwei Gruppen zu je drei Düsen am Ende des Workshops. Sie verwenden Stickstoff-Kaltgas unter Druck in 22 Tanks aus Titan unterhalb des Sauerstofftanks.

Dazu kommen die Gyroskope, die sich im ATM befinden. Am Ende des Sauerstofftanks sitzt der Radiator für die Abstrahlung der überschüssigen Wärme. Unter ihm befinden sich die Druckgastanks für die Lageregelung.

Der OWS sollte ursprünglich nur 21.577 kg wiegen. Während der Entwicklung wurde er laufend schwerer und erreichte schließlich ein Startgewicht von 35.599 kg.

Abbildung 15: Der Bereich der medizinischen Experimente im unteren Stockwerk des OWS mit dem Ergometer (vorne) und der Unterdruckkammer für die untere Körperhälfte (hinten).

SKYLAB ORBITAL WORKSHOP

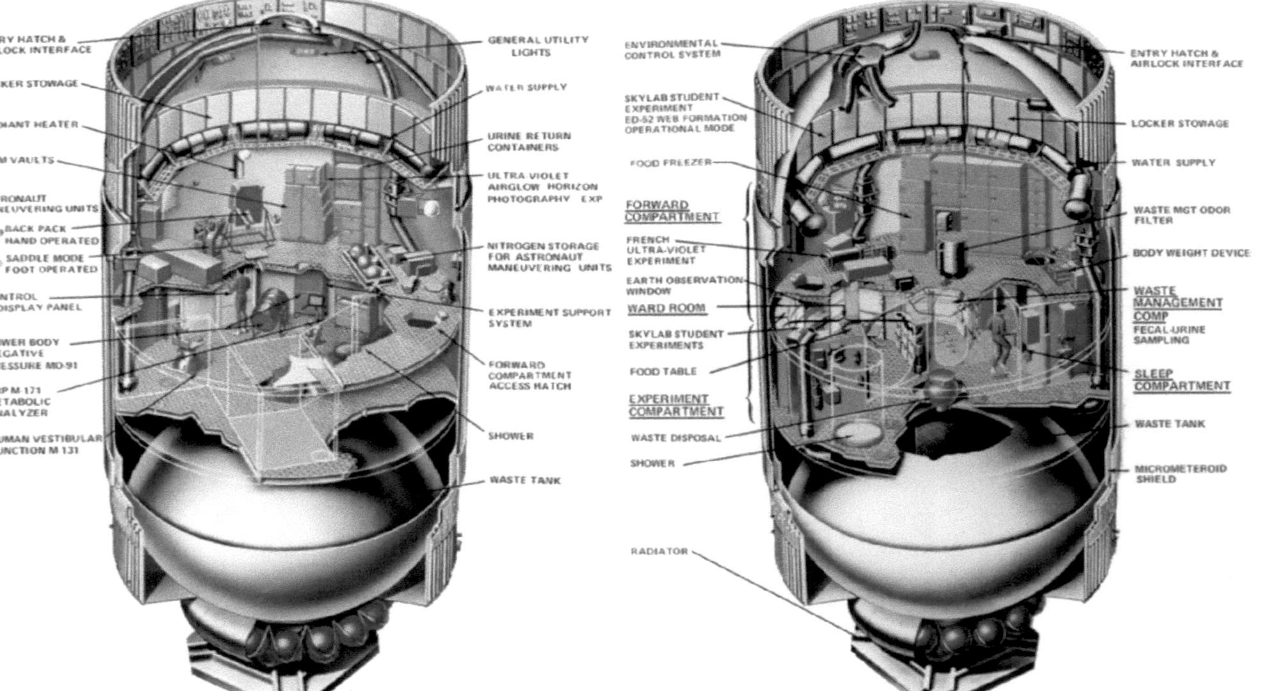

Orbital Workshop	
Gesamtgewicht:	35.599 kg (ohne Mikrometeoritenschild 35.380 kg)
Davon Hilfssysteme für den Start:	1.111 kg
Davon Elektronik:	967 kg
Davon Mannschaftsquartiere:	12.080 kg
Davon Atemluft:	953 kg
Davon Experimente	3.629 kg
Davon Außenstruktur:	6.348 kg
Davon Innenstruktur:	3.851 kg
Davon Antriebssystem:	3.017 kg
Davon Stromversorgung;	3.652 kg
Zusätzliche Reserveteile:	449 kg
Volumen:	275 m³
Länge:	14,60 m
Davon bewohnbarer Teil:	8,20 m
Spannweite mit Solarzellenflügeln:	27,00 m
Durchmesser:	6,60 m
Nutzfläche pro Stockwerk:	34,8 m²
Davon Aufenthaltsraum:	9,3 m²
Davon Abfallraum/Toilette:	2,8 m²
Davon Schlafabteile:	6,7 m²
Davon Experimentalbereich:	16,7 m²
Abfallbehälter:	62,5 m³ Volumen

Die Luftschleuse (Airlock Module AM)

Die Luftschleuse wurde von McDonnell Douglas gefertigt. Ihre Funktion änderte sich während der Evolution vom nassen Labor zur endgültigen Konfiguration. In den ersten Entwürfen war sie nicht mehr als ein Verbindungstunnel zwischen CSM und S-IVB. Bei Skylab ist sie so positioniert, dass der Ausstieg möglichst nahe am ATM liegt, damit über eine Leiter und Fixierhilfen am ATM-Gerüst der Boden der Teleskopmontierung erreicht werden kann. Darüber hinaus lagern die gesamten Gasvorräte der Station an der Außenseite der Luftschleuse, und sie ist ein strukturell wichtiger Bestandteil des Labors, welcher die aerodynamischen Kräfte beim Aufstieg aufnimmt und weitergibt.

Die Luftschleuse schließt sich an den OWS an und verbindet diesen mit dem Docking Adapter. Sie besteht aus einer inneren und äußeren Struktur. Die Innere besteht aus zwei Ringen. Der Kürzere von 3,05 m Durchmesser schließt sich an den MDA an und verjüngt sich am Ende auf den Durchmesser des zweiten Ringes von 1,65 m. Dieser längere Zylinder bildet die eigentliche Luftschleuse. Er endet am Dom des OWS, wo sich eine weitere Luke befindet.

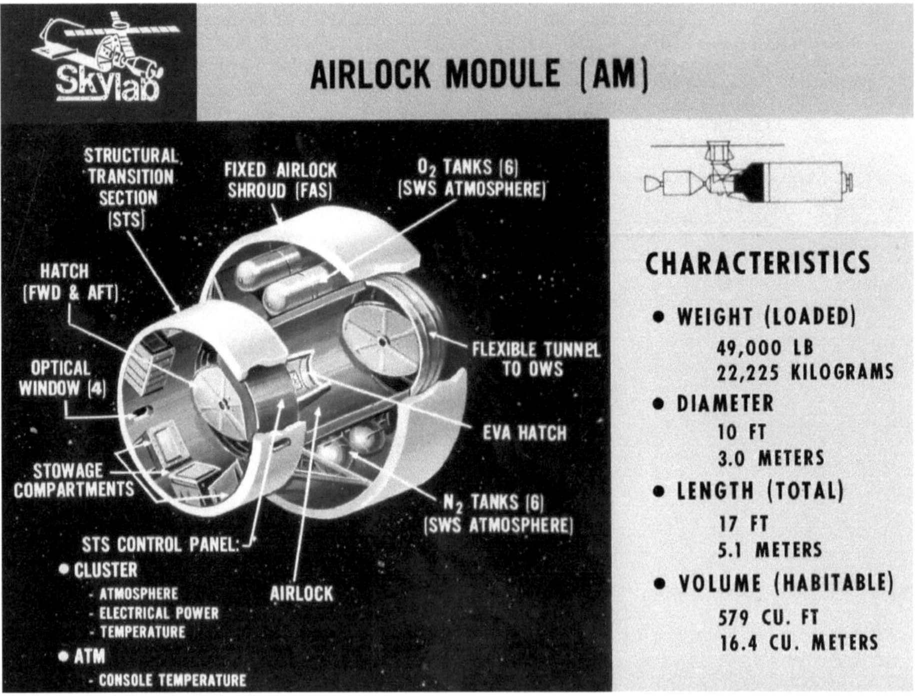

Abbildung 16: Aufbau der Luftschleuse

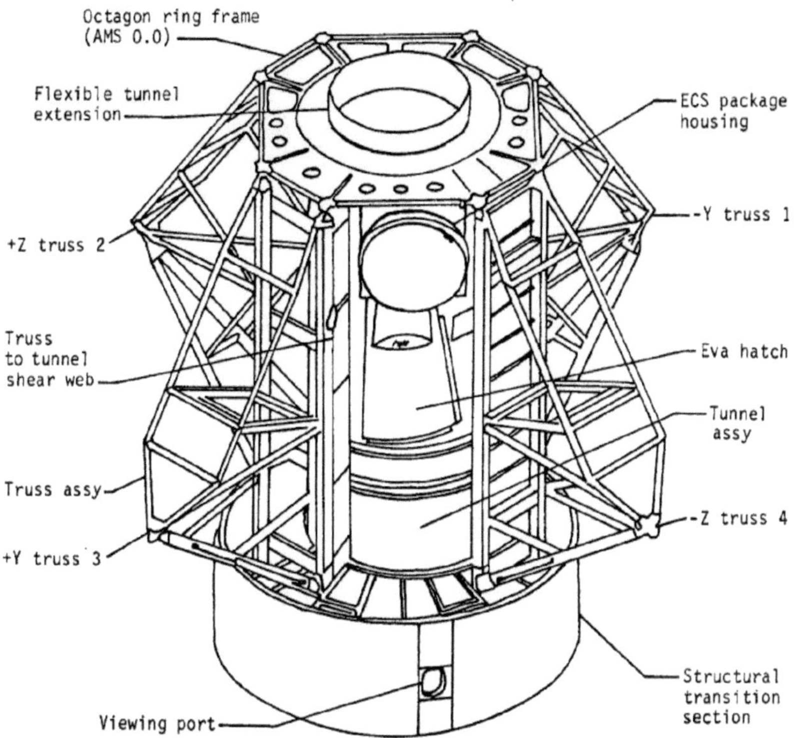

Abbildung 17: Teile des Deployment Assembly

Außen umgibt vom MDA aus dessen Mikrometeoritenschild den Großteil der Luftschleuse. An der Seite des OWS wird sie von einem Ring aus Sauerstofftanks umgeben. Auch dieser Bereich wird von einem Schutzschild umhüllt, der hier den Durchmesser des OWS von 6,70 m hat. Dann folgt das Gitterrohrgerüst. An ihm ist der ATM befestigt, die Astronauten kletterten an ihm zum ATM hoch. An diesem Gitter befinden sich auch die Stickstoffdruckgastanks.

Die gesamte Baugruppe hat ein Gewicht von mehr als 22 t. Sie ist vor allem wegen der Drucktanks so schwer. Sie besteht aus drei Gruppen:

- der eigentlichen Luftschleuse aus zwei Tunneln (AM: **A**irlock **M**odule).

- dem sie im oberen Bereich umgebenden Ring der Unterstützungsstruktur (**F**ixed **A**irlock **S**hroud FAS). Sie nimmt die Lasten des ATM auf und enthält die Sauerstoffdruckgastanks.

- der Trägerstruktur des ATM: (DA: **D**eployment **A**ssembly). Sie besteht aus einem festen Basisteil und einem beweglichen Teil, mit dem der ATM nach dem Start um 90 Grad in die endgültige Position gedreht wurde.

Der Ausstieg aus der Luftschleuse befindet sich im längeren Tunnel mit 1,65 m Durchmesser. Zwei kreisrunde Luken von 120 cm Durchmesser verschließen den Mittelteil des Tunnels sowohl in Richtung des MDA wie auch des OWS. Sie öffnen sich nach außen und enthalten jeweils gegenüberliegend ein kreisrundes Fenster von 21 cm Durchmesser. Wenn keine EVA anstand, wurden die Luken mit Klettverschlüssen an der Wand fixiert.

Eine dritte Luke an der Außenwand (eine der Einstiegsluken einer Gemini-Kapsel) erlaubt den Ausstieg. Sie öffnet sich nach außen. Aufgrund des geringen Durchmessers des Tunnels ist die Luke quer eingebaut, die Türachse liegt also in der Verlängerung der Achse OWS-AM-MDA. Sie ist um 153 Grad nach außen schwenkbar.

Normalerweise verließen zwei Astronauten die Station. Einer blieb in der Luftschleuse zurück, reichte Werkzeug und Gerätschaften nach außen oder nahm sie entgegen, fotografierte und filmte seinen Kollegen bei der Arbeit und stand für Notfälle bereit. Der andere führte die eigentlichen Wartungsar-

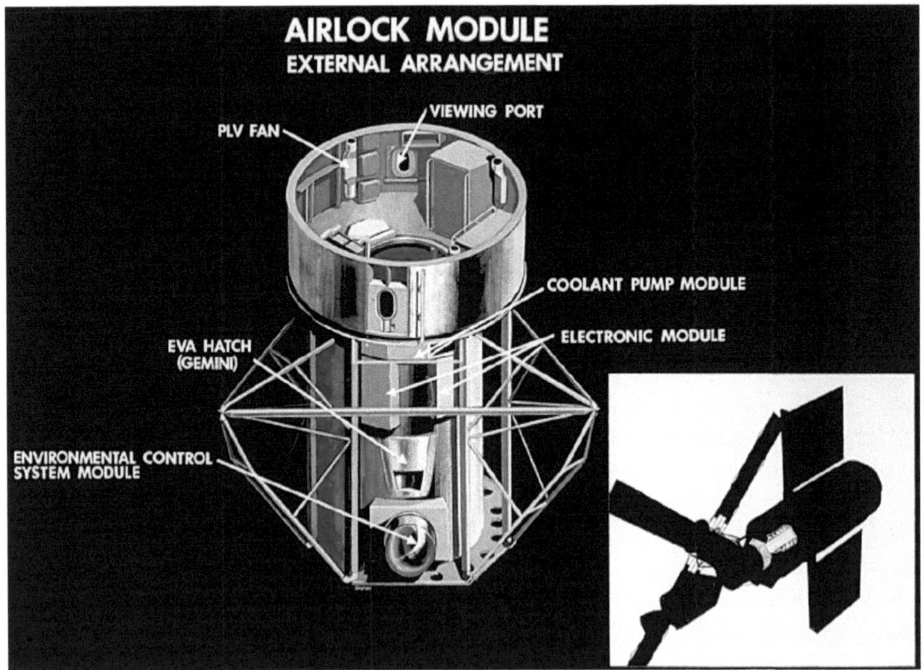

Abbildung 18: Interner Aufbau der Luftschleuse

beiten durch. Beide Astronauten bezogen Sauerstoff aus einer 18,3 m langen Verbindungsleine, die auch verhinderte, dass sie ins Weltall davon schwebten.

Die zweite Aufgabe der Luftschleuse ist die Reinigung und Regenerierung der Atemluft. Es befinden sich jeweils sechs Drucktanks für Sauerstoff und Stickstoff an der Schleuse. Drei der Stickstoffdruckgastanks sind anschließbar an eine Auffüllvorrichtung, die jedoch niemals eingesetzt wurde. Die Sauerstofftanks sind sehr schwer. Sie bestehen aus einem 4,5 cm dicken Stahlmantel mit einer 5 cm starken Fiberglasumhüllung. So verwundert es nicht, dass die Sauerstofftanks auch den Wiedereintritt überstanden. Die kugelförmigen Stickstofftanks aus Titan sind wesentlich leichter.

Von außen ist die Luftschleuse kaum zu sehen, sie wird nahezu vollständig vom Mikrometeoritenschild verdeckt. Insgesamt 30 Lampen drei verschiedener Typen gibt es in den drei Teilen der Luftschleuse. Außen gibt es 24 weitere Lampen an drei Positionen, um den oberen Ring der Luftschleuse, den Weg zum ATM und die Unterseite des ATM, wo der Film geborgen wurde, zu erleuchten. In der

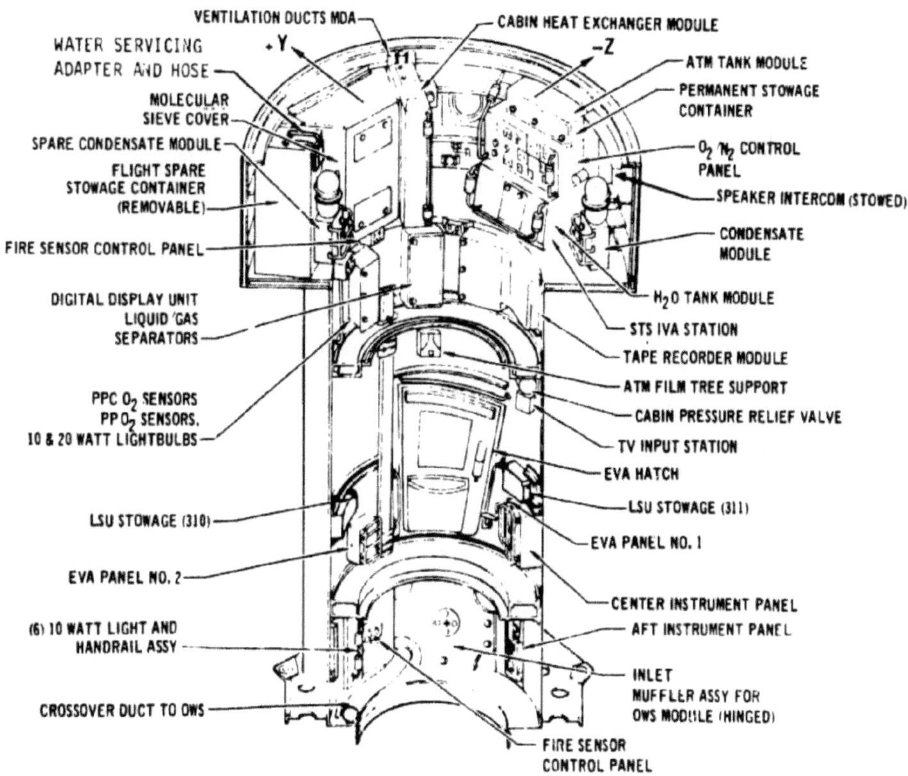

Abbildung 19: Innenausrüstung der Luftschleuse

Regel wurden 28 Volt Typ 308 Glühbirnen mit einer Leistung von 10 Watt eingesetzt, wie sie zu dieser Zeit auch in Autoscheinwerfern gebräuchlich waren.

Die Kontrollen für die Stromverteilung und das Umweltkontrollsystem befinden sich im kürzeren Tunnel, der sich an den MDA anschließt (STS = **S**tructural **T**ransition **S**ection genannt). In diesem Teil gibt es auch vier ovale Fenster von jeweils 20 × 25 cm Größe im Abstand von 90° um den Ring. Sie sind doppelt verglast aus zwei Scheiben von 0,63 und 1,1 cm Dicke, mit einem 0,63 cm breiten Zwischenraum, der durch ein Ventil entlüftet werden kann.

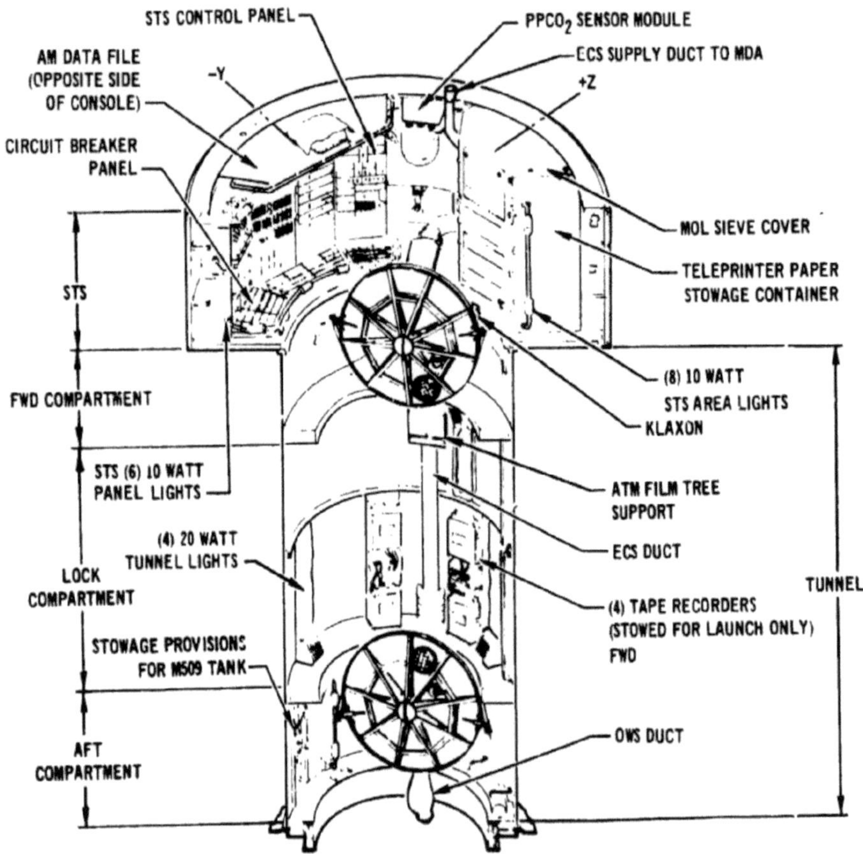

Abbildung 20: Innenausrüstung der Luftschleuse (andere Seite)

Die STS ist von einem Radiator aus Magnesium umgeben, der auch als Mikrometeoritenschutzschild fungiert. Er ist 7,6 cm von der Oberfläche entfernt. In der STS befindet sich auch das Dateninterface zur IU. Fernschreiber und Fernschreiberrollen sind dort installiert. Des Weiteren sind dort Schränke mit Vorratsbehältern für die Lithiumhydroxidkanister als Notsystem bei Ausfall der Atmosphärenregeneration. Sie werden auch bei der Regeneration des Molekularsiebs eingesetzt. Acht Lampen mit einer Leistung von jeweils 10 Watt dienen zur Beleuchtung. Eine zweite Temperaturregelung in der STS kühlte die EREP-Instrumente (**E**arth **R**esources **E**xperiment **P**ackage) im MDA mittels Wasser auf eine Temperatur von 10 bis 26°C. Entsprechende Leitungen führen an der Wand des MDA entlang. Die Regelung wälzte rund 100 l Wasser/min um.

Die Trägerstruktur war nur nach dem Start aktiv. Innerhalb von zehn Minuten schwenkte sie den ATM um 90 Grad mit einer Genauigkeit von 1 Grad in seine endgültige Position. An dem Gitter befinden sich eine Reihe von Experimenten, die erst von der Besatzung nach einer EVA montiert wurden.

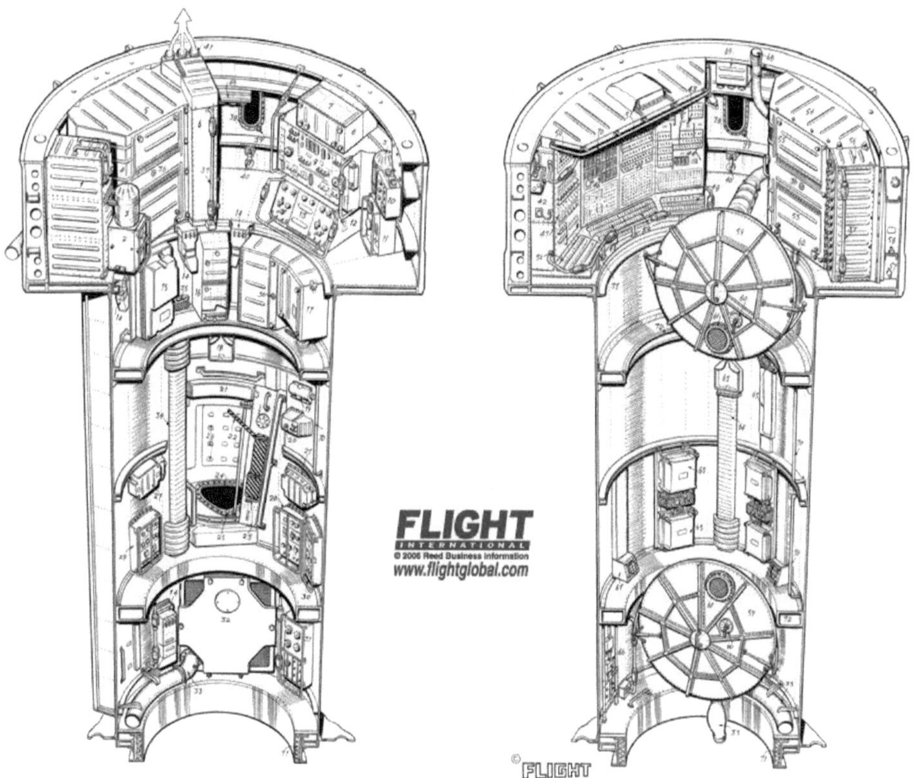

Abbildung 21: Die Luftschleuse © des Bildes Flight International

An der Außenseite der Luftschleuse befinden sich die Nickel-Cadmium-Batterien, welche den Strom, der vom ATM erzeugt wird, aufnehmen. Sie liefern eine Leistung von maximal 3.800 W auf der Nachtseite.

Über die Luftschleuse wird auch Gas aus der Station entlassen. Das Restaurieren einer normalen Atmosphäre dauerte 9,3 Stunden für die gesamte Station und 1,7 Stunden für die Luftschleuse und den MDA nach einer EVA-Operation.

Das Design der Luftschleuse ist für eine Zuverlässigkeit von 0,85 während der drei Missionen ausgelegt (Missionserfolg) und für eine Zuverlässigkeit von 0,995 für die Crewsicherheit.

Abbildung 22: Die Luftschleuse bei der Montage

Luftschleuse	
Gewicht:	22.902 kg
Eigentliche Luftschleuse (AM):	6.879 kg Trockengewicht 7.682 kg Startgewicht
Länge:	5,36 m
Anschluss zum MDA (Structural Transition Section):	3,05 m Durchmesser, 1,47 m Länge, 8,4 m³ Volumen
Tunnel:	1,65 m Durchmesser, 3,89 m Länge, 9 m³ Volumen Vorderteil: 79 cm Länge Mittelteil mit Ausstiegsluke: 2,03 m Länge Hinterteil: 1,07 m Länge
Freies Innenvolumen:	17,4 m³
Türen:	eine nach Außen, jeweils eine am Ende zum MDA und OWS, jeweils 1,20 m Durchmesser
Unterstützungsstruktur:	10.310 kg Gewicht ohne Gase 12.886 kg mit Gasen 2,03 m lang 6,70 m Durchmesser
Sauerstofftanks:	6 Stück, je 2,28 m lang, 1,14 m Durchmesser, aus glasfaserverstärktem Stahl Gewicht 1.270 kg ohne Gas Volumen jeweils 1,6 m³ enthalten je 424 kg Sauerstoff unter 210 Bar Druck davon je 373 kg nutzbar
Stickstofftanks:	6 Stück, kugelförmig, je 1,04 m Durchmesser, aus Titan Gewicht 178 kg ohne Gas Volumen jeweils 0,54 m³ an drei Trägern des Entfaltungsmechanismus, enthalten je 114 kg Stickstoff unter 214 Bar Druck, davon je 100 kg nutzbar
Entfaltungsmechanismus für den ATM:	1.698 kg Trockengewicht 1.834 kg Startgewicht mit Experimenten 3,09 m Länge fester Teil 4,93 m Länge drehbarer Teil

Der Multiple Docking Adapter (MDA)

Der MDA wurde vom MSFC hergestellt, die Innenausrüstung wurde von Martin-Marietta eingebaut.

Der Docking Adapter hat mehrere Aufgaben. Die Primäre ist es, einen Andockpunkt für die Apollo-Raumschiffe zu stellen. Es gibt zwei identische Koppeladapter. Die Ports 3 (radial) und 5 (axial) bestehen aus angepassten Luken, die aus dem Apollo-Programm von den Lunar Modulen übernommen wurden. Der MDA machte im Laufe der Zeit einige Entwurfsveränderungen durch, die sich in der Nummerierung der Ports niederschlug. Anfangs waren fünf Kopplungspunkte vorgesehen: ein Axialer und vier Radiale in 90° Abstand um den Außenzylinder. Daraus resultiert die Nummerierung der beiden verbliebenen Punkte. Nur der axiale Port wurde benutzt. Der Zweite war für Notfälle reserviert. Der Docking Adapter kann nicht nur gegen die Apollo-Kapsel verschlossen werden, sondern auch gegen die Luftschleuse. Er fungiert auch als Notquartier bei einer Beschädigung des OWS.

Der MDA ist die Zentrale für die Erdbeobachtung und Sonnenbeobachtung. Sämtliche Experimente für die Erdbeobachtung sind im MDA angebracht. Dafür existieren Aussparungen im Adapter. Die Kameras wurden vor einer Beobachtung jeweils vor ein Fenster montiert, das aus besonders reinem Glas besteht.

Abbildung 23: Der MDA zusammen mit dem ATM bei der Montage

In dem MDA befindet sich auch das Kontrollpult der Apollo Teleskop Montierung. Wenn sich Skylab auf der Sonnenseite des Orbits befand, war meistens ein Astronaut anwesend, um bei Sonneneruptionen oder anderen Aktivitäten die Instrumente zu aktivieren. In derselben Konsole befindet sich das Kontrollpult des Bordcomputers. Damit wird die räumliche Ausrichtung der Station kontrolliert.

Der Docking Adapter ist im Inneren voll mit Experimenten und Ausrüstung. In speziellen Tresor-Schrankfächern werden hier die Filme gelagert, bevor sie vor der Rückkehr in das CSM umgeladen werden. Ein Fenster am oberen Teil erlaubt den Blick auf das ATM. Außen an dem Kopplungsadapter befinden sich Sender und Empfänger für den Entfernungsmesser des CSM, Positionslichter und Ortungsmarkierungen. Der MDA besitzt wie der OWS einen Schild, der ihn vor Mikrometeoriten schützt. Dieser umgibt ihn in einem Abstand von 7,6 cm. Er ragt auch bis zur Luftschleuse und überdeckt dort einen Teil des Tunnels. Es ist das Röhrengeflecht des Radiators, welches auf einem Magnesiumblech angebracht ist.

Im MDA gibt es vier Fenster. Alle sind mit Aluminiumrahmen eingefasst, um die Lasten beim Start aufzunehmen. Das Größte hat die Abmessungen 59 × 46 cm und besteht aus einer einzigen Scheibe aus 4 cm starkem Borsilikatglas. An ihm wurden die S190A Kameras bei den Erdbeobachtungen

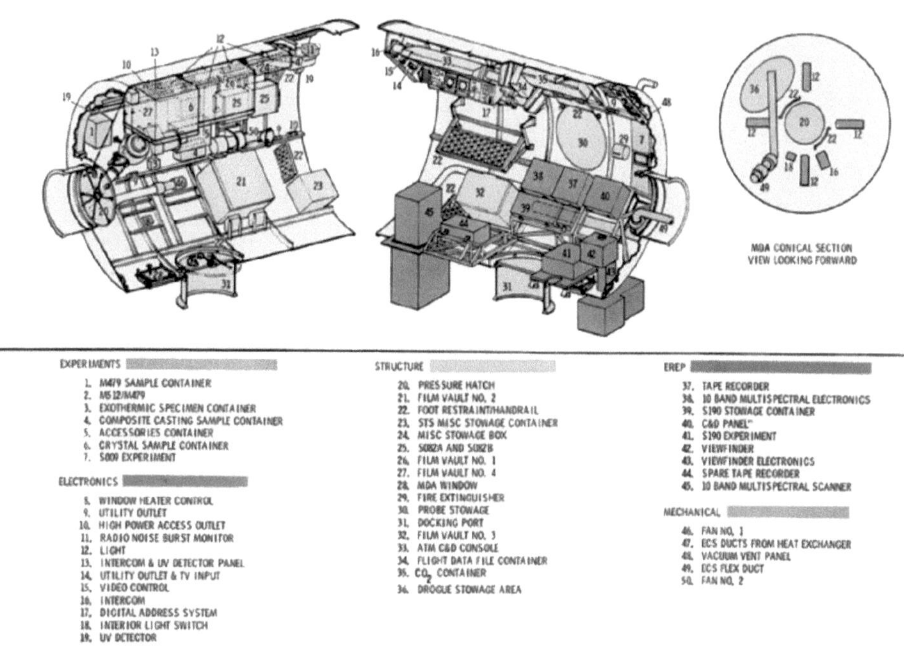

Abbildung 24: Position der Experimente und Kontrollen im MDA

Abbildung 25: Der MDA bei Martin Marietta

montiert. Es verfügt über einen Federmechanismus, der verhindert, dass Bewegungen der Raumstation zu Verwacklern bei den Fotos führen.

Auch die anderen Fenster sind für die Erdbeobachtungsinstrumente ausgelegt: Das Infrarotspektrometer schaut durch ein 10 cm großes, kreisrundes Fenster von 0,63 cm Stärke, ebenfalls aus Borsilikatglas. Die beiden Instrumente des Multispektralscanners blicken durch zwei kleinere Fenster. Beide haben einen Durchmesser von 7,6 cm und bestehen aus 0,63 mm dickem Glas. Ein Fenster ist aus Quarzglas und ist für die Beobachtung im optischen Wellenlängenbereich vorgesehen. Das andere besteht aus für Infrarotstrahlung durchlässigem Germanium. Alle Fenster sind mit Jalousien versehen, um eine Beschädigung durch Mikrometeoriten zu verhindern. Sie wurden nur für die Beobachtung hochgezogen.

Die S190B Kamera schaut durch die Wand hindurch und ist fest in ihr eingebaut. Im Inneren sind Steuerung und Filmkassetten zugänglich.

Kopplungsadapter	
Gewicht:	6.260 kg
Länge:	5,20 m
Durchmesser:	3,04 m
Innenvolumen:	31,8 m³
Kopplungsadapter:	einer axial, einer radial
Fenster:	4
Eingebaute Experimente:	S190A+B, S191, S192, S193, S194

Abbildung 26: Die Experimente im MDA, Blick zur OWS Luke

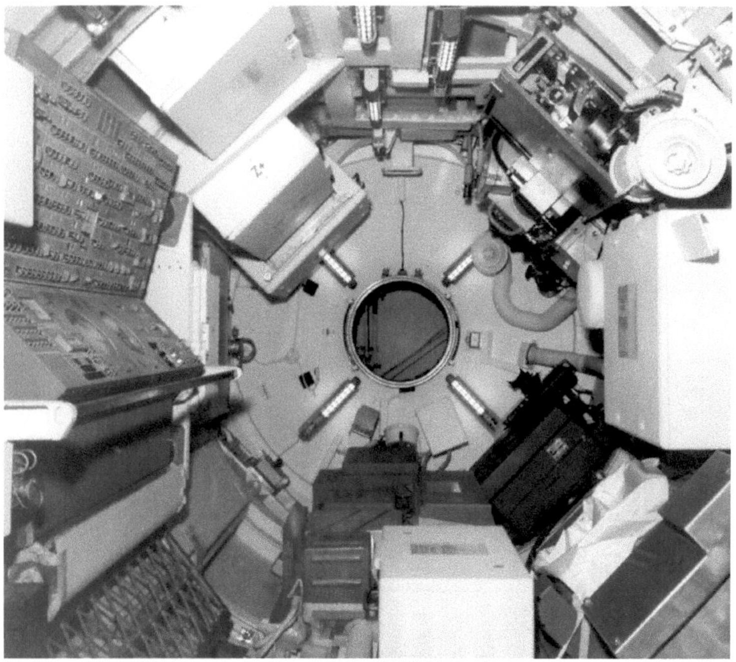

Abbildung 27: MDA Blick zur Luftschleuse. Links die ATM Konsole

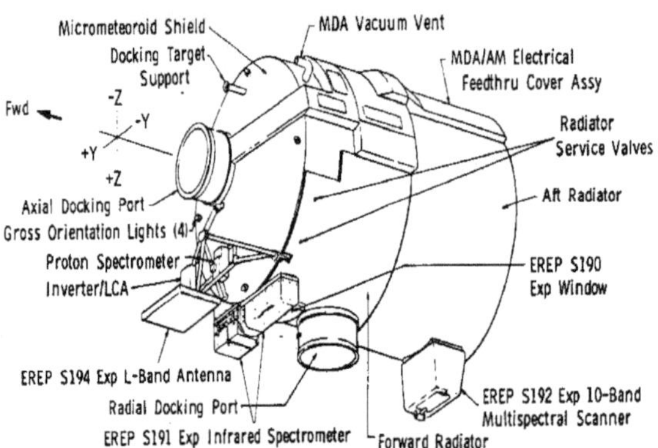

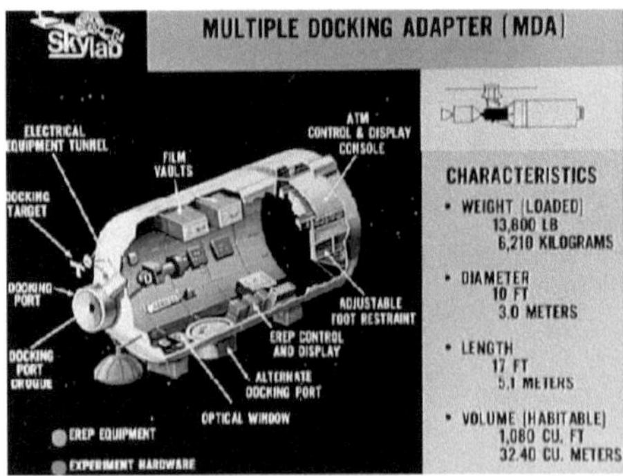

Abbildung 28: Die Instrumente des ATM (oben) und die wichtigsten Elemente des MDA (Mitte und unten)

Der Apollo Teleskope Mount (ATM)

Der ATM wurde vom MSFC entwickelt und gebaut. Den Namen erhielt das Sonnenteleskop durch seine Ursprünge im Apollo-Programm. Die ersten Entwürfe, die noch von einem „nassen" Workshop ausgingen, verwendeten dazu eine umgebaute Mondlandefähre, bei der die Landestufe durch den ATM ersetzt würde und die mit der Luke der Rückstartstufe an den MDA ankoppeln sollte. Mit diesem Konzept hat der ATM nichts mehr gemein. Die Sonnenbeobachtung war der wichtigste Punkt bei dem Programm, und daher ist der ATM auch das größte Einzelexperiment an Bord. Während der Zeit auf der Tagseite der Erde war ein Astronaut an der Beobachtungskonsole im MDA, um schnell auf Alarme über eine hohe Sonnenaktivität reagieren zu können. Er beobachtete über einen Monitor die Sonne und konnte so die Instrumente bei Ereignissen in den Modus mit schneller Bildfolge schalten.

Der ATM ist eine Sammlung von zehn Teleskopen in einem zylindrischen Kanister, der durch Schotten kreuzförmig in vier Sektionen unterteilt ist. Um die Temperatur des ATM konstant zu halten, ver-

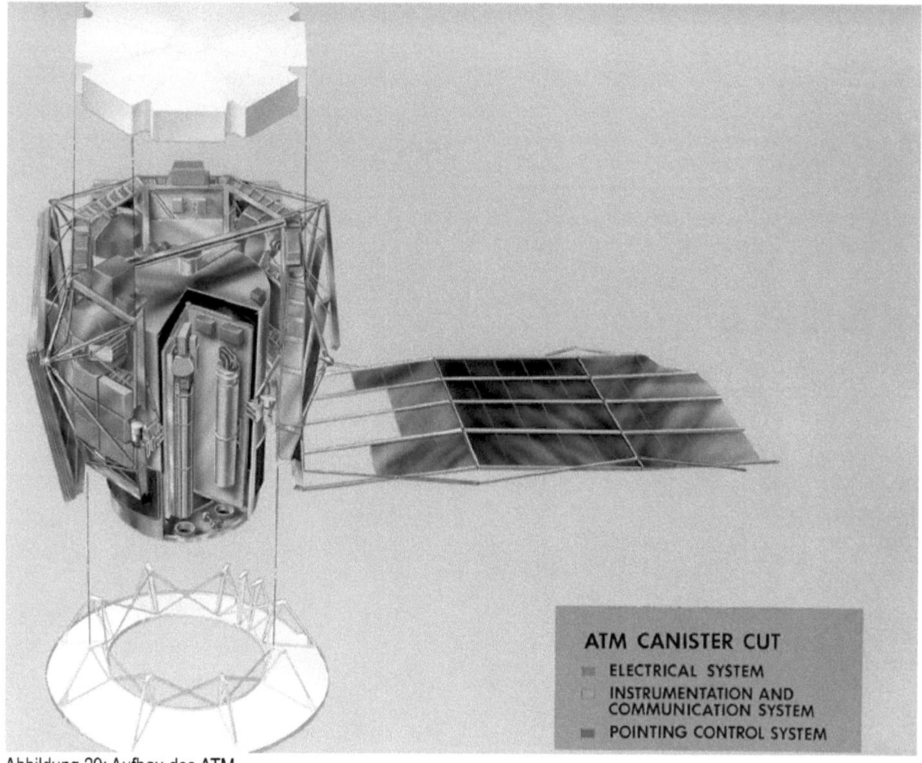

Abbildung 29: Aufbau des ATM

laufen an den Schotten und der Zylinderwand entlang Leitungen, in denen ein Gemisch Wasser/Methanol (80:20) als Kühlflüssigkeit zirkulierte. Die Flussrate betrug 400 kg/h. Die aufgenommene Wärme wurde durch einen Radiator an der Seite ins All abgestrahlt.

Die Instrumente besitzen Blenden, die vom Steuerpult aus geöffnet und geschlossen werden können. Es gibt am oberen Ende des ATM Öffnungen für Wartungsarbeiten und am unteren Ende Zugänge für das Auswechseln von Filmkassetten.

Im ATM befindet sich auch das Grobausrichtungssystem der Station, bestehend aus einem Stern- und Sonnensensor und den CMG (**C**ontrol **M**oment **G**yroscopes). Dazu kommt eine Feinausrichtung der Instrumente. Mit ihr justierte der Computer das Teleskop auf einen Punkt auf der Sonne mit hoher Präzision. Dazu gibt es an Teleskope angeschlossene Feinausrichtungssensoren, die nach dem gleichen Prinzip wie die Sonnensensoren für die allgemeine Ausrichtung der Station arbeiten. Durch die angeschlossene Optik wird jedoch eine höhere Genauigkeit erreicht. Die Türen zum Feinausrichtungssensor wurden bei jedem Sonnenaufgang geöffnet und bei Sonnenuntergang geschlossen, also rund 16-mal pro Tag. Bewegt werden die Instrumente in dem Kasten mittels eines Drehmechanismus aus Torsionsfedern. Die nominelle Maximalabweichung vom Zentrum der Sonnenscheibe beträgt 24 Bogenminuten. Die Drehung wird durch zwei Elektromotoren bewerkstelligt und von den Sonnensensoren gesteuert. Für das Auswechseln der Filmkassetten kann der gesamte Zylinder um 120 Grad gerollt werden. Die Aufhängung umgibt die Teleskope als achtseitiges Prisma mit einem maximalen

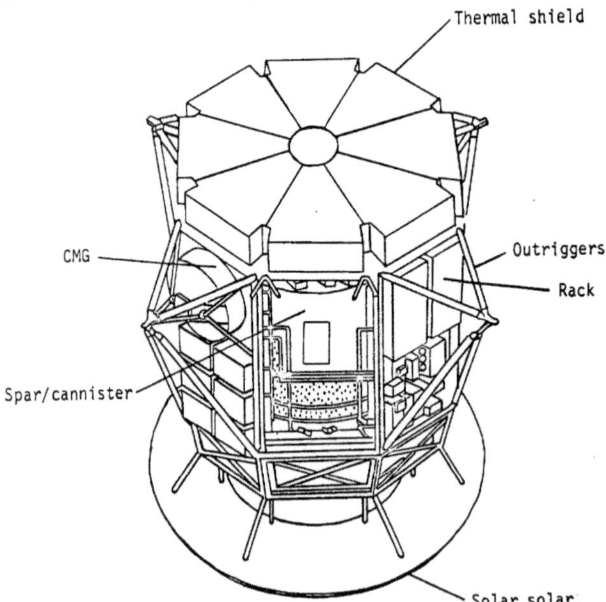

Abbildung 30: Elemente des ATM

Durchmesser von 3,00 m. Im unteren Bereich befinden sich 100 Elektronikkästen für die Steuerung und die Kühlung des ATM. Insgesamt besteht der ATM aus 140 Einzelteilen.

Am ATM befinden sich vier weitere Solarzellenflächen, welche der Stromversorgung des ATM und seiner Subsysteme dienen. Das Stromversorgungssystem des ATM produziert mehr Strom, als dieser selbst benötigt. Es ist dafür ausgelegt, bis zu 2.500 W an die Stationssysteme über eine Kabelverbindung an der Luftschleuse zu liefern.

Die Daten der Instrumente können über am ATM angebrachte Antennen und Sender zum Boden übertragen werden. Während der Zeit im Erdschatten zeichnete ein Bandrekorder die wichtigsten Daten mit niedriger Datenrate auf und übermittelte sie später zusammen mit den Echtzeitdaten. Ein Kommandoempfänger erlaubt auch die Steuerung des ATM vom Missionskontrollzentrum aus.

ATM	
Abmessungen:	6,00 m × 4,40 m
Gewicht:	11.092 kg, davon 857 kg Instrumente
Instrumentencontainer:	2,13 m Breite × 3,30 m Länge
Ausrichtungsgenauigkeit:	± 5 Bogenminuten über einen Bereich von 2 Grad
Feinausrichtungssystem:	Gyroskope mit einem Moment von 10.200 Js
Stabilität:	± 2,5 Bogensekunden über 15 min
Temperaturregelung:	4,5 bis 26,7°C
Datenrate:	72 Kbit/s Realzeit, 896 Kanäle 4 Kbit/s Datenrekorder, nur kritische Daten

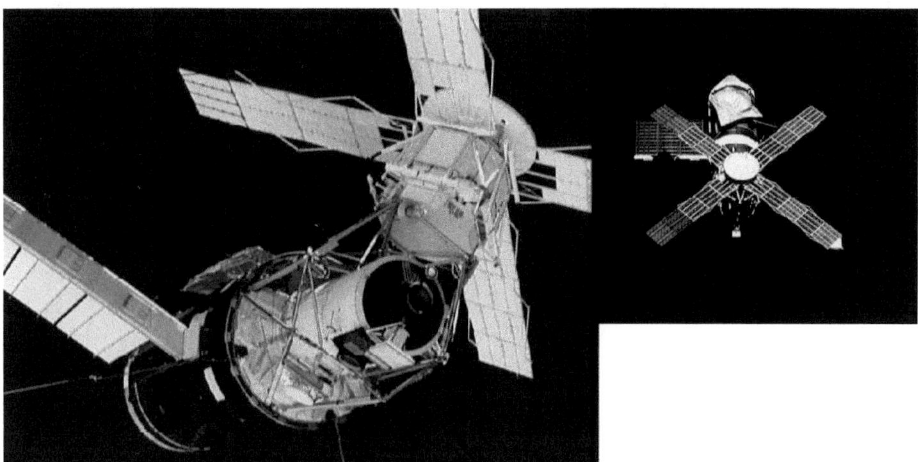

Abbildung 31: Skylab im Orbit. Blick von Unten auf den ATM und von oben auf die Solarzellenflügel und den Parasol.

Das Crew and Service Module (CSM)

Die Crew- und Servicemodule sind integraler Bestandteil von Skylab. An dem für Mondflüge entwickelten CSM waren nur wenige Änderungen notwendig. Rockwell untersuchte im Jahr 1970 (nach dem Unglück von Apollo 13) eingehend, ob das Raumschiff 28 oder gar 56 Tage mit heruntergefahrenen Systemen auskommen könnte. Es wurde für die Apollo-Missionen entworfen, und diese sahen zu keinem Zeitpunkt ein völliges Herunterfahren vor. Es zeigte sich, dass viele Systeme deaktiviert werden konnten, aber nicht alle. So wurden zahlreiche Systeme nach dem Ankoppeln abgeschaltet. Weiterhin aktiv war die Temperaturkontrolle sowohl für Batterien als auch für Flüssigkeiten und Gase.

Die ersten Pläne für ein Rettungsraumschiff entstanden aus der 1970 noch bestehenden Unsicherheit, ob zu Missionsende die Kapsel reaktiviert werden könnte. Eine Überprüfung seitens Rockwell, dem Hersteller des Raumschiffs, ergab aber, dass ein CSM eine Mindestlebensdauer von 140 Tagen im Orbit aufweisen würde.

In der Kapsel wurde mehr Platz für das Mitführen von Ausrüstung geschaffen, so befördert das CSM neben den beiden Astronauten noch 450 bis 680 kg an Ausrüstung. Es wiegt ohne Ausrüstung 13.782 kg. Da die Saturn IB selbst bei einer Treibstoffreserve von 1.000 kg, die aus Sicherheitsgründen nicht unterschritten werden durfte, 15.580 kg zur Station transportieren sollte, war die Menge der Ausrüstung nur durch den verfügbaren Stauraum begrenzt.

Das CSM besteht aus dem Command Module (der Apollo-Raumkapsel in Kegelform) und dem Service Module, welche die Lebenserhaltung, Treibstoffe, Wasser, Stromerzeugung, Kommunikation und die Antennen enthält.

Folgende Änderungen gibt es:

Abbildung 32: Das angekoppelte CSM der Skylab 3 Mission

- Einen zusätzlicher Tank mit bis zu 680 kg RCS-Treibstoff: Anders als bei den Mondmissionen, bei denen das Ankoppeln von den Mondlandern (LM) durchgeführt wurde, musste dies bei Skylab das CSM durchführen. Dafür war das Haupttriebwerk wegen des zu hohen Schubs nutzlos, und es wurde mehr Treibstoff für die RCS-Triebwerke benötigt (insgesamt 1.225 kg). Der

RCS-Treibstoff wurde auch benutzt, um den Orbit von Skylab aufrecht zu erhalten und so Treibstoff des TACS (**T**hruster **A**ttitude **C**ontrol **S**ystem) von Skylab einzusparen. Insgesamt waren 320 kg Treibstoff für die Feinkorrekturen bei den Kopplungsmanövern und 900 kg für den Betrieb des SPS (**S**ervice **P**ropulsion **S**ystem) vorgesehen.

- Das Haupttriebwerk benötigte dagegen, da es nur für die Bahnanhebung nach dem Start und vor der Landung benötigt wurde, erheblich weniger Treibstoff. Daher wurden zwei der vier Tanks für das Haupttriebwerk und ein Heliumdruckgastank entfernt.

- Ersetzen einer der drei Brennstoffzellen durch drei 500 Ah Batterien. Sie waren für die Rückkehr vorgesehen und hatten eine Lebensdauer von 140 anstatt 36 Tagen. Die Brennstoffzellen wurden nur benötigt, bis das Raumschiff an Skylab angekoppelt war.

- Die Hochgewinnantenne wurde demontiert. Sie ist im Erdorbit nicht notwendig.

- Installation von Ventilen, um Wasserstoff und Sauerstoff abzulassen, ohne einen Schubimpuls auszulösen. Beide Substanzen wurden in flüssiger Form mitgeführt. Während der langen Zeit im Orbit würde das Flüssiggas für die Brennstoffzellen verdampfen. Um ein Bersten der Tanks zu vermeiden, wurden Überdruckventile angebracht, welche die Gase derart entließen, dass sie nicht durch den erzeugten Schub die Lage des Labors veränderten.

- Anschluss für die Versorgungsleine der Raumanzüge. Die Besatzung bekam neue Raumanzüge. Das Lebenserhaltungssystem war nun nicht mehr in einem Tornister auf dem Rücken untergebracht, sondern die Anzüge sollten vom SWS mit Sauerstoff und Wasser versorgt

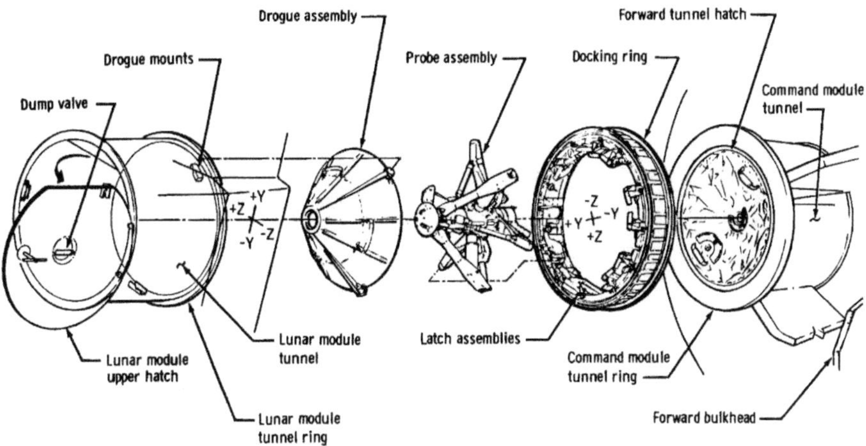

Abbildung 33: Aufbau des Dockingadapters, hier mit einem Lunar Module, dieser wurde auch in Skylab eingesetzt.

werden. Für die Dekompression der Kommandokapsel musste daher ein analoges System in der Kapsel vorhanden sein.

- Verstärkte Isolation und zusätzliche Heizelemente, um die Temperaturen im SM nicht zu stark absinken zu lassen.

- Installation einer Verbindungsleine, über die Skylab Strom an das CM liefern konnte.

- Für die Beförderung von Ausrüstung angepasste Aufteilung des Stauraums und verändertes Wiederaufrichtesystem nach der Landung, angepasst an den veränderten Schwerpunkt.

Auch im angekoppelten Zustand hatte das Raumschiff zwei wichtige Funktionen: Zum einen verliefen eine Reihe von Kommunikationsverbindungen über die Systeme des CSM. Zum anderen waren

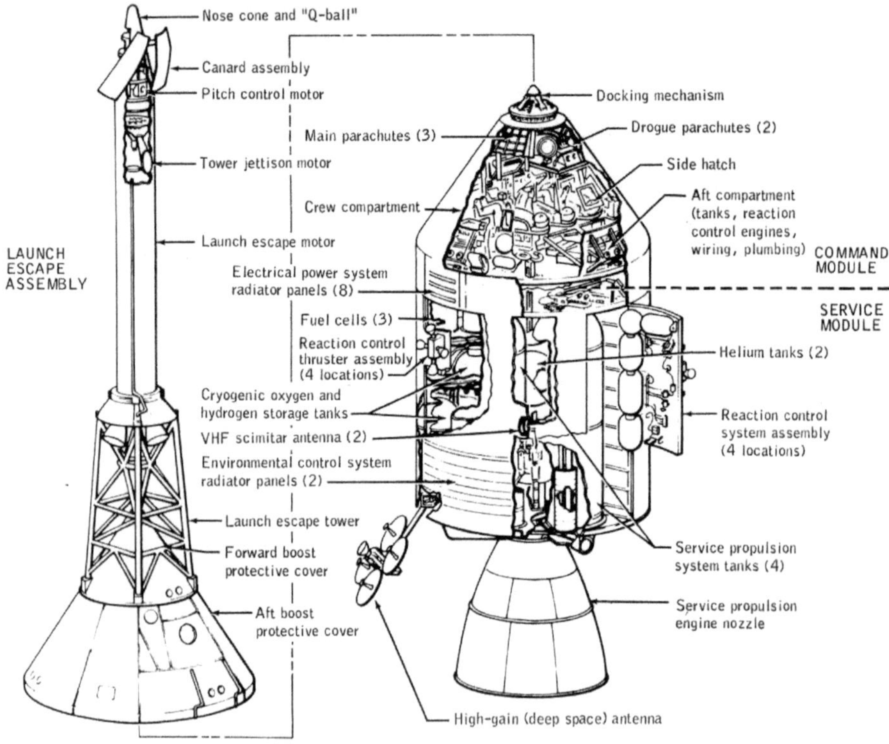

Abbildung 34: Die Bestandteile eines Apolloraumschiffs.
Bei Skylab gab es einige Abweichungen, so entfiel die HGA Antenne

die Möglichkeiten von Skylab, die Bahn regelmäßig anzuheben, begrenzt. Dies wurde von den RCS-Triebwerken des Servicemoduls durchgeführt. Die folgende Tabelle enthält das Gewicht aller drei CSM, die gestartet wurden. Jedes war schwerer als sein Vorgänger, da sukzessive mehr Verbrauchsmaterial zur Station befördert wurde. Die CSM benötigten etwa 1 t Treibstoff, bis sie die Bahn von Skylab erreichten und ankoppeln konnten. Für den Wiedereintritt waren weitere 700 kg Treibstoff erforderlich. Das ließ nur geringen Spielraum übrig, um die Station mit den RCS-Triebwerken anzuheben.

Mission	Gewicht
Skylab 2	13.978 kg
Skylab 3	14.167 kg
Skylab 4	14.916 kg

Überblick CSM	
Startgewicht CM:	5.987 kg
Startgewicht SM:	7.710 kg
Gewicht des SM mit Gasen/Flüssigkeiten, ohne Treibstoff:	6.100 kg
Startgewicht CSM (ohne Ausrüstung):	13.684 kg – 13.782 kg
Gesamtlänge:	11,30 m
Maximaler Durchmesser:	3,91 m
RCS System:	CM: 12 × 400 N SM: 16 × 440 N
Hauptantrieb:	1 × 98 kN
Länge CM:	3,60 m
Länge SM:	7,50 m
Maximale Betriebsdauer:	140 Tage
Nutzbares Innenvolumen:	6,18 m³

Internal Unit (IU)

Oberhalb des OWS befindet sich die „IU" genannte Instrumenteneinheit der Saturn V. Sie beinhaltet Batterien für die Bordstromerzeugung, Kreisel als Inertialplattform, Telemetriesender und -empfänger, den Bordcomputer und das Sicherheitssystem. Es entfällt das Selbstzerstörungssystem der IU für bemannte Missionen, und es gibt Anpassungen an der Software.

Eigentlich gehört die IU zur Trägerrakete, also der Saturn V. Bei einer „normalen" Saturn V befindet sich die IU über der S-IVB Stufe. Sie ist das Gehirn der Trägerrakete und verantwortlich für die gesamte Steuerung und die Übertragung der Telemetrie zum Boden. Die Saturn V war nach dem Start autonom. Der Transfer der IU zur S-II Stufe hätte wegen des Durchmessers von über 10,00 m (anstatt 6,60 m bei der S-IVB) eine weitgehende Neukonstruktion nötig gemacht. So blieb die IU an der gleichen Stelle – oberhalb der umgebauten S-IVB, dem Workshop. Sie behielt ihre alten Funktionen bei und bekam noch einige Neue hinzu, nämlich nach dem Start das Labor in die Position für die Ankopplung der ersten Besatzung zu bringen, die Stromversorgung und die Umgebungsbedingungen für einen Aufenthalt herzustellen.

Nach Erreichen der Umlaufbahn schwenkte die IU das Labor um 180 Grad, trennte die Nutzlasthülle ab und aktivierte das Kühlsystem von Skylab. Danach drehte sie den ATM und entfaltete die Solarzellenflügel des OWS und ATM. Als Nächstes baute die IU die normale Atmosphäre in der Station auf. Vor dem Start bestand die Atmosphäre aus reinem Stickstoff, nun wurde sie durch die Arbeitsatmosphäre aus Sauerstoff/Stickstoff ersetzt. Währenddessen wurde schon der Mikrometeoritenschutzschild entfaltet. Anschließend rollte die IU die Station so, dass die ATM Instrumente auf die Sonne zeigten. Zuletzt wurde die Kontrolle der Station und der Lageregelung auf den ATM-Computer der Station übertragen und die IU passiviert. Dies sollte 7,5 Stunden nach dem Start der Fall sein.

IU	
Gewicht:	2.065 kg
Durchmesser:	6,60 m
Höhe:	0,91 m
Betriebsdauer:	10 h
Stromversorgung:	Batterien

Nutzlastverkleidung

Die Nutzlastverkleidung (Payload Shroud) gehört üblicherweise zur Trägerrakete. Doch wie bei der IU gibt es auch hier bei Skylab eine besondere Lösung.

Die Leistungsfähigkeit der Saturn V erlaubte es, bei Skylab die Nutzlastverkleidung mit in den Orbit zu transportieren und erst dort abzutrennen. Bei anderen Trägerraketen ist eine Abtrennung üblich, sobald die Rakete eine Höhe von 100-110 km erreicht hat, wenn die von der Restatmosphäre auf die Nutzlast übertragene Reibungshitze genauso groß ist wie Erwärmung durch die Sonne. Das wäre bei dem Skylab Start kurz nach Zündung der zweiten Stufe, in etwa zu dem Zeitpunkt, bei dem auch der Zwischenstufenadapter abgetrennt wird, der Fall gewesen.

Dass die Nutzlastverkleidung erst in der Umlaufbahn abgetrennt wird, erlaubt dies das Risiko zu minimieren, dass sie mit Skylab bei der Abtrennung kollidiert. Die Verkleidung ist am vorderen Abschlussring des OWS befestigt und besteht aus zwei Sektionen: einer konischen Spitze und einer zylinderförmigen Hülle um die Luftschleuse, dem MDA und dem noch zusammengeklappten ATM. Sie besteht aus einer Aluminiumhülle, verstärkt durch Querringe. Sie ist mit 11.555 kg sehr massiv. Die

Abbildung 35: Abtrennung der Nutzlastverkleidung im Orbit

Abbildung 36: Montage der Nutzlastverkleidung von Skylab

Nutzlastverkleidung der Ariane 5 z.B. weist die gleiche Länge auf und wiegt bei einem etwas geringeren Durchmesser von 5,40 m nur 2.700 kg.

Wenn sich Skylab kurz nach Erreichen des Orbits um 180 Grad dreht, sodass der MDA gegen den Bewegungsvektor zeigt, erfolgt die Abtrennung der Nutzlasthülle, sobald diese senkrecht zur Erde zeigt. Sprengbolzen trennen sie in vier Teile auf. Sie bewegen auch die Verkleidung von der Station weg. Um dies zu unterstützen, werden gleichzeitig die Retroraketen der S-IVB, die sich im oberen Teil des Workshops befinden, gezündet. So wird die Raumstation auch aktiv von den vier Teilen der Nutzlastverkleidung entfernt. Die vier Teile erreichen bei der Abtrennung eine niedrigere Bahn, die dazu führt dass nicht mit Skylab kollidieren können.

	Länge	Dicke/Legierung
Zylinderförmige Sektion:	8,89 m	1,6 mm AL 2024-T3
Nasenkappe:	8,23 m	2,08 mm AL 2024-T32
Gesamtlänge:	17,12 m	
Durchmesser:	6,60 m	
Gewicht:	11.555 kg	

Die Trägerraketen

Als Skylab startete, war die Produktion der mächtigen Saturn Trägerraketen schon ausgelaufen. Die Einstellung betraf vor allem die Produktion der Saturn IB. Die NASA hatte bei Auftragsvergabe zwölf Saturn IB und 15 Saturn V bestellt. Später bestellte sie vier weitere Saturn IB.

Bedingt durch verschiedene Umstände änderten sich die Planungen jedoch rasch. Zum einen wurde der ambitionierte Flugplan des AAP nach und nach zusammengestrichen. Es waren also nicht mehr so viele zusätzliche Träger nach Ende des Apollo-Programms nötig.

Zum Zweiten verlief auch Apollo anders als erwartet. Zuerst waren weniger Testflüge für die Saturn IB und Saturn V nötig. Dann brachte der Brand von Apollo 1 den Zeitplan durcheinander. Ursprünglich sollte Apollo 1 im März 1967 starten. Weitere bemannte Flüge mit der Saturn IB waren geplant, bevor es mit der Saturn V zum Mond gehen sollte. Nun gab es eine Zeitverzögerung von 18 Monaten. In diesen gab es weitere unbemannte Tests, in denen das CSM und LM im Orbit getestet wurde. Nach dem Jungfernflug der Saturn V im November 1967 wollte die NASA so schnell wie möglich zu den Mondflügen übergehen, um die Verzögerung aufzuholen. Schon der dritte Flug der Saturn V war bemannt und führte mit Apollo 8 in eine Mondumlaufbahn. Der einzige bemannte Start einer Saturn IB während des Apollo-Programms war der von Apollo 7.

Im April 1968 wurde die letzte Saturn IB des ersten Loses fertiggestellt. Doch schon im August desselben Jahres befand die NASA, dass sie mit den schon bestellten Saturn V und den vorhandenen Saturn IB das gesamte Apollo-Programm durchführen könnte. Bis dahin waren die ersten Stufen der SA-213 und SA-214 fertiggestellt worden. Die Produktion weiterer erster Stufen wurde eingestellt. Später wurden die Triebwerke ausgebaut und in Delta Trägerraketen verwendet, der Rest der Stufen wurde verschrottet. Die S-IVB waren noch nicht produziert worden.

Beim Start von Skylab verfügte die NASA noch über drei Saturn V (SA-513, 514 und 515). Dazu kamen noch die Saturn IB SA-206 bis 212. Von SA-211/12 waren die zweiten Stufen zu Skylab A+B umgebaut worden. Als Ersatz hätten die NASA die dritten Stufen der SA-513/14 einsetzen können. Dies nährte die Hoffnung, das zweite Exemplar von Skylab doch noch starten zu können. Zumindest gab es den Plan, dieses Labor zu starten, wenn das Erste dauerhaft beschäftigt geblieben wäre. Aufgrund des Aufwands und der mehrmonatigen Startvorbereitungszeit wurde jedoch in jedem Falle erst ein Reparaturversuch durch die Skylab 2 Besatzung abgewartet.

Die Nomenklatur der NASA unterscheidet bemannte Flüge (SA – **S**aturn **A**pollo) und unbemannte Flüge (AS – **A**pollo **S**aturn). Sie nummeriert aber die Träger unabhängig von bemannten oder unbemannten Missionen durch. Die Trägernummer steckt in den letzten zwei Ziffern der dreistelligen

Nummer. Die erste Ziffer informiert über die Trägerrakete: Eine „1" steht für eine Saturn I, eine „2" für die Saturn IB und eine „5" für die Saturn V.

Starts der Saturn IB und V				
Datum	**Nutzlast**	**Trägerrakete**	**Startplatz**	**Erfolg**
26.02.1966	Apollo AS-201	Saturn IB	CC LC34	√
05.07.1966	Apollo AS-203	Saturn IB	CC LC37B	√
25.08.1966	Apollo AS-202	Saturn IB	CC LC34	√
09.11.1967	Apollo 4	Saturn V	KSC LC39A	√
22.01.1968	Apollo 5	Saturn IB	CC LC37B	√
04.04.1968	Apollo 6	Saturn V	KSC LC39A	(√)
11.10.1968	Apollo 7	Saturn IB	CC LC34	√
21.12.1968	Apollo 8	Saturn V	KSC LC39A	√
03.03.1969	Apollo 9	Saturn V	KSC LC39A	√
18.05.1969	Apollo 10	Saturn V	KSC LC39B	√
16.07.1969	Apollo 11	Saturn V	KSC LC39A	√
14.11.1969	Apollo 12	Saturn V	KSC LC39A	√
11.04.1970	Apollo 13	Saturn V	KSC LC39A	√
31.01.1971	Apollo 14	Saturn V	KSC LC39A	√
26.07.1971	Apollo 15	Saturn V	KSC LC39A	√
16.04.1972	Apollo 16	Saturn V	KSC LC39A	√
07.12.1972	Apollo 17	Saturn V	KSC LC39A	√
14.05.1973	Skylab SL-1 Orbital Workshop	Saturn V	KSC LC39A	√
25.05.1973	Skylab SL-2	Saturn IB	KSC LC39B	√
28.07.1973	Skylab SL-3	Saturn IB	KSC LC39B	√
16.11.1973	Skylab SL-4	Saturn IB	KSC LC39B	√
15.07.1975	Apollo-Sojus Test Projekt	Saturn IB	KSC LC39B	√

Saturn IB

Die Saturn IB entstand aus der Saturn I. Während die erste Stufe weitgehend unverändert blieb, wurde in der zweiten Stufe das neu entwickelte J-2 Triebwerk eingesetzt. Dieses blieb bis zum Start des Space Shuttle das leistungsstärkste, mit Wasserstoff betriebene Triebwerk.

Die Entwicklung der Saturn IB, unter der ursprünglichen Bezeichnung Saturn C-2, wurde am 31.3.1961 genehmigt. Die Entscheidung über den Einsatz einiger Komponenten erfolgte jedoch erst relativ spät. So wurde erst im Juni 1963 die endgültige Genehmigung für die Entwicklung der S-IVB Stufe und im April 1964 für den Bordcomputer und die Navigation erteilt. Die Entwicklung des „Upgraded H-1 Triebwerks" (H-2) wurde erst am 8.11.1963 begonnen. Rocketdyne lieferte in Rekordzeit schon im Juni 1964 die ersten vier H-2 Triebwerke aus.

Am 1.4.1965 wurde der erste statische Brennversuch der ersten Stufe der Saturn IB durchgeführt. Der erste Test einer S-IVB fand am 8.5.1965 statt. Zu diesem Zeitpunkt war das Saturn I Programm schon abgeschlossen. Am 9.8.1965 und am 19.9.1965 trafen die erste und zweite Stufe des ersten Flugexemplars im Cape ein. Der erste Start fand am 28.2.1966 statt. Auf dem Cape gab es zwei Startkomplexe für die Saturn IB – LC34 mit einer und LC37 mit zwei Startrampen. Zu jeder Startanlage gehörte ein 95 m hoher Versorgungsturm. Diese Komplexe wurden nur bis 1968 genutzt. Die Startrampen wurden nach dem Start von Apollo 7 eingemottet. Als fünf Jahre später erneut Saturn IB zu Skylab starteten, nutzten diese die Startanlagen der Saturn V. Dazu wurden sie auf einen erhöhten Starttisch gestellt, damit die Verbindungsleitungen auf der richtigen Höhe waren. Dieser Tisch hatte eine Höhe von 38,50 m. Die Breite betrug an der Basis 14,60 m und 6,67 m an der Spitze. Die als „Milchstuhl" bezeichnete Gitterkonstruktion wog 454 t, davon war die Hälfte Ausrüstung.

Die S-IB

Die S-IB war weitgehend identisch mit der S-I der Saturn I, wobei es aber gelang, Gewicht einzusparen. So war ihr Startgewicht um 12 t und ihre Leermasse um 5 t kleiner als bei der S-I der Saturn I. Vor allem die Finnen der S-IB konnten verkleinert werden. Jede einzelne der Finnen wog nur noch 271 kg. Die S-IB setzte die H-2 Triebwerke mit 890 kN Bodenschub ein. Später wurde der Schub noch auf 912 kN gesteigert. Die Gesamtzahl aller gefertigten H-1/2 Triebwerke beläuft sich auf 322. Davon flogen 160 an Bord der Saturn I und Saturn IB. Weitere 102 Triebwerke wurden in der Delta von 1974 bis 1992 eingesetzt. Der Rest wurde für das Testprogramm benötigt oder wurde eingelagert.

Während der ersten Flüge wurden bis zu 500 Messwerte zum Boden übertragen. Es flogen bei den ersten Starts auch Hochgeschwindigkeitskameras in der ersten Stufe mit, die später geborgen wurden. So wurden die sich leerenden Tanks von innen gefilmt. Später wurden diese dann eingespart. Die erste Stufe beinhaltete 85 km elektrische Kabel, 73.000 Kontakte und 1.700 elektrische und elektronische Komponenten. 320 Ventile steuerten die Gas- und Flüssigkeitsströme. Zwei 28 V Batterien dienten zur Stromversorgung. S-IVB und S-IB waren mit einem 3.085 kg schweren Zwischenstufenadapter verbunden. Er verblieb nach Stufentrennung an der ersten Stufe.

Das H-1 Triebwerk

Das H-1 war vom Schub und der Technologie her vergleichbar mit den Triebwerken in den Thor und Atlas Trägerraketen. Es wurde aus dem S3D der Jupiter entwickelt. Anders als dieses Modell sollte es aber Menschen befördern. Daher galt es, das Triebwerk besonders sicher zu machen. Ein Problem, welches damals viele Triebwerke hatten, war die „combustion instability" (Verbrennungsinstabilität).

Abbildung 37: Die S-IB Stufe der Saturn I bei der Montage

Dabei verbrannte das Triebwerk den Treibstoff nicht gleichmäßig. Es kam zu turbulenten Strömungen und Druckschwankungen, welche das ganze Triebwerk zerstören konnten und Ursache vieler Fehlschläge der damaligen Raketen waren. Es handelt sich um ein typisches Feedbacksymptom: Die Druckschwankungen im Triebwerk führen zu einer Variation des Treibstoffflusses, da der Treibstoff gegen den Brennkammerdruck eingespritzt wird. Dies wiederum erzeugt noch größere Druckschwankungen durch veränderte Mengen an Treibstoff, da der Brennkammerdruck abhängig vom Treibstofffluss ist. Die Rückkopplung führt zur Verstärkung des Phänomens bis hin zur Explosion des Triebwerks.

Bei dem H-1 durften diese Störungen nicht auftreten, oder das Triebwerk sollte fähig sein, sie automatisch auszugleichen. Dazu setzte das MSFC eine neue Technik ein, die „Bomb Test" genannt wurde. Dazu wurde ein kleiner Sprengsatz mit 3 g Sprengstoff in der Brennkammer platziert. Dieser war so geschützt, dass die Triebwerkszündung ihn nicht zur Explosion brachte, aber die Verbrennung des Treibstoffs die Isolation abtrug. So explodierte er erst kurz nach dem Hochfahren des Triebwerks. Der Effekt war eine Druckwelle, welche die Verbrennungsflamme zur Instabilität brachte. Bei Thor und Jupiter Raketen konnte in 50% der Fälle das Triebwerk nicht wieder in den Normalzustand zurückkehren. Es wurde die Anordnung der Düsen in den Injektoren verändert und Blenden unter den Einspritzöffnungen angebracht, bis das H-1 Triebwerk diese „Bomb Tests" bestand. Später wurden Studien- und Doktorarbeiten vergeben, um das Phänomen besser zu verstehen und es zu vermeiden. Das gelang jedoch nicht vollständig. Verbrennungsinstabilitäten kommen auch heute noch vor und waren auch in den letzten Jahren Ursache von Fehlschlägen, so z.B. beim zehnten Ariane 5 Start.

Das H-1 war ein Triebwerk herkömmlicher Bauart mit Nebenkreislauf und einem mittelhohen Brennkammerdruck. Eine gemeinsame Turbine trieb über ein Getriebe die Pumpen für Sauerstoff und Kerosin mit gleicher Drehzahl an. Angelassen wurde es durch eine Feststoffpatrone mit 3 kg Ammoniumnitrat. Die Zündung des Treibstoffs erfolgte durch einen Vorlauf mit Triethylaluminat, welches hypergol mit dem Sauerstoff reagiert. Gegenüber dem Vorgängermodell S3D lag die wesentliche Verbesserung in der drastischen Reduktion der Einzelteile. Dies wurde vor allem durch das direkte Anbringen der Turbopumpe an der Schubkammer erreicht, da so die Anzahl der flexiblen und dadurch störanfälligen Verbindungen reduziert wurde. Die Turbopumpe machte alle Schwenkbewegungen der Triebwerke mit. Ventile wurden durch geeichte Blenden in den Treibstoffleitungen ersetzt. Das führte zu einer Reduktion der Einzelteile um 90%. Rocketdyne sparte zum Beispiel den 73 l fassenden Tank für das Schmieröl ein und nutzte dazu das Kerosin. Die dadurch erzielten Einsparungen in den Produktionskosten führten zum Einsatz des Triebwerks in der Delta von 1974 bis 1992. Eine weitere Verbesserung war die Wahl einer glockenförmigen Düse. Gegenüber der konischen Düse verringerte diese Form die Baulänge um 20%.

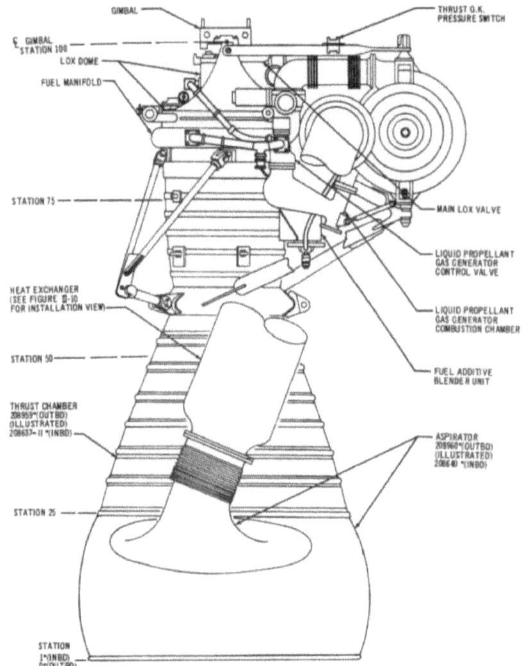

Abbildung 38: H-1 Triebwerk

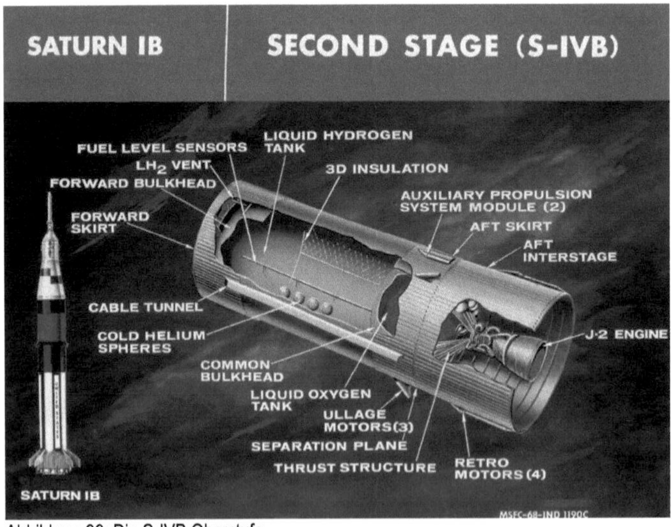

Abbildung 39: Die S-IVB Oberstufe

Der Auftrag für das H-1 wurde am 11. September 1958 an Rocketdyne vergeben. Ziel war ein Schub von 836 kN. Die ersten Triebwerke, die ausgeliefert wurden, hatten jedoch nur 734 kN Schub, um die Zuverlässigkeit zu erhöhen. Bei den ersten Tests mit 836 kN Schub wurden Risse in den Kühlkanälen beobachtet. Bis die Kühlkanäle durch Edelstahl ersetzt waren, musste der Schub begrenzt werden. Insgesamt gab es das H-1 in vier Versionen mit 734, 836, 890 und 912 kN Schub. Die Saturn I setzte die 734 und 836 kN Versionen ein, die Saturn IB für die ersten fünf Flüge die 890 kN Modelle und für die folgenden Flüge die 912 kN Triebwerke. Die schubgesteigerten Triebwerke für die Saturn IB erhielten die Bezeichnung H-2. Die Produktion für die H-1 der Saturn I in der 734 und 836 kN Version lief schon 1962 aus, und die verbliebenen 72 Triebwerke wurden eingelagert.

H-1 Triebwerk	
Schub am Boden	836 kN – 912 kN
Spezifischer Impuls Boden	2512 m/s
Spezifischer Impuls Vakuum	2824 m/s
Mischungsverhältnis LOX zu Kerosin	2,27 zu 1
Verbrennungsträger	Kerosin RP-1
Oxidator	flüssiger Sauerstoff (LOX)
Schub zu Gewichtsverhältnis trocken	110
Schub zu Gewichtsverhältnis nass	91
Düsenhalsdurchmesser	41,1 cm
Düsenmündungsdurchmesser	120,9 cm
Entspannungsverhältnis	8:1
Brennkammerdruck	37,5 Bar
Brennkammer und Düse	331 kg
Kardanische Aufhängung	32 kg
Turbopumpen	224 kg
Leitungssysteme Oxidator	25 kg
Leitungssysteme Verbrennungsträger	21 kg
Gasgenerator	17 kg
Sonstiges	30 kg
Flüssigkeiten	145 kg
Gewicht (startbereit / trocken)	997 / 888 kg
Länge	2,64

Die S-IVB

Die zweite Stufe S-IVB setzte das J-2 Triebwerk ein. Dieses Triebwerk verbrannte Wasserstoff und Sauerstoff und entwickelte fünfzehnmal mehr Schub als das RL-10, das in der Saturn I eingesetzt wurde. Es ermöglichte dadurch eine doppelt so schwere Oberstufe. Dadurch stieg auch die Nutzlast auf 18,6 t an.

Die S-IVB Stufe enthielt einen einzigen Tank, der durch einen Zwischenboden in einen unteren Sauerstofftank und einen oberen Wasserstofftank getrennt war. Die Treibstoffzuladung betrug 87.200 kg flüssigen Sauerstoff und 18.000 kg flüssigen Wasserstoff. Der Wasserstofftank hatte ein Volumen von 252.750 l, während der Sauerstofftank nur 73.280 l aufnahm. Die Tanks waren nicht selbsttragend. In der tragenden Zelle befand sich der Tank mit einer relativ dünnen Tankwand von 0,813 bis 1,4 mm Dicke. Die Treibstoffleitungen des Wasserstoffs wurden außen um den Sauerstofftank herum unter der tragenden Struktur zum Triebwerk geführt.

Bei der S-IVB wurden Aluminiumlegierungen eingesetzt. Als Isolation kam „synthetisches Balsa" zum Einsatz. Es gelang den Entwicklern, eine dreidimensionale Fiberglasmatrix in einen Polyurethan block einzubetten. Das Fiberglas gab dem Block Härte und Stabilität, während das Polyurethan isolierte. Diese Konstruktion bewährte sich. Etwa 4.300 dieser 30 × 30 cm großen Kacheln wurden an der Innenseite des Wasserstofftanks angebracht und bildeten die Tankisolation. Abgeschlossen wurden sie durch ein im Vakuum aufgebrachtes Fiberglasnetz. Dieses verhinderte, dass sich ablösende Kacheln in den Treibstoff gelangen konnten. Die Isolation der S-IVB Stufe erlaubte es, die Flugdauer von 10 Minuten auf 4,5 Stunden zu erhöhen. Ohne diese Isolation hätte der Wasserstofftank 1.100 l Wasserstoff pro Minute durch Verdampfen verloren. Am unteren Sauerstofftank befand sich das kegelförmige Schubgerüst. Es übertrug über einen ringförmigen Adapter die Kräfte auf die Außenzelle, welche die eigentlichen Lasten aufnahm. An diesem Ring war auch der Stufenadapter angebracht.

Jedes J-2 Triebwerk hatte einen Nominalschub von 896 kN bei der Zündung. Das Mischungsverhältnis von Wasserstoff zu Sauerstoff konnte im Bereich von 1 zu 4,5 bis 1 zu 5,5 Gewichtsanteilen variiert werden. Der Schub variierte entsprechend von 784 bis 1.008 kN. Gemittelt über den Gesamtbetrieb lag das Mischungsverhältnis bei 1 zu 5,1.

Abbildung 40: Blick auf das J-2 Triebwerk einer S-IVB. Die Kugeltanks nehmen Helium und Wasserstoff auf.

Die Saturn S-IVB Stufe sollte, anders als die S-IV, im Vakuum wiederzündbar sein. Bei der Saturn V musste sie nach eineinhalb Erdumkreisungen das Apollo-Raumschiff zum Mond bringen. Dazu wurden die Tanks vor der Zündung mit einem Sauerstoff/Wasserstoff Vorbrenner unter Druck gesetzt. Dies war ein kleines Raketentriebwerk von 71 bis 89 N Schub, welches gasförmigen Sauerstoff und Wasserstoff aus den Tanks verbrannte. Das Verbrennungsgas öffnete Ventile in den neun Heliumflaschen, die wiederum den Sauerstofftank unter einen Druck von 2,6 bis 2,9 bar setzten. Dieser Druck war ausreichend, um genügend Treibstoff in die Leitungen zu pressen und den Gasgenerator anspringen zu lassen. Beim Wasserstofftank reichte alleine der Druck des durch Verdampfen gebildeten Wasserstoffgases für einen Tankdruck von 2,2 bis 2,4 bar aus. Überdruckventile verhinderten einen zu hohen Druckanstieg. Der Vorbrenner besorgte auch das Vorkühlen der Sauerstoffpumpe und der Treibstoffleitungen für den Sauerstoff. Dazu öffnete er eine kleine Leitung, durch die ein kleiner Sauerstofffluss durch diese Systeme vor der Zündung geleitet wurde.

Ein Tank mit 0,1 m³ Wasserstoffgas wurde zusammen mit den Treibstoffventilen geöffnet, und das zusätzliche Gas brachte die Turbine schnell auf Touren. Er wurde vor dem Start befüllt. Für die Wiederzündung wurde verdampfender Wasserstoff aus dem Wasserstofftank genutzt und damit der Starttank erneut gefüllt, bevor das Triebwerk nach der ersten Brennperiode abgeschaltet wurde. Damit dies möglich war, musste die Stufe mindestens 50 s lang brennen. Diese Vorgehensweise erlaubte mehrere Wiederzündungen (maximal neun bei einer Gesamtbrenndauer von 475 s).

Eine Besonderheit der S-IVB Stufe der Saturn IB war, dass sie das Mischungsverhältnis von Sauerstoff zu Wasserstoff während des Betriebs variierte. Das Triebwerk zündete mit einem Verhältnis von 5:1, entsprechend 890 kN Schub. Fünf Sekunden später wurde auf 5,5:1 umgestellt. Daraus resultiert der maximale Schub von 1.020 kN. Nach 325 s war die Stufe erheblich leichter geworden, und zwei Drittel des Treibstoffs waren verbraucht. Nun wurde das J-2 mit einem Mischungsverhältnis von 4,8:1 mit 807 kN Schub betrieben. Dies reduzierte nicht nur die Beschleunigung vor Brennschluss von 5 auf 4 g, sondern steigerte auch den spezifischen Impuls. In dieser Phase lag er bei 4187 m/s, während er vorher 4148 m/s betrug. Entsprechend schwankte auch der Brennkammerdruck im J-2 um 6 bar um den nominellen Wert von 50 bar. Das J-2 wurde als autonomes System entworfen, das ohne Hilfstriebwerke wiederzündbar war. Wie das F-1 wurde es auf maximale Sicherheit und nicht auf maximale Leistung optimiert.

Vor dem Start des J-2 zündeten zwei 300 N-Triebwerke, die mit den hypergolen Treibstoffen MMH und NTO betrieben wurden, um den Treibstoff am Tankboden zu sammeln. Diese „Ullage" Triebwerke wurden abgesprengt, sobald das J-2 den vollen Schub erreichte. Für die Rollachsensteuerung gab es sechs weitere Triebwerke mit jeweils 600 N Schub. Um die S-IVB auch auf der Saturn V einsetzen zu können, verblieb der Stufenadapter an der darunter liegenden Stufe. Dadurch musste nur eine Version der S-IVB gefertigt werden, aber zwei Adapter für die S-IB und die S-II.

Das J-2

Wie bei den anderen Triebwerken der Saturn begann auch die Entwicklung des J-2 vor der S-IVB. Im Herbst 1959 vergab die NASA Aufträge für die Untersuchung von Triebwerken mit 150.000 Pfund Schub, daraus wurden schon am 15.12.1960 200.000 Pfund (890 kN) Schub. Am 1.6.1960 bekam Rocketdyne den Zuschlag für die Entwicklung. Im finalen Kontrakt, der im September 1960 abgeschlossen wurde, tauchte erstmals bei einem Triebwerk die Forderung nach einer maximalen Sicherheit für bemannte Einsätze auf.

Verlässlichkeit war das Stichwort, und beginnend von der ersten Skizze gab es Untersuchungen, wie die Zuverlässigkeit des Triebwerks noch verbessert werden konnte. Was daraus entstand, war kein Triebwerk, sondern ein selbst startendes und sich steuerndes Antriebssystem, das anders als das RL-10 keine weiteren Systeme brauchte, um im Vakuum wiedergezündet werden zu können.

Das J-2 war fähig, das Mischungsverhältnis von Sauerstoff und Wasserstoff zu variieren, und zwar in den Grenzen von 4,0 zu 6,0 LOX/LH2 in Schritten von 0,5. Bei den Saturn Trägern wurde von einer Variation im Bereich von 4,5 bis 5,5 Gebrauch gemacht:

- Der höchste spezifische Impuls ergibt sich bei 1:4,5 (4270 m/s).
- Der höchste Schub liegt bei 1:5,5 (1.020 kN) vor.
- Der minimale Schub wurde bei 1:4,5 erreicht (806 kN)
- Der minimale spezifische Impuls bei 1:5,5 (4148 m/s).

Rocketdyne machte von dieser Technik bei der S-IVB der Saturn IB und der S-II der Saturn V Gebrauch, jedoch nicht bei der S-IVB der Saturn V. Der Grund war in beiden Fällen die Optimierung der Performance. Bei den zweiten Stufen war es wichtig, einen hohen Anfangsschub zu haben, daher arbeiteten die Triebwerke nach der Zündung in dem Modus, in dem sie am meisten Schub entwickelten. War der Treibstoff weitgehend verbraucht, so war die Stufe leichter, und der Schub konnte daher geringer sein. Nun konnte das Triebwerk auf ein niedrigeres Mischungsverhältnis wechseln und den Treibstoff so besser ausnutzen. Ziel war es dabei, geringe Restmengen in den Treibstoffbehältern zu hinterlassen. Es gab Sensoren, welche die IU über den verbliebenen Treibstoff informierten, und diese regelte das Mischungsverhältnis so, dass beide Treibstoffe möglichst simultan ausgingen. Über den Einfluss des Mischungsverhältnisses informiert folgende Tabelle:

Mischungsverhältnis	1:4,5	1:5,0	1:5,5
Schub (kN) (890 kN Version)	806 kN	890 kN	978 kN
Ausströmgeschwindigkeit (890 kN Version)	4236 m/s	4178 m/s	4119 m/s
Schub (kN) (1.020 kN Version)	827 kN	910 kN	1.030 kN
Ausströmgeschwindigkeit (1.020 kN Version)	4260 m/s	4187 m/s	4148 m/s

Die Entwicklung des J-2 verlief sehr zügig. Schon im November 1961 gab es die ersten Testläufe der Sauerstoff und Wasserstoff Turbopumpen. Im März 1962 lief erstmals eine Brennkammer für 2.57 s – noch ohne regenerative Kühlung und ohne Turbopumpen. Bereits am 4.10.1962 wurde eine Brenndauer von 250 s erreicht. Inzwischen hatte die NASA beschlossen, das J-2 in der S-IVB einzusetzen, und am 1.7.1962 bekam Rocketdyne den Auftrag für die Produktion von 55 Test- und Serienexemplaren bis 1965.

Im Juli 1966 wurde dieser Vertrag erweitert. Rocketdyne bekam den Auftrag, eine erweiterte Version des J-2 mit einem Schub von 230.000 Pfund (1.023 kN) zu entwickeln. Intern arbeitete Rocketdyne seit 1965 an einer Schubsteigerung. Eingesetzt wurde dieses leistungsgesteigerte Triebwerk bei der Saturn IB ab AS-208 und bei der Saturn V ab AS-504. Es wurde erstmals im Frühjahr 1968 ausgeliefert. Die frühen Exemplare des J-2 hatten noch ein nominelles Mischungsverhältnis von 1:5, während die folgenden ein höheres von 1:5,5 aufwiesen.

	SA 201-203	SA 204-207 und SA 501-503	SA 208 ff. und SA 504 ff.
Maximaler Schub	889 kN	1.000 kN	1.023 kN
Maximale Brennzeit	500 sec	500 sec	500 sec
Minimaler spezifischer Impuls	4099 m/s	4109 m/s	4129 m/s
Trockengewicht J-2	1.578 kg	1.637 kg	1.642 kg
Flächenverhältnis	27,5:1	27,5:1	27,5:1
Nominelles Mischungsverhältnis	5,0:1	5,5:1	5,5:1

Das J-2 wurde intensiv getestet. Das MSFC konnte hier den Zeitplan gut einhalten. Der Testzeitraum erstreckte sich von 1965 bis 1967. Die meisten Tests fanden zwischen Dezember 1965 und Januar 1966 statt. Es gab insgesamt 203 Tests mit einer akkumulierten Brennzeit von 33.579 s (entsprechend etwa 60 Einsätzen). 38 Test- und 152 Serienexemplare wurden gefertigt, davon wurden 86 eingesetzt. Die Produktion lief auf Hochtouren: Das erste Triebwerk wurde im April 1964 ausgeliefert und das Letzte im Januar 1970. Bedingt durch die Verzögerungen im Apollo-Programm wurden die Triebwerke zunächst eingelagert.

Ein Triebwerk wurde 30-mal gestartet und brannte 3.774 s lang – die nominelle Betriebszeit betrug lediglich 470 s und erforderte zwei Starts. Neu waren auch Tests in Vakuumkammern, welche die Bedingungen in 305 km Höhe simulierten. Die minimale Lebensdauer eines J-2 Triebwerks wurde mit 3.750 s angegeben. Zum Vergleich: Das RL-10, das nicht so hohe Verlässlichkeitskriterien erfüllen musste, hatte eine minimale Lebensdauer von 1680 s.

Anders als bei den Stufen und den F-1 und H-1 Triebwerken verlief die J-2 Entwicklung reibungsloser. Das einzige Problem, das auftrat, betraf den Injektor. Die Rocketdyne Entwürfe neigten zum Durchbrennen. Das MSFC bestand nun darauf, dass Ingenieure von Pratt & Whitney, welche den Injektor für das RL-10 entwickelten, hinzugezogen wurden. Sie fanden sehr bald eine praktikable Lösung. Der Injektor wurde elektrochemisch porös gemacht. Etwa 5% des Wasserstoffs konnten durch ihn diffundieren und schützten als Kühlfilm vor den Temperaturen in der Brennkammer. Der Injektor hatte 614 koaxiale Öffnungen, durch die in der Mitte Sauerstoff und außen Wasserstoff hindurchgepresst wurden.

Die Brennkammer bestand aus zwei verschweißten Reihen von Stahlröhren. Wasserstoff passierte zuerst die 180 Außenröhren bis zum Ende der Düse und dann 360 Innenröhren, bis er beim Injektor ankam. Dabei erhitzte er sich von -253 auf -162 Grad Celsius und wurde gasförmig. Die Flussgeschwindigkeit variierte dabei von 18 bis 300 m/s. Das Abgas der Turbine wurde an dem Düsenhals in die Brennkammer eingespritzt.

Die Düse selbst hatte nur ein Expansionsverhältnis von 27,5. Das ist ein niedriger Wert für ein Triebwerk, das nur im Vakuum eingesetzt wird. Der Grund dafür war, dass so der Düsenmündungsdruck höher als 1 bar war und das Triebwerk bei Atmosphärendruck getestet werden konnte. Dadurch war allerdings auch der spezifische Impuls niedrig. Seine Nachfolger (J-2S und J-2X) erreichten einen höheren Schub und spezifischen Impuls durch verlängerte Düsen.

Man entschied sich bei dem J-2 für eine Konstruktion mit getrennten Wellen für Sauerstoff- und Wasserstoffturbopumpe. Sie wurden auf unterschiedlichen Seiten des Triebwerks montiert. Dadurch konnten die Pumpen nahe an den Treibstoffleitungen links und rechts des Triebwerks angebracht werden. Ein weiterer positiver Aspekt war die Sicherheit: Die Zerstörung einer Pumpe konnte so nicht die andere beschädigen und ein explosives Gemisch bilden. Die getrennten Wellen ermöglichten auch die Variation des Mischungsverhältnisses. Dies wurde erreicht, indem die Ausgangsdrehzahl der Sauerstoffpumpe zwischen 6.000 und 8.000 U/min verändert wurde. Die Wasserstoffpumpe arbeitete mit konstant 27.500 Umdrehungen pro Minute. Kraft für beide Pumpen lieferte eine zweistufige Turbine. Die Schmierung der Pumpen erfolgte über das Abzweigen von Treibstoff (0.4 kg Wasserstoff und 2.3 kg Sauerstoff/sec) aus dem Treibstofffluss zur Brennkammer.

J-2 Kerndaten	
Gesamtlänge	3,38 m
Gesamtbreite	2,04 m
Düsendurchmesser	1,96 m
Maximalschub	1020 kN
Mittlerer spezifischer Impuls	4168 m/s
Minimaler spezifischer Impuls	4148 m/s
Maximaler spezifischer Impuls	4216 m/s
Schub bei Zündung	896 kN
Maximaler Schub	1020 kN
Nominelle Brenndauer	500 s
Massendurchsatz LOX	208,2 kg/s
Massendurchsatz LH2	37,8 kg/s
Mischungsverhältnis	4,5 bis 5,5:1
Brennkammerdruck	49,4-54 Bar
Triebwerksgewicht (trocken)	1.250 kg
Triebwerksgewicht (nass)	1.584 kg
Schub zu Gewicht	66:1
Flächenverhältnis	27.1
Brennkammertemperatur	3160 °C
Drehzahl LH2 Turbopumpe	27500 U/min
Leistung LH2 Turbopumpe	7970 PS
Ausgangsdruck LH2 Turbopumpe	88 bar
Drehzahl LOX Turbopumpe	8800 U/min
Leistung LOX Turbopumpe	2250 PS
Ausgangsdruck LOX Turbopumpe	77 bar

Internal Unit

Oberhalb der S-IVB befand sich die „IU" genannte Instrumenteneinheit der Rakete. Sie hatte eine Masse von 2.041 kg und war in einem 6,60 m breiten und 91 cm hohen Ring untergebracht. Sie be-herbergte Batterien für die Bordstromerzeugung, Kreisel als Inertialplattform, Telemetriesender und -empfänger, den Bordcomputer und das Sicherheitssystem. Dieses löste den Rettungsturm automa-tisch aus, wenn mehrere der H-1 Triebwerke ausfielen, die Rakete sich stark drehte oder es Sensor-meldungen über Brüche in Leitungen oder an der Außenhaut gab.

Wegen des hohen Energieverbrauchs der Elektronik musste ein Temperaturkontrollsystem eingebaut werden, das die Geräte mit Wasser kühlte, das Wasser verdampfte und den Dampf ins Vakuum abließ. Durch die für das Verdampfen benötigte Energie wurde die Elektronik gekühlt. Die IU arbei-tete unter normalem Atmosphärendruck mit einer geregelten Atmosphäre. Dafür wurde Stickstoffgas eingesetzt. Die Internal Unit der Saturn IB war identisch mit der IU der Saturn V. So konnte die IU schon auf der Saturn IB erprobt werden.

Abbildung 41: Die IU einer Saturn V

Der Saturn **L**aunch **V**ehicle **D**igital **C**omputer (LVDC) stammte von IBM. Er bekam die Navigationsinformationen von der Kreiselplattform ST-124M. Der LVDC hatte eine Zuverlässigkeit (MTBF **M**ean **T**ime between **F**ailures) von 45.000 Stunden. Das war für die damalige Zeit eine enorme Zuverlässigkeit und entspricht einem Ausfall nach durchschnittlich fünf Einsatzjahren. So war der Rechner mit einer Wahrscheinlichkeit von 99,6% über eine Zeitdauer von 250 h verfügbar, obwohl er maximal 10 Stunden lang arbeiten musste. Erreicht wurde dies durch eine dreifach redundante Auslegung. Der Computer verfügte über einen „Abstimm"-Mechanismus, das heißt, rechnete ein Computer falsch, so überstimmten ihn die beiden anderen. Die Speichermodule waren sogar sechsfach redundant, da jeder Computer zwei redundante Speichermodule hatte. Bei einem Ausfall hätte der Computer der Apollo Kommandokapsel die Lenkung übernommen, auf dem vom Start an auch ein Steuerungsprogramm für die Trägerrakete lief.

Anders als bei der Saturn I war der Rechner auch schon vor dem Start aktiv. Er arbeitete bei den letzten Checks zusammen mit dem Computer des Startzentrums. Durch die Freiflugphase bei Mondmissionen der Saturn V war eine maximale Betriebsdauer von zehn Stunden am Stück gefordert. 17 s vor dem Start ging die Kontrolle an den Bordcomputer über, danach war die Saturn V autonom. Bei den Kommentaren des Startes wird dieser Zeitpunkt als „Guidance is internal" bezeichnet.

Während des Betriebs der ersten Stufe wurde ein vorgegebenes Programm durchgeführt. Es wurde darauf verzichtet, Störeinflüsse adaptiv auszugleichen. Ab der zweiten Stufe wurde eine adaptive Kurskorrektur gefahren. Das bedeutet, dass die Rakete ständig Geschwindigkeit und Position mit vorgegebenen Werten vergleicht und Abweichungen korrigiert, um auf die Sollbahn zu gelangen. Jede Sekunde wurde einmal eine Neuberechnung durchgeführt. Sofern es zu gravierenden Abweichungen kam, wurde eine alternative Trajektorie eingeschlagen. Diese Fähigkeit rettete zweimal die Mission bei der Saturn 5, das erste Mal beim zweiten Qualifikationsflug AS-502 mit Apollo 6, als durch POGO Schwingungen zuerst zwei Triebwerke der S-II ausfielen und später die Stufe vorzeitig abschaltet wurde, das zweite Mal bei Apollo 13, als das mittlere Triebwerk der S-II ausfiel.

Der Rechner arbeitete mit einer festen Wortbreite von 26 Bit. Er verarbeitete Ganzzahlen mit 25 Bit Genauigkeit und einem Vorzeichenbit (Wertebereich von -33.544.432 bis +33.544.431). Zwei Instruktionen mit 13 Bit Breite wurden in ein Wort kombiniert. Von den 13 Bit entfielen 4 Bits auf den Operanden und 9 Bits auf die Adresse. Es gab 18 Instruktionen. Da mit 4 Bits nur 16 Instruktionen kodiert werden können, wurde bei zwei Instruktionen noch ein Bit des Adressbereiches hinzugenommen, um eine Unterscheidung zu treffen.

Computer / Plattform ST-124M	
Gewicht:	114 kg (mit Kreisel+Navigationsgeräten), davon 35 kg nur CPU
Volumen:	1,6 m³, davon Computer 74 × 32 × 27 cm
Stromverbrauch:	438 Watt gesamt, 137 Watt nur Computer
Architektur:	26 Bit, davon 25 Bit für Festpunktzahlen 1 Vorzeichenbit Instruktionen: 13 Bit Breite
Taktfrequenz:	2,048 MHz
Rechengeschwindigkeit:	11.300 Befehle/s (im Mittel) 9.600 Rechenoperationen/s (im Mittel) 12.200 Additionen/s 3.050 Multiplikationen/Divisionen/s
Speicher:	6 Module zu je 4.096 Worte 2 Erweiterungsmodule Gesamt: 32 KWorte mit 917.504 Bits Pro Wort 26 Datenbits, 2 Bits für Fehlererkennung/Korrektur
Aufbau:	8.918 Schaltungen (aus je zwei Dioden oder einem Transistor) 40.800 Teile insgesamt (mit Transistoren, Widerständen, Kondensatoren)

Geschichtliche Bedeutung und Einsatz

Die Saturn IB hatte zweierlei Bedeutung. Zuerst konnte die komplette dritte Stufe der Saturn V getestet und das Triebwerk für die zweite Stufe erprobt werden, ohne eine Saturn V zu starten. Auch die Instrumenteneinheit IU der Saturn V wurde bereits in der Saturn IB eingesetzt und getestet. Dies sparte Kosten und Zeit.

Andererseits verfügte die Rakete über genügend Nutzlastkapazität, um ein Apollo-Raumschiff mit Versorgungsteil, aber mit reduziertem Treibstoffvorrat, in den Erdorbit zu befördern. Damit stand ein preiswerter Träger für bemannte Missionen in den Erdorbit zur Verfügung, und die Apollo-Hardware konnte vor Verfügbarkeit der Saturn V getestet werden. Später brachten Saturn IB Raketen auch die Besatzungen von Skylab und Apollo-Sojus in den Orbit. Wie schon bei der Saturn I verlief die Erprobung sehr erfolgreich – es gab keinen einzigen Fehlstart. Dadurch konnte das Erprobungsprogramm vorzeitig abgeschlossen werden.

Obwohl die Entwicklung der Saturn IB erst am 20.7.1962 beschlossen wurde, also sechs Monate nach der Saturn V, flog sie zwanzig Monate früher. Dies lag daran, dass sie auf der Saturn I aufbauen konnte.

Start einer Saturn IB

Die Saturn IB wurde entwickelt mit dem Designziel einer Zuverlässigkeit von 0,88, d.h. von 100 Starts sollten 88 gelingen. Die Sicherheit der Besatzung wurde höher angesetzt und lag bei 0,999. Neben der „Engine-out-Capability" der ersten Stufe waren die systematische Überwachung der Parameter und der Fluchtturm für diesen hohen Wert verantwortlich. Die Überwachung sollte es ermöglichen, Triebwerke oder die Stufe abzuschalten, bevor ein Problem zu Beschädigungen führen konnte. Der Fluchtturm (**L**aunch **E**scape **S**ystem LES) konnte selbst bei einer Explosion die Kapsel absprengen und in Sicherheit bringen. Er wurde erst 20 s nach Zündung der zweiten Stufe abgetrennt. Verbrennungsinstabilitäten, eine Ursache für die Zerstörung von Triebwerken, zeigen sich oft schon kurz nach dem Start. Neben der automatischen Auslösung konnte die Besatzung den Turm jederzeit durch einen Drehschalter in der Kommandokapsel auslösen.

Einige Besonderheiten gab es beim Start. Der Brennschluss der ersten Stufe wurde ausgelöst, wenn Treibstoffsensoren signalisierten, dass der Treibstoff nahezu verbraucht war. Nominell sollten weniger als 2.900 kg Resttreibstoff in den Tanks verbleiben. Um diesen Wert zu erreichen, aber auch um die maximale Beschleunigung auf 4,4 g zu begrenzen, wurden die inneren vier Triebwerke zuerst abgeschaltet. Da die S-IB die Engine-out-Capability aufrecht erhalten musste, auch wenn nun nur noch vier Triebwerke arbeiteten, wurde schon vorher ein konstanter Winkel zur Erde ohne Steuerbewegungen eingehalten, bei dem die Triebwerke in Neutralstellung standen.

Parallel zur Stufentrennung zündeten Treibstoffsammelraketen, die abgeworfen wurden, sobald das J-2 den vollen Schub erreicht hatte. Kurz danach wurde das Triebwerk auf das Mischungsverhältnis 1:5,5 umgeschaltet. Etwa zwei Minuten vor Brennschluss wurde zur optimalen Treibstoffausnutzung und Begrenzung der Beschleunigung auf die Mischung 1:4,8 umgeschaltet.

Nach Abtrennung des Apollo-CSM wurde die S-IVB aktiv deorbitiert. Die IU wartete dazu etwa sechs Stunden ab. In dieser Zeit konnte der Resttreibstoff verdampfen und den Tankdruck erhöhen. Dann wurde der Treibstoff gegen die Bewegungsrichtung abgelassen. Dadurch wurde die Stufe abgebremst und verglühte über dem Pazifik beim Durchlaufen des Perigäums.

Die Besatzung sollte sich in jedem Falle retten können. Während des Aufstiegs wurden vier Abbruchmodi (abort-modes) durchlaufen:

- Mode I: Während des Betriebs der ersten Stufe und bis 30 s nach Zündung der zweiten Stufe war der Rettungsturm aktiv. Bei einer Auslösung zog er die Kommandokapsel von der Rakete und dem Servicemodul weg und brachte sie in Sicherheit. Er wurde kurz nach dem Stufenadapter abgetrennt, um die Nutzlast für die Umlaufbahn zu maximieren.

- Mode II: Aktiv in einer Entfernung von 500 bis 2500 nm vom Cape Canaveral aus. Das komplette Apolloraumschiff wird von der S-IVB abgetrennt und zündet dazu sein Haupttriebwerk. Nach Durchlauf einer ballistischen Bahn wird das Servicemodul abgesprengt, die Kommandokapsel dreht sich und wassert im Atlantik.

- Mode III: aktiv in einer Entfernung von 2.500 bis 3.000 nm Entfernung: Hier würde ohne Korrekturen die Kapsel über Land (Spanien/Nordafrika) niedergehen. Dies sollte vermieden werden, auch weil die Bahn über das Atlas-Gebirge führt und hier wegen der Höhe der Berge die Fallschirme kaum wirksam und eine Landung sehr risikoreich war. Bei diesem Modus würde nach der Abtrennung das Haupttriebwerk gegen die Flugrichtung gezündet, um den Landepunkt vor die afrikanische Küste zu legen. Dies reduziert die Geschwindigkeit und verkürzt so die durchlaufene Flugbahn.

- Mode IV: nur aktiv bei Mondmissionen: Hier reicht der Treibstoff des Servicemoduls aus, um eine Erdumlaufbahn zu erreichen. Bei einem Abbruch nach der neunten Flugminute wurde das CSM von der S-IVB abgetrennt, das SPS gezündet, bis ein mindestens 140 km hoher Orbit erreicht wurde. Danach sollte eine Landung in der primären oder sekundären Landezone erfolgen. Dazu würde das Triebwerk erneut gezündet werden, um die Umlaufbahn zu verlassen.

Die ersten drei Starts erfolgten waren Erprobungsstarts der S-IVB. Es wurden anfangs zwölf Saturn IB geordert. Das Feuer bei Apollo 1 führte zur Streichung der ersten bemannten Missionen auf der Saturn IB. So gab es bis 1968 nur fünf Flüge (davon nur einer bemannt), danach wurde die Saturn V eingesetzt. So blieben sieben Saturn IB ungenutzt. Von zwei dieser Raketen wurden die zweiten Stufen zu Skylab A und B umgerüstet. Dies waren die Raketen AS-211 (Skylab) und AS-212 (Skylab Ersatzmodell). AS-206/7/8 dienten zum Start von Skylab 2 bis 4 und AS-210 für das Apollo-Sojus Test Projekt. Die AS-209 war mit der Apollo-Kapsel CSM-119 zur Rettung der Besatzung von Skylab vorgesehen. Nicht geflogen sind somit AS-209 und die ersten Stufen von AS-211 und 212. Diese drei Raketen können in Cape Canaveral, Huntsville und Houston besichtigt werden.

Ereignis	Zeitpunkt (Mission Skylab 2, SA-206)
-17 s	Umschalten auf interne Steuerung
-3,1 s	Triebwerksstart
0	Abheben
+1 min 13,6 s	Maximale aerodynamische Belastung
+2 min 10,5 s	Höhe von 40 km mit Winkel 0 Grad zur Erdoberfläche erreicht, Ausrichtung nun konstant bis zur Stufentrennung
+2 min 11,5 s	Treibstoffsensoren (signalisieren Ende des Treibstoffs) aktiviert.

Ereignis	Zeitpunkt (Mission Skylab 2, SA-206)
+2 min 17,6 s	Innere vier Triebwerke abgeschaltet
+2 min 20,6 s	Äußere vier Triebwerke abgeschaltet
+2 min 22 s	Stufentrennung in 61 km Höhe
+2 min 23,6 s	Start des J-2
+ 2 min 25,9 s	Brennschluss Treibstoffsammeltriebwerke
+2 min 29,3 s	Umschaltung J-2 auf Mischungsverhältnis 1:5,5
+2 min 33,9 s	Abtrennung Treibstoffsammeltriebwerke
+2 min 46,7 s	Abtrennung Fluchtturm
+2 min 50,6 s	Umschaltung auf adaptives Bahnberechnungsprogramm
+7 min 48,6 s	Umschaltung des J-2 auf Mischungsverhältnis 1:4,8
+9 min 51,6 s	Brennschluss, erreichte Umlaufbahn 150 × 222 km, 50 Grad Bahnneigung
+324 min, 20 s	Deorbitmanöver durch Ablassen des Resttreibstoffs ($\Delta V= -\,27,1$ m/s)
+360 min, 7 s	Verglühen der S-IVB beim Wiedereintritt

Abbildung 42: Eine S-IVB im Orbit. Hier die von Apollo 7 mit Kopplungsmarkierungen

Kosten einer Saturn IB

Die Entwicklungskosten für die Saturn IB betrugen 1.002,2 Millionen Dollar. Dazu kam noch ein Teil der 900,1 Millionen Dollar für die Triebwerksentwicklung, der allerdings auch das F-1 in der Saturn V mit einschloss. Die Produktionskosten einer Saturn IB betrugen insgesamt 46,7 Millionen Dollar, die sich wie folgt aufteilen (alle Angaben in Millionen Dollar):

Stufe	Hardware Produktion	Modifikationen	Sicherheitsreserve	Bodenunterstützung	Entwicklung Bodenanlagen	Gesamt
S-IB	7,9	0,3	1,1	0,1	0	9,4
S-IVB	13	1,9	0,9	0,2	0	16
IU	8,3	0,4	0,6	0,4	0	9,7
Bodenanlagen	0	0,5	0,5	3,1	2,6	7
Triebwerke	3,6	0	1	0	0	4,6
Gesamt	32,8	3,1	4,1	3,8	2,6	46,7

Der Start der Saturn IB kostete 71,8 Millionen Dollar. Diese Startkosten enthielten neben den reinen Produktionskosten auch den Transport zur Startplattform und die Startdurchführung. Dazu kam eine prozentuale Beteiligung an dem Unterhalt des Kennedy Space Centers. Die Vorarbeiten für einen Saturn IB Start erstreckten sich über vier Monate. Die Gesamtkosten teilten sich wie folgt auf:

Art	Anteil	Nur Herstellungskosten		
Herstellung	65%	6% Material	28% Fertigung	66% Qualitätssicherung
Startoperationen	18%			
Bodenanlagen	12%			
Transport, Treibstoffe, Bahnverfolgung	5%			
Gesamt	100%			

Es ist hier sehr deutlich ersichtlich, wie die Qualitätssicherung als eine wichtige Voraussetzung für eine hohe Zuverlässigkeit die Produktionskosten bestimmte.

Datenblatt Saturn IB (für die Mission SA-206)

Einsatzzeitraum:	1965 – 1975
Starts:	10, kein Fehlstart
Zuverlässigkeit:	100%
Abmessungen:	68,00 m Höhe
	6,60 m Durchmesser
Startgewicht:	594.214 kg
Maximale Nutzlast:	18.600 kg in einen 200 km hohen LEO-Orbit
	16.987 kg in eine 150 × 222 km 50° geneigte Bahn zu Skylab
	15.580 kg bei SA-206
Zwischenstufenadapter:	3.087 kg Gewicht, 2,20 m Höhe, 6,60 m Durchmesser
Adapter zu Apollo (SLA):	1.850 – 1.950 kg Gewicht, 8,51 m Höhe,
	Basisdurchmesser 6,62 m, Kopfdurchmesser 3,91 m
IU:	1.800 kg, 89 cm Höhe, 6,62 m Außendurchmesser

	S-IB	S-IVB
Länge:	25,50 m	17,80 m
Durchmesser:	6,60 m	6,60 m
Startgewicht:	448.891 kg	115.137 kg
Trockengewicht:	43.392 kg	11.038 kg
Schub Meereshöhe:	7.245 kN	-
Schub Vakuum:	8.240 kN	1.014 kN
Triebwerke:	8 × H-2	1 × J-2
Spezifischer Impuls (Meereshöhe):	2560 m/s	-
Mittlerer spezifischer Impuls (Vakuum):	2873 m/s	4156 m/s
Brenndauer:	155 s	441 s
Treibstoff:	LOX / Kerosin	LOX / LH2

Abbildung 43: Start der Mission Skylab 2 (SA-206) vom „Milchstuhl" aus.

Saturn V

Die Saturn V sollte das Apollo-Raumschiff zum Mond befördern. In den Jahren 1958 bis 1961 wurden eine Reihe von Verfahren durchgespielt, wie die Mondlandung durchgeführt werden konnte. Das von Wernher von Braun ursprünglich favorisierte Verfahren war eine direkte Landung auf dem Mond. Dazu wäre die Nova nötig gewesen, eine Rakete, die 60% größer als die Saturn V gewesen wäre. Das Rendezvous von Mondlander und Kommandokapsel in der Mondumlaufbahn erlaubte es jedoch, den Flug mit einer Saturn V durchzuführen.

Am 20. Januar 1962 wurde die Entwicklung der Saturn V beschlossen. Projektiert wurde zuerst eine Trägerrakete mit 113 t Nutzlast für eine Erdumlaufbahn und 41 t zum Mond. Zu diesem Zweck wurde für die erste Stufe das bis heute größte Einkammertriebwerk der Welt entwickelt – das F-1 Triebwerk. Der Name „Saturn V" deutet schon an, dass fünf Triebwerke dieses Typs in der ersten Stufe verwendet wurden (ursprünglich waren vier für die erste und zweite Stufe geplant). Die zweite Stufe nutzte das schon für die Saturn IB entwickelte J-2 Triebwerk, jedoch fünf davon. Die dritte Stufe war identisch mit der zweiten Stufe der Saturn IB. Die erste Stufe verwendete die schon bewährte Kombination Kerosin und Sauerstoff, die beiden oberen Stufen Wasserstoff und Sauerstoff – eine damals neue Technologie. Diese Auslegung war ein Kompromiss zwischen den Risiken, die neue Technologien mit sich bringen und der Forderung, dass die Rakete noch bezahlbar und handhabbar sein sollte. Bei den F-1 Triebwerken der ersten Stufe war die Herausforderung ihre Größe. Sie waren achtmal leistungsfähiger als die H-1 Motoren der Saturn I. Hier wollte von Braun nicht zusätzlich noch das Risiko eingehen, einen völlig neuen Treibstoff einzuführen. Die J-2 Triebwerke der zweiten und dritten Stufe waren in ihrem Schub mit dem H-1 vergleichbar, nutzten aber kryogene Treibstoffe.

Die Saturn V hatte als Entwurfsziel eine Zuverlässigkeit von 0,95 – von 20 Starts sollten 19 die Mondtransferbahn erreichen. Wichtiger als die Zuverlässigkeit der Rakete selbst war der Schutz der Besatzung. So sollte eine Fehlfunktion mit einer Wahrscheinlichkeit von 0,999 entdeckt werden, bevor sie eine Gefahr für die Astronauten darstellte. Es gab während jeder Phase des Fluges eine Zeitspanne von mindestens 10 s, bevor bei einem gravierenden Versagen das Leben der Besatzung bedroht war. In dieser Zeit konnte z.B. der Fluchtturm ausgelöst und das Raumschiff abgetrennt werden. Die Sicherheitszuschläge bei den Belastungsgrenzen lagen beim Faktor 1,5 — verglichen mit dem Faktor 1,25 bei unbemannten Trägern. Für die Astronauten war es der bisher angenehmste „Ritt": Die Beschleunigung war durch den relativ geringen Schub und die vorzeitige Abschaltung der mittleren Triebwerke bei erster und zweiter Stufe geringer als bei vorherigen Modellen.

Die Entwicklung der Saturn V

Die Saturn V Entwicklung verlief anders als die der Saturn I. Schon nach zwei Starts wurden die Testflüge eingestellt, und es fand der Erste von zehn bemannten Starts statt. George Mueller, Leiter des Apollo-Programms, wollte Kosten und Zeit sparen. Er ordnete an, den ganzen Träger komplett zu testen, anstatt wie bei der Saturn I stufenweise vorzugehen. Diese Vorgehensweise „All up" stieß auf starken Widerstand beim MSFC. Letztendlich erwies es sich aber als die richtige Entscheidung, auch weil die Saturn V sehr ausgereift und zuverlässig war. Dass alle Flüge glückten, ist selbst heute nicht selbstverständlich, wie die Fehlstarts bei den ersten Flügen der Delta 3 und Falcon 1 zeigen.

Der Grund für den Erfolg der Saturn war im wesentlichen die Gruppe um Wernher von Braun in Huntsville, welche die Raketen mit großen Sicherheitszuschlägen baute. In der Retrospektive gab es für einen Träger dieser Größe erstaunlich wenige Probleme.

Die S-II Zweitstufe sollte sehr leicht sein, doch die Aluminiumlegierung, die das ermöglichen sollte, galt als „unschweißbar". So musste erst eine spezielle Schweißtechnik im Vakuum entwickelt werden. Später musste die Saturn V leistungsfähiger werden, weil das Apollo-Raumschiff immer schwerer wurde. Auch hier musste die S-II Stufe am meisten Gewicht verlieren. Bei der S-II gab es bei der Erprobung daher die meisten Verzögerungen.

Die S-IVB war aus der S-IV der Saturn I hervorgegangen. Allerdings musste bei Mondmissionen der Wasserstoff mindestens viereinhalb Stunden lang flüssig gehalten werden. Die dafür notwendige Entwicklung einer Isolierung aus glasfaserverstärktem Polyurethan bereitete anfangs Probleme. Am 29.1.1967 explodierte eine S-IVB bei einem Probecountdown, weil Schweißnähte nicht sauber ausgeführt waren. Da es sich um das Flugexemplar für die Mission von Apollo 8 handelte, bedeutete dies einen Aufschub im Saturn Erprobungsprogramm.

Die S-IC Erststufe blieb hingegen von Explosionen verschont. Auch die Triebwerksentwicklung verlief für das riesige Triebwerk erstaunlich glatt. Trotzdem war es schwierig, die Präzision der Schweißnähte bei den extrem langen Tanks innerhalb der geforderten Genauigkeit zu halten. Für den Transport der leeren Stufen mussten teilweise Straßen geändert oder neue Transportmittel geschaffen werden. So wurden umgebaute Boeing 377 „Guppy" und „Super-Guppy" verwendet, um die 6,70 m durchmessenden Drittstufen zu transportieren. Die erste und die zweite Stufe waren so groß, dass sie nur mit dem Schiff transportiert werden konnten.

Die Nutzlastkapazität wurde schon während der Entwicklung gesteigert. So waren anfangs nur vier Triebwerke in der S-II vorgesehen. Auch während des Einsatzes erhöhte sich die Nutzlast laufend. Einerseits wurden die ersten beiden Stufen leichter, andererseits wurde die Aufstiegsbahn optimiert. Zudem wurde das Gewichtsverhältnis zwischen S-II und S-IVB optimiert. Bei Ausnutzung aller Reserven war so theoretisch eine Nutzlast von 49.500 kg möglich. Apollo 17 kam dieser Grenze recht nahe. Hier wurden 48.623 kg zum Mond befördert. Weitere Anstrengungen galten der Reduzierung der POGO Schwingungen. Sie hatten beim zweiten Testflug fast zum Scheitern geführt. So wurden neben konstruktiven Maßnahmen auch die zentralen Triebwerke der S-IC und S-II abgeschaltet, wenn eine bestimmte Beschleunigung (bei der S-IC 4,7 g) erreicht war. Trotzdem blieben die POGO-Schwingungen ein Problem bei dem ersten Produktionslos. Bei Apollo 13 führten sie zum vorzeitigen Ausfall des zentralen Triebwerks der S-II. Erst mit dem zweiten Produktionslos, dessen Erstflug die Mission Apollo 15 war, war dieses Problem gelöst.

Schon frühzeitig beschloss die NASA die Bestellung von fünfzehn Saturn V. In der frühen Planung waren weitaus mehr Erprobungsflüge vorgesehen als später erfolgten. Der verschobene Zeitplan nach dem Brand der Apollo 1 Kapsel am 31.1.1967 und Verzögerungen bei der Entwicklung führten dazu, dass weniger Träger bis zur ersten Mondlandung benötigt wurden als geplant. Die Produktion zehn weiterer Saturn V war geplant, doch im August 1968 beschloss die NASA, die Produktion der Rakete einzustellen. Dies erlaubte es, das Apollo-Programm bis zur Mission Apollo 20 fortzuführen. Nachdem für den Start der Weltraumstation Skylab eine Saturn V benötigt wurde, strich die NASA diese letzte Apollo-Mission. Im Jahre 1970 wurden dann auch noch Apollo 18 und 19 gestrichen, da der Kongress das Budget immer weiter kürzte. So wurden nur 13 der 15 Träger gestartet. Die Saturn V hatte eine sehr lange Fertigungsdauer von 42 Monaten.

Die erste Stufe S-IC

Die S-IC ist die größte jemals gebaute Stufe. Angetrieben wurde sie von fünf Rocketdyne Triebwerken des Typs F-1. Gebaut wurde die Stufe von Boeing. Der Auftrag dafür wurde am 15.12.1961 vergeben und hatte einen anfänglichen Umfang von 450 Millionen Dollar. Das MSFC hatte sich bei der S-IC für die Treibstoffe Sauerstoff und Kerosin entschieden, um das Entwicklungsrisiko zu senken.

Die S-IC hatte als einzige der drei Stufen getrennte Tanks für Oxidator und Treibstoff. Die Tanks waren selbsttragend und durch Querringe und Längsträger versteift. Dies reduzierte die Gefahr des Schwappens der Treibstoffe.

Der untere Tank nahm das Kerosin auf und hatte ein Volumen von 768,4 m³. Der 13,10 m lange Tank wurde mit bis zu 590 t Kerosin gefüllt. Um ihn unter Druck zu setzen, wurde Helium eingesetzt. 400 kg des Edelgases waren zu diesem Zweck in vier Flaschen von jeweils 878 l Inhalt unter 213 bar Druck im Sauerstofftank untergebracht. Die niedrige Temperatur von -183 Grad im Sauerstofftank erhöhte die Dichte des Heliums. Jede Flasche hatte eine Länge von 6 m und einen Durchmesser von 56 cm. Das Helium hielt einen Druck von 3 bar im Kerosintank aufrecht. Helium wurde auch vor dem Start genutzt, um die Luft aus dem Sauerstofftank zu verdrängen und die Leitungen im Kerosintank zu kühlen. Es musste vermieden werden, dass sich innerhalb der Leitungen Gasblasen bilden, die bei der Zündung zu Schwankungen der Treibstoffzufuhr führen. Nach der Zündung wurde mit dem Heliumgas Kavitation in den LOX-Treibstoffleitungen verhindert, um so die PO-GO-Schwingungen zu unterdrücken. Durch den Kerosintank führten zwölf Sauerstoffleitungen mit jeweils 42 cm Durchmesser. Diese waren isoliert, damit an ihnen kein Kerosin zu Eis erstarren konnte. Zehn Leitungen förderten jeweils bis zu 1.000 l Kerosin pro Sekunde in eine gemeinsame Hauptleitung für alle Triebwerke. Im Boden der Leitungen befanden sich kleine Mengen von Triethylaluminat, die von einer Membran umgeben waren. Beim Öffnen der Ventile wurden die Membranen gesprengt und das Triethylaluminat strömte vor dem Kerosin in die Brennkammer, wo es auf den Sauerstoff traf. Anders als Kerosin entzündet sich Triethylaluminat sofort mit dem Sauerstoff. Auf diese Weise wurden die Triebwerke gezündet.

Der darüber liegende Sauerstofftank war mit 19,50 m Länge der größte jemals gebaute Treibstofftank einer Trägerrakete. Er hatte ein Volumen von 1.250 m³. Gefüllt wurde er mit 1.204 m³ Sauerstoff. Vor dem Start wurde er mit Helium auf 1,8 bar Druck beaufschlagt. Danach wurde ein Teil des Sauerstoffs mittels Wärmeaustauschern an den Triebwerken erhitzt und als Gas in den Tank geleitet. Dazu wurden pro Sekunde etwa 18,1 kg Sauerstoff benötigt, die dann einen Tankdruck von 1,2 bis 1,6 bar aufrecht hielten. Der 12 t schwere Tank bestand aus zylindrischen Tankteilen und zwei halbkugelförmigen Domen, die aus jeweils acht Segmenten bestanden. Die Isolierung des Sauerstofftanks erfolgte durch einen Hohlraum, der mit einer Honigwabenstruktur ausgekleidet war.

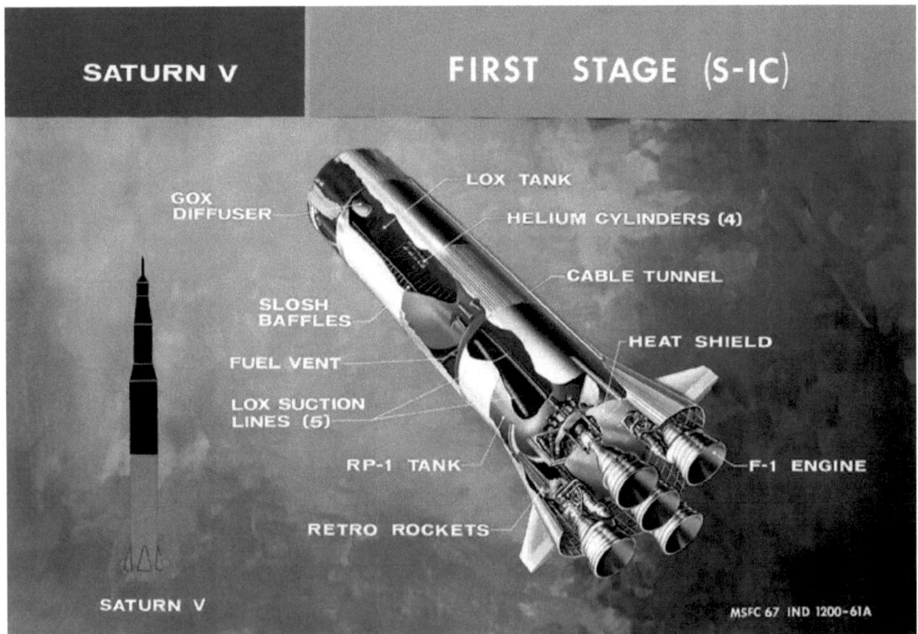

Abbildung 44: Aufbau der S-IC Stufe

Zwischen den beiden Tanks befand sich eine 6,60 m starke, durch Spanten verstärkte Zwischentank-sektion. Zur Erhöhung der Festigkeit wurden die zylindrischen Tankteile 24 Stunden lang mit 163 Grad Wärme behandelt.

Das mittlere F-1 Triebwerk war fest im Schubrahmen eingebaut, die anderen waren kardanisch um sechs Grad schwenkbar. Das Schubgerüst bestand aus mehreren, miteinander verbundenen Ringen und war mit Wellblech verkleidet. Es nahm den Schub der Triebwerke auf und übertrug ihn auf die erste Stufe. Es war mit 24 t Gewicht das schwerste Einzelteil der Rakete.

Wenn die erste Stufe ausgebrannt war, wurden acht Retroraketen gezündet. Jede lieferte für 0,541 s einen Schub von 337 kN. Dabei wurden jeweils 121 kg Treibstoff verbrannt. Dadurch bremsten sie die leere Stufe um 14 m/s ab, und diese fiel hinter die zweite Stufe zurück. Gleichzeitig trennten Sprengschnüre die Verbindung zum Stufenadapter.

Die Finnen und Triebwerkverkleidungen wurden aus Titan gefertigt, da sie dem Abgasstrahl mit Temperaturen von bis zu 1.100 °C ausgesetzt waren. Es wurden die Finnen gegenüber der Saturn IB nochmals verkleinert. Versagte die Steuerung der Saturn, so bewirkten die Finnen einen hohen Luft-widerstand und verlangsamten ein „Querstellen" der Rakete. So konnte die Rakete nicht mehr schnell kippen, und es gab genügend Zeit, den Fluchtturm auszulösen.

Zwei Batterien lieferten den Strom für die elektrischen Systeme. Die Bordspannung betrug 28 V. Ein 20-Watt-Sender übermittelte laufend 900 Messwerte von der Stufe zum Kontrollzentrum. Die erste Stufe wurde von der IU gesteuert, besaß aber auch ein eigenes elektrisches System, Stromversorgung und Telemetriesender. Analoges galt auch für die anderen Stufen.

Die Entwicklung wurde im MSFC begonnen, Boeing übernahm dann die Produktion. Das grundle-gende Problem bei der Entwicklung der S-IC war ihre schiere Größe. Es mussten völlig neue Werk-zeuge und Fertigungstechniken entwickelt werden, um leichte Bleche in perfekter Kurvenform mit-einander zu verbinden. Wie bei der S-II waren vor allem die langen Schweißnähte ein Problem. Zu-mindest war die Aluminiumlegierung 2219 aber besser zum Schweißen geeignet als die in der S-II verwendete Legierung. Einige testweise neu eingeführte Techniken funktionierten nicht, wie zum Bei-spiel das chemische Verformen der kurvenförmigen Endstücke der Tanks. Jeder Tankdom bestand aus acht dieser bis zu 27,6 m² großen Stücke. So wurde wieder zu der hydraulischen Verformung übergegangen. Für die Tankteile wurde eine Technik entwickelt, welche gleichzeitig die Platten alterte, sie härtete, elektrisch aufschmolz und verformte. Die Schweißnähte wurden wie bei der S-II im Tungsten-Schutzgasverfahren gefertigt. Hier war es möglich, auf die Erfahrungen der S-II zurückzu-greifen und die Umgebungsbedingungen zu optimieren. Das Schweißen fand in Klimaräumen bei Temperaturen unter 25 Grad und einer Luftfeuchtigkeit von unter 50% statt. Teams von jeweils 10 bis 15 Spezialisten arbeiteten im Dreischichtbetrieb nur an den Schweißnähten und deren Kontrolle.

Trotzdem dauerte es sieben bis neun Monate, die Tanks zu verschweißen und dabei 10 km Schweißnähte zu setzen.

Flüssiger Sauerstoff ist trotz seiner niedrigen Temperatur außerordentlich reaktionsfähig. Schon kleine Mengen organischer Substanzen reichen aus, um eine lokale Reaktion zu starten. Daraus ergab
sich ein weiteres Problem. So mussten Werkstücke von Quadratmeter-Größe absolut sauber gefertigt
werden. Auch dafür mussten eigene Verfahren entwickelt werden. Die Teile wurden mit deionisiertem
Wasser gespült, mit Salpetersäure wurden organische Spuren oxidiert und dann die Säure mit weiterem deionisierten Wasser abgewaschen. Anschließend wurden die Teile getrocknet und die oberste
Schicht von einigen Mikrometern Dicke abgetragen. Zuletzt wurden die Teile durch gefilterte, ölfreie,
heiße Luft getrocknet. Danach kamen die Teile in eine 12 m breite und 6,70 m hohe Waschanlage, wo
sie mit Spezialchemikalien gereinigt wurden.

Zehn Wochen dauerten alleine die Tests der fertigen Stufe. Beim hydrostatischen Test wurde z.B. der
Tank mit Wasser gefüllt und dann 105% des nominellen Drucks ausgesetzt. Diese 5% Mehrbelastung
reichte aus, den LOX-Tank um 1,30 cm zu strecken. Die spektakulärsten Tests waren Probeläufe der
S-IC mit allen fünf F-1 Triebwerken. Dazu gab es in Huntsville zwei Teststände von 124 m Höhe.
1965 begannen die ersten Tests mit der S-IC, und ab 1966 wurden alle fünf Triebwerke über ihre volle Betriebsdauer getestet. Das Marshall Raumfahrtzentrum baute neben einem Modell für Tests an
der Startrampe, einem Exemplar für Triebwerkstests und einem Modell für statische Tests auch die
ersten beiden Flugexemplare. Die nächsten Stufen für den Einsatz (ab Apollo 8) wurden dann von
Boeing gefertigt. Noch heute hat die NASA fünf Stufen im Michoud Assembly Facility in Lagerung.

Abbildung 45: Eine S-IC Stufe vor dem Verladen

Das F-1 Triebwerk

Die Ursprünge des F-1 gehen zurück bis ins Jahr 1955. Damals wurde Rocketdyne ein Auftrag für eine Triebwerkstudie erteilt. Das Triebwerk sollte 1,5 Millionen Pfund Schub (6,7 Millionen Newton) erreichen. Mitte 1958 gab es einen ersten Auftrag für die Vorentwicklung dieses Triebwerks. Damals existierte die Saturn V noch nicht einmal auf dem Papier. Schon 1959 konnte Rocketdyne einen Prototyp der Brennkammer testen und erreichte 0,2 s lang einen Schub von 4,45 MN. Im Mai 1960 existierte bereits ein Modell in voller Größe. Schon am 6.4.1961 wurde der erste Test einer kompletten Brennkammer durchgeführt. Dies geschah weniger als 27 Monate nach Projektbeginn und noch vor Gagarins Flug und der Ankündigung Kennedys, zum Mond zu fliegen. Der Prototyp erreichte einen maximalen Schub von 7.295 kN.

Das F-1 war in seiner technischen Auslegung sehr konventionell. Es war schon bei Entwicklungsbeginn klar, dass es bei bemannten Missionen eingesetzt werden würde. Daher war das Hauptkriterium die Sicherheit. Das F-1 setzte erprobte Treibstoffe und Technologien ein, lediglich bei den verwendeten Legierungen wurde technisches Neuland betreten. In seiner ganzen Konzeption war das F-1 auf höchstmögliche Zuverlässigkeit bei möglichst geringer Komplexität getrimmt. Das F-1 musste bei ei-

Abbildung 46: Installation der F-1 Triebwerke in die S-IC

ner Mission nur einmal gezündet werden, war jedoch wiederzündbar ausgelegt. Es hätte zehnmal wiederverwendet werden können. Daher wurde auch vorgeschlagen, es für das Space Shuttle Programm einzusetzen. Kein anderes Triebwerk wurde so intensiv getestet: Es gab insgesamt 2.771 Zündungen, davon 1.110 über die volle Brenndauer mit einer Gesamtdauer von 239.124 s.

Jedes F-1 Triebwerk hatte einen Vakuumschub von 7.740 kN. Der Einspritzkopf hatte 3.700 Öffnungen zum Vermischen der Treibstoffe. Zusätzlich zur Kühlung durch das in Röhren um die Brennkammer zirkulierende Kerosin war die Brennkammer noch mit einem asbesthaltigen und schlecht Wärme leitenden Material überzogen. Die Düse bestand aus Edelstahl und wurde gekühlt, indem die 650°C heißen Abgase des Gasgenerators am Düsenhals als Film über die Düse geleitet wurden. Jedes Triebwerk lieferte eine Leistung von 2.500 MW, mehr als ein Kernkraftwerk. Alle fünf Triebwerke benötigten zusammen rund 13 t Treibstoff pro Sekunde, womit in weniger als drei Minuten 2.100 Tonnen Treibstoff verbrannt waren. Trotzdem startete die Saturn V sehr langsam, denn die Startbeschleunigung lag bei nur 1,2 g. Nach 135 s wurde das mittlere Triebwerk abgeschaltet, um die Beschleunigung zu begrenzen. Die vier äußeren Triebwerke brannten 165 s lang. Der Zeitpunkt war abhängig von der Mission. So wurde beim Start von Skylab das innere Triebwerk später abgeschaltet (nach 141 s), dafür brannten die vier anderen Triebwerke nur 158 s lang.

Beim Start war der Flammenstrahl der F-1 Triebwerke etwa 300 m lang. Die Erschütterungen des Starts wurden durch seismische Messstationen noch in 1.700 km Entfernung registriert. Alleine die Schallenergie betrug etwa 500 MW. Das ergab an der Startrampe einen Lärmpegel von 160 dB. Nur der Space Shuttle übertrifft dies noch mit einem Lärmpegel von 168 dB beim Start. Beim ersten Start einer Saturn V flogen im 5 km entfernten Fernsehstudio die Kacheln der Deckenverkleidung herab. Bei den folgenden Flügen durfte sich kein Berichterstatter mehr weiter als 12 km dem Startplatz nähern.

F-1 Kerndaten	
Gesamtlänge	5,86 m
Gesamtbreite	3,72 m
Düsenmündungsdurchmesser:	3,53 m
Maximalschub (Vakuum)	7.740 kN
Schub auf Meereshöhe:	6.806 kN
Spezifischer Impuls (Vakuum)	2980 m/s
Spezifischer Impuls (Meereshöhe)	2600 m/s
Nominelle Brenndauer	170 s
Massendurchsatz LOX	1.790 kg/s
Massendurchsatz LH2	788 kg/s
Mischungsverhältnis	2,35:1
Brennkammerdruck	50-54 Bar

Triebwerksgewicht (trocken)	8.361 kg
Schub zu Gewicht	83:1
Flächenverhältnis	16:1
Brennkammertemperatur	3280 °C
Drehzahl Turbine	5.550 U/min
Leistung Turbine	56.000 PS / 44 MW
Brennkammerdruck	69 bar

Die S-II

North American Aviation bekam am 11.9.1961 den Auftrag zur Fertigung der zweiten Stufe. Der Entwicklungs- und Produktionsauftrag umfasste 300 Millionen Dollar. Die S-II Stufe verwendete wie die S-IVB Stufe das J-2 Triebwerk, allerdings gleich fünf Stück davon. Die S-II war mit der S-IC durch einen 5,40 m langen und 5.200 kg schweren Zwischenstufenadapter verbunden. Bei den ersten beiden Testflügen und bei Apollo 8 war dieser zweiteilig, später nur noch einteilig. Der Adapter war nicht an der S-IC angebracht, sondern an der S-II. Er wurde erst 30 s nach der Zündung der S-II ab-

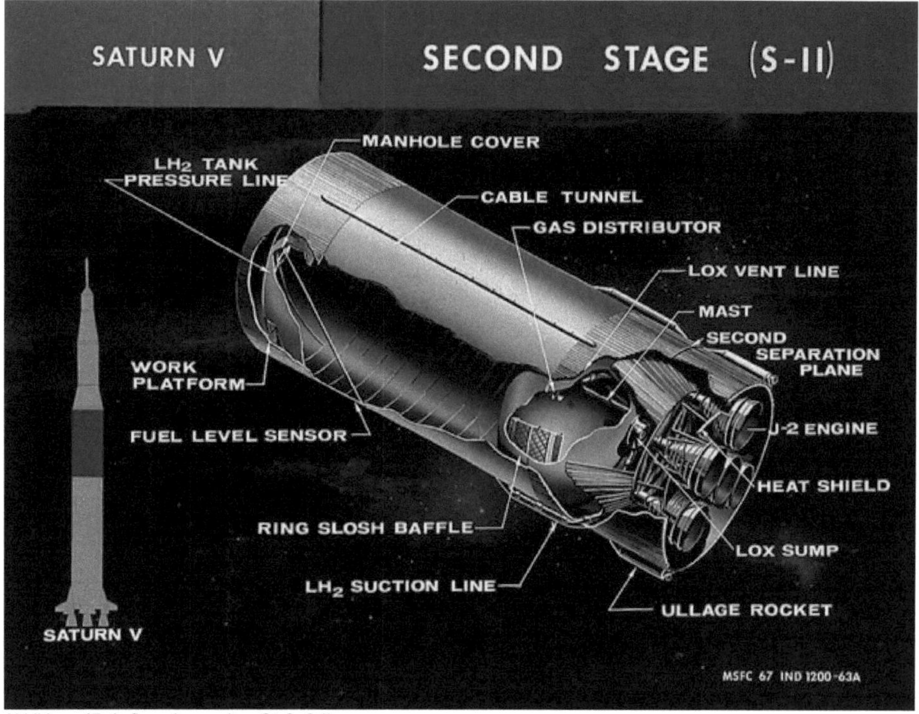

Abbildung 47: Aufbau der zweiten Stufe S-II

getrennt. Nach diesem Zeitraum waren die Schwingungen bei der Stufentrennung abgeklungen, und der Adapter konnte abgetrennt werden, ohne mit den Triebwerken zu kollidieren.

In ihrer Konstruktion war die S-II leistungsfähiger als die S-IVB. Das MSFC betrieb mehr Aufwand, um die Leermasse zu reduzieren als bei der S-IVB, da diese als zweite Stufe der Saturn IB früher einsatzbereit sein musste. Von allen drei Stufen war die S-II diejenige, welche die modernsten Verfahren einsetzte und die größten Optimierungen durchlief.

So verwendete die S-II einen integralen Tank mit einem gemeinsamen, doppelwandigen Zwischenboden. Dadurch entfiel die Intertanksektion, und die Stufe wurde 3 m kürzer und 4 t leichter. Die Aluminiumlegierung 2014, aus der die Teile der Tanks bestanden, galt als nicht schweißbar. Sie war aber bei tiefen Temperaturen belastbarer als bei Raumtemperatur und wurde daher für die Tanks gewählt. Doch nur verschweißte Teile waren bei tiefen Temperaturen dicht und gleichzeitig leicht. Die Lösung lag in einem neuartigen Schweißverfahren. Die Bleche wurden durch Wolframelektroden (im amerikanischen Sprachgebrauch „Tungsten") in Heliumschutzgas bei 1.650 bis 2.780 °C verschweißt. Das Helium schützte das Metall vor Oxidation. Das MSFC entwickelte neue Methoden zur Prüfung der Schweißnähte, wie z.B. die Röntgenstrahlendurchleuchtung.

Der Sauerstofftank bestand aus einzelnen, bogenförmig geformten, 6,00 m langen und 2,60 m großen Blechen. Für die Verformung so sperriger Teile gab es aber bis dahin noch keine Techniken. Das MSFC entwickelte deshalb die Explosionsverformung unter Wasser und baute zu diesem Zweck einen 211 m³ großen Tank.

Der Wasserstofftank bestand anders als der Sauerstofftank aus einzelnen Querringen. Das Verschweißen der LH2 Tanks erfolgte im Autoklav. Die Stabilität bekam er von 636 Bolzen, welche ihn mit der Triebwerkssektion verbanden und die Kräfte übertrugen. Sein Volumen war mit über 1 Million Litern dreimal so groß wie das Fassungsvermögen des Sauerstofftanks mit 331.000 l. Die 20 cm dicken Wasserstoffleitungen führten an der Außenseite des Tanks unterhalb der tragenden Zellenhaut zu den Triebwerken.

Die Isolation befand sich wie bei der S-IVB auf der Innenseite des Tanks. Die Isolationsprobleme der S-II Stufe waren die am längsten andauernden Probleme bei der Entwicklung der Stufe. Die erste Lösung bestand aus großen Stücken eines Gerüstes aus Phenolharz mit Waben, welche mit einem Isocyanatschaum gefüllt waren. Diese wurden mit Phenollaminat und Teflon verbunden. Bei Tests zeigte sich, dass eingeschlossene Luft beim Füllen des Tanks zur Schwächung der Verbindung führte. Um dies zu verhindern, wurden die Tanks mit Helium gespült, bevor sie befüllt wurden. Diese Lösung war aber nicht befriedigend und sehr aufwändig. So suchte North American nach einer anderen Lösung. Die Ingenieure fanden sie, indem die Isolation direkt aufgesprüht und das Wabengerüst weggelassen wurde. Das war einfacher und sparte Gewicht. Nach den ersten Stufen schwenkte North American zur aufgesprühten Isolation um. Die Isolationsschicht hatte eine variable Dicke von bis zu

12,5 cm. Mitgeführt wurden bei Apollo 11 insgesamt 372.415 kg flüssiger Sauerstoff und 71.770 kg Wasserstoff für ein Mischungsverhältnis von 5,19 zu 1.

Die fünf J-2 Triebwerke lieferten einen Schub von 5.100 bis 5.155 kN. Die vier äußeren Triebwerke waren auf einem Kreis mit einem Durchmesser von 5,25 m schwenkbar angeordnet. Das Schubgerüst bestand aus einer Kegelschale mit einem oberen Durchmesser von 10,00 m und einem unteren von 5,75 m. Es war mit einem glasfaserverstärkten Überzug versehen, der die Metallteile vor den heißen Verbrennungsgasen schützte. Wie bei der S-IC wurde das zentrale Triebwerk vorzeitig abgeschaltet, um die Vibrationen durch POGO und die Beschleunigung zu begrenzen. Bei Apollo-Missionen fand dies nach 300 s statt. Die äußeren Triebwerke arbeiteten noch 90 s weiter. Beim Start von Skylab fand das Abschalten früher statt, nach 215 s. Dafür arbeiteten die anderen Triebwerke länger und brannten 399 s lang.

Bei der S-II gab es zwei Systeme von Stufentrennungsraketen, welche wie ihre Pendants in der S-IC mit Feststoff betrieben wurden. Vier Antriebe mit einem Schub von je 95,7 kN beschleunigten die Stufe und sorgten für eine „saubere" Abtrennung von der S-IC. Zudem sammelten sie vor der Zündung die Treibstoffe in den Tanks. Vier weitere Retroraketen von 170,1 kN Schub im Stufenadapter verlangsamten die Stufe bei der Abtrennung von der S-IVB um 17,6 m/s.

Es gab neben dem primären Heliumsystem im Triebwerksteil ein Reservesystem von fünf Flaschen unter einem Druck von 210 bar an der Außenseite der Struktur. Das Helium wurde genutzt, um die Kavitation in den Sauerstoffleitungen zu unterdrücken. Das Helium und andere Flüssigkeiten in den Hilfssystemen wogen zusammen 1.184 kg.

Die S-II setzte wie die S-IVB der Saturn IB die Technik der Variation des Mischungsverhältnisses des J-2 ein. Das Triebwerk startete mit 5,0 zu 1 und fuhr nach 25-30 s auf den Wert von 5,5 zu 1 hoch. Dies war das höchste Mischungsverhältnis und lieferte mit 1.020 kN pro Triebwerk den meisten Schub. Etwa um diesen Zeitpunkt wurde auch der Stufenadapter abgetrennt. Sobald der Treibstoff weitgehend verbraucht war, nominell 280 s nach der Zündung, wechselte der Bordcomputer auf 4,5 zu 1. Damit wurden die Treibstoffe besser ausgenutzt. Dies reduzierte den Schub auf 807 kN und erhöhte den spezifischen Impuls auf das Maximum von 4270 m/s. Der Zeitpunkt, zu dem das Mischungsverhältnis abgesenkt wurde, variierte missionsspezifisch. Es gab dazu Sensoren in den Treibstofftanks, mit denen der noch vorhandene Resttreibstoff gemessen wurde. Ziel war es, die Menge der Treibstoffreste in den Tanks bei Brennschluss zu minimieren.

Schon früh in der Entwicklung kam die Forderung nach mehr Nutzlast für Apollo auf. Es war 1964 nicht sicher, ob der Mondlander LM jemals das Zielgewicht würde einhalten können. Später wollten Wissenschaftler zusätzliche Nutzlasten mitführen, wie Experimente im CSM oder ein Mondmobil. Die Saturn V musste also leichter werden. Um 1 kg mehr Nutzlast zu erhalten musste:

Abbildung 48: Die S-II Stufe

- Die S-IVB um 1 kg leichter werden oder
- Die S-II um 5 kg leichter werden oder
- Die S-IC um 14 kg leichter werden.

Die S-IVB war schon zu weit im Entwicklungsprozess fortgeschritten, um an ihr noch viel zu ändern. Sie musste als Erste der Stufen zur Verfügung stehen, da sie auch auf der Saturn IB zum Einsatz kam. Das „Abspecken" der S-IC war nicht sehr sinnvoll, da 14 kg Gewichtsreduktion nur 1 kg mehr Nutzlast ergaben. Somit blieb nur noch die S-II zur Optimierung übrig. Mitte 1964 wurde ein Programm gestartet, um die S-II leichter zu machen. Die S-II von Apollo 8 wog noch leer 40.188 kg, die von Apollo 15 nur noch 35.383 kg. Die Tanks wogen nur noch 3% ihres Inhalts.

Mit den S-II Stufen gab es einige Probleme bei den Tests. Einige hätten vermieden werden können. Der für das Programm verantwortliche General Samuel C. Phillips bestand darauf, im Frühjahr 1965 den dynamischen Test der Stufe auszulassen. Stattdessen sollten mehr kombinierte statische Tests durchgeführt werden, um den Zeitplan einzuhalten. Am 29.7.1965 wurden fehlerhafte Schweißnähte entdeckt. Am 19.9.1965 explodierte dann eine S-II bei einem kombinierten statischen/dynamischen Test. An der Hecksektion gab es Belastungsspitzen von 144%. Das S-II-Programm war zu dieser Zeit schon mehr als drei Monate hinter dem Zeitplan. Ein „Tiger Team" untersuchte das Programm und kam zu dem Schluss, dass es vor allem Kommunikationsprobleme gab. Das Management bekam nicht die nötigen Informationen und hatte auch nicht den notwendigen Durchblick. Es wurden tägliche Besprechungen eingeführt, bei denen über den Fortschritt und Probleme referiert wurde. Zunächst schien sich die Situation zu bessern. Am 25.5.1966 wurde ein statischer Versuch über 350 s durchgeführt, der erfolgreich war. Doch schon drei Tage später explodierte eine weitere S-II. Bei der Untersuchung wurden kleine Risse nahe der Explosionsstelle entdeckt. Es gab die gleichen Risse in Serienexemplaren der Produktion. Damit musste der Jungfernflug der Saturn V verschoben werden.

Die S-IVB

Die von McDonnell Douglas gefertigte S-IVB war weitgehend baugleich zur S-IVB der Saturn IB. Ein Unterschied lag in einer verbesserten Tankisolation, die Freiflugphasen von bis zu 4,5 Stunden ermöglichte. Der Stufenadapter, der sich im Durchmesser von den 10,01 m der S-II auf 6,60 m verjüngte, verblieb nach der Stufentrennung an der S-II. Bei der S-IVB der Saturn V wurde das Mischungsverhältnis zwischen Sauerstoff und Wasserstoff nicht variiert. Betrieben wurde die Stufe immer im Verhältnis 5,0. Zusammen mit dem Wasserstoff, der zur Kühlung und für die Hilfssysteme benötigt wurde, resultierte daraus ein Gesamtverhältnis von 4,8 zu 1. Die Triebwerke zur Rollachsensteuerung und zur Sammlung des Treibstoffs vor der Zündung hatten weitere 1.249 kg Treibstoff an Bord. Die Stufe musste zweimal gestartet werden. Bei Apollo 9 wurde nach Abtrennung von CSM und LM mit dem verbliebenen Resttreibstoff der S-IVB getestet, ob die S-IVB auch dreimal gezündet werden konnte. Obwohl die normalen Mondmissionen nur zwei Zündsequenzen benötigten, gelang dieser Versuch, und die S-IVB wurde auf einen Fluchtkurs gebracht.

Die Verbindung zum Servicemodul des Apollo-Raumschiffs bestand aus zwei Sätzen von je vier gekrümmten Aluminiumflächen. Sie bildeten zusammen einen Zylinderstumpf von 6,60 m Basisdurchmesser, 3,91 m Spitzendurchmesser und 8,50 m Länge. Sie hatten eine Wandstärke von 4,2 mm und waren mit einer 0,7 mm dicken Korkschicht gegen die Reibungshitze der Atmosphäre geschützt. Innerhalb des Zwischenraums befand sich zusammengefaltet das LM. Nach dem Erreichen der Flugbahn zum Mond wurden die Flächen abgesprengt, und das CSM dockte an das LM an. Diese Verkleidung (SLA: **S**aturn **L**unar Module **A**dapter) wog 1.815 kg.

Für den Start von Skylab wurde aus den SLA eine größere Nutzlastverkleidung gefertigt. Auch sie bestand aus vier Segmenten. Sie umhüllte den oberen Teil der Raumstation mit der Luftschleuse, dem Kopplungsadapter und den Sonnenteleskopen.

Die IU der Saturn V war identisch mit dem Modell in der Saturn IB. Nach Brennschluss der S-IC war der Apollo Guidance Computer in der Kommandokapsel in der Lage, bei Ausfall der IU die Saturn V zu steuern. Die Kommandanten erhielten eine zusätzliche Schulung, um die Saturn per Hand zu steuern, falls auch der AGC ausfallen sollte.

Start und Einsatz

Der Countdown einer Saturn V dauerte mit Pausen 133 Stunden und 32 Minuten. Davon wurde jedoch nur während 93 Stunden heruntergezählt, in der restlichen Zeit wurde der Countdown für Verzögerungen, Schlafphasen und ähnliche Pausen angehalten.

Der Flug der drei Stufen erfolgte nach drei unterschiedlichen Strategien. Die S-IC arbeitete nach einem vorgegebenen Flugprofil, das nachgeflogen wurde, ohne aktive Korrektur von Abweichungen. Der Brennschluss fand statt, wenn ein Sollpunkt mit vorgegebener Höhe und Geschwindigkeit erreicht war. Dieser war so gewählt, dass die Stufe in jedem Falle noch über kleine Mengen an Resttreibstoff verfügte. Der Grund bestand darin, dass es zu aufwändig gewesen wäre, alle Einflüsse, denen die Rakete in der ersten Startphase ausgesetzt war, aktiv zu kompensieren. Der Abtrennungspunkt lag so hoch, dass nun eine aktive Computersteuerung einsetzen konnte, da die Atmosphäre als Einflussfaktor wegfiel. Der Computer berechnete nun auf Basis der vorliegenden Daten über Höhe, Beschleunigung und Geschwindigkeit einmal pro Sekunde den Kurs neu. Er wählte dabei jeweils die Bahn aus, mit der ein Erdorbit mit dem geringsten Treibstoffverbrauch erreicht werden konnte. Dabei galt es, die Treibstoffvorräte der S-II optimal auszunutzen. Sensoren in den Tanks signalisierten die vorhandenen Restmengen, und ab einem bestimmten Zeitpunkt wechselte der Bordcomputer den Arbeitspunkt der J-2. So konnte der Treibstoff nahezu vollständig verbraucht werden. Die S-IVB brachte zunächst die noch fehlenden rund 700 m/s für den Parkorbit auf. Die Bodenkontrolle vermaß dann die Bahn und errechnete die Daten für die TLI (**T**rans**l**unar **I**njection). Nachdem diese Daten an die IU und das CM übermittelt waren, wurde die TLI nach eineinhalb Erdumläufen durchgeführt. Der Brennschluss erfolgte bei Erreichen der Sollgeschwindigkeit. Bei diesem Profil blieben Treibstoffreste in der S-IC (wegen des vorgegebenen Zielpunktes) und in der S-IVB (als Reserve für Abweichungen und Störungen), nur die S-II brannte völlig aus.

Das Sicherheitskonzept war bei Saturn IB und V identisch. Es bestand aus vier Phasen. Die entsprechenden Modi sind bei der Saturn IB auf S.77 aufgeführt. In der Ersten war das primäre Sicherheitssystem das Launch Escape System (LES). Es war ein Bündel von Feststoffraketen auf einem Mast. An ihm war eine kegelförmige Verkleidung angebracht, die mit der Kapsel verbunden war. Bei einer Fehlfunktion der ersten Stufe wurde dieses System aktiv. Bei einer Zündung hätte es die Kapsel abgetrennt und durch den hohen Schub rasch von der Saturn entfernt. Danach wurde es selbst abgetrennt, und die Kapsel landete nach einem freien Fall mit ihren Fallschirmen. Das LES war so ausgelegt, dass es auch auf der Startrampe ausgelöst werden konnte und die Kapsel hoch genug transportierte, dass die Fallschirme wirksam wurden.

Kurz nach Zündung der zweiten Stufe wurde die Verbindung des LES zur Kapsel durchtrennt und es ausgelöst, es zog so die Hülle über der Kapsel, die bis dahin auch als Schutzschild vor der Atmosphäre diente, weg. Die NASA ging davon aus, dass Probleme mit den Triebwerken sich bald nach der Zündung zeigen würden, daher wurde der LES 36 s nach der Zündung abgetrennt, 6 s nach der Abtrennung des Stufenadapters. Die Ingenieure gingen bei der Konzeption davon aus, dass es nun genügend Zeit gab, die Kapsel normal abzutrennen. Die Triebwerke konnten abgeschaltet werden, und die Rakete war nun in einer solchen Höhe, dass ein Versagen der Steuerung nicht zum Zerbrechen des Trägers durch aerodynamische Kräfte führen konnte. Nun würde sich das Raumschiff mit seinem Haupttriebwerk von der Rakete lösen, danach die Kapsel vom Servicemodul abgetrennt werden und im Atlantik nach einer ballistischen Phase wassern. Bei einer sehr späten Abtrennung war eine weitere Zündung des Haupttriebwerks gegen die Flugrichtung nötig, um die Geschwindigkeit zu reduzieren und den Landepunkt vor die afrikanische Küste zu verschieben.

Der nächste Rettungsmodus setzte nach 9 Minuten ein. Nun hatte die Rakete so viel Geschwindigkeit, dass sie einen Orbit erreichen konnte, entweder mit der S-IVB (am Ende der Betriebszeit der S-II) oder mit dem Antrieb des Servicemoduls (nach Zündung der S-IVB). In einer Umlaufbahn angekommen, wäre eine Notwasserung eingeleitet worden.

Bei einer Fehlfunktion der S-IVB nach der zweiten Zündung (um in die Mondtransferbahn zu gelangen) gab es mehrere Möglichkeiten. So wäre mit dem SPS-Triebwerk des Servicemoduls der Orbit wieder absenkbar gewesen, um nach einem Umlauf zu wassern, oder bei einem sehr späten Versagen hätten die Astronauten die Bahn mit dem SPS-Antrieb korrigiert und den Mond auf einer Rückkehrbahn zur Erde umflogen.

Alle Starts verliefen erfolgreich, es gab jedoch einige Probleme. Beim zweiten Testflug gab es starke POGO-Schwingungen (Schwingungen der Rakete um die Längsachse durch Schwappen des Treibstoffs in den Tanks). Die POGO-Schwingungen der zweiten Stufe führten zum vorzeitigen Brennschluss von zwei Triebwerken, eine Minute vor dem normalen Zeitpunkt. Die dritte Stufe zündete beim Restart für eine Mondtransferbahn aus dem gleichen Grund nicht mehr. Mit dem CSM wurde noch ein elliptischer Orbit mit einem Apogäum von 22.000 km erreicht. Es konnten aber alle Systeme des CSM getestet werden. Die POGO-Schwingungen konnten durch Prallbleche in den Erststufentanks und Heliumdruckgaszugabe in die LOX-Treibstoffleitungen der S-II beseitigt werden. Die Triebwerke bekamen neue Wasserstoffleitungen für die Zündvorrichtungen. Die alten fielen durch die Vibrationen im Vakuum aus. Bei Versuchen auf der Erde verflüssigte sich die Luft um die Leitungen durch die Temperatur des Wasserstoffs und dies dämpfte die Vibrationen. Dieser Schutz entfiel beim Betrieb im All.

Noch brenzliger war der Start von Apollo 12. Die Kapsel wurde zweimal (36 und 52 s nach dem Start) vom Blitz getroffen, und der Bordcomputer im Apollo-Raumfahrzeug fiel aus. Zudem fiel kurzzeitig die Telemetrie aus, sodass auch am Boden nicht klar war, welche Störung aufgetreten war. Die Besatzung bemerkte aber, dass die Saturn ruhig weiter flog. Ihre Elektronik war durch den Einschlag nicht beeinträchtigt worden. So brach Charles Conrad, Kommandant von Apollo 12, den Start nicht ab. Nach Umschalten auf die Reservetelemetrie wusste Mission Control, dass drei Hauptsicherungen für die Stromkreise in der Kommandokapsel durchgebrannt waren. Nach Ausbrennen der S-IC Stufe schaltete Alan Bean auf die Reservesicherungen um.

Bei Apollo 13 schaltete sich das zentrale Triebwerk der S-II zwei Minuten zu früh ab. Dies konnte durch ein 12 s längeres Brennen der anderen vier Triebwerke ausgeglichen werden. Auch hier lag die Ursache in POGO-Schwingungen. Diese sollten in der S-IC und S-II durch ein frühzeitiges Abschalten des zentralen Triebwerks vermindert werden. Wegen des dadurch reduzierten Schubs war dies jedoch nur kurz vor Brennschluss möglich.

Veränderungen beim Start von Skylab

Bei Skylab wurde die Saturn V nur zweistufig eingesetzt. Das Datenblatt weist daher diese Version mit den Daten der SA-513 aus. Die Nutzlast betrug nominell nach den Planungen 210.000 Pfund (95.254 kg). Sie war jedoch durch die Optimierungen für Apollo höher und betrug rund 98.000 kg.

Neben dem Ausfall des Mikrometeoritenschutzschildes gab es eine zweite Anomalität bei diesem Start: Der S-IC/S-II Stufenadapter löste sich nicht ab. Wahrscheinlich wurde durch den vorzeitig entfalteten Mikrometeoritenschutzschild auch das Abtrennungssystem beschädigt. Dadurch war die Stufe 4.985 kg schwerer als geplant. Da jedoch Skylab weitaus leichter als die Maximalnutzlast war, beeinträchtigte dies die Mission nicht. Verbunden war Skylab mit der S-II mit dem normalen Zwischenstufenadapter wie bei der dreistufigen Saturn V. Auch die Abtrennung erfolgte wie bei Mondmissionen: Die S-II zündete ihre Retroraketen und nahm dabei den Zwischenstufenadapter mit, dessen Trennebene dort lag, wo der OWS begann. Sie reduzierte dadurch auch ihre Geschwindigkeit und sank auf einen niedrigeren Orbit. Eine Kollision mit dem Raumlabor war so ausgeschlossen.

Für das Flugprofil von Skylab wurde das Notfalldetektionssystem ausgebaut. Es sollte bei bemannten Missionen den Rettungsturm auslösen. Die S-IC schaltete nun das mittlere Triebwerk erst bei einer Maximalbeschleunigung von 4,7 g ab. Bei bemannten Missionen betrug die Grenze 4,0 g. Die S-II wurde nun durch die IU abgeschaltet, bei einer Mondmission erfolgte dies durch Erschöpfen des Treibstoffs, gemessen durch Sensoren.

Anders als bei den vorherigen Starts wurden bei der S-IC die Triebwerke in der Reihenfolge 5, 1+3 und 2+4 abgeschaltet, um die Schockwellen bei Brennschluss zu begrenzen. Auch bei der S-II fand das Abschalten des zentralen Triebwerks früher statt – nach 152 anstatt 300 s. Dafür brannten die vier verbliebenen Triebwerke länger (438 anstatt 392 s lang).

Countdown von Skylab 1

Ereignis	Zeitpunkt
Interne Navigation, Übernahme durch die IU	-16,95 s
Start der Zündsequenz	- 8,9 s
Abheben	0 s
Rollmanöver	18,2 s
Mikrometeoritenschutzschild beginnt sich zu entfalten	60,12 s
Mach 1 erreicht	61,1 s
Mikrometeoritenschutzschild voll entfaltet	63,7 s
Max Q. (maximale aerodynamische Belastung)	73,5 s
Abschalten Triebwerk 5	140,72 s
Abschalten Triebwerke 1+3	158,16 s
Abschalten Triebwerke 2+3	158,23 s
Zündung S-II	160,61 s
Abtrennung Stufenadapter:	189,9 s
Umschalten auf adaptives Flugprogramm	197,7 s
Abschalten Triebwerk 5	314,01 s
Umschalten der Triebwerke auf Mischungsverhältnis 1:4,8	403,7 s
Abschalten Triebwerke 1-4	588,99 s
Abtrennung Workshop	591,1 s
Erreichen des Orbits	599 s
Entlassen des Resttreibstoffs	805 s
Abtrennung Nutzlastverkleidung	920,4 s
Initiierung des Drehmanövers	958,1 s
Ausfahren des ATM	999,1 s
Ausfahren der Solarzellen	1.492,3 s
Einschalten der ATM-Telemetrie	2.209,7 s
Ausfahren der OWS-Solarzellen	2.465,7 s
Entfalten des Mikrometeoritenschutzschildes	5.734,1 s
Umschaltung der TACS-Lageregelung auf den ATMDC	17.400,5 s
Ende Betriebszeit IU	29.399,4 s

Bodenanlagen und Kosten

Es wurden am Cape umfangreiche Investitionen in Startanlagen getätigt. Für die Saturn V wurde das Vertical Assembly Building (VAB) gebaut und ein Raupenschlepper, der sie zur Startrampe zog. Die Infrastruktur war für maximal fünf Starts pro Jahr ausgelegt. Im VAB konnten gleichzeitig drei Saturn V auf den Start vorbereitet werden. Nur 1969 wurde die Anlagen auch voll genutzt. Der einzige Saturn V Start von der Rampe 39A erfolgte mit Apollo 10. Danach wurde die Rampe für den Start der Saturn IB genutzt. Alle anderen Saturn V Flüge fanden vom Launchpad 39B aus statt. Nach der Apollo 11 Mission entließ die NASA 5.600 ihrer 23.600 Angestellten im Kennedy Space Center. Mit den verbliebenen konnte die NASA nun nur noch maximal zwei Missionen pro Jahr durchführen. Der Großteil der Gebäude und Anlagen wird noch heute für den Start des Space Shuttles verwendet.

Die Entwicklungskosten für die Saturn V betrugen 6.539,5 Millionen Dollar. Dazu kamen noch ein Teil der 900,1 Millionen Dollar für die Triebwerksentwicklung der H-1, F-1 und J-2. Die Produktionskosten einer Saturn V betrugen insgesamt 113,1 Millionen Dollar, die sich wie folgt aufteilen (alle Angaben in Millionen Dollar):

Stufe	Hardware Produktion	Modifikationen	Sicherheits-reserve	Boden-unterstützung	Entwicklung Bodenanlagen	Gesamt
S-IC	19,4	0,2	1,4	0,3	0	21,3
S-II	21,0	1,0	3,6	0,6	0	26,2
S-IVB	15,6	0,2	1,2	0,3	0	17,3
IU	10,9	0,9	1,0	0,9	0	13,7
Bodenanlagen	0	0	0,9	7,5	3,1	11,5
Triebwerke	20,5	0	2,5	0,5	0	23,1
Gesamt	87,2	2,3	10,4	10,1	3,1	113,1

Der Start einer dreistufigen Version kostete 216 Millionen Dollar, der Start einer zweistufigen Version 180 Millionen Dollar. Die Vorarbeiten für einen Saturn V Start erstreckten sich über vier Monate. Alleine am Countdown waren 450 Techniker beteiligt.

Drei Saturn V können im Johnson- und Kennedy Space Center sowie im US-Space & Rocket Center besichtigt werden. Die Letztere ist ein Testmodell.

Datenblatt Saturn V (Skylab 1, SA-513)

Einsatzzeitraum:	1967 – 1973	
Starts:	13, kein Fehlstart	
Zuverlässigkeit:	100%	
Abmessungen:	86,00 m Höhe, 110 m mit Apollo-Raumschiff	
	10,06 m Durchmesser	
Startgewicht:	2.842.958 kg	
Nutzlast:	133.000 kg in einen LEO-Orbit (dreistufig)	
	98.000 kg in einen 50°, 435 km hohen LEO-Orbit (zweistufig)	
	49.500 kg auf eine Mondtransferbahn (dreistufig)	
Stufenadapter S-IC/S-II	5.608 kg	
Stufenadapter S-II/Skylab	3.453 kg	

	S-IC	S-II
Länge:	42,10 m	24,80 m
Durchmesser:	10,06 m	10,06 m
Startgewicht:	2,271.909 kg	482.891 kg
Trockengewicht:	130.453 kg	36.637 kg
Schub Meereshöhe:	33.600 kN	-
Schub Vakuum:	38.700 kN	5.138 kN
Triebwerke:	5 × F-1	5 × J-2
Spezifischer Impuls (Meereshöhe):	2600 m/s	-
Mittlerer spezifischer Impuls (Vakuum):	2982 m/s	4158 m/s
Brenndauer:	140 / 158 s	153 / 438 s
Treibstoff:	LOX / Kerosin	LOX / LH2

Abbildung 49: Start von Skylab 1 mit dem Workshop

Einzelne Subsysteme

Hier nun ein genauerer Blick auf einzelne Subsysteme der Station.

Stromversorgung

Skylab verfügt über sechs Solarpaneele in zwei Gruppen. Die Eine besteht aus zwei großen Panels am OWS (**S**olar **A**rray **S**ystem SAS). Sie sollten nach ursprünglicher Planung den Strom für den OWS, die Lebenserhaltung und die Experimente im OWS liefern.

Die Solarzellen am ATM sollten Strom für die Sonnenbeobachtungsexperimente und die Kühlung liefern. Da der ATM während Erdbeobachtungen nicht auf die Sonne ausgerichtet war, musste Skylab auch ohne ihn arbeiten können. Diese recht großzügige Dimensionierung der Stromversorgung rettete schließlich das Labor.

Die Dauer des Sonnenscheins pro Orbit schwankt nach Jahreszeit zwischen 62 und 82%. Durch die Neigung der Umlaufbahn von 50 Grad war Skylab von den Jahreszeiten betroffen. So ändert sich der Winkel relativ zur Sonne zwischen 0 und 73,5 Grad. Die beiden Solarpaneele sind daher deutlich überdimensioniert, da im Laufe des Jahres die produzierte Strommenge schwankt. Die folgende Tabelle zeigt die mittlere Leistung (Mittel aus Tag- und Nachtseite) der ATM Solarzellen bei den drei Missionen:

Zeitpunkt	Mission	Mittlere Leistung	Überschuss
14.5.1973 – 25.5.1973	unbemannt	2.400 – 4.400 W	800 – 2.800 W
26.5.1973 – 22.6.1973	Skylab 2	4.600 W	1.600 W
23.6.1973 – 27.7.1973	unbemannt	5.000 W	2.000 W
28.7.1973 – 25.9.1973	Skylab 3	4.250 – 6.440 W	450 – 1.650 W
26.9.1973 – 15.11.1973	unbemannt	3.800 – 4.900 W	1.800 – 2.900 W
16.11.1974 – 8.2.1974	Skylab 4	4.200 – 4.800 W	1.100 – 1.500 W

Der Überschuss hängt von den betriebenen Experimenten ab. Die Leistung war maximal um den Zeitpunkt der Tag und Nachtgleiche (am 23.9.) und erreichte ein Minimum beim Beginn des astronomischen Winters / Sommers (21.12. bzw. 21.6.)

Für die Zeit im Schatten liefern beim ATM-System 18 Nickel-Cadmium Akkus den Strom (je 30 Ah × 28 V). Dazu ist ein Teil des Stroms, der auf der Tagseite gewonnen wird, zum Aufladen erforderlich. Weiterhin gibt es Verluste beim Aufladen der Batterien und bei der Konvertierung in eine 28V-Gleichspannung, sodass die Planung von einer Durchschnittsleistung von 3.800 W und einer Spitzenleistung von 5.500 W ausging. Beim OWS wurden acht Batterien eingesetzt. Es fielen während der Mission zwei ATM Batterien aus. Dies war jedoch nicht kritisch, da das System für Verlust von 20-25% der Kapazität ausgelegt war.

Die Batterien waren für einen Betrieb mit einer maximalen Entladung von 30% ausgelegt, da die Lebensdauer proportional zur Entladung ist und die Batterien mindestens 4.000 Lade/Entladezyklen lang betrieben werden sollten (rund 258 Tage). Der Verlust eines OWS-Solarpanels zwang während der ersten zehn Tage zu einer stärkeren Nutzung der Batterien, was ihre Lebensdauer reduzierte und auch ein Grund für die EVA Arbeiten zur Entfaltung des zweiten SAS waren. Nach Entfaltung des Paneels konnte die Station voll betrieben werden, wenn die einzelnen Verbraucher entsprechend der verfügbaren Leistung an- und abgeschaltet wurden und nur die Systeme betrieben wurden, die aktuell benötigt wurden. Bei den EREP-Untersuchungen wurden nun die Batterien stärker entladen als vorher geplant.

Für die Experimente im ATM, seine aktive Kühlung und die Kontrolle des ATM sind die vier Solarzellenflügel des ATM verantwortlich. Jeder Flügel wurde nach dem Prinzip der Nürnberger Schere entfaltet. Er besteht aus viereinhalb Segmenten. Jedes der 18 Teile ist separat verdrahtet. So konnte ein Meteoriteneinschlag nur eines beschädigen. Auch ist jedes Segment mit einem Akkumulator verbunden.

Nominell sollte Skylab über mindestens 8 bis 8,5 kW Durchschnittsleistung bei beschienen Paneelen verfügen, um alle Systeme zu betrieben. Die Leistung der Paneele wird an das Stromverteilungssystem abgegeben. Es lädt nicht nur die Batterien auf, sondern sorgt auch für eine einheitliche Spannung. Die Eingangsspannung konnte wegen der Jahreszeiten und dem Breitengrad, über dem sich Skylab befand, zwischen 50 und 125 V schwanken. Im Bordstromnetz wird mit 28 V gearbeitet. Zwei

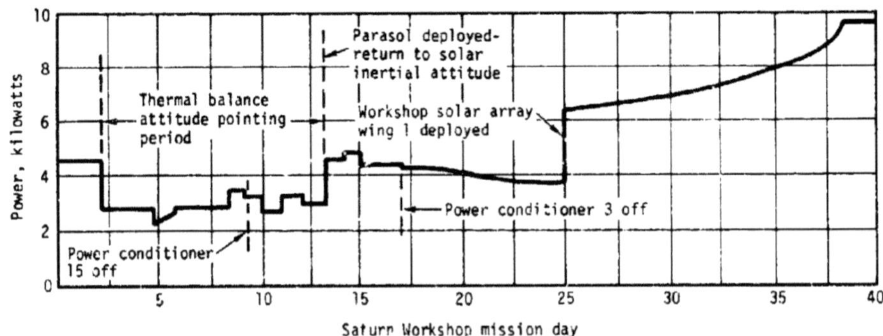

Abbildung 50: Entwicklung des verfügbaren Stroms nach dem ersten Start bis zum Ende der Skylab 2 Mission

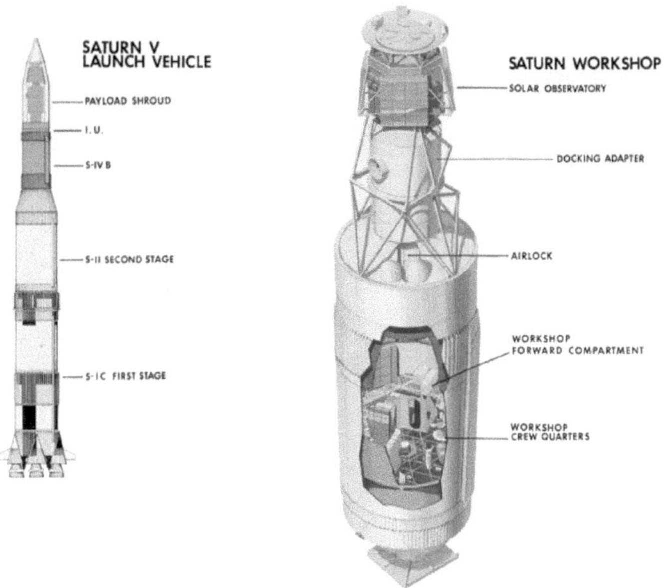

Abbildung 51: Skylab in Startkonfiguration

Busse verteilen die Elektrizität über die Station. Im unteren Deck des OWS gibt es eine Konsole, über die die Stromverteilung gesteuert und überwacht werden kann.

Stromversorgungssysteme am OWS	
Panelgröße:	9,50 × 8,30 m
Mit Solarzellen belegte Fläche:	9,00 × 7,00 m
Solarzellen:	147.840
Aufteilung:	616 Solarzellen pro Modul 4 Module pro Panel 10 Paneele pro Flügelsektion 3 Flügelsektionen pro Flügel 2 Flügel ergeben das SAS
Solarzellen:	Je 2 × 4 cm Größe, 7,6 cm² belegte Fläche Dicke: 0,35 mm, Effizienz: 11% Eine MgF_2 Schutzschicht von 0,06 mm Dicke absorbiert alle UV-Strahlen mit einer Wellenlänge von weniger als 410 nm.
Spitzenleistung:	12,4 kW (erreicht mit einem Panel: 7,5 kW)

Stromversorgungssysteme am OWS	
Durchschnittsleistung bei beschienen Paneelen	10,5 kW
Nutzbare Leistung bei Aufladen der Batterien:	5,5 kW
Durchschnittsbedarf:	3,8 kW
Ausgangsspannung der Paneele:	50 – 125 V
Batterien:	8
Kapazität je Batterie:	33 Ah × 28 V
Bordspannung:	28 V nominell, Schwankungsbereich 24 – 30 V.
Gewicht	1.840 kg (mit Entfaltungsmechanismus) 680,4 kg (nur Solarzellen)
Stromversorgungssysteme des ATM	
Panelgröße:	2,70 × 13,20 m
Mit Solarzellen belegte Fläche:	2,65 × 13,00 m
Solarzellen:	328.320 246.240 Zellen 2 × 2 cm 82.080 Zellen 2 × 6 cm Effizienz 10%
Aufteilung:	1 Modul mit 684 Zellen 2 × 2 cm und 228 Zellen 2 × 6 cm Größe 51,2 × 62,6 cm Größe 20 Module pro Panel 623 Watt Anfangsleistung pro Panel 572 W Leistung zu Missionsende 5 Paneele pro Flügel (letztes Panel nur 10 Module) 4 Flügel ergeben das Array
Spitzenleistung:	11,2 kW (9,6 kW zu Missionsende)
Nutzbare Leistung bei Aufladen der Batterien:	4,6 kW
Durchschnittsleistung:	4,23 kW
Minimale Leistung:	3,716 kW
Batterien:	18
Kapazität je Batterie:	20 Ah × 28 V, maximale Leistung 240 W/Batterie
Gewicht:	1.737 kg mit Entfaltungsmechanismus 1.192 kg ohne

Lageregelung

Skylab hat zwei Systeme zur Lageregelung. Sie bilden zusammen das **A**ttitude and **P**ointing **C**ontrol **S**ystem (APCS). Es gibt zwei Aufgaben für ein Lageregelungssystem. Das eine ist die räumliche Ausrichtung der Station im Orbit. Diese musste regelmäßig verändert werden, wenn Skylab Erdbeobachtungen durchführte, da bei der normalen Ausrichtung der Instrumente des ATM auf die Sonne die Kameras nicht auf den Nadirpunkt, den Punkt in der Linie Sonne-Skylab-Erde, schauten. Danach kehrte Skylab wieder in die normale Ausrichtung zurück, mit den ATM Instrumenten auf die Sonne ausgerichtet und mit der Längsachse in der Bewegungsrichtung. Des Weiteren sollte es die Ausrichtung auch stabil beibehalten. Dies war besonders für die Ankopplung eines Raumschiffes wichtig.

Das Zweite ist die Veränderung der Bahn selbst, das Anheben des Orbits oder Verschiebungen der Bahnebene gegenüber der Erde. Diese Manöver waren im Routinebetrieb recht selten.

Änderungen der räumlichen Ausrichtung der Station erfolgen mit Gyroskopen (Kreiseln). Sie sind das Hauptsystem zur Ausrichtung der Station. Dieses, als **C**ontrol **M**oment **G**yro (CMG) bezeichnete System, besteht aus zwei Sets mit jeweils drei Kreiseln. Jeder Kreisel kann durch Neigungsringe in zwei Achsen gekippt werden. Ein rotierender Kreisel will seine Rotationsachse im Raum beibehalten, und wird er gekippt, so erzeugt er ein gegengerichtetes Moment, um seine ursprüngliche Ausrichtung im Raum erneut einzunehmen. Dieses Moment dreht dann die ganze Station. Die CMG wurden relativ spät in das Design der Station aufgenommen. Die Entwürfe für den Wet Workshop basierten nur auf der Veränderung der Lage durch Triebwerke. Doch die längere Betriebsdauer des „trockenen" Labors von bis zu zehn Monaten hätte einen zu hohen Treibstoffverbrauch bedeutet. Es war der erste Einsatz von Kreiselstabilisierung an Bord eines bemannten Raumfahrzeugs.

Mit dem CMG kann der SWS mit einer Genauigkeit von vier Bogenminuten in der Nick- und Gierachse und zehn Bogenminuten in der Rollachse auf einen Punkt im Raum ausgerichtet werden. Die Software überprüft die Ausrichtung alle 0,2 s. Es gibt zwei mögliche Drehraten von 1 Grad/s und 0,1 Grad/s.

Abbildung 52: Blick auf die Druckgastanks des TACS

Das ATM, welches für die Beobachtungen eine viel präzisere Ausrichtung erfordert, hat eine eigene Steuerung, die es auf 2,5 Bogensekunden genau auf die Sonne ausrichtet.

Die Kreisel in der Station sind redundant vorhanden. Die Station kann mit nur einem Satz noch arbeiten. Von diesem dürfte auch eines der drei Gyroskope ausfallen. Doch erwiesen sich die Gyroskope als anfällig. Schon kurz nach dem Start fiel ein Kreisel durch abweichende Werte auf. Fiel ein Kreisel eines Sets aus, so wurde aus Sicherheitsgründen das ganze Set deaktiviert. Die Besatzung von Skylab 3 installierte daher einen zweiten Satz. Zum Ende der Skylab 4 Mission war auch davon ein Set deaktiviert.

Das zweite System ist das TACS (**T**hruster **A**ttitude **C**ontrol **S**ystem). Es hat zwei Aufgaben. Zum einen sind nur mit ihm Änderungen des Orbits möglich. Darüber hinaus erlaubt der Schub der Triebwerke viel schnellere Änderungen der Lage, und es wurde eingesetzt, wenn das Moment die Kreisel überforderte. Bei der Annäherung eines Raumschiffes wurde mit dem TACS-System die Ausrichtung der Station korrigiert.

Das TACS besteht aus sechs Stickstoff-Kaltgasdüsen, die sich in zwei Gruppen am Heck befinden. Jede Gruppe hat vier redundante Leitungen mit eigenen Ventilen. Dort, unterhalb des ehemaligen Sauerstofftanks, befindet sich auch der „Treibstoff" Stickstoff in 22 kugelförmigen Drucktanks aus einer Titan-Aluminium-Vanadiumlegierung. Sie sind an einem Gerüst befestigt, das mit einer 1,27 mm starken Aluminiumwand überzogen ist. Die Änderung der Rotationsgeschwindigkeit beträgt maximal 0,3 Grad/Sekunde. Der Schub ist vom Druck und der Anzahl der eingesetzten Tanks abhängig und liegt zwischen 50 und 500 N. Der kleinstmögliche Impuls beträgt 22 Ns. Es gibt drei Schubniveaus:

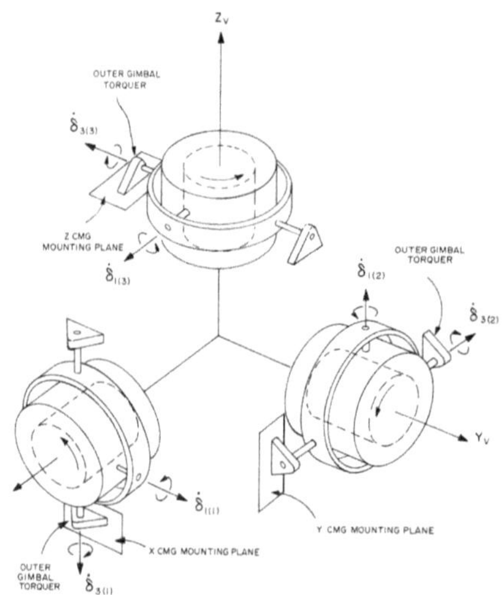

Abbildung 53: Die CMG

- 222 N für die frühe Missionsphase, um die Station zu drehen und die Nutzlastverkleidungen abzutrennen.

- 90 N während der Ankopplung der CSM, um die Station während dieser Zeit stabil und ruhig zu halten.

- 45 N während der restlichen Zeit für Bahnkorrekturen und Lageregelungsänderungen.

Druckgas ist kein sehr effektiver Treibstoff. Es gibt nur Schub, solange die Flaschen über einen hohen Innendruck verfügen. Daher wurden auch

108

so viele Druckgasbehälter installiert. Der Vorteil des TACS ist, dass die Konstruktion sehr einfach ist. Da bei Skylab das Gewicht keine Rolle spielte, fiel die Wahl auf diese Art der Lageregelung, anstatt Hydrazin katalytisch zu zersetzen. Der Gesamtimpuls beträgt 356.000 Ns. Bei Verbrauch des gesamten TACS Treibstoffes hätte das System die Station mit Apollo-Raumschiff nur um etwas mehr als 4 m/s beschleunigen können. Da die Station in den geplanten sieben Monaten Betriebszeit aber kaum an Höhe verlieren sollte, erschien es als ausreichend dimensioniert. Geplant war nur ein Verbrauch von 162.000 Ns während der Mission. Durch die Drehung der Station während der ersten zehn Tage in eine Position, in der sie minimal aufgeheizt wurde, wurden allerdings 338.000 Ns benötigt.

Das Druckgas hatte auch eine andere Funktion: Es diente als Pneumatikgas nach Erreichen des Orbits dazu, verschiedene Strukturen, vor allem den ATM, zu entfalten. Die Missionskontrolle rechnete mit einem Verbrauch von 10 bis 12% des Druckgases für das Drehen der Station und die Inbetriebnahme.

Die Ausrichtung der Station musste natürlich auch festgestellt werden können. Dafür gibt es Stern- und Sonnensensoren. Im Prinzip sind dies Optiken mit einem lichtempfindlichen Detektor als Sensor. Für die Rollachse gibt es einen Sternsensor, der auf einen Stern ausgerichtet wird. Das Licht wird durch einen Photomultiplier verstärkt. Über einen Großteil der Mission wurde Acrux, der hellste Stern im Sternbild Südliches Kreuz, mit einer Helligkeit von 0,77 mag genutzt, doch dann verlor der Detektor an Empfindlichkeit, und ein anderes Ziel musste gewählt werden. Verwendet werden konnten fortan alle Sterne mit einer Helligkeit von mehr als 0,56 mag. (Bei Sternen bedeutet eine höhere Helligkeit ein niedriger Wert für die Magnitude, die auch negativ sein kann. So ist ein Stern von 0 mag etwa 2,5-mal heller als einer 1 mag).

Die Sonnensensoren bestehen aus je zwei Sensoren in der X- und Y-Achse, bei denen durch Blenden jeweils die Hälfte des Gesichtsfelds abgeschattet wird. Die lichtempfindlichen Sensoren geben einen Strom ab, der proportional zu der einfallenden Lichtmenge ist. Die beiden Sensoren in einer Achse sind jeweils so verschaltet, dass die Signale voneinander subtrahiert werden. Der erzeugte Strom hängt wiederum von der Sonneneinstrahlung ab. Ist die Sonne im Zentrum, so fällt in beide Sensoren einer Achse gleich viel Licht, und die Signale heben sich auf. Ist das ATM schräg ausgerichtet, so bekommt ein Sensor mehr Licht als der andere, und das Signal löscht sich nicht aus. Der erzeugte Strom ist proportional zur Abweichung. Da diese Regelung nur funktioniert, wenn das System schon grob auf die Sonne ausgerichtet ist, gibt es einen fünften Sensor, der ein Signal proportional zum empfangenen Licht abgibt und als „Sonnenanwesenheitssensor" (Sun presence detector) bezeichnet wird.

Die Kreisel mussten regelmäßig abgebremst werden. Dazu nutzte Skylab den Effekt des Gravitationsgradienten. Vereinfacht gesagt, ist nur in einer parallel zur Erdoberfläche verlaufenden Linie, die durch den Schwerpunkt von Skylab verläuft, das Labor völlig schwerelos. Die Gravitationskraft überwiegt bei allem, was tiefer als dieser Punkt liegt und die Zentrifugalkraft bei allem, was höher liegt. Es entsteht ein Gravitationsgradientendrehmoment, das von der Form und Ausrichtung der Station abhängt. Eine Computerroutine wurde auf der Nachtseite von Skylab aktiv, wenn kein Sonnenexperiment eine Ausrichtung erforderte. Sie drehte Skylab in eine solche Ausrichtung zur Erde, das ein bestimmtes Gravitationsgradientendrehmoment resultierte. Die Kompensation dieses Drehmomentes durch die Gravitation reduziert bei einem oder mehreren Kreiseln die Rotationsgeschwindigkeit und „entsättigt" ihr Kontrollmoment. Nur so können sie in einer neuen räumlichen Lage erneut in schnelle Rotation versetzt werden, ohne ein gegenteiliges Drehmoment zu erzeugen. Ohne diese trickreiche Konstruktion hätte Skylab viel mehr TACS-Treibstoff benötigt, um die Kreisel regelmäßig zu entdrallen.

Es gibt mehrere Modi, in denen das Lageregelungssystem arbeiten kann. Der am häufigsten verwendete war der Modus „Solar Inertial Attitude". Bei diesem sind das ATM und die SAS des OWS auf die Sonne ausgerichtet. Von der Erde aus betrachtet dreht sich Skylab einmal pro Umlauf um die eigene Achse, hält aber die Ausrichtung zur Sonne konstant. Dies war die normale Ausrichtung auf der Tagseite, da sie am meisten Strom für die Bordsysteme lieferte und auch die ATM Teleskope auf die Sonne ausgerichtet werden. Der Beobachtungsmodus ist eine Variation dieses Modus. Er wurde von der Besatzung aktiviert und gewährleistete eine noch genauere Ausrichtung des ATM auf die Sonne.

Der zweite Modus ist „Z-Logical Vertical". Bei diesem Modus wird die Z-Achse senkrecht zur Erde gehalten. Dabei behält Skylab die relative Ausrichtung zur Erdoberfläche bei und dreht sich einmal pro Umlauf relativ zur Sonne. Dieser Modus wurde für den Teil eines Umlaufs für die Aktivierung der Erdbeobachtungsexperimente eingenommen und war auch aktiv bei der Ankopplung eines Apollo-Raumschiffs, nur wurde hier die X-Achse im Bewegungsvektor gehalten.

ATM-Ausrichtung		
ATM Achse	**Ausrichtung**	**Stabilität**
X	± 2,5 Bogensekunden	± 2,5 Bogensekunden/min über 15 Minuten
Y	± 2,5 Bogensekunden	± 2,5 Bogensekunden/min über 15 Minuten
Z	± 10 Bogensekunden	± 7,5 Bogensekunden/min über 15 Minuten

Ausrichtung von Skylab für Beobachtungen			
Achse	**Beobachtung Sonne**	**Beobachtung Himmel oder Erde**	**Bei Docking Manövern**
X	± 6 Bogenminuten	± 2 Grad	± 6 Grad
Y	± 6 Bogenminuten	± 2 Grad	± 12 Grad
Z	± 10 Bogenminuten	± 2 Grad	± 6 Grad

TACS Parameter	
Düsen:	6 in zwei Gruppen
Schub:	45,90 und 222 N
Treibstoff:	647 kg Stickstoffdruckgas, je nach Temperatur zwischen 76 und 87 kg nicht nutzbar
Tanks:	22, jeweils 63,5 cm Durchmesser (0,127 m³ Volumen), Wandstärke: 0,9 mm maximal zulässiger Innendruck 330 bar, Berstdruck 550 bar
Ausgangsdruck:	208-220 bar
Gesamtkorrekturkapazität:	374.000 Nm, nutzbar: 356.000 Ns, genutzt: 338.000 Ns.

CMG Parameter	
Gewicht:	190 kg, davon 65,8 kg für den Kreisel
Größe:	1,06 m, Kreiseldurchmesser 0,55 m
Maximales Drehmoment:	3.115 N bei 9115 U/min
Nominelle Rotationsgeschwindigkeit:	8.990 U/min
Drehrate:	0-7°/s
Maximal um:	80°
Stromverbrauch:	50 – 120 W
Lebensdauer:	10.000 h

Lebenserhaltung

Die Lebenserhaltung umfasst drei Teilaufgaben:

- Die Regenerierung der Luft und Aufrechterhaltung des Innendrucks.
- Die Temperaturregulation.
- Die Versorgung mit Wasser und Nahrung.

Ein Unterschied zwischen Skylab und späteren Raumstationen ist, dass eine Versorgung mittels Raumschiffen nicht vorgesehen war. Das bedeutet, dass die Mengen aller Verbrauchsgüter (und dazu zählen auch Nahrung, Wasser, Sauerstoff und Stickstoff) vor dem Start festgelegt wurden und damit auch die maximale Betriebsdauer. Skylab war für eine nominelle maximale Betriebszeit von 150 Tagen ausgelegt. Die Vorräte an Bord waren aber mit großzügigen Sicherheitszuschlägen versehen, die eine Erweiterung des Betriebs auf 174 Tagen zuließen. Der Betrieb über knapp ein halbes Jahr erscheint heute wie eine Verschwendung von Ressourcen. Die Dauer war aber länger als die gesamte bisherige Präsenz der USA im Raum. Weiterhin wurden die Apollo-Raumschiffe nicht mehr gefertigt und waren auch nicht als Transporter ausgelegt. Sie transportierten vor allem Experimente, Filme und Magnetbänder zur Station. Nahrung konnte mitgeführt werden, jedoch gab es keine Möglichkeit, Wasser oder Luft zur Station zu transferieren. Auch die frühen sowjetischen Raumstationen wurden mit Vorräten gestartet und waren nach deren Verbrauch nutzlos. Saljut 1-5 waren insgesamt nur 198 Tage bemannt (Saljut 2 wurde sogar von keiner Besatzung besucht). Dieses Konzept war damals also durchaus „State of the Art“.

Die Luftaufbereitung wurde in der Luftschleuse durchgeführt und dort auch kontrolliert. Stickstoff wurde direkt in die Atmosphäre entlassen, Sauerstoff durch einen Wärmeaustauscher an die Kabinentemperatur angepasst.

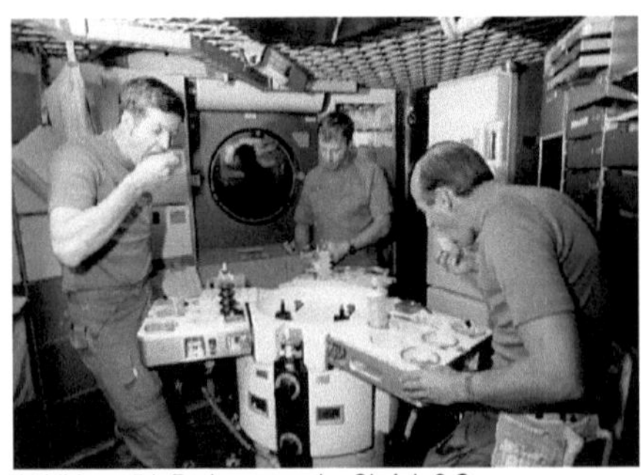

Abbildung 54: Probeessen der Skylab 2 Crew

Die Reinigung der Atmosphäre erfolgte durch Wasserabscheider und Molekularsiebe. Dies war der erste Einsatz dieser Methoden im amerikanischen Weltraumprogramm. Der vorgeschaltete Wasserabscheider ist nötig, weil die Molekularsiebe ihre Funktion nur bei trockener Luft erfüllen können. Zuerst wird die Luft durch einen Kompressor komprimiert. Beim Expandieren passiert sie einen Wärmeaustauscher. Bei ihm kühlt die durch die Kompression erhitzte Luft ab. Dabei wird ihr soviel Energie entzogen, dass der Großteil des dort enthaltenen Wassers kondensiert. Das Sammeln des kondensierten Wassers unter der Schwerelosigkeit ist eine Herausforderung. Der Wärmeaustauscher ist dazu mit einem Fiberglasgeflecht überzogen, an dem das Wasser auskondensiert und dessen Oberfläche als Pfad für eine gerichtete Bewegung fungiert. Gesammelt wird es in zwei Speichertanks: einem, der direkt ans Lebenserhaltungssystem angeschlossen ist, und einem vierzigfach größeren im Workshop. Überschritt der Druck im primären Tank in der Luftschleuse einen Grenzwert, so wurde ein Ventil geöffnet, das ein Abfließen in den größeren Speichertank erlaubte.

Die Atmosphäre muss dann noch von Kohlendioxid und Gerüchen befreit werden. Für Ersteres dienen Molekularsiebe, für Letzteres wird Aktivkohle eingesetzt.

Die Luft passiert zuerst ein Silicagel, welches noch verbliebenes Restwasser aufnimmt, danach die Molekularsiebe aus synthetischen Zeolithen und Metallionen-Aluminosilikaten. Zeolithe sind eine Untergruppe der Gerüstsilikate. Sie haben eine besondere molekulare Struktur, die als „Käfigmoleküle" bezeichnet wird. Es gibt in der Struktur Hohlräume (siehe Bild), in die sich andere Moleküle einlagern können, und die dort physikalisch gebunden werden. Zeolithe werden daher seit einigen Jahrzehnten in Waschmitteln genutzt und befinden sich auch in den Regenerationskästen von Spülmaschinen. Hier tauschen sie Calcium- und Magnesiumionen gegen sonst im Hohlraum gebundene Natriumionen aus. Das Regenerationssalz in der Spülmaschine dient dem Rückaustausch gegen Natriumionen.

In Lebenserhaltungssystemen werden synthetische Zeolithe eingesetzt: Die Hohlräume sind so gewählt, dass Kohlendioxid eindringen kann, andere Moleküle hingegen nicht. Wasser bindet auch an die Hohlräume und verändert so deren freies Volumen. Daher muss die Luft weitgehend wasserfrei sein. Durch Erhitzen kann das Kohlendioxid dann später ausgetrieben werden. Bei Skylab war dazu noch ein Vakuum notwendig, sodass das Kohlendioxid nicht wiedergewonnen werden konnte. Es

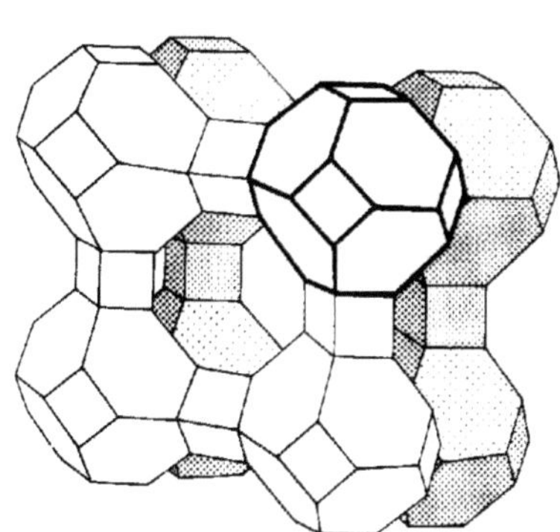
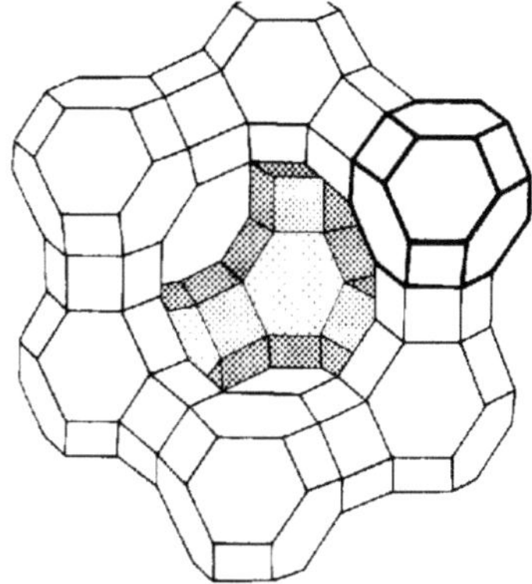

Abbildung 55: Zwei Arten von Zeolithen. Je nach Größe des Hohlraumes können unterschiedliche Moleküle gebunden werden.

wurden im Batchverfahren abwechselnd einzelne Behälter gesättigt und durch Erhitzen wieder vom Kohlendioxid befreit.

Die Aktivkohle bindet Gerüche. Es handelt sich um unter Luftabschluss verkohlte, organische Substanz, die eine hochporöse, schwammartige Struktur mit einer sehr großen Oberfläche (typisch 300 – 2000 m² pro Gramm) aufweist. An dieser Oberfläche lagern sich zahlreiche Stoffe an, darunter Geruchsstoffe. Wie bei den Zeolithen können die gebundenen Stoffe durch Erhitzen ausgetrieben werden. Danach muss die Oberfläche jedoch noch mit Wasserdampf erneut aktiviert werden. Bei Skylab wurden Kanister mit jeweils 5 kg Aktivkohle verwendet. Da die Regeneration der Aktivkohle an Bord von Skylab technisch nicht möglich war, wurden die Kanister regelmäßig gewechselt.

3 kg Kohlendioxid und 2 kg Wasser wurden auf diese Weise pro Tag absorbiert. Molekularsiebe und Wasserabscheider sind redundant vorhanden.

Jeder Kanister für die Kohlendioxidabsorption besteht aus dem vorgeschalteten Silicagel mit starker Wasserabsorptionsfähigkeit und dem eigentlichen Zeolithmaterial. Die Kanister sind hermetisch abgeschlossen, und der Luftstrom wird durch drei mittels Druckstickstoff betätigte Ventilstellungen gesteuert.

- Die erste Stellung lässt Luft in den Absorptionskanister strömen.
- Die Zweite schließt ihn von der Luftzufuhr ab und öffnet ihn zum All hin.
- Die Dritte schließt beide Ein-/Auslasswege.

Die Molekularsiebe wurden abwechselnd für 15 Minuten benutzt und dann zum Vakuum entlüftet. Dabei wurde das Kohlendioxid abgegeben. Beim Silicagel als Wasserabscheider ist eine derartige Reinigung nicht möglich, weil es das Wasser chemisch bindet. Daher musste es einmal im Monat auf 200 °C erhitzt werden, um das gebundene Wasser abzugeben. Während dieser Zeit war die Reinigungsanlage der Station außer Betrieb, und Lithiumhydroxidkanister an Bord des CSM (die nicht regenerierbar sind) übernahmen das Binden des Kohlendioxids. Dieses „Ausbacken" des Silicagels dauerte 12 h. Auch hierfür wurde das Ventil zum Entlüften ins Vakuum geöffnet.

Die Aktivkohlekanister konnten, wie schon erwähnt, nicht regeneriert werden. Sie wurden dreimal während der Mission durch neue ausgewechselt und Proben des Materials zur chemischen Untersuchung zur Erde zurückgebracht. Die Kanister wurden dann durch die Luftschleuse in den LOX-Tank entsorgt.

Damit die Luft nicht vollkommen trocken ist, wie es bei seriellem Durchlaufen des Prozesses der Fall wäre, wird der Luftstrom aufgeteilt: Der größte Teil durchläuft die Trocknungsstufe und Kohlendioxidabsorption, ein zweiter Teil durchläuft nur den Geruchsfilter. So wird der größte Teil des Kohlendioxids und Luftfeuchtigkeit entfernt, aber nicht alles. Es verbleibt eine Restkonzentration an Kohlendioxid, die einem Partialdruck von etwa 700 Pa entspricht (ca. 2% entsprechend 0,7% des Partialdrucks einer normalen Atmosphäre wie auf der Erde). Die Luftfeuchtigkeit betrug 26 bis 29%, was von den Besatzungen als unangenehm niedrig empfunden wurde.

Die gesamten Luftvorräte der Station befinden sich außerhalb der Luftschleuse. Der Sauerstoff ist in sechs zylindrischen, stahl-ummantelten Glasfasertanks untergebracht, die einen Ring um den Innenzylinder bilden. Der Stickstoff befindet sich in sechs kugelförmigen Tanks aus Titan am Gitterrohrgerüst des ATM. Die Vorräte an Sauerstoff und Stickstoff waren für 664 Manntage vorgesehen. Die Regelung hielt einen Sauerstoffpartialdruck von 0,248 bis 0,25 bar aufrecht und fügte dann Stickstoff hinzu, bis ein Gesamtdruck von mindestens 330 hPa erreicht war. Unterschritt der Atmosphärendruck einen Wert von 330 hPa, so wurde er automatisch erhöht, bis er maximal 350 hPa betrug. Der Sauerstoffgehalt wurde ebenfalls gemessen. Der Stickstoffanteil konnte zwischen 24 und 28% schwanken. Der Sauerstoffpartialdruck war mit 0,248 Bar höher als auf der Erde in Meereshöhe, wo er 0,212 Bar beträgt.

Insgesamt 27 Ventilatoren im OWS, AM und MDA sind verantwortlich für die Zirkulation der Luft mit einer Geschwindigkeit von 4,6 – 30,5 m/min. Die aufbereitete Luft konnte durch ein Röhrensystem entweder im OWS oder MDA entlassen werden. Die Temperatur der regenerierten Luft wurde zwischen 15,6 und 32 °C reguliert.

Vor dem Start betrug der Innendruck 1,8 bar, wobei eine reine Stickstoffatmosphäre eingesetzt wurde. Dies erhöhte die Steifheit der Struktur, und damit konnte diese besser den Belastungen beim Start widerstehen. Während des Aufstiegs wurde durch die Luftschleuse Gas entlassen, bis ein Druck von 0,093 bar erreicht war. Nach Erreichen des Orbits wurde dann Sauerstoff nachgefüllt. Dadurch entstand eine Atmosphäre von 0,345 bar Druck mit einem Sauerstoffgehalt von 73%. Da die Apollo-Kommandokapseln für einen maximalen Überdruck von 0,35 bar ausgelegt waren, durfte der Innendruck diesen Wert während der bemannten Periode nicht überschreiten.

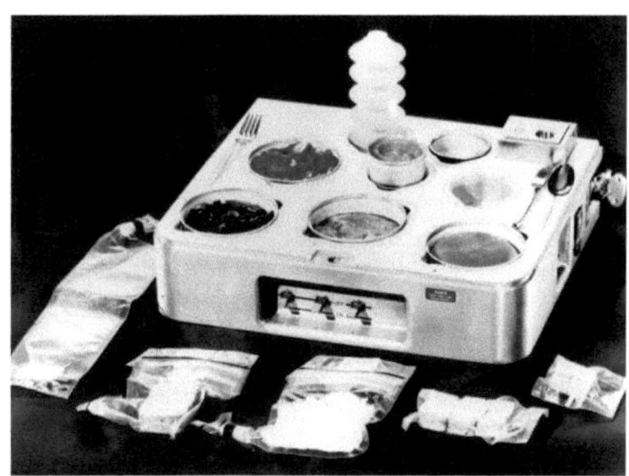

Zwischen den Missionen wurde die Atmosphäre nicht mehr aktiv kontrolliert und in der Regel in den Weltraum entlassen, vor Ankunft der nächsten Besatzung dann erneut mit frischem Sauerstoff und Stickstoff restauriert. Im Allgemeinen wurde bei zu niedrigem Druck mit Stickstoff nachgefüllt. Dadurch konnten keine Brände ausbrechen. Vor Ankunft der Crew wurde dann mit Sauerstoff auf den Nominaldruck erhöht.

Abbildung 56: Tray in dem das Essen erhitzt wurde

Die Raumstation sollte einen Gasverlust durch Lecks in einer Größenordnung von weniger als 6,7 kg/Tag aufweisen. Beobachtet wurde ein Verlust von nur 1,4 kg/Tag.

Das Wasser wird im oberen Bereich des OWS in zehn Stahltanks mitgeführt, wovon zwei als Reserve gedacht sind. Das Wasser wurde durch Jodierung (12 ppm) haltbar gemacht. Sank der Jodgehalt unter 6 ppm, so füllte die Besatzung Wasser mit einem Gehalt von 30.000 ppm aus einem Reservekanister nach. Die erste Besatzung kontrollierte die Qualität des Wassers, da die Tanks direkt an der Wand montiert sind. Sie wurden dadurch teilweise bis auf 54° C erhitzt. Es konnte aber keine Kontamination beobachtet werden.

Es wurde ein Bedarf von 3,4 l Wasser pro Person für die Essenszubereitung und das Trinken veranschlagt, dazu kommt das Wasser für die Hygiene und Kühlkreisläufe. So wurde von einem Bedarf von 2.685 kg für alle drei Missionen ausgegangen. Gebraucht wurde erheblich weniger, trotz Missionsverlängerung.

Die Wassertemperatur im Verteilungssystem wurde auf 15,5° C geregelt, für das Waschwasser in einem Boiler waren es 53° C. Das Wasser wurde durch mit Teflon ausgekleidete Schläuche in den Toilettenraum und zu der Essenszubereitung geleitet. Gefördert wurde es durch Stickstoffdruckgas mit 2,4 bar Ausgangsdruck.

Ein kleinerer, portabler, Tank mit 118 l Volumen dient als Reserve und zum Füllen des Wassersystems nach der Aktivierung. Das Wasser in diesem Tank weist einen höheren Jodgehalt von 100 ppm auf.

670 kg Essen waren für die geplante Missionsdauer von 140 Tage vorgesehen. Es musste über diese Zeit haltbar sein und den Diätvorgaben entsprechen. Die Besatzung konnte die „Menüs" vorher kosten, Änderungsvorschläge machen und ergänzen, das letzte Wort hatten jedoch die Ärzte. Es zeigte sich, dass das Essen der limitierende Faktor für den Aufenthalt war. Das Essen wurde in fünf Gruppen eingeteilt:

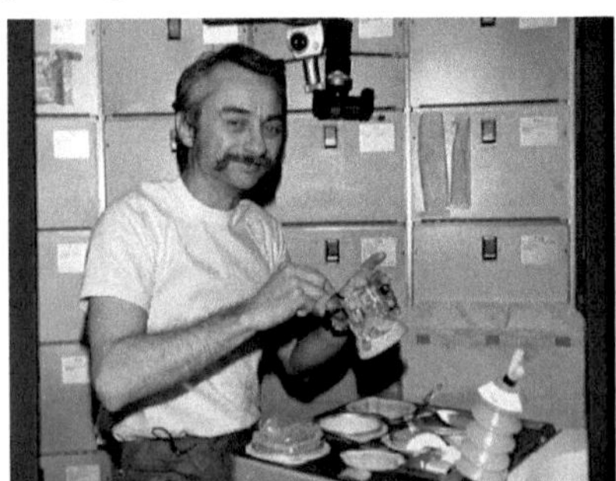

Abbildung 57: Garriott beim Essen an Bord von Skylab

- Getränke in Pulverform. Vor dem Genuss wird Wasser zugesetzt.

- Dehydratisierte, gefriergetrocknete Lebensmittel mit einem Restfeuchtigkeitsgehalt von weniger als 3%. Auch hier wird Wasser vor dem Genuss zugesetzt.

- Vorgekochte und frische Nahrung mit einem Feuchtigkeitsgehalt von 10 bis 20%, haltbar durch die sterile Verpackung (Fertiggerichte, Dosen) oder den geringen Feuchtigkeitsgehalt (wie z.B. Gebäck).

- Vorgekochte und frische Nahrung, die auf -15 °C tiefgekühlt wurde.

- Vorgekochte und frische Nahrung, die auf -29 °C tiefgekühlt wurde.

Für die beiden letzten Gruppen an Vorräten gibt es im OWS insgesamt fünf Tiefkühltruhen. Verpackt ist das Essen in fest verschlossenen Boxen und Tabletts. Die Mahlzeiten wurden am Esstisch in beheizbaren Mulden erwärmt. Dehydratisierte Lebensmittel gibt es in Plastikbeuteln mit einem Ventilanschluss für eine Wasserpistole, mit der das Besatzungsmitglied heißes oder kaltes Wasser zugeben kann. Die Mahlzeiten wiederholten sich alle sechs Tage.

Was es nicht gibt, ist ein Kühlschrank für die Aufbewahrung von Lebensmitteln. Es gibt zwar einen Kühlschrank und auch die Möglichkeit, gekühltes Wasser zuzusetzen, jedoch wurde das Essen in gefrorenem Zustand zur Station gebracht (mit den unvermeidlichen Konsistenzänderungen durch das Tiefgefrieren) und im Kühlschrank dann aufgetaut. Nicht vorgesehen war es, Portionen aufzubewahren und später zu Ende zu essen. Nicht gegessene Reste mussten gewogen und dann entsorgt werden. Auch die Diätvorgaben machten es nicht möglich, Essensportionen später zu verzehren.

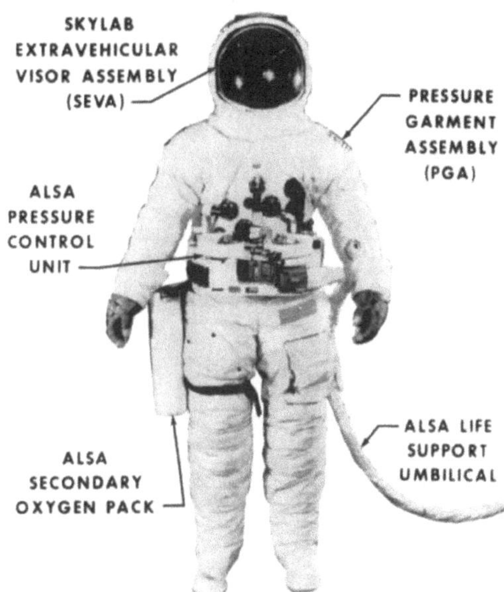

Abbildung 58: Der modifizierte A7LB Raumanzug der im Skylab-programm eingesetzt wurde

Das Kühlmittel der Gefriertruhen zirkuliert durch einen Radiator an der Unterseite des OWS und gibt dort die Wärme durch Strahlung in den Weltraum ab.

Lebenserhaltungssystem	
Wasser:	10 Tanks mit einem Volumen von jeweils 272 l in einem Ring im oberen Teil des OWS
Ausreichend für:	595 – 691 Tage Essenszusatz, Trinkwasser 654 – 890 Tage für Hygiene
Essen:	670 kg, 2,5 m³ Volumen 70 verschiedene Lebensmittel 11 Container und 5 Tiefkühltruhen ausreichend für 140 Tage
Stickstoff:	Sechs Druckgastanks im Gitterrohrgerüst des ATM Gesamtmenge 700 kg Stickstoff
Sauerstoff:	Sechs Druckgastanks rund um die Luftschleuse Zusammen 2.770 kg Sauerstoff, davon 2.238 kg nutzbar
Gesamt:	6.860 kg Vorräte

Täglicher Verbrauch	
Gase:	5,21 kg/Tag
Davon metabolische Aktivität:	2,50 kg/Tag
Leckverluste	1,21 kg/Tag
Abgabe der Molekularsiebe:	0,94 – 1,13 kg/Tag
Verschiedene Verluste:	0,45 kg/Tag
Wasser:	11,4 l/Tag

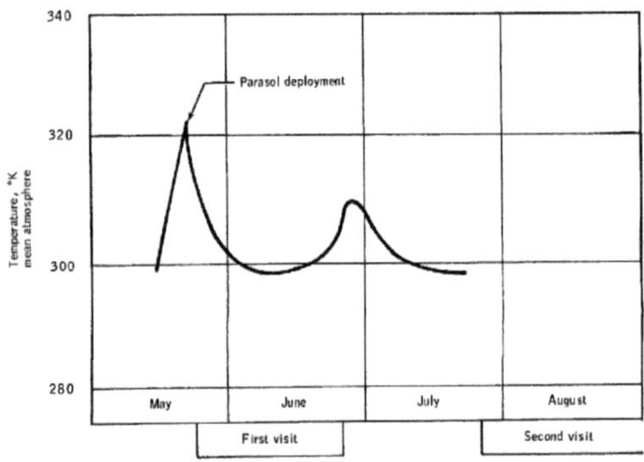

Abbildung 59: Temperaturverlauf nach dem Start

118

Raumanzüge

Die Raumanzüge beinhalten ein Lebenserhaltungssystem für sich. Sie basieren auf den Raumanzügen der Apollo 17 Mission für Mondoperationen, sind jedoch für den Einsatz im Erdorbit modifiziert worden. Alle drei Besatzungsmitglieder haben den gleichen Raumanzug. Das ist ein Unterschied zu Apollo, wo der Pilot des CSM einen einfacheren und leichteren hatte als seine Kollegen, die auf dem Mond arbeiteten.

Die Unterschiede liegen darin, dass die Umgebung im Erdorbit weniger harsch und gefährlich als auf dem Mond ist und der Anzug daher weniger Thermalschutzschichten hat. Auch die Moonboots sind durch leichtere Stiefel ersetzt worden.

Der Anzug besteht aus zwei Teilen, einem Teil direkt auf der Unterwäsche, welcher flexibel und mit einem Netzwerk von feinen Kapillaren durchzogen ist, durch die Wasser als Kühlflüssigkeit strömt. Dazu kommt der äußere, starre Teil, der vor dem Weltraum schützt. Die Anzüge werden im oberen Stockwerk des OWS gelagert, wo es eine eigene Befestigungsmöglichkeit gibt, die an das Belüftungssystem angeschlossen ist. Dadurch strömte bis zu 48° C warme Luft durch die Anzüge, während sie nicht benutzt wurden, um sie nach dem Einsatz in maximal drei Tagen zu trocknen.

Bei der EVA wurden die Anzüge an eine Versorgungsleitung von 18,2 m Länge angeschlossen. Sie besteht aus einem Stahlkern für die Zugfestigkeit, umgeben von Leitungen für Strom, Wasser und Sauerstoff (während der EVA wurde reiner Sauerstoff eingeatmet, auch der Druck in den Anzügen war geringer und lag bei 300 hPa). Pro Stunde wurden 3,6 bis 4,1 kg Sauerstoff durch die Versorgungsleine gepumpt. Das Wasser wurde als Kühlflüssigkeit eingesetzt. Im Abstand von 1,5 m hat die Leine Markierungen, wodurch der Astronaut, der bei der EVA assistierte, wusste, wie viel Leine er noch hatte und wie weit sein Kollege von ihm entfernt war, auch wenn er ihn nicht sehen konnte. Die Verbindungsleine war mit einem Ende in der Luftschleuse mit dem Umweltkontrollsystem verbunden. Am Anzug wurde sie mit einer Steuerung verbunden, die es dem Astronauten ermöglicht, den Fluss an Wasser und Sauerstoff zu regeln. Alle Anschlüsse und Regler befinden sich an der Vorderseite in Brusthöhe. Für Notfälle, aber auch für das Umstöpseln der Versorgung an einem zweiten Zugang zum Lebenserhaltungssystem im MDA, hatten die Astronauten am Oberschenkel des linken Beines eine Sauerstoffflasche angebracht, die als Notversorgung fungierte.

Abbildung 60: Der Skylab Raumanzug

Temperaturkontrolle

Wie bei den meisten Satelliten und Raumfahrzeugen besteht das Thermalkontrollkonzept von Skylab darin, so wenig Sonnenstrahlung wie möglich aufzunehmen und die Temperatur im Inneren aktiv zu kontrollieren, indem überschüssige Wärme durch Radiatoren abgestrahlt und gegebenenfalls geheizt wird. Die Sonneneinstrahlung in einer Umlaufbahn ist um etwa ein Drittel intensiver als auf der Erde, da die Atmosphäre Strahlung absorbiert. Ohne Maßnahmen zur Reduktion der aufgenommenen Strahlung heizt sich ein Raumfahrzeug daher sehr stark auf.

Bei Skylab ist der hintere Dom des Sauerstofftanks besonders gut isoliert. Auch der Polyurethanschaum des Wasserstofftanks ist am Zwischenboden deutlich dicker als an der Wand. Dort beträgt die Stärke 1,3 cm, am Zwischenboden sind es dagegen 7,6 cm. Diese höhere Dicke diente bei der S-IVB dazu, zu verhindern, dass der flüssige Sauerstoff, der 70°C wärmer als der Wasserstoff war, diesen zum Verdampfen brachte und dabei selbst zu Eis ausfror.

Die Temperaturkontrolle des OWS wurde auch dadurch vereinfacht, dass die Tankisolierung unter der Innenwand beibehalten wurde. An den Stellen, wo die Tankwand für Fenster und Luftschleusen durchbrochen ist, gibt es Heatpipes, welche die Hitze ableiten. Weitere Heatpipes sollten die Wärmeeinstrahlung innerhalb des OWS umverteilen, da eine Seite von der Sonne beschienen würde und die andere nicht.

Die Außenfläche ist so behandelt worden, dass die Wärmeaufnahme wohnliche Innentemperaturen gewährleistet. Den Großteil der einfallenden Wärmestrahlung sollte der Mikrometeoritenschutzschild auffangen. Durch den Abstand von 12,7 cm zur Wand des Labors wirkt er wie eine Vakuumisolation. Ein zweiter Schild, der zugleich Radiator ist, umgibt den MDA. Der obere Teil des Workshops, der nicht vom Schutzschild umhüllt ist, ist mit einer Isolierung aus 48 abwechselnden Lagen von Mylar- und Dacronfolie überzogen.

Die Oberfläche unter dem Mikrometeoritenschutzschild ist mit einer Goldfolie überzogen, die auf ein Kaptongewebe aufgenäht ist. Dieses Material wurde gewählt, weil Gold im infraroten Spektralbereich nur 3% der Strahlung aufnimmt. Der Schutzschild würde sich erhitzen und so IR-Strahlung emittieren, und das Gold verhindert, dass der Großteil der Wärmestrahlung von der Wand aufgenommen wird. Nach Verlust des Schutzschildes änderte sich jedoch die Lage. Nun war das Goldgewebe dem direkten Sonnenlicht ausgesetzt. Im sichtbaren Bereich ist aber die Reflexionsfähigkeit von Gold geringer. Sie liegt hier bei 18%. Daraus folgte bei normaler Ausrichtung („solar inertial") eine Gleichgewichtstemperatur der Oberfläche von über 200°C. Daher musste die Station zuerst so gedreht werden, dass die Sonneneinstrahlung minimal war, später musste dann noch ein Schutzschild aufgezogen werden. Die Rückseite der Solarzellenflächen ist mit einer weißen Kaliumsilikatfarbe bestrichen, die Infrarotstrahlung abstrahlt und so die Temperaturen der Paneele senkt.

Die aktive Temperaturkontrolle besteht aus drei Lüftern, acht Radiator-Heizelementen und drei Heizelementen auf Wärmeleitungsbasis. Dazu kommen noch zeitweise aktivierte Heizelemente an den Fenstern. Die für die Regeneration abgesaugte Luft wurde durch Wärmeaustauscher erwärmt und danach zurück in die Station geleitet.

Ein Radiatorschild, der am Ende des Workshops befestigt ist, strahlte Wärme in den Weltraum ab. Er war vor dem Start mit einem Schutzschild umhüllt, der nach der Abtrennung der S-II abgesprengt wurde. Ein weiterer befindet sich am MDA. Beide setzen das Kühlmittel „Coolanol 15" ein, ein Silikonester mit niedriger Viskosität. Es verdampft durch die Wärme in der Station, zirkuliert durch die Röhren der Radiatoren und kühlt dort, der Kälte des Weltraums ausgesetzt, ab und kondensiert erneut. Vereinfacht gesagt arbeitet das System wie ein Kühlschrank. Zwei Pumpen mit einer Leistung von jeweils 120 kg/h wälzen das Kühlmittel um. Jede Pumpe versorgt einen eigenen Kühlkreislauf, und der Betrieb von nur einer Pumpe war ausreichend. Dies bewährte sich, als ein Kühlkreislauf leckte und dessen Pumpe abgeschaltet werden musste. Der Radiator am Ende des Sauerstofftanks besteht aus 11 Paneelen mit einer Magnesiumverkleidung und hat eine Fläche von 40 m². Er hat neben der Seite mit der Abschirmung und den Kühlröhren auch eine Seite aus einem Honigwabengeflecht, gefüllt mit dem Wachs Tridekan. Tridekan schmilzt bei -5,6°C. Es diente vor allem als Wärmespeicher – ohne das Tridekan konnte auf der Nachtseite die Temperatur im Radiator soweit absinken, dass das Kühlmittel fest wird. Es absorbierte auf der Sonnenseite genügend Wärme, um dies zu verhindern. Wenn es auf der Nachtseite auskristallisierte, blieb die Temperatur bei -5,6°C, bis dieser Prozess abgeschlossen war. Doch schon vorher gelangte die Station wieder auf die Tagseite, sodass das Tridekan die Temperatur im Radiator auf minimal -5,6 Grad begrenzte.

Das Kühlsystem konnte nur arbeiten, bis das Kühlmittel eine Temperatur von 49° C erreicht hatte. Dies korrespondiert mit Innentemperaturen von 24° C. Daher war es nicht fähig, nach dem Ausfall des Mikrometeoritenschutzschildes die Innentemperaturen auf einem erträglichen Niveau zu stabilisieren. Das System kann maximal 16.880 kJ/h an Wärme abführen. Nach Aufspannen des Spinnakers betrug die maximale abgegebene Wärmemenge 12.660 kJ/h.

Die Raumanzüge werden durch Wasser gekühlt. Die Wasserkühlung wird von zwei Pumpen durch die Verbindungsleine durch die Unterwäsche des Raumanzugs gewälzt, die mit einem Netz von Kühlschläuchen durchzogen ist. An die Pumpe ist ein Wärmeaustauscher angeschlossen, der mit dem Kühlsystem der Station verbunden ist. Das System verlor bei den letzten beiden EVA-Tätigkeiten an Leistung, das beeinträchtigte die Arbeitsleistung der Astronauten aber nicht.

Neben dem allgemeinen Kühlsystem gibt es ein weiteres für die EREP-Experimente im MDA. Dieses System kann maximal 1.500 kJ/h an Energie abführen und für die Kameras eine niedrigere Temperatur als in der restlichen Station aufrecht erhalten. Die Kühlschränke haben ihr eigenes Kühlsystem im Kleinen, das ebenfalls mit eigenen Radiatoren und Coolanol 15 arbeitet. Es konnte trotz der gestiegenen Innentemperaturen die Kühltemperaturen in den Tiefkühltruhen aufrechterhalten.

Neben diesen Systemen, welche direkt an der Wand angebracht sind und die Aufgabe haben, diese zu kühlen, gibt es für die Kühlung der Atmosphäre Wärmeaustauscher, die als Klimaanlage fungieren. Sie bestehen aus Heiz- und Kühlelementen, die an das allgemeine Kühlsystem angeschlossen sind. Die Heizelemente wurden nicht benötigt. Die vier Wärmeaustauscher haben eine automatische Steuerung, welche sie aktiviert. Bei einem Grad Fahrenheit Abweichung von der eingestellten Solltemperatur (0,6°C) aktiviert sich der erste Wärmeaustauscher, gefolgt von weiteren, bis alle vier bei 2°F (1,1 °C) aktiv sind. Sie konnten erst nach Entfaltung des zweiten SAS-Arrays in Betrieb genommen werden, da vorher die verfügbare elektrische Leistung nicht für den Betrieb ausreichte.

Die ATM-Instrumente haben ein eigenes Kühlsystem, in dem ein Methanol/Wassergemisch um die Experimente, Gyroskope und Elektronik zirkuliert. Es gibt die Wärme an einem Radiator an der Außenseite ab. Das System wälzt 385 kg Kühlflüssigkeit/h um und ist dafür ausgelegt, neben der Hitze durch die Sonneneinstrahlung die Abwärme der Elektronik abzuführen. Die Kühlpumpe hat eine Leistung von 500 Watt. Während der Zeit im Erdschatten konnte der Kanister soweit auskühlen, dass die Temperatur auf bis zu 4,5°C sank. Dann wurden elektrisch betriebene Heizelemente aktiviert. Während der bemannten Missionen schaltete die Bodenkontrolle die Heizelemente früher an, sodass die niedrigste Temperatur im operationellen Betrieb bei 11,7°C lag.

Kommunikation

Skylab machte auch bei der Kommunikation Nutzen von der Flugkonfiguration. Es erschien den Planern überflüssig, dass die Station die gesamte Kommunikation abwickeln sollte, wenn z.B. Sprachübertragung nur anfiel, wenn eine Besatzung anwesend war. Daher wurden Daten über die Systeme des SWS verarbeitet, Sprache dagegen über die angekoppelte Kommandokapsel.

Skylab befand sich in einer Umlaufbahn nahe der Erde, was bedeutet, dass die Station zu einem Punkt auf der Erde nur kurz Funkkontakt hatte, bevor sie von der Erde aus gesehen unterhalb des Horizonts war. Kommunikationssatelliten für die Datenübertragung, wie sie heute üblich sind, wurden noch nicht eingesetzt. Daher mussten Daten zwischengespeichert werden. Dazu wurden Bandrekorder eingesetzt, die für das Gemini-Programm entwickelt, überprüft und wiederaufgearbeitet wurden. Einer der Rekorder fiel aus, die zwei weiteren arbeiteten weit über ihre vorgesehene Betriebsdauer hinaus. Das ehrwürdige Alter (das Gemini-Programm wurde schon 1966 abgeschlossen) bedeutet aber, dass die Rekorder nicht alle Daten aufzeichnen konnten. Sensordaten wurden mit 5.120 Bit/s aufgezeichnet, wobei jeder zehnte Messwert digitalisiert wurde, Experimentdaten mit 5.760 Bit/s. Beim Auslesen zur Übertragung an eine Bodenstation wurden die Bänder mit bis zu 22-facher Geschwindigkeit abgespielt, woraus eine Datenrate von 112,64 bzw. 126,72 kbit/s resultiert. Jeder Rekorder kann bis zu drei Stunden lang Daten erfassen, genutzt wurden aber nur 90 Minuten.

Bei Passage einer Bodenstation wurde nacheinander der Inhalt jedes Bandrekorders ausgelesen. Beim gleichzeitigen Übertragen von Realzeitdaten wurde die Datenrate auf 72 kbit/s begrenzt. Das erlaubte es, die Daten eines Orbits in fünf Minuten zu übertragen. Da die Bandrekorder für Gemini entwickelt worden waren, sind sie nicht für einen Betrieb über 4000 Orbits (bei jedem ein Aufzeichnungs- und Abspielzyklus) ausgelegt, und die Station wurde mit vier Ersatzexemplaren gestartet. Die dritte Mission brachte drei weitere Exemplare zur Station, da die spezifizierte Lebensdauer eines Exemplars nur 750 h beträgt. Als sie die Station verließ, hatten die Rekorder zusammen 9.854 h gearbeitet. Einer erreichte eine Betriebszeit von 1.819 h.

Der ATM hat eigene Rekorder für die Experimente, die nicht ausgewechselt werden können. Sie sind für eine wesentlich längere Betriebsdauer von 5.000 Stunden neu entwickelt worden.

Es gibt 2.060 verschiedene Sensoren an Bord von Skylab, deren Messwerte in 8 Bit oder 10 Bit-Worten digitalisiert werden. Die Datenrate zum Boden bei Übertragung der Messwerte in Realzeit betrug 123.300 Bit/s. Während der Zeit ohne Funkkontakt wurden die Daten aufgezeichnet und dann zusammen mit den Realzeitdaten übertragen. Sie machten rund 40% des Datenvolumens aus. Es gibt drei aktive Bandrekorder, drei Primär- und einen Reservesender sowie drei Antennen.

Die Messdaten der internen Sensoren wurden in unterschiedlichen Intervallen von 0,42 bis 320 Messungen pro Sekunde gewonnen, ein Großteil bei 0,42, 1,25 und 10 Messungen pro Sekunde. Um die Datenrate optimal auszunutzen, kombinieren 25 Multiplexer die analogen Messungen aus unterschiedlichen Quellen zu einem kontinuierlichen Datenstrom. Unterschieden wird nach Spannungsbereich der Signale zwischen Low-Level (0 bis 0,02 V) und High-Level (0-5 und 0-28 V). Die High-Level Multiplexer haben 32 Kanäle im Bereich von 0 bis 5 V und 40 im Bereich von 0 bis 28 V. Die 14 Low-Level Multiplexer besitzen nur 32 Kanäle, deren Eingangssignale sie vor der Wandlung um den Faktor 250 verstärken.

Der ATM hat sechs weitere Multiplexer. Für digitale Daten gibt es acht weitere zeitbasierte Multiplexer. Jeder hat 30 Eingangskanäle, deren Signale er alle 8 ms zu einem kontinuierlichen Datenstrom zusammenfasst. Ein Datenpaket hat dabei eine Länge von 100 Bits und besteht aus zehn Worten zu je 10 Bits, die dann an den Encoder übertragen werden, der sowohl analoge als auch digitale Daten überträgt.

Während der Betriebsdauer der Station wurden $1{,}3\times10^{12}$ Bits vom Datenverarbeitungssystem des OWS und $1{,}7\times10^{12}$ von dem des ATM verarbeitet. Zum Boden übertragen wurden $9{,}8\times10^{11}$ Bits Realzeitdaten und $6{,}4\times10^{11}$ Bits vom Bandrekorder.

Die Kommunikation mit der Erde verlief im S-Band und VHF-Band über acht Systeme, vier im CSM, je zwei in der Luftschleuse und im ATM. Die verschiedenen Systeme waren erforderlich aufgrund verschiedener Datenarten (Fernschreiber, Sprache, Telemetrie, Videosignale, Daten) und Anforderungen (bemannt / unbemannt). So sendete das am ATM angebrachte System die Daten der ATM-Experimente über Antennen an den Enden der Solararrays. Die an der Luftschleuse angebrachten Antennen der Station übertrugen die Daten des Labors. Analog gibt es auch zwei Empfänger für Kommandos, einen am ATM und einen an der Luftschleuse. Sie wurden vom Gemini-Programm übernommen.

Die primären 10 Watt-Sender haben eine Reichweite von 2.300 km, die Sekundären mit einer Sendeleistung von nur 2 Watt eine von 1.100 km.

Die S-Band-Sender und -Empfänger des Apollo-Raumschiffs wurden zur Sprachübertragung genutzt. Auch das Intercomsystem ist an die CM-Systeme angeschlossen. Schlief die Besatzung, so wurden die Sprachaufzeichnungen der mobilen Rekorder abgespielt und zur Bodenstation übertragen. Die Audiokanäle wurden auch zweckentfremdet zum Übertragen der medizinischen Werte benutzt.

Telemetrie wurde in einem einheitlichen Format von 30 Bit Länge zur Station gesendet:

- Drei Bits stehen für den Teil der Raumstation, in dem das Gerät sich befindet.

- Drei Bits identifizieren das Gerät (z.B. Telefaxgerät, Timer, Computer, Relaysteuerung)

- 6 bis 24 Bits enthalten die Daten. Nicht benötigte Bits wurden mit Nullen aufgefüllt.

Für die Fernsteuerung der Station gibt es eine **C**ommand and **R**elay **D**river **U**nit (CRDU). Sie dekodiert die ersten 10 Bits des Datenworts, um festzustellen, welches Kommando ausgelöst werden muss. Diese CRDU war vom Gemini-Programm übernommen worden, musste aber von 256 auf 480 Kommandos erweitert werden, um den Workshop zu steuern. Über 100.000 Kommandos wurden insgesamt an den OWS gesendet, weitere 59.360 an den ATM.

Für die Ankopplung gibt es zwei unterstützende Systeme. Das eine besteht aus acht farbigen Lampen an der Vorderseite des axialen Kopplungsadapters: Auf der Nachtseite der Erde konnten sie schon in 40 km Entfernung ausgemacht werden. Sie haben unterschiedliche Farben, um die räumliche Ausrichtung feststellen zu können. Jede Lampe hat eine Leuchtstärke von 1000 Cd bei einer Leistung von 20 Watt pro Lampe. Sie blinkten nur 0,3 ms lang, periodisch mit einer Frequenz von 53 bis 65 Leuchtsignalen pro Minute. Die Lampen wurden rund 90 Minuten vor der Ankopplung aktiviert und dienten als Referenz für die Positionierung des Apolloraumschiffs zwischen einer Distanz von 60 und 18 m vor dem Kopplungsadapter.

Dazu kommt ein Transponder, der ein vom CM bei 259,7 MHz empfangenes Signal verstärkte, die Frequenz mit dem Faktor $^8/_7$ multiplizierte und bei 296,8 MHz erneut ausstrahlte. Das CM empfing das Signal, maß die Laufzeit und konnte so Distanz und Annäherungsrate bestimmen. Es war noch in einer Entfernung von 540 km zu empfangen. Sowohl Transponder als auch Positionslichter wurden aus Systemen der Apollo-Raumfahrzeuge entwickelt.

Es gibt drei primäre Sender in der Luftschleuse mit 10 Watt Sendeleistung. Dazu kommen drei sekundäre Sender mit 2 Watt Leistung. Sie waren aus Sendern/Empfängern aus dem Gemini-Programm entwickelt worden.

Es gibt portable Farbvideokameras an Bord und fünf fest installierte Videokameras im ATM für die Sonnenbeobachtung. Die verwendeten TV-Kameras sind Schwarzweiß-Kameras mit einem Filterrad vor der Röhre. Abwechselnd wurde ein Bild mit einem roten, grünen und blauen Filter erstellt, ein Bild pro 1/60 s. Die Daten wurden zunächst auf Magnetband aufgezeichnet und dann verlangsamt zum Boden übertragen. Ein Problem dieser Kamera ist, dass sich bewegende Objekte Farbschlieren ziehen – die in einer 20-stel Sekunde gemachten Einzelaufnahmen in Rot, Grün und Blau sind bei bewegten Objekten nicht deckungsgleich. Auf der Erde wurden die drei Bilder zusammengefasst und in ein NTSC-Bild umgewandelt. Das erzeugte NTSC-Bild mit 525 Bildzeilen wurde dann mit einer Filmkamera auf 16 mm Film mit 24 Bildern/s aufgenommen. Bedingt durch die mehrfache Konversion und unterschiedliche Geschwindigkeit der Medien (60 Monochrombilder/s, 20 Farbbilder/s, 60 Halbbilder/s und 24 Vollbilder/s) waren die Aufnahmen von keiner hohen Qualität.

Zum Kommunikationssystem gehört auch ein Intercom-System. Der bewohnbare Bereich der Station misst von einem Ende zum Anderen nahezu 30 m. Der niedrige Atmosphärendruck von einem Drittel des Irdischen, kombiniert mit der Distanz, bewirkte, dass sich die Besatzungsmitglieder nicht mehr durch Rufen verständigen konnte – entsprechend der dünnen Atmosphäre verlor die Stimme an Kraft. Es gibt daher zehn Anschlüsse für Sprechvorrichtungen, vergleichbar einer Haussprechanlage. Jeder Anschluss bietet vielfältige Verbindungsmöglichkeiten. Er kann an die Kommunikationsverbindungen des Raumanzugs oder eine Kappe mit einem Headset angeschlossen werden, außerdem über das System innerhalb der Station kommunizieren („Push to Talk") und zum Boden sprechen („Push to Transmit"). Zusätzlich bietet er einen Anschluss für den Sprachrekorder. Weiterhin ist das Intercom- an das Warnsystem angeschlossen, sodass bei einem Alarm dieser über die Sprechanlage in der ganzen Station zu hören war. Die Sprechanlage war aus dem Gemini-System für die Raumanzüge entwickelt worden, das ähnliches leisten musste: Auch hier mussten sich die Besatzungsmitglieder bei einer EVA-Arbeit unterhalten können, bei der sie durch eine Verbindungsleine verbunden waren. Es wurde dann jedoch substanziell modifiziert und die Einheiten auf fünfzehn Stück erhöht, um es in der ganzen Station einsetzen zu können. Verbunden mit den fest installierten Wandeinheiten sind die tragbaren Einheiten mit 456 cm langen Kabelverbindungen, die eine gewisse Bewegungsfreiheit ermöglichen.

Eine Neuerung war ein Fernschreiber an Bord der Station. Bei den vorherigen Missionen wurden Änderungen des Missionsplans mündlich übermittelt, von den Astronauten handschriftlich notiert und gegengelesen. Diese Prozedur war zeitaufwändig und fehlerträchtig. Für eine Mission, bei der viel mehr Wert auf flexibles Arbeiten gelegt wurde, war dies nicht angebracht. Für das Apollo-Programm wurde bereits ein Fernschreiber vorgeschlagen. Er wurde aber von den Astronauten abgelehnt, die befürchteten, dadurch reine Befehlsempfänger der Missionskontrolle zu werden. Der Fernschreiber

Abbildung 61: Alan Bean liest die hochgefaxte Liste der Aufgaben durch

in der Luftschleuse erlaubte es der Missionskontrolle, mehrmals den Arbeitsplan für den nächsten Tag zur Station zu faxen und entlastete die Astronauten, die nun auch nachschlagen konnten, was wann zu tun wäre. In der Regel gab es zwei Sendungen pro Tag: ein morgendlicher Entwurf, der abends besprochen wurde, und eine endgültige Version nach der Konferenz über den Vorschlag.

Der Drucker verwendet eine 5 × 7 Punktmatrix. Eine Zeile kann maximal 30 Zeichen aufnehmen und ist 8 cm breit. Der Zeichenvorrat umfasst 62 alphanumerische Zeichen (nur Großbuchstaben, keine Kleinbuchstaben). Die Druckgeschwindigkeit beträgt maximal 1.855 Zeichen pro Minute. Der Drucker arbeitet nach dem Prinzip des Thermodrucks, ähnliche Modelle werden bis heute in den Kassen von Supermärkten eingesetzt.

Eine Papierrolle hat eine Länge von 36 m und eine Kapazität von mindestens 46.000 Wörtern zu je 5 Zeichen. Beim Start gab es 156 Rollen Faxpapier an Bord der Station. Gedruckt wurde über die gesamte Breite des Faxpapiers: 150 Elemente bilden eine Zeile, bei der die aktivierten Elemente durch Hitzeeinwirkung einen Punkt erzeugten. Danach wurde das Papier um eine Scanzeile weiterbewegt. Sieben Scanzeilen bilden die Höhe eines Buchstabens. Während der Mission wurden insgesamt 1,2 km Papier bedruckt. Das entspricht 30 Rollen.

Daten	Sender / Empfänger	Frequenz
OWS-Telemetrie:	Primärsender A, 10 W	230,4 MHz
OWS-Telemetrie:	Primärsender B, 10 W	235 MHz
OWS-Telemetrie:	Primärsender C, 10 W	246,3 MHz
OWS-Telemetrie:	Backupsender D, 2 W	230,4 MHz
ATM Echtzeittelemetrie:	Primärsender 10 W	231,9 MHz
ATM gespeicherte Daten:	Primärsender 10 W	237,0 MHz
Befehle, Fernschreiber:	AM-Empfänger	450 MHz
Befehle:	ATM-Empfänger	450 MHz

Daten	Sender / Empfänger	Frequenz
CSM Echtzeittelemetrie / Echtzeitsprechfunk:	Sender	2287,5 MHz
CSM gespeicherte Telemetrie / Sprachaufzeichnungen / Video:	Sender	2272,5 MHz
CSM Sprachempfang auf Band, Kommandos:	Empfänger	2106,4 MHz
CSM Annäherung:	Empfänger Sender	259,7 MHz 296,8 MHz

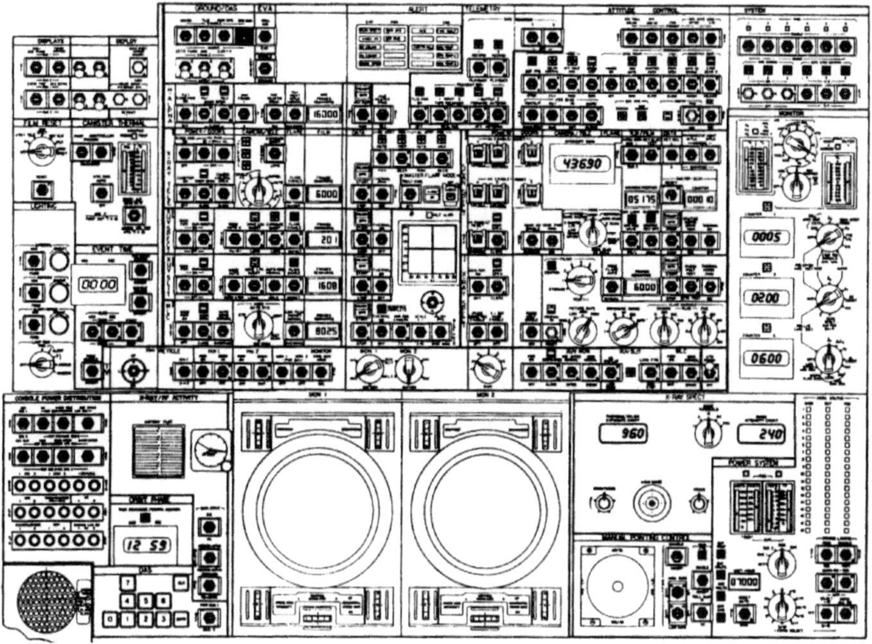

Abbildung 62: Layout der ATM Konsole

Bordcomputer

Bei Skylab fand zum ersten Mal „normale" Industrietechnologie für den Bordrechner Anwendung: Er war eine weltraumtaugliche Version des IBM 4Pi oder IBM 360 Systems. Vorherige Computer in bemannten Raumfahrzeugen, wie auch Raumsonden, waren Spezialentwicklungen mit eigener Architektur und eigenem Befehlssatz gewesen. Das IBM 360 System war damals der Verkaufsschlager von IBM. Es war skalierbar ausgelegt – reichte die Rechenleistung nicht aus, so konnte die Zentraleinheit ausgetauscht werden, die Programme musste nicht verändert werden. IBM 360 Rechner in den höheren Ausbaustufen wurden schon in der Missionskontrolle in Houston eingesetzt. Die Entwicklung der Hardware erfolgte von 1968 bis 1972. Erste Prototypen wurden 1971 ausgeliefert.

Anders als beim Zentralprozessor des IBM 360 Systems wurde eine 16 Bit anstatt 32 Bit Technologie gewählt, um das Design einfacher zu halten. Die CPU „TC-1" war aber softwarekompatibel zum AP101, einer militärischen Version des IBM 360 Systems, welches z.B. in den B-52 Bombern, F-105 sowie F-15 Jagdflugzeugen Verwendung fand. Eine Variante dieses Rechners, der AP101F, wurde später im Space Shuttle eingesetzt.

Der Skylab Computer ist konzipiert als **A**pollo **T**elescope **M**ount **D**igital **C**omputer (ATMDC). Da er missionskritisch ist, ist er redundant vorhanden. Zwei Rechner mit je 16 Kiloworten Speicher teilen sich die Arbeit. Sie sind Bestandteil des APCS-Kontrollsystems. Der Speicher besteht aus zwei Modulen mit jeweils 8 KWorten RAM. Der Gesamtspeicher beträgt somit 32 KByte, da ein Wort 16 Bit breit ist, also zwei Bytes umfasst. Vierzig verschiedene Instruktionen (Maschinenbefehle) stehen zur Verfügung.

Abbildung 63: Die ATM Konsole vor dem Start

Der Speicher besteht aus Ringkernspeichern. Ringkernspeicher waren vor Einführung von Halbleiterspeichern (den heute üblichen RAM-Bausteinen) der übliche Speicher für Großrechner bis Anfang der siebziger Jahre. Sie bestehen aus vielen kleinen Eisenringen, die auf einer Matrix von Drähten aufgehängt sind. Zusätzlich durchzieht ein weiterer Lesedraht jeden Ring. Beschrieben wird ein Ringkern, indem die entsprechende Spalte und Zeile unter Strom gesetzt wird. Nur am Kreuzungspunkt reicht der Strom aus, die Magnetisierung des Eisenrings zu verändern. Ausgelesen wird ein Ringkernspeicher, indem je nach vorheriger Magnetisierung ein Strom im Lesedraht induziert wird oder nicht. Bei Skylab ist der Speicher so ausgelegt, dass ein Auslesen den Inhalt zerstört. Daher verfügt jedes Speichermodul über ein Pufferregister, welche das letzte ausgelesene Wort aufnahm, bevor es zum Prozessor weitergeleitet wurde. Danach wurde der Inhalt des Datenwortes neu geschrieben, um den Speicherinhalt wiederherzustellen. Durch diese Vorgehensweise und die bei Ringkernspeichern systembedingten langsamen Zugriffszeiten ist der Prozessor von Skylab verhältnismäßig langsam. Der Ringkernspeicher ist ein nicht-flüchtiger Speicher: Er behält seine Informationen auch ohne Stromversorgung. Es ist ein RAM-Speicher mit Eigenschaften eines ROMs, am ehesten vergleichbar mit dem heutigen Flash-Speicher.

Eine Logik schaltete zwischen beiden Modulen um. Direkt adressiert werden kann nur eines der beiden Module. Es gibt pro Prozessor eine Ein-/Ausgabesektion und für beide Computer eine Stromversorgung und eine „Common Section". Nur jeweils einer der beiden Rechner war an den I/O-Bus angebunden und wurde mit Strom versorgt.

Die gemeinsame Sektion verbindet beide Computer und beinhaltet ein 64-Bit-Transferregister, das aus dreifach redundanten Schaltkreisen besteht. Weiterhin gibt es dort redundante Timer und eine Logik für Mehrheitsentscheidungen: Signale von drei Ein-/Ausgabeleitungen desselben Signals wurden verglichen und bei einer Abweichung die abweichende Leitung abgeschaltet.

Anders als bei Apollo oder Gemini, wo die Missionen maximal 14 Tage dauerten, war eine Zuverlässigkeit über 600 Stunden gefordert, die das System bei Tests auch erfüllte. Man schaltete bei den Einsatzrechnern nach 630 Stunden von einem auf den anderen Rechner um. Dieser arbeitete dann die nächsten 271 Tage ununterbrochen (über 6.500 Stunden). Um dies zu gewährleisten, baute IBM zehn Rechner, obgleich nur zwei für den Flugbetrieb gebraucht wurden. Das System übertraf die geforderte Lebensdauer und konnte auch nach 4 Jahren und 30 Tagen reaktiviert werden. Kurz vor dem Wiedereintritt wurde erneut auf den ersten Computer umgeschaltet und auch probeweise das Bandlaufwerk erneut aktiviert: Beide Komponenten arbeiteten nach sechs Jahren noch einwandfrei.

Wie beim Geminiprogramm wurde die Anlage zuerst ohne einen Bandspeicher konzipiert. Doch die Ingenieure banden ein Bandlaufwerk ein, um die Zuverlässigkeit während der nominellen Mission von 0,87 auf 0,96 zu erhöhen. Das Bandlaufwerk

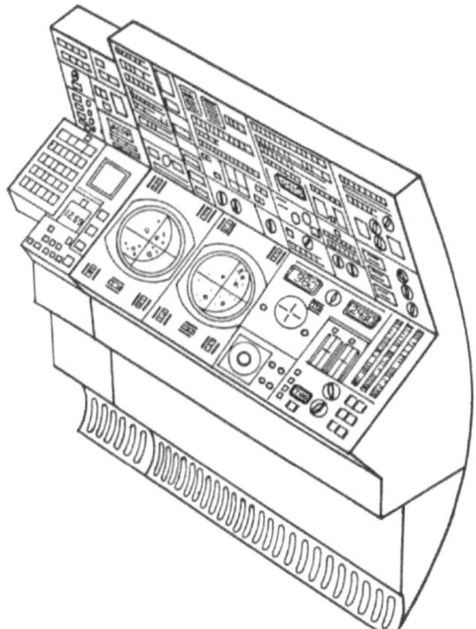
Abbildung 64: Aufbau der ATM Konsole

hat einen eigenen 16 KWort Zwischenspeicher und einen 8 KWort Transferpuffer zur Übertragung von Daten in eines der Module. Durch diesen Speicher dauerte ein Upload des gesamten Computerprogramms vom Band nur 11 s. Es war so möglich den Computer noch zu betreiben, wenn drei der vier 8 KWort Speichermodule ausgefallen waren.

Ein Problem war von Anfang an der knapp bemessene Speicher. Der TC-1 hat nur halb so viel Speicher wie der Apollo Guidance Computer. Die ersten Anforderungskataloge an die Software zeigten, dass diese zwischen 9.000 und 20.000 Worte groß war. Ein Schrumpfen war also unumgänglich. Es gab zudem ein Problem: Wenn nun ein Speichermodul ausfallen sollte, lief dann der Computer noch? So entwickelte IBM zwei Programme, von denen eines den vollen Speicher beanspruchte, und ein Backup-Programm nur mit den nötigsten Einstellungsmöglichkeiten, das nur 8 KWorte, also ein Modul beanspruchte. Am Ende belegte die „große" Software 16.329 von 16.384 Speicherzellen.

Die Software teilt die Aufgaben in zwei Gebiete ein: die wesentlichen Systemaufgaben, die prioritätsgesteuert abliefen (Interrupt abarbeiten, Multitasking Betriebssystem, Steuerung des Intervalltimers und wichtige „Housekeeping"-Funktionen). Die zweite Gruppe sind die „Anwendungen": zeitabhängige Aufgaben, synchrone Aufgaben und Hilfsprogramme. Für diese gab es zwei Zeitschleifen, die einmal oder fünfmal pro Sekunde aufgerufen wurden. Zweimal pro Sekunde wurde die Routine zum Wechseln des Prozessors (falls nötig) aufgerufen.

Die wichtigste asynchrone Aufgabe war das Senden von Telemetrie. Die Datenrate betrug 50 Bit/s pro Datenkanal. Gesendet wurde auf 24 Kanälen. Ein Datenwort hat eine Länge von 35 Bit. Der Computer steuerte die Gyroskope und das ATM, führte Selbsttests aus etc. 15% der Zeit entfielen auf Leerlauf. Dadurch gab es eine Reserve für den Fall, dass eine Aufgabe mehr Rechenzeit erforderte.

Abbildung 65: Der ATMDC

Das Backup-Programm war letztendlich 8001 Worte groß. Die wesentlichen Einschränkungen, die es hatte, waren Einbußen bei der Lageregelung, der Steuerung des Sonnenteleskops und der Datenverarbeitung. Die gesamte Software war in Maschinensprache (Hexadezimalzahlen) codiert. Man erwog 1978 für eine Reaktivierung Skylabs Assembler einzusetzen, fand dies jedoch zu riskant. Gesichert wurde das Programm am Boden auf 2516 Lochkarten. Am gesamten Projekt waren 75 Personen beteiligt, aber nur ein Teil davon waren Programmierer. Als für die Reaktivierung Skylabs Software neu geschrieben wurde, waren damit nur 5 bis 6 Personen beschäftigt.

1366 Worte des Programms dienten Selbsttests. Sie schrieben Werte in Register und lasen sie wieder aus, sie testeten, ob die OR-Funktion korrekt ausgeführt oder das Carry Flag gesetzt wurde. Damit konnten Teiledefekte der aus vielen Chips bestehenden CPU oder Fehler in den Speichermodulen erkannt werden. Weiterhin gab es drei Timer, die einmal pro Sekunde zurückgesetzt werden mussten, sonst liefen sie auf 0 herunter. Kam dies bei zwei der drei Timer vor, so ging die Logik von einem Ausfall des Computers aus und schaltete auf den Sekundärcomputer um. Da dieser erst hochgefahren werden musste, brauchte er noch die wesentlichen Statusdaten des ersten Computers. Dazu gab es ein 64-Bit-Transferregister, welches die wesentlichsten Informationen enthielt, die der zweite Computer benötigte. Dieses Register aus TMR (**T**riple **M**odular **R**edundant) Bausteinen wurde besonders vor unbeabsichtigten Schreibzugriffen geschützt. Geschrieben werden konnte nur über eine Dauer von 675 Mikrosekunden, dies war 20% länger als ein Schreibzugriff nominell dauerte, und es war nur beschreibbar in einem Intervall von 1,5 – 2,75 s nach dem letzten Schreibzugriff. Zudem war ein Schreibzugriff nur nach einer erfolgreichen Ausführung des Fehlererkennungsprogramms möglich.

Bei Skylab besteht das User-Interface aus einer einfachen 10-Tasten-Tastatur: Werte wurden im Oktalsystem (Ziffern 0 bis 7) eingegeben. Dazu gibt es eine Tastatur mit acht Ziffern für die Eingabe einer Oktalziffer, eine Taste, um die Eingabe zu löschen (Clear-Key) und eine Übergabetaste (Enter-Key). Ein Kommando ist fünf Zeichen lang. Eine Neuausrichtung des ATM erforderte zwanzig Eingaben. Dazu kommt ein Schalter, um den Computer auszuwählen. Er hat drei Positionen: Aus, Computer 1, Computer 2.

Der Computer ist in die Steuerkonsole des ATM eingebaut und in die Bedienung der Experimente integriert. Obwohl die ATM-Konsole sehr ergonomisch aufgebaut ist (von oben nach unten Aufgaben-/Experimentsteuerungen, von links nach rechts Tasten/Anzeigen/Schalter in der zeitlichen Reihenfolge der Aktivierung/Einstellung), fanden die Besatzungen es verwirrend, dass die Eingabe immer oktal erfolgte, manche Ausgaben aber im Dezimal- und andere im Oktalsystem.

Am Boden erlaubte es die Ähnlichkeit zum IBM 360 System, dieses als Simulator für den ATMDC einzusetzen oder IBM 360 Rechner als Ersatz für einen ATMDC für das Crewtraining zu benutzen. Eine IBM 360/75 wurde eingesetzt, um Programme für den TC-

Abbildung 66: Gibson an der ATM Konsole

1 zu erproben, wobei diese in der Simulation 3,5-mal schneller war und daher auch die Simulationen schneller abliefen als der ATMDC in Realzeit. Eine IBM 360/44 simulierte die Originalhardware in den Simulatoren für die Besatzung.

An der ATM-Konsole sind neben dem Computer noch die Ausgabe zahlreicher Datenkanäle und Steuerungen für Funktionen angebracht. Insgesamt sendete das ATM Daten von 308 Sensoren auf 292 Kanälen. Dazu kamen vom OWS, der Luftschleuse und dem MDA weitere 686 analoge Datenkanäle mit hoher und 296 mit niedriger Datenrate. Digitale Daten gab es von weiteren 228 Kanälen. Zuletzt gab es 391 Hilfskanäle, deren Daten zuerst auf Magnetband gespeichert und dann zum Boden übertragen wurden.

Skylab Computer	
Wortbreite:	16 Bit Datenworte, 8 und 16 Bit Operationen
Speicher (pro Rechner)	16 KWorte = 16.384 Worte = 262.144 Bit.
Zugriffszeit:	1,2 µs
Technologie:	Ringkernspeicher
Technologie:	TTL (Transistor-Transistor-Logik), integrierte Schaltkreise, mehrlagige Verbindungsboards.
Verarbeitung:	Byte-parallel
Befehle:	54
Geschwindigkeit	0,06 MIPS
Arithmetik:	Festkomma
Besonderheiten:	Interruptunterstützung
Stromverbrauch:	165 Watt
Gewicht:	44,3 kg
Volumen:	62 l

Crewquartiere und Wohnkomfort

Das Volumen des ehemaligen Wasserstofftanks erlaubte eine sehr großzügige Einrichtung der Raumstation. Obgleich es im Orbit kein „oben" oder „unten" gibt, wurde dabei weitgehend so verfahren wie auf der Erde. So gibt es zwei Fußböden, und es gibt zwar Installationen an der Wand, aber die Decke wurde nicht genutzt. Dies und auch der verfügbare freie Platz unterscheiden Skylab von späteren Raumstationen. Die Crewquartiere und zugehörige Räume für Hygiene, Essenszubereitung etc. befinden sich im unteren Stockwerk.

Man bemühte sich, in diesem Stockwerk sogar die Aufteilung eines Hauses nachzubilden, indem Zwischenwände eingezogen wurden, welche die Messe, die drei Schlafquartiere und den Hygieneraum abtrennen.

Abbildung 67: Blick auf die Crewquartiere von Skylab. Links: der dreieckige Essenstisch, Mitte: der Hygienebereich, rechts Zugang zu den drei Schlafquartieren. Im Vordergrund am Boden die Luftschleuse zum Abfalltank.

Privatbereich

Jedes Besatzungsmitglied hatte einen eigenen kleinen Bereich für sich, der die Bezeichnung Zimmer allerdings nicht verdient hat. Dort gibt es die Schlafkoje und einen kleinen Schrank. Die Koje ist senkrecht montiert. Sie besteht aus einem an der Wand angebrachten Aluminiumrahmen, an dem der Schlafsack mit Bändern befestigt ist (damit sich der Astronaut nicht in der Schwerelosigkeit bewegt). Die Koje für den Wissenschaftspiloten hat zudem Anschlüsse für eine über den Kopf gezogene Kappe mit Elektroden, mit denen sein Schlaf überwacht wurde. Es gibt an dem Gestell eine Kopfstütze, die alle 14 Tage ausgewechselt wurde, und eine Lampe.

In dem gegenüberliegenden Schrank konnte der Astronaut persönliche Gegenstände verstauen. Die drei Quartiere sind direkt aneinander platziert und bilden ein Kreissegment. Der Zugang nach außen konnte durch eine lichtdichte Schiebetür abgetrennt werden, die aber nicht schalldicht ist. So konnte ein Alarm nicht überhört werden.

Die Besatzung konnte für ihren Aufenthalt zahlreiche Dinge zur Station bringen und im Schrank verstauen. Die Wäsche bestand aus weißer Baumwollunterwäsche, Jacken, Hemden und Hosen. Sie waren farblich für jedes Besatzungsmitglied gekennzeichnet und passend in dessen Kleidungsgröße. Die Overalls hatten bei Skylab orangene Farbe.

Hygieneraum

Abbildung 68: Blick in dem Privatbereich, mehr eine Schlafkoje

Der Hygienebereich heißt im Fachjargon „**W**aste **M**anagement **S**ystem" (WMS). Im WMS-Teil der Station gibt es das „Waschbecken". Es besteht aus einem Wasserspender, der heißes Wasser auf ein Tuch aufbrachte. Es wurde dann in einer darunter liegenden Vorrichtung ausgewrungen, sodass es nur noch feucht war, aber keine Wassertropfen abgab. Diese Einrichtung ist abgeschlossen, sodass Wassertropfen nicht in die Kabinenatmosphäre gelangen konnten. Das ausgewrungene Wasser wurde durch ein Vakuumsystem abgesaugt. Wenn dies erfolgt war, konnte die Tür geöffnet und das feuchte Tuch entnommen werden. Mit diesen feuchten Tüchern wurde dann der Körper abgerieben. Zugesetzt wurden erst 170 ml, später, als die Besatzung dies als zu wenig empfand, 226 ml Wasser.

Die Spiegel waren aus unzerbrechlichem, poliertem Edelstahl. Für jedes Besatzungsmitglied gab es Zahnbürsten, Zahnpasta, Kämme, Bürsten, Nagel-Klipper, Handtücher, Waschlappen, Rasiercreme, Hautcreme und Deos. Es gab zwei Rasierapparate: einen Motorbetriebenen mit rotierendem Scherblatt und einen Handrasierer mit Wechselklingensystem.

Die Tücher (840 Waschtücher von jeweils 30 × 30 cm Größe und 420 Handtücher von 42 × 81 cm Größe) gab es in drei Verteilern, einen für jeden Astronauten. Sie waren in Einheiten für jeweils 14 Tage abgepackt. Pro Tag waren zwei Waschtücher und ein Handtuch vorgesehen.

Erstmals gab es an Bord von Skylab eine Dusche. Sie funktioniert folgendermaßen: Ein zylinderförmiger Vorhang wird hochgezogen, um die Dusche vollständig von der Umgebung zu isolieren. Die Handbrause der Dusche wird mit Brauchwasser betrieben. Das Wasser wird elektrisch erhitzt und mit Stickstoff aus den Druckgastanks herausgepresst. Während die Dusche aktiv ist, durchströmt ein konstanter Luftstrom von oben nach unten die Duschkabine als Ersatz für die Gravitation. Es gibt oben einen Seifendispenser, der eine Viertel-Unze (7 g) Seife pro Betätigung liefert. Nach der Beendigung der Dusche wird das Wasser mit einem Saugkopf aufgesaugt. Ein Motor trennt das Wasser aus dem Luftstrom durch Zentrifugalkräfte ab. Die Wassermenge war auf 2,8 l/Dusche und einmal pro Woche begrenzt.

Die Besatzungen fanden es einfacher, das Wasser durch Tücher aufzunehmen, diese in der Auswringvorrichtung von dem meisten Wasser zu befreien und dann im Workshop zu trocknen. Über den Sinn der Dusche gab es geteilte Meinungen. Einige Astronauten empfanden sie als einen Komfort, den sie nicht missen wollten. Andere meinten, der Aufwand für die Dusche wäre zu hoch, vor allem was die Trocknung angeht. Das Handling war nicht einfach, so musste der Duschkopf nahe an den Körper gehalten werden, weil schon in 15-20 cm Entfernung die Tropfen wieder zusammenflossen und dann eine gelartige Flüssigkeitsschicht bildeten. Eine Dusche dauerte, vor allem wegen der Zeit, um sie wieder trocken zu bekommen, etwa 45 bis 60 Minuten.

Abbildung 69: Die Toilette (rechts) und das Probenentnahmesystem (wird gerade inspiziert)

Die Entwicklung der Toilette war eine Herausforderung, weil es vorher keine Erfahrungen mit einem solchen System gab. Geplant war es, einen Prototyp bei der Apollo 14 Mission zu testen, doch Alan Shepard, Kommandant der Mission, lehnte dies strikt ab. Die Toilette ist an der Wand des Abfallmanagementabteils angebracht. Das ist in der Schwerelosigkeit kein Problem, da der Astronaut dort auch auf der Wand sitzen kann. Dort musste er sich mit Bändern fixieren. Die Toilette besteht aus einer Urinsammelvorrichtung und einer Sammelvorrichtung für den Kot. Die Letztere besteht aus einem Sammelbehälter in einem hydrophoben Filter, der wiederum in einem Container sitzt, der oben mit dem Sitz abgeschlossen ist. Luft wurde durch Löcher im Sitz angesaugt und beförderte den Kot in den Beutel, der nach Benutzung durch einen neuen ersetzt wurde. Der Beutel wurde hermetisch verschlossen und die Masse mit dem Experiment M074 (S.286) bestimmt, vakuumgetrocknet und gelagert, bis er zu Missionsende zur Erde zurückgebracht wurde. Dasselbe erfolgte mit Beuteln für Erbrochenes.

Urin wurde durch eine Saugvorrichtung gesammelt, die über den Penis gestülpt wurde. Ein System sollte dann den Urin aus dem Luftstrom abtrennen, aus dem dann eine Probe von 120 cm³ abge-

Abbildung 70: Das untere Deck des OWS

zweigt werden musste. Das Abtrennen des Urins über eine mit Luft durchströmte Zentrifuge und das Sammeln in Behältern klappten sehr gut, das Abtrennen der Probe erwies sich dagegen als relativ schwierig: Die Proben enthielten sehr viel Luft, bei der ersten Besatzung rund 70%. Später stabilisierte sich die Ausbeute an Urin auf 90 bis 100 ml. Die Probe wurde dann bis zur Rückkehr auf -19°C tiefgefroren. Der Rest des Urins wurde in einem 4 l fassenden Beutel gesammelt. Diese Beutel wurden mit anderem „biologisch aktivem" Müll, wie benutzten Waschtüchern, Essensresten und Servietten in größeren Beuteln gesammelt, die einmal pro Tag durch die Luftschleuse am Boden des unteren Stockwerks in den Sauerstofftank entlassen wurden. Ein auswechselbarer Filter erfasste dann noch in der Apparatur herumfliegende Tröpfchen.

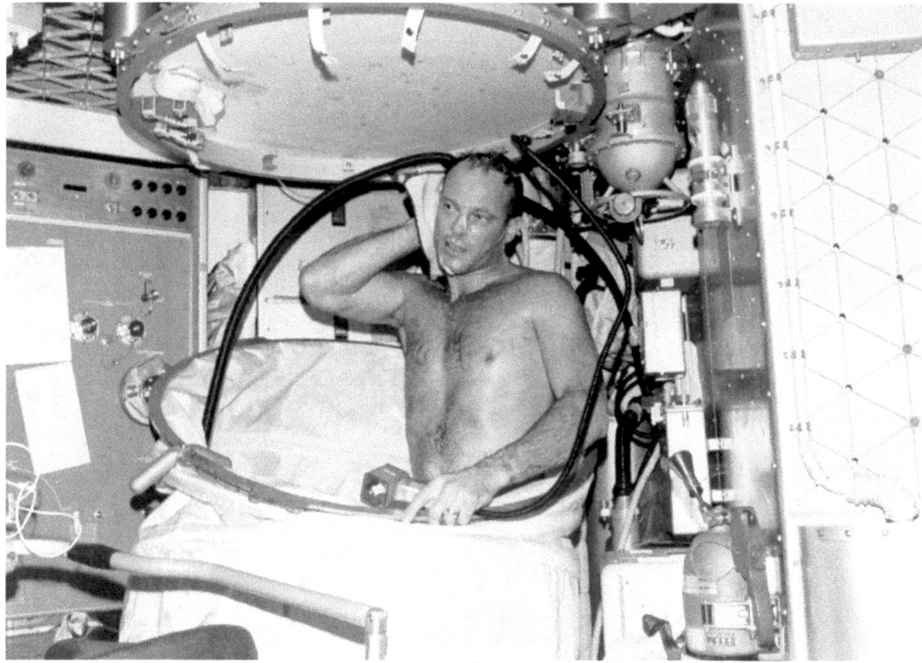

Abbildung 71: Die Dusche in Aktion: Jack Lousma nimmt eine Dusche

Abfalltank

Eine Zwischenwand unterteilt den Sauerstofftank in zwei Bereiche: einen 17,5 m³ großen, zylindrischen Zentralbereich, in dem feste Abfälle und in Behälter eingeschlossene Flüssigkeiten landen, und einen äußeren Ring, in den Flüssigkeiten eingeleitet werden. Da der Tank über zwei Öffnungen dem Vakuum des Weltraums ausgesetzt ist, verdampfen diese sofort und gehen in den gasförmigen Zustand über oder bilden Eiskristalle. Siebe mit Maschen von $^1/_{100}$ mm Durchmesser sorgen dafür, dass keine Partikel emittiert werden. Kleidung wurde nicht gewaschen, sondern zum Müll gegeben. Von dem verfügbaren Volumen wurde nur ein Drittel benötigt.

Die Luftschleuse ist zylindrisch, 35 cm im Durchmesser und 46 cm lang. Sie hat je eine Öffnung oben und unten. Ausgelegt war sie für fünf Öffnungen pro Tag, 750 insgesamt. Bei Prüfungen wurde sie 3.000-mal geöffnet und geschlossen, ohne undicht zu werden. Nach dem Einfüllen des Mülls in einem Sack wurde die obere Öffnung luftdicht verschlossen, dann erst konnte die untere Luke, die in den Sauerstofftank aufging, entriegelt werden. Eine ausfahrbare Vorrichtung nach dem Prinzip der

Abbildung 72: Einige der Speicherschränke im oberen Deck des OWS

138

Nürnberger Schere sollte dann den Sack ins Vakuum hinausschieben. Das klappte nur bedingt. Mehrfach musste die Schleuse geöffnet und die Säcke besser zusammengedrückt werden, damit sie kleiner waren und nicht an die Wand anstießen.

Es gab die Möglichkeit, Handtücher und Waschlappen zu trocknen. Dazu gab es eine Wand mit Befestigungsmöglichkeiten, in die die Tücher eingeklemmt wurden. An der Wand führte ein Luftstrom vorbei, der die Tücher und Lappen recht effektiv trocknete. So waren trotz Missionsverlängerung noch 147 Tücher und 193 Waschlappen an Bord, als die letzte Besatzung Skylab verließ. Neben diesen mehrfach verwendbaren Tüchern gab es für Reinigungsarbeiten noch einmal benutzbare Tücher für die Reinigung von Essen und Gerätschaften (feucht), trockene Tücher als Ersatz für Toilettenpapier, biozid imprägnierte Tücher für Reinigung des Urin-/Kotsammelsystems und allgemeine Reinigungstücher für zahlreiche Einsatzmöglichkeiten von persönlicher Hygiene bis zur Reinigung von Gerätschaften. Iod wurde als Biozid eingesetzt, so waren die Tücher mit Betadine imprägniert, das einen Iodgehalt von 0,25% aufwies. Es hinterließ als Nebeneffekt eine orangene Haut.

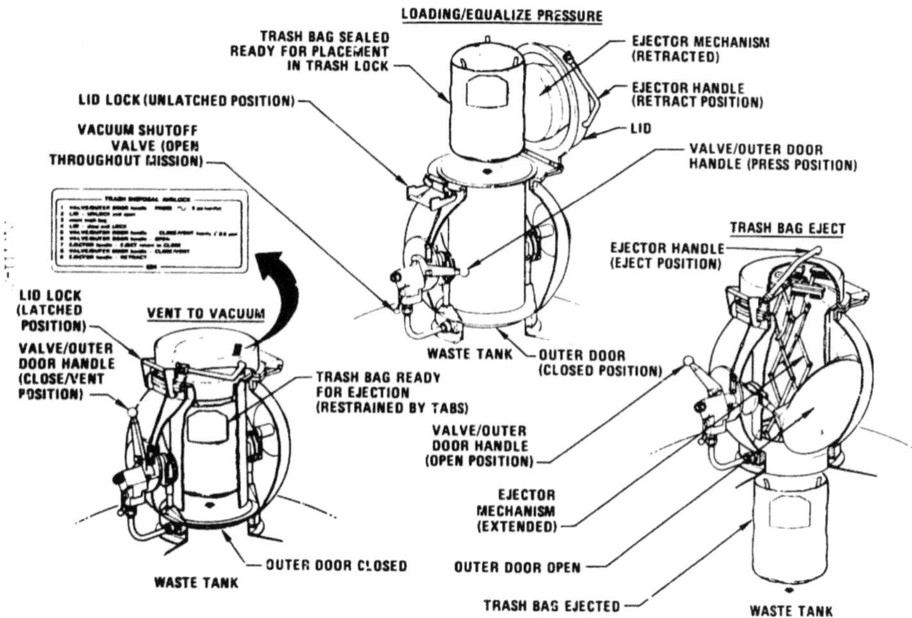

Abbildung 73: Funktionsweise der Luftschleuse zum Abfalltank

Mannschaftsmesse

Die Mitte des unteren Stockwerks bildet die Mannschaftsmesse mit 9,3 m² Fläche und einem Tisch in der Mitte. Ein Kontrollpult ist dort an der Wand angebracht sowie ein Fenster, das zur Erde zeigt. Durch das Fenster konnten die Astronauten Aufnahmen der Erde machen und sie beobachten. Das Kontrollpult dient der Steuerung der Versuchsanlagen auf diesem Stockwerk, der Flusskontrolle von Flüssigkeiten aus der Abfallbeseitigung und der Regelung der Intercom-Sprechfunkgeräte. Beleuchtet wurde der untere Teil des OWS durch insgesamt 30 Lampen mit variabler Helligkeit und einer Gesamtleistung von 360 Watt.

Der Essensbereich besteht aus einem dreieckigen Tisch und drei Befestigungen als Ersatz für die Stühle vor dem Tisch. Die Befestigungen in Doppelankerform erlaubten es den Astronauten, sich dort zwischen den Ankern zu fixieren. Zusätzlich konnten sie sich mit Bändern anschnallen. Die ebenfalls angebrachten Fußschlaufen erwiesen sich dagegen als eher hinderlich. Auf dem Tisch gibt es für jeden Astronauten einen farblich kodierten Bereich, in dem er sein Essenstablett unterbringen konnte. Die metallenen Tabletts wurden durch Magnete fixiert. Das funktionierte recht gut, trotzdem kam es ab und an vor, das Essen davon schwebte, und so war nach Ende der Mission der dritten Besatzung die Decke über dem Tisch deutlich verschmutzt. Es gab erstmals auch „richtige" Nahrung wie Rib-Eye Steaks und Eis. Verwendet wurden Löffel, Messer und Gabel, die jedoch nur bedingt nützlich waren. Schnitt der Astronaut etwas ab, so führte der übertragene Impuls dazu, dass der Rest des Essens in der Gegenrichtung davonschwebte.

Mit am Tisch sind Dosierpistolen, die heißes oder kaltes Wasser zur Rekonstitution der dehydrierten Nahrung lieferten. Das Wasser wurde in festen Einheiten durch ein Ventil in die Beutel gedrückt und dann durch Kneten verteilt. Vertiefungen im Tisch nahmen die einzelnen Essensportionen auf, diese konnten beheizt oder gekühlt werden. Die Zubereitung erfolgte durch Beheizen der ganzen Portion in dem Tablett, es gab keinen Herd im eigentlichen Sinn.

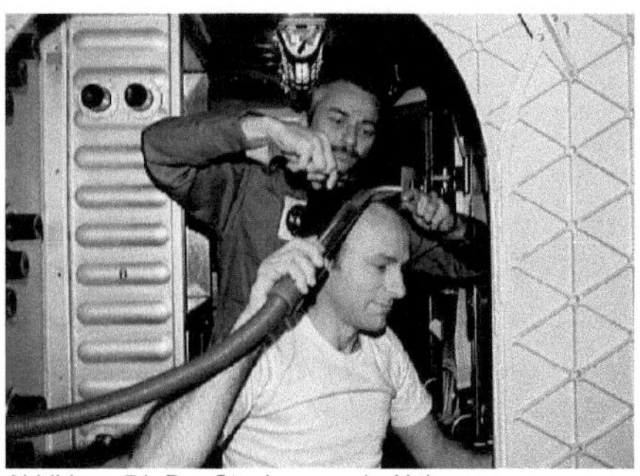
Abbildung 74: Der Staubsauger in Aktion

Sonstige Installationen

Zum Sammeln des herumschwebenden Schmutzes gibt es einen Staubsauger, der etwa 15 Minuten lang am Stück benutzt wurde. 25 Staubsaugerbeutel wurden eingesetzt. Das Wechseln des Beutels dauerte etwa 5-10 Minuten. Er erwies sich als sehr nützlich und wurde auch zum Saugen von Haaren eingesetzt, die beim Haarschnitt anfielen. Es zeigte sich aber auch, dass sich in luftberuhigten Zonen und vor Ventilen herumschwebender Schmutz ansammelte, was bei späteren Raumstationen genutzt werden sollte, um den Luftstrom gezielt zu lenken und diese Sammelwirkung aktiv zu nutzen.

Es gibt 42 Lampen im OWS: 18 im oberen Stockwerk, davon acht an dem Dom und zehn an den Wänden, jeweils vier in der Messe, je drei in den Crewquartieren und im Hygieneraum, 15 in dem Bereich der Experimente. Jeweils die Hälfte ist an einen der beiden Stromverteilungsbusse angeschlossen. Acht der zehn oberen Lampen konnten von der Luftschleuse aus ein- und ausgeschaltet werden. Zusätzlich gibt es zwei tragbare Systeme mit jeweils vier Fluoreszenzlampen.

Es gibt zahlreiche Fußbefestigungen (meist Schlaufen wie bei Sandalen), in welchen die Füße vor Konsolen oder Steuergeräten verankert werden konnten, sowie Griffe, an denen sich die Besatzung festhalten konnte. Die Fußbefestigungen wurden als eher unpraktisch empfunden, weil sie die Person in einem festen Abstand fixierten und keine größeren Bewegungsmöglichkeiten ließen. Alle Besatzungen votierten für mehr und vor allem portable Handgriffe innerhalb der Station. In Skylab gibt es sechs Handgriffe, die mit einem Schnellverschluss an verschiedenen Stellen des Workshops befestigt und wieder gelöst werden konnten.

Es gibt in der ganzen Station Feuermelder. Sie detektieren aber nicht etwa Rauch, sondern sind UV-Licht Sensoren. Sie reagieren auf Licht mit einer Wellenlänge von 180-200 nm. Wenn der daraus resultierende Strom einen Schwellwert überschreitet, so wird Alarm ausgelöst. Da die Lampen im Inneren der Station kein UV-Licht ausstrahlten und die Quarzfenster keine UV-Strahlung von außen passieren ließen, war die einzig mögliche UV-Quelle ein Brand im Labor.

Anders als in der ISS gibt es in Skylab zahlreiche Fenster, die nicht nur von Experimenten belegt sind, sondern von der Besatzung genutzt werden konnten, um die Erde zu studieren. Es gibt im MDA vier Fenster, davon ein großes von 59 × 36 cm Größe mit optisch hochwertigem Glas für die Erdbeobachtung. Es besteht aus zwei Scheiben von insgesamt 7 cm Dicke mit einem Zwischenraum. Die Fenster im MDA wurden zeitweise von den Kameras belegt. Das im unteren Stockwerk des OWS angebrachte Fenster war nur für die Besatzung vorgesehen.

Strukturen

Der OWS beginnt auf der Seite an der Luftschleuse mit der vorderen Verkleidung, einer modifizierten S-IVB Verkleidung aus einer Semimonocoque-Aluminiumstruktur mit einer dünnen Metallhaut.
Diese ist außen mit Stringern in Längsrichtung und innen mit Querringen versteift. Verwendet wurde
die damals auch im Flugzeugbau übliche Legierung 7075-T6. Im Adapter sind Löcher zum Entlüften
der Nutzlastverkleidung angebracht. An ihm ist oben die IU montiert. Die Dicke der Haut wurde an
den Stellen, an denen die Nutzlastverkleidung angebracht ist, deutlich erhöht, um die Lasten durch
den aerodynamischen Druck aufzunehmen. Zur besseren Isolation sind vier Stellen auch mit einem
zusätzlichen Fiberglasüberzug versehen. Dieser ist mit einer Aluminiumfolie nach innen abgeschlossen.

Vorderer Ring (Forward Skirt)	
Durchmesser:	660,4 cm
Höhe:	309,9 cm
Dicke der Haut	0,812 mm 2,84 mm an der Anbringung der Nutzlastverkleidung
Hinterer Ring (Aft Skirt)	
Durchmesser:	660,4 cm
Höhe:	217,71 cm
Dicke der Haut:	1,017 mm
Dicke eines Verstärkungsstrebens:	3,493 cm
Thermalschild:	4,45 mm von der Oberfläche entfernt 1,524 mm Fiberglasbasis, bedeckt mit 0,508 mm starker Aluminiumfolie
Treibstofftank	
Gesamtlänge:	13,424 m
Genutzte Länge für die Mannschaftskabine:	10,668 m
Durchmesser:	660,4 cm
Wandstärke:	1,524 – 3,12 mm 0,813 mm beim Zwischenboden
Höhe Sauerstofftank (Abfallbehälter):	453,2 cm
Volumen:	63,216 m³

Der rückwärtige Ring, mit dem der OWS endet, ist viel massiver, da er erheblich stärkere Lasten aufnehmen muss. Es ist eine Ringstruktur, verstärkt durch Längsstreben (Stringer), oben und unten jeweils durch Ringe mit einem I-Querprofil abgeschlossen. Verwendet wurde die gleiche Aluminiumle-

gierung wie beim vorderen Abschlussring. An ihm sind die Leitungen für den Radiator angeschlossen. Dazu kommt ein Thermalschutz, um die Wärmeaufnahme zu verringern. Darin sind Austrittslöcher und Ventile für das TACS-Druckgas angebracht.

Die beiden Tanks der Saturn IVB waren bei der originalen Stufe mit einem Berstdruck von 2,83 (LH2) und 4,12 Bar (LOX) druckbeaufschlagt. Diese Belastungsgrenze liegt weit über der Belastung durch die spätere Atmosphäre von Skylab. So musste nur untersucht werden, ob das Einfügen von Fenstern und Luftschleusen die strukturelle Integrität schwächt, und ob der Verlust an Atmosphäre nicht das festgesetzte Maß von 2,27 kg pro Tag überschreitet. Ausrüstungen und Gerätschaften wurden direkt an die Wand geschraubt oder vernietet.

Der eigentliche Tank der S-IVB ist ein gemeinsamer Tank für Wasserstoff und Sauerstoff. Die beiden Treibstoffe sind durch einen Zwischenboden getrennt. Der Wasserstofftank hat die Form eines Zylinders, abgeschlossen jeweils oben und unten durch halbkugelförmige Dome.

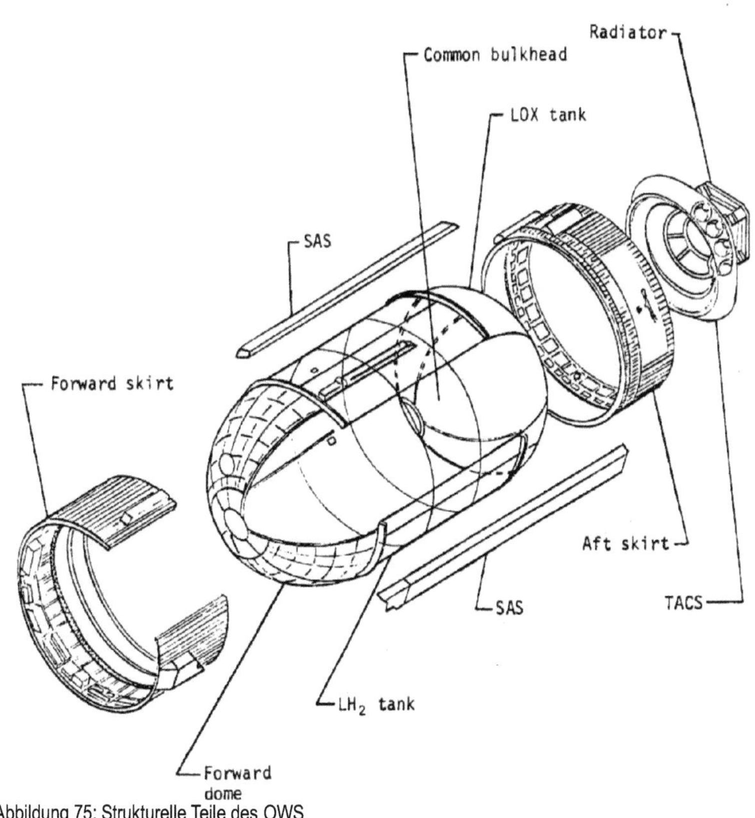

Abbildung 75: Strukturelle Teile des OWS

Es gibt auch in dem OWS eine Außentür – anders wäre die Installation von Ausrüstung nicht möglich gewesen. Die Tür mit abgerundeten Ecken hat eine Höhe von 1,32 m und eine Breite von 72 cm. Sie befindet sich auf dem unteren Deck. Sie war während der Integration im MSFC offen, wurde vor dem Start aber mit 224 Bolzen fest verschlossen. Die obere kreisförmige Luke im Tankdom konnte mit einer Hand geöffnet werden, schwang zurück in den OWS und wurde dort von der Besatzung in einer Lagerungsposition fixiert, bis sie die Station wieder verließ.

Das Fenster in der Messe ist kreisförmig mit einem Durchmesser von 46 cm. Es besteht aus Quarz-Silikatglas und ist an der Innenseite der Wand angebracht. Sein Rahmen ist auf die Tankwand montiert. Ein Metallschutz war vor dem Start auf der Innenseite montiert worden und wurde auch von jeder Besatzung vor dem Verlassen der Station erneut angeschraubt. Das Fenster konnte elektrisch beheizt werden, um ein Beschlagen zu verhindern. Die Heizung konnte eine Temperatur zwischen 12,8 und 40,6 °C gewährleisten.

Die beiden Luftschleusen (SAL: **S**cientific **A**irlock), befinden sich auf dem oberen Deck, 180 Grad voneinander entfernt, eine schaute in Richtung Sonne, die andere Richtung Erde. Beide sind mit Ausnahme der Beschichtung identisch. Die Luftschleusen bestehen aus einer äußeren Tür und einer inneren Befestigung für Experimente mit der Abdichtung. Die Experimente wurden bei geschlossener Tür montiert und schlossen dann die Luftschleuse luftdicht ab. Danach konnte durch einen Hebel die Tür geöffnet werden. Der Schalter konnte blockiert werden, um ein versehentliches Öffnen der Tür, während sich kein Experiment an der Luftschleuse befand, zu verhindern. Ein Verbindungsschlauch mit einem von innen zu öffnenden Ventil konnte an der Schleuse befestigt werden. Er stellte eine Verbindung zum Vakuum her und diente dazu, Experimente, bei denen das Innere evakuiert werden musste, anzuschließen. Ein universelles Spiegelsystem und ein Verlängerungssystem erlaubten es, Experimente anzuschließen, bei denen die Optik zu sperrig war, um sie direkt an die Luftschleuse zu montieren. Mit den Spiegeln konnte so das Blickfeld gewählt werden, obwohl die Optik nicht komplett durch die Luftschleuse passte.

Beim Start waren beide Luftschleusen mit abnehmbaren Fenstern bestückt. Die solare Luftschleuse war während der gesamten Mission durch den Parasol (siehe S. 178) blockiert, auch nachdem dieser nicht mehr notwendig war, da er nach Entfalten nicht mehr demontiert werden konnte. Er wurde in das Gehäuse des Photometers montiert, und dieses war dann dauerhaft an der Luftschleuse angebracht.

Oben ist der Abschlussdom mit einer aufgebrachten mehrlagigen Isolation aus Mylar- und Dacronfolie belegt. Insgesamt 48 Schichten wechseln sich ab.

Der eingezogene Zwischenboden hat in der Mitte eine kreisrunde Öffnung von 106,68 cm Durchmesser. Er hat eine Dicke von 7,62 mm und besteht aus einem dreieckigen Aluminiumgitter. Die Breite einer Strebe beträgt 0,2 mm. Die Berührungspunkte der Dreiecke sind verstärkt und enthalten

Löcher von 0,435 cm Stärke, in die Equipment eingesteckt werden konnte. Ein Dreieck hat einen Durchmesser von 10,16 cm.

Der untere Boden ist so eingezogen, dass er am höchsten Punkt des LOX-Tankdoms diesen berührt. Hier ist die Luftschleuse in den Abfallbehälter eingelassen. Sie führt in den zylinderförmigen Behälter für feste Abfälle. Dieser hat einen Durchmesser von 165 cm und ist nach außen durch ein mehrlagiges Aluminiumgitternetz vom Rest des Tanks abgetrennt.

Die Wassertanks mussten, um die dynamischen Kräfte beim Aufstieg zu minimieren, möglichst in der Nähe des Schwerpunktes angebracht werden. Da dieser bei Skylab im oberen Teil des OWS liegt, wurde dort eine Unterstützungsstruktur eingezogen, um das Gewicht der Wassertanks, aber auch die Lasten der 25 dort angebrachten Container aufzunehmen. Sie besteht aus einer kreisförmigen Struktur, um die Tanks selbst zu befestigen und einem konischen, an der Wand angebrachten Teil, um die Last auf die Wand weiterzuleiten. Die Wasserbehälter selbst sind Fässer, welche zwischen den beiden Ringen zur Befestigung eingelassen und mit einem Deckel zur Innenseite hin bedeckt sind.

Der Mikrometeoritenschutzschild war beim Start dicht an der Oberfläche befestigt. Es gab vor dem Start die Besorgnis, er wäre nicht sauber angebracht, als eine Untersuchung vermuten ließ, dass nur 62% der Oberfläche plan auflagen. Eine nachgeschaltete Ultraschallinspektion ergab aber, dass es 92% waren. In jedem Falle war dies nicht die Ursache, dass er später verloren ging. Nach Entfalten des beim Start darüber liegenden Solarpaneels sollten ihn Federn von der Oberfläche wegdrücken und zugleich auf Abstand halten. Nominell wäre er 12,7 cm von der Wand des OWS entfernt gewesen.

Durch den Wegfall des Schildes, so errechnete die NASA, stieg das Risiko eines Druckverlustes bei Skylab von 0,995 in 240 Tagen auf 0,985 in 56 Tagen.

Abbildung 76: Experimentalbereich in der Mannschaftsmesse

Vorräte

Es gibt in Skylab im oberen Bereich des OWS 25 große Container für Vorräte, Kleidung, Werkzeuge und Ersatzteile. Dazu gibt es 16 kleine Schränke in verschiedenen Teilen der Station. Jeder der Schränke hat wiederum zahlreiche Schubladen, in denen Essen, Werkzeug, Verbrauchsmaterial und Ersatzteile verstaut waren.

Die Vorratsbehälter für Filme enthielten Chemikalien, die für die dort luftdicht eingeschlossenen Filme eine konstante Feuchtigkeit gewährleisten sollten. Es gibt vier Behälter im MDA und einen im OWS. Im MDA befindet sich auch ein Schrank, in dem die Magnetbänder gelagert wurden.

Es gab vor dem Start der Mission keine Erfahrungen, welche Menge an Werkzeugen und Verbrauchsmaterial benötigt wurde. Es zeigte sich, dass besonders die Oberwäsche viel länger als geplant getragen werden konnte. Das Essen war dagegen sehr genau vorgeplant, vor allem weil es an eine Diät gekoppelt war. Da viel Raum für tiefgefrorene Lebensmittel benötigt wurde, musste die dritte Besatzung zusätzliche Nahrungsmittel für ihren verlängerten Aufenthalt transportieren. In jeder Tiefkühltruhe befanden sich rund 23 kg Essen bei einer Temperatur von mindestens -23°C.

Neben den fünf Tiefkühltruhen wurde Nahrung, die nicht gefroren werden musste, weil sie entweder vor dem Start steril verpackt wurde oder durch ihren geringen Feuchtigkeitsgehalt nicht verderben konnte, in Schränken verstaut. Es gibt elf Vorratsbehälter, die jeweils maximal 113 kg Essen aufnehmen können. Zu Beginn jeder Woche wurden die Essensportionen in den Schrank in der Messe gebracht, wo der Wochenvorrat zwischengelagert wurde.

Die Besatzung konnte ein „Unterhaltungspaket" von 57 kg Gewicht selbst festlegen. Es bestand schließlich aus Kassettenspielern, individuellen Kassetten, 36 Büchern, vier Kartenspielen, einem Dartspiel mit Pfeilen, die durch eine mit Klettverschlüssen beschichtete Oberfläche hafteten, Ferngläsern und Gummibällen. Die Bücher wurden kaum gelesen. Jedes Mitglied der SL-4 Besatzung las 3-4 Bücher während der drei Monate im All. Musik wurde hingegen häufig gehört, vor allem während des Trainings auf dem Ergometer. Die größte Entspannung war es, einfach durch das Fenster im OWS zu schauen.

Es gab umfangreiche Listen, wo was zu verstauen wäre, doch es zeigte sich, dass in den rund 300 m³ Innenvolumen Dinge verloren gehen konnten. Kleine Teile konnten in Ritzen und hinter Behälter verschwinden, wo sie immerhin mit den Düsen der Manövriereinheit (Experiment M509) herausgetrieben werden konnten. Trotzdem war es ein Dauerproblem, dass Dinge nicht auffindbar waren. Einmal musste ein defekter Schlauch ersetzt werden, und ein Ersatzschlauch war nicht auffindbar. So wurde aus zwei kürzeren Schläuchen ein neuer Schlauch zusammengeflickt, indem sie mit Klebeband verbunden wurden.

Es waren schon vor dem Start Wartungsarbeiten in der Station vorgesehen. Zahlreiche Systeme konnten nicht über 170 Tage ununterbrochen arbeiten, und es war einfacher, Ersatzteile beim Start zu verstauen und dann auszuwechseln. Dies betraf vor allem mechanische Systeme wie die Bandrekorder oder Verbrauchsmaterial wie die Aktivkohlefilter.

Vorratsbehälter im OWS	
Container:	25
Schränke:	16
Zusätzlich für Lebensmittel:	11 Container 2 Schränke für Essen in Fertigverpackungen 5 Gefrierschränke
Gesamtzahl an Schubladen:	210
Volumen:	16,4 m³
Gefrierschränke:	590 kg leer 680 kg mit Kühlflüssigkeiten, fassen je 23 kg Essen 213 cm hoch, 117 cm breit, 91,6 cm tief
Filmvorratsbehälter:	139,7 × 110,6 × 66 cm 647 kg Basis und 1.225 kg Schrank maximale Abschirmung entsprechend 9,6 cm Aluminium. 12 Schubladen für Film (max. 272 kg)
Anzahl an Geräten, Werkzeugen, Vorräten:	19.500
Verbrauchsmaterialien:	5.012 kg 55 Stück Seife 156 Rollen Fernschreibpapier 1.800 Sammelbehälter für Urin/Abfall 100 Werkzeuge 60 Arbeitsoveralls 700 Stück Kleidung 1.300 Ausrüstungsteile 54 kg Dokumentation der Station/Arbeiten
Schubladen im unteren Deck des OWS:	58

Die Umlaufbahn

Die Umlaufbahn von Skylab musste verschiedene Kriterien erfüllen. Zum einen musste sie noch gut mit der Saturn IB erreichbar sein, deren Nutzlast bei einem höheren Orbit und einer höheren Bahnneigung abnahm (der SWS selbst hatte diese Probleme bei der Saturn V nicht, die noch Reserven übrig hatte). Zum anderen musste speziell für die Erdbeobachtungsexperimente die Erdoberfläche gut einsehbar sein. Das führte zu der Wahl einer Umlaufbahn von nominell 433,29 km Höhe und einer Neigung von 50 Grad zum Erdäquator. Die hohe Bahnneigung sorgte dafür, dass die gesamte Erde zwischen -50 und +50 Grad beobachtbar war – wesentlich mehr als bei Apollo und Gemini mit maximalen Neigungen von 33 Grad. 68% der landwirtschaftlichen Fläche und 80% der Bevölkerung liegen in diesem Bereich. Die Bahnhöhe ergab eine Umlaufdauer, die so gewählt war, dass die Raumstation nach 118 Stunden oder 76 Umläufen wieder am selben Punkt der Erde ankommt und ein Gebiet neu beobachten kann. Damit ergaben sich auch alle fünf Tage Startfenster für die Besatzungen.

Skylab selbst hatte kaum Möglichkeiten, die Bahn anzuheben. Die Kaltgasvorräte an Bord waren begrenzt. Die Anfangsbahn diktierte daher die Lebensdauer der Station. Die Apollo-Raumschiffe führten regelmäßige Anhebungen während der Mission durch. Bei der Skylab 3 Mission gab es insgesamt drei dieser Manöver, die insgesamt nur wenig mehr als 1 m/s an Geschwindigkeit addierten – genug, um die atmosphärische Reibung zu kompensieren. Dies war nötig, um die geplanten Erdbeobachtungen nicht zu gefährden und das Startfenster von fünf Tagen aufrecht zu erhalten.

Die NASA machte vor dem Start eine Vorhersage, wie lange die Bahn stabil sein würde und kam zu dem Schluss, das Skylab im Oktober 1979 wieder in die Erdatmosphäre eintreten würde. Diese Schätzung erwies sich später als recht präzise. Skylab selbst war ausgelegt auf eine Lebensdauer von zwei Jahren im Orbit und maximal 600 Tagen Mannschaftsaufenthalt. Während es bewohnt war, hoben Zündungen der Manövriertriebwerke des Servicemoduls die Bahn an. Danach wurde der Orbit nicht mehr korrigiert, bis 1979 die Station so nahe an der Erde war, dass der Wiedereintritt bevorstand.

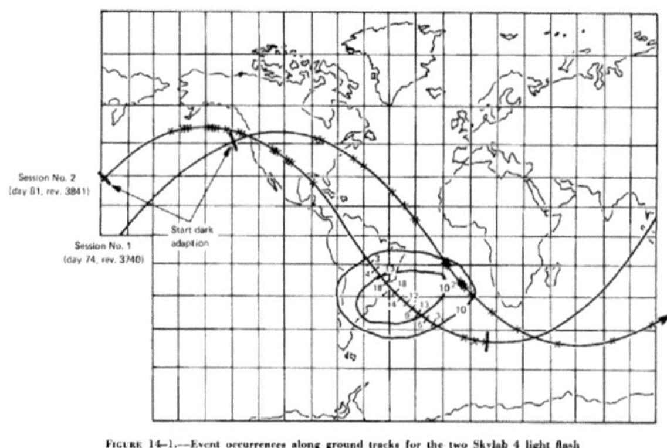

Abbildung 77: Der Orbit von Skylab. Beim Passieren der Südatlantik Anomalie berichtete die Besatzung über Lichtblitze durch energiereiche Teilchen

Die Kosten von Skylab

Wie bei allen größeren Weltraumprojekten gibt es unterschiedliche Zahlen über die Kosten von Skylab. Sie kommen dadurch zustande, dass es unterschiedliche Sichtweisen gibt, was dazugerechnet wird – werden auch die drei bemannten Missionen und die Missionsüberwachung über ein Jahr berücksichtigt? Oder nur die Kosten für das Raumlabor selbst? Werden die Vorarbeiten im AAP-Programm dazugerechnet, bevor sich die NASA für das endgültige Konzept entschied? Wird die schon für Apollo bezahlte und nun nur noch modifizierte Hardware mit eingeschlossen? (Sowohl die Saturn Trägerraketen wie auch die Apollo-Raumschiffe wurden von der NASA bestellt und bezahlt, bevor das Labor geplant war – wäre es nicht gestartet worden, so wären diese wie andere übrig gebliebene Hardware am Boden geblieben und zu Ausstellungstücken degradiert oder verschrottet worden).

Die folgende Aufstellung, die von der NASA für den US Kongress (93. Sitzung, 23.5.1973) angefertigt wurde, enthält die unmittelbaren Ausgaben, die bis dahin Skylab zugeordnet wurden. Dies ist eine Gesamtsumme von 1930,5 Millionen Dollar. Dazu kamen später noch die Starts von Skylab 2-4 und die Missionsdurchführung sowie die Mehrkosten für die Reparatur. Die Gesamtkosten werden von der NASA mit 2147,1 Millionen Dollar angegeben. Nicht darin enthalten sind die drei Apollo-Raumschiffe und die Saturn IB Trägerraketen sowie die Vorstudien, die noch unter der Bezeichnung „Apollo Applications Program" erfolgten.

Rechnet der Autor diese Posten noch dazu, so kommt er auf etwa 2,6 Milliarden Dollar, 2.522 Millionen davon für Skylab. Bei Berücksichtigung der Preissteigerungen durch die Inflation entspricht dies heute etwa 11 Milliarden Dollar – weniger als ein Zehntel dessen, was die Raumstation ISS kostet.

Die Station alleine kostete 1573,6 Millionen Dollar. Die Kosten für Modifikationen an den Saturn IB wurden mit 65,2 Millionen Dollar angegeben. Noch geringer waren die Ausgaben für die Saturn V: nur 4,1 Millionen Dollar, da die NASA die Trägerrakete von Apollo 20 verwendete. 134,8 Millionen Dollar kosteten die Anpassungen der Apollo-Kapseln und 745,2 Millionen die Starts, die Missionsdurchführung und die Auswertung der Experimente. Dieser Posten war so hoch, da wie bei Apollo bei der Missionskontrolle, den Vertragspartnern und im Kennedy Space Center Tausende von Personen weiter beschäftigt werden mussten: Sie waren für den Start und die Missionsdurchführung, aber auch für Notfälle nötig. Alleine der Betrieb der Station im Jahr 1974 kostete die NASA 234 Millionen Dollar, obwohl die letzte Besatzung schon am 5.2.1974 zur Erde zurückkehrte. Jeder Operationstag von Skylab kostete rund 1 Million Dollar.

Vertragspartner	Verantwortlichkeit	Umfang (Mill. $)
JSC (Johnson Space Center)		
Rockwell International	Kommandokapsel und Servicemodul	354,3
General Electric	Automatische Prüfung von Ausrüstung und Qualitätssicherungssystem	29,7
Martin Marietta	Nutzlastintegration und Unterstützung für das Raumlabor	105,4
The Garrett Corp.	Tragbare Lebenserhaltung für Raumanzüge	11,9
International Latex	Raumanzüge	16,9
ITEK	S190-Multispektralkamera	2,7
Black Engineering	S191-Infrarotspektrometer	2,0
Cutler Hammer Airborne Instrument Lab	S194-L Band Radiometer	1,5
General Electric	S193-Mikrowellen Radiometer/Scatterometer	11,3
Honeywell	S192-10 Band Multispektralscanner	10,8
NASA HQ		
Martin Marietta	Unterstützung des Programms	11,1
MSFC		
General Electric	Elektrische Ausrüstung und Logistikunterstützung	25,0
McDonnell Douglas	S-IVB Stufe	25,7
Martin Marietta	Nutzlastintegration und Fertigung des MDA	215,5
Rockwell International (Rocketdyne Division)	Triebwerke für die Saturn IB und V	10,3
IBM	ATMDC und dazugehörige Teile	29,2
Chrysler	S-IB Stufe	30,0
Chrysler	S-IB Systeme und Integration	7,0
McDonnell Douglas, Huntington Beach	Orbital Workshop	383,3
McDonnell Douglas, St. Louis	Luftschleuse	267,7
General Electric	Ausrüstung für die Bodenanlagen der Trägerraketen	12,6
IBM	Instrument Unit	30,7
Boeing	S-IC Stufe	0,9
Boeing	Systemintegration	7,4
American Science and Engineering	Experiment S054 (Röntgenstrahlenfotografie)	8,3
High Altitude Observatory	Weißlichtkoronograf S052	14,7
Harvard	UV-Spektrometer S055	34,6
Naval Research Laboratory	UV Spektrograph/Heliograf	40,9
Goddard Space Flight Center	Röntgenteleskope	2,5

KSC (Kennedy Space Center)		
Chrysler	Unterstützung bei der Startvorbereitung der S-IB Stufe	23,2
Boeing	Startoperationen der Saturn V am Startkomplex 39	14,4
Rockwell International	Unterstützung bei den Startvorbereitungen des CSM	17,5
McDonnell Douglas	S-IVB und Startdurchführung	58,9
IBM	Instrument Unit, Startdurchführung	12,3
Delco Electronics	Navigation and Steuerungsoperationen	0,9
Martin Marietta	Unterstützung für den MDA	7,2
Wichtige Skylab Subvertragspartner		
JSC		
Aerojet General	CSM Hauptantrieb	3,1
AiResearch	CSM Umweltkontrollsystem	5,6
Aeronca Inc.	CSM Paneele in Honigwabenstruktur	1,5
AVCO	CM Hitzeschutzschild	2,5
Beech Aircraft	CSM Lagerung der kryogenen Gase	4,0
Collins Radio	CSM Kommunikations- und Datensysteme	4,7
Honeywell	CSM Stabilisations- und Lageregelungssysteme	3,1
Marquardt	Servicemodul (RCS) Triebwerke	1,1
Northrop	Landesystem der Kommandokapsel (Fallschirme)	0,8
Pratt & Whitney Aircraft	CSM Brennstoffzellen	3,2
Bell Aerospace	RCS Treibstofftanks	3,4
Simmonds Precision Products	Leitungen für die Treibstoffe	1,3
MSFC		
TRW Solar Array System	Solargenerator	23,7
Fairchild Hiller	Lebenserhaltungssystem	19,0
Hamilton Standard Division of United Aircraft	Zentrifugen zur Urinseparation	9,6
Hycom Manufacturing	Aussichtsfenster	0,9
AiResearch	Molekularsieb	4,7
Summe		**1930,5**

Das Budget von Skylab

Die NASA beantragt als Behörde ein Budget, dass in einem ersten Schritt vom Präsidenten autorisiert und in einem zweiten Schritt vom Kongress genehmigt wird, wobei es dabei meist zu Kürzungen kommt. Diese betreffen oft einzelne Projekte. In seltenen Fällen bewilligt der Kongress aber auch zusätzliche Mittel. Dieser Fall lag bei Skylab z.B. im Jahr 1970/71 vor. Die folgenden Angaben sind in Millionen Dollar und dem Dokument NASA SP-4012 „NASA Historical Data Book: Volume III Programs and Projects 1969-1978" entnommen. Nicht für alle Jahre liegen vollständige Zahlen vor.

Jahr	Beantragt	Autorisiert	Erhalten
1969	439,600	253,200	150,000
1970	251,800	251,800	324,600
1971	364,300	364,300	405,200
1972	535,400	550,400	538,500
1973	540,500	540,500	502,000
1974	233,800	233,800	176,700
Summe:	**2.365,400**	**2.194,000**	**2.097,000**

Die folgende Tabelle zeigt die Finanzierung der Experimente:

Jahr	Beantragt	Erhalten
1969	190,300	93,355
1970	141,400	243,120
1971	306,900	58,565
1972		49,742
1973	23, 400	35,800
1974	18,400	
Summe:	**680,400**	**480,580**

Ausgaben für das Programmmanagement und den Missionssupport:

Jahr	Beantragt	Erhalten
1969	48,000	
1970		
1971		15,050
1972		31,823
1973	31,000	39,300
1974	13,400	
Summe:	**92.400**	**147,523**

Finanzierung der Raumfahrzeuge:

Jahr	Beantragt	Erhalten
1969	201,300	52,645
1970	110,400	63,330
1971	89,600	67,699
1972	194,000	136,388
1973	309,100	228,000
1974	146,300	
Summe:	**1.050,700**	**694,362**

Finanzierung des OWS:

Jahr	Beantragt	Erhalten
1971		223,566
1972		278,401
1973	154,200	174,600
1974	45,700	
Summe:	199,900	732.267

Budget für die Integration der Nutzlast:

Jahr	Beantragt	Erhalten
1971		27,803
1972		32,591
1973	22,800	23,500
1974	10,000	
Summe:	32,800	93,894

Budget für die Operationen:

Jahr	Beantragt	Erhalten
1970		18.150
1971		12.517
1972	34.500	9.555
1973		
1974	234.000	

Skylab-Missionen

Abbildung 78: Mission Patch für Skylab 1 - den Start des Raumlabors

Die Missionen zu Skylab hatten zwei Nummerierungsschemata. Das Ältere basierte auf römischen Ziffern: Die bemannten Missionen hatten die Ziffern I-III. Sie wurden intern in den Dokumenten als SLM-I bis SLM-III (SLM: **S**kylab **M**ission bezeichnet).

Das änderte sich, als 1971 die Besatzungen für das Labor benannt wurden. Nun zählte auch der Start des Labors mit. Es erhielt die Missionsbezeichnung Skylab 1. Die bemannten Missionen wurden nun als Skylab 2-4 bezeichnet (SL-2 bis 4 abgekürzt) und die Missionen in arabischen Ziffern nummeriert. Dies folgte der Tradition von Mercury, Gemini und Apollo, bei denen auch die unbemannten Flüge mitgezählt wurden. So war die erste bemannte Gemini-Mission die von Gemini 3 und die erste bemannte Apollo-Mission sogar erst Apollo 7.

Das erste System war jedoch innerhalb der NASA noch sehr verbreitet, vor allem weil auch die meisten Dokumente schon fertiggestellt waren und es dort verwendet wurde. Es gab sogar schon offizielle „Mission Patches" – Sticker, die auf die Garderobe genäht wurden. Zudem war diese schon fertiggestellt worden. So fanden diese sich auch auf der Bekleidung in Skylab. Es fehlte die Zeit, die Sticker zu entfernen und neue aufzunähen.

Abbildung 79: Die Mission Patches von Skylab 2 bis 4 - man beachte dass die römische Nummerierung nicht mit den später genutzten Nummerierungsschema übereinstimmt.

Die Astronauten

Die Astronauten des Skylabprogramms stammten aus unterschiedlichen Gruppen. Die Gruppe 4 wurde auf Druck zahlreicher wissenschaftlicher Institute und Universitäten im Juni 1965 rekrutiert. Sie argumentierten, dass eine Landung auf dem Mond nicht Testpiloten, welche die ersten drei Gruppen bildeten, sondern Wissenschaftler erforderte, die mit der dort vorkommenden Geologie auch etwas anfangen konnten. Das gleiche gelte für die medizinische Untersuchung von Personen bei Raumflügen. Daher war erstmals eine Promotion als universitärer Abschluss gefordert, während keine Flugerfahrung verlangt wurde. Aus über 400 Vorschlägen konnte die NASA aber nur sechs Astronauten finden, die ihren Anforderungen genügten. Aus dieser Gruppe von sechs Astronauten sollten vier fliegen, zwei verließen die NASA, bevor sie einer Mission zugeordnet wurden.

Die Astronauten wurden aber von ihren Kollegen nicht akzeptiert. Diese vertraten die Ansicht, dass die Missionen keine Wissenschaftler erforderten, sondern schnell reagierende Piloten. Auch gab das JSC sich keine Mühe, sie in den Flugplan zu integrieren, obwohl sie nur 20 Monate nach der letzten Gruppe rekrutiert wurden. David Scott flog als erster Astronaut der Gruppe 3 am 16.3.1966. Dies war 29 Monate, nachdem die dritte Astronautengruppe öffentlich bekannt gegeben wurde. Harrison Schmidt flog als Erster der vierten Gruppe im Dezember 1972, 78 Monate nach seiner Rekrutierung. Das zeigt die Ressentiments innerhalb der NASA. Sie sorgte auch dafür, dass die neuen Astronauten erst eine Flugausbildung nachholten – womit sie zunächst einmal ein Jahr lang für nichts anderes zur

Abbildung 80: Die Rettungscrew:
Vance Brandt (links) und Don Lindt (rechts)

Verfügung standen. In der Tat hatten dann auch die Mitglieder der nächsten Gruppe bessere Chancen für einen Einsatz im Apollo-Programm als die vierte Gruppe. Harrison Schmidt landete als Einziger dieser Gruppe mit der letzten Apollo-Mission, Apollo 17, auf dem Mond. Selbst dieser Einsatz war nur durch massiven Druck seitens der wissenschaftlichen Gemeinde möglich. Owen Garriott, Edward Gibson und Joseph Kerwin aus der vierten Gruppe flogen im Skylab-Programm.

Die fünfte Gruppe wurde im April 1966 bekannt gegeben. Nach den damaligen Planungen sollte es mehr Flüge geben. Donald Slayton rechnete mit bis zu 120 „Sitzen" innerhalb einer Dekade, sodass das damals dreißig Mann starke Astronautencorps nicht ausreichen würde, selbst wenn jeder zwei- bis dreimal fliegen würde. Die neue Gruppe war die bis dahin größte, sie nannte sich ironisch

„the original nineteen". Von den 19 Astronauten dieser Gruppe kamen 7 noch im Apollo-Programm zum Einsatz. Gerald Carr, Jack Lousma, William Pogue und Paul Weitz flogen zu Skylab. Vier weitere mussten warten, bis das Space Shuttle einsatzbereit war.

Zu den Besatzungsmitgliedern kam noch Alan Bean aus Gruppe 3 und Charles Conrad aus Gruppe 2 hinzu. Bean und Conrad waren gemeinsam mit Apollo 12 auf dem Mond gelandet und hatten als einzige Flugerfahrung vor ihrem Skylabeinsatz. Conrad war zuvor Copilot bei Gemini 5 und Kommandant von Gemini 11 gewesen. Die zweite Gruppe aus neun Astronauten, die 1962 rekrutiert wurden, bestand aus neun Testpiloten und bildete das Rückgrat des Gemini- und Apollo-Programmes. Bei der dritten Gruppe aus vierzehn Astronauten, die ein Jahr später dazu stießen, waren Erfahrungen mit Düsenmaschinen zwar auch wichtig, es spielten aber erstmals auch Abschlüsse in einer Ingenieurswissenschaft oder einer Naturwissenschaft eine Rolle. Conrad und Bean kamen zum Programm, als ihnen nach ihrem Apollo 12 Flug Thomas Stafford mitteilte, das sie keine Chancen mehr hätten, erneut für eine Mondmission nominiert zu werden, aber es noch freie Plätze im Skylabprogramm gäbe. Conrad nahm sofort an und konnte auch Bean überreden zu wechseln. Er schlug es auch Dick Gordon vor, der jedoch als CSM Pilot von Apollo 12 noch die Chance für eine Apollomission hatte und dies daher ablehnte. Gordon war Backup-Kommandant von Apollo 15 und wäre nach dem Rotationsschema dann Kommandant der Apollo 18 Mission gewesen – nur wurde diese im September 1970 gestrichen.

Neben den neun Personen, die zum Einsatz kamen, waren innerhalb des Skylabprogramms noch weitere Astronauten beteiligt: Sie waren die Backup-Crews oder für die Rettungsmission vorgesehen. Sie arbeiteten als Supportcrew und unterstützten die Besatzung, indem sie diese von Arbeiten entlasteten und Fragen klärten. Das Konzept der Supportcrew war wegen der Komplexität der Apollo-Raumschiffe eingeführt worden, die viel mehr Training als vorhergehende Missionen erforderte. Die Supportcrew entlastete die Primär- und Backup-Crews, indem sie diese vertrat, vor allem bei zeitaufwändigen Besprechungen, Diskussionen von Änderungen in der Planung und Simulation. Sie führte auch Besuche und Inspektionen bei den Herstellern der Raumschiffe durch. Dort machte sie Vorschläge für Verbesserungen, inspizierte die Umsetzung dieser und begutachtete die Modelle und prüfte diese auf ihre Eignung. Die Astronauten der Unterstützungscrews fungierten darüber hinaus als Verbindungsastronauten (Capcoms) zu den Besatzungen an Bord des Raumlabors.

Dazu kam die SMEAT-Crew (**S**kylab **M**edical **E**xperiment **A**ltitude **T**est), welche die Trockenübung der Mission in einer Höhenforschungskammer durchführte.

Die meisten dieser Astronauten kamen aus den NASA-Gruppen 6 und 7. Die sechste Gruppe war die zweite Gruppe von Wissenschaftsastronauten. Diese Gruppe wurde im August 1967 rekrutiert. Sie kamen durch die geforderte einjährige Jetausbildung zu spät für Apollo. Vier der elf Astronauten schieden daher vor dem ersten Flug aus. Die anderen sieben bildeten das Rückgrat der Shuttle Missionsspezialisten und absolvierten insgesamt 15 Flüge mit dem Raumgleiter. Die siebte Gruppe wurde von der NASA vom Militär übernommen. Als das Verteidigungsministerium im Juli 1969 das MOL-Programm einstellte, hatte sie dafür schon drei Astronautengruppen rekrutiert. Die NASA bot den Militärastronauten die Aufnahme ins Korps an. Dieses Angebot nahmen sieben Astronauten an, welche im August 1969 die siebte Gruppe bildeten.

Nicht ganz ins Raster passt Russell „Rusty" Schweickart. Er war wie Bean schon mit der dritten Astronautengruppe rekrutiert worden und schon mit Apollo 9 einmal geflogen. Im Skylab-Programm wurde er trotz seiner Flugerfahrung nur für die Backup-Crew eingeteilt. Eventuell lag das daran, dass Schweickart bei der ersten Mission an Weltraumkrankheit litt und dies eine Verschiebung der EVA von Apollo 9 um einen Tag notwendig machte. In dem harten Regiment, das Chris Kraft als Leiter der Flugplanungen führte, musste jeder, der einen Fehler beging, damit rechnen, nicht mehr zu fliegen. So ging es später auch der Besatzung von Skylab 4. Einige Astronauten waren auch als Wissenschaftler an dem Programm beteiligt, in Form von Verantwortlichen für Experimente (**P**rincipal Investigators PI oder Co-PI's).

Den Anfang einer eigenen Astronautensubgruppe für Skylab gab es im Februar 1966 mit einem Memo von Alan Shepard, dem Chef der Astronautengruppe, in der er ein neues Büro, das Applications Program Office ankündigte. Im Laufe des Jahres 1966 nahm diese Gruppe dann Gestalt an, und Astronauten wurden dem Büro unterstellt und mit Aufgaben betraut. Der erste Flug war damals mit der Konfiguration Saturn SA-209 / CSM-105 über 13 Tage Dauer geplant, gefolgt von einer 28 Tage dauernden Mission. Die dem Büro zugeordneten Besatzungen wechselten. Erst am 16.1.1972 wurden die finalen Crews bekannt gegeben:

	Primärcrew			Backup-Crew		
	Kommandant	Wissenschaftspilot	Pilot	Kommandant	Wissenschaftspilot	Pilot
SMEAT	Crippen	Thornton	Bobko	-	-	-
Skylab 2	Conrad	Kerwin	Weitz	Schweickart	Musgrave	McCandless
Skylab 3	Bean	Garriott	Lousma	Brandt	Lenoir	Lindt
Skylab 4	Carr	Gibson	Pogue	Brandt	Lenoir	Lindt
Rettungsmission	Brandt	-	Lindt			

Die Backup-Besatzung für Skylab 3 war auch die für Skylab 4. Bei einer Rettungsmission hätte Lenoir seinen Platz räumen müssen (der Pilot war auch für das CSM zuständig), und Brandt und Lindt hätten diese durchgeführt. Die Wahl von nur einer Backup-Besatzung für die letzten beiden Missionen erklärt sich dadurch, dass diese in der Aufgabenstellung ähnlich waren. Dagegen musste bei Skylab 2 wegen des Schwerpunktes auf medizinische Untersuchungen ein Arzt dabei sein. Musgrave ist Doktor der Medizin. Da es nur drei Missionen gab und die Backup-Besatzungen nicht die Chance hatten, später durch Rotation eine Primärcrew zu werden, erschien es nicht sinnvoll, zwei Besatzungen für Skylab 2+3 als Backup auszubilden.

Name	Gruppe	Aufgabe
Alan Bean	3	Kommandant Skylab 3
Karol Bobko	7	Pilot SMEAT
Vance Brandt	5	Backup Kommandant Skylab 3+4, Kommandant Rettungsmission
Gerald Carr	5	Kommandant Skylab 4
Charles Conrad	2	Kommandant Skylab 2, Chef der Skylababteilung der Astronauten
Robert Crippen	7	Kommandant SMEAT, Unterstützungsmission, Capcom für Skylab 2-4
Owen Garriott	4	Wissenschaftspilot Skylab 3
Edward Gibson	4	Wissenschaftspilot Skylab 4
Henry Hartsfield	7	Unterstützungsmission, Capcom für alle drei Missionen
Karl Gordon Henize	6	Unterstützungsmission, Capcom für alle drei Missionen, PI S019
Joseph Kerwin	4	Wissenschaftspilot Skylab 2
William Lenoir	6	Backup Wissenschaftspilot Skylab 3+4, Capcom Skylab 4
Don Lindt	5	Backup Pilot Skylab 3+4, Pilot Rettungsmission, Co-PI S230
Jack Lousma	5	Pilot Skylab 3
Bruce McCandless	5	Backup Pilot Skylab 2, Co-PI 509, Capcom Skylab 3
Story Musgrave	6	Backup Wissenschaftspilot Skylab 2, Capcom Skylab 3+4
Robert Parker	6	Capcom für alle drei Missionen
William Pogue	5	Pilot Skylab 4
Russell Schweickart	3	Backup Kommandant Skylab 2, Mithilfe bei den Tests des Parasols
William Thornton	6	Wissenschaftspilot SMEAT, Unterstützungsmission, Capcom für alle drei Missionen, PI für Experiment M172 und Co-PI für M074
Richard Truly	7	Unterstützungsmission, Capcom für alle drei Missionen
Paul Weitz	6	Pilot Skylab 2

Vorarbeiten

Es gab viele offene Fragen, die vor dem Start der Raumstation geklärt werden mussten. Schließlich sollten die geplanten Missionen wesentlich länger dauern als alle bisherigen, und zudem setzte Skylab eine andere Atmosphäre als die Apollo-Raumschiffe ein. So wurden eine Reihe von Vorarbeiten durchgeführt, um den Erfolg der Missionen zu gewährleisten.

Eine offene Frage war, ob es einen gravierenden Abbau verschiedener körperlichen Funktionen bei Langzeitmissionen gibt. Die USA starteten am 28.6.1969 den Satelliten BIOS 3 mit einem 7 kg schweren Affen. Die vitalen Werte des Affen verschlechterten sich rapide, und so wurde die Mission schon nach neun Tagen abgebrochen (geplant war eine Missionsdauer von 30 Tagen). Kurz nach der Bergung verstarb der Affe. BIOS 3 stand zwar nicht direkt in Verbindung zu Skylab, jedoch kamen nun erneut Sorgen auf, dass ein längerer Aufenthalt im Weltraum schädlich für Menschen sein könnte. Diese verstärkten sich noch, als die Besatzung von Sojus 11 nach ihrem Langzeitrekord an Bord von Saljut 1 zur Erde zurückkehrte und alle Besatzungsmitglieder tot waren. Saljut 1 war die erste Raumstation und Sojus 11 ihre erste Besatzung. Die NASA konnte auf inoffiziellem Wege jedoch erfahren, dass die Ursache eine Dekompression der Kapsel war.

Trotzdem gab es Sorgen um den Gesundheitszustand der Astronauten. Die Ergebnisse des Langzeitfluges von Gemini 6 lagen vor, doch in den kleinen Gemini-Kapseln konnten sich die Besatzungsmitglieder kaum bewegen. Bei den Apollo-Missionen klagten Besatzungsmitglieder immer wieder über Übelkeit, verursacht durch Irritationen des Gleichgewichtssinnes: Die Astronauten konnten sich erstmals etwas bewegen. Bei Apollo 15 gab es zudem Unregelmäßigkeiten im Herzrhythmus bei Scott und Irwin. Sie wurden auf ein Ungleichgewicht im Mineralstoffhaushalt zurückgeführt. Daraufhin wurde bei den beiden letzten Mondflügen den Getränken Kalium zugesetzt.

Skylab sollte nun doppelt so lange dauern, und die Astronauten hatten viel mehr Platz als in den kleinen Kapseln, die vorher verwendet wurden – würden damit diese Effekte nicht noch viel stärker sein? Könnte es sein, dass die Störung des Gleichgewichtssinns die Leistungsfähigkeit der Astronauten gravierend beeinträchtigte?

Die Schwerelosigkeit konnte nicht für diese Dauer simuliert werden, aber die für Skylab eingesetzte bilanzierte Diät, die Atmosphäre und die geplanten Übungsgeräte konnten am Boden erprobt werden.

Besatzungstraining

Das Training für Skylab war erheblich umfangreicher als das für Apollo. Es umfasste rund 2.100 Stunden, etwa doppelt so viel wie bei einer Mondlandung. Die Station war komplexer (wobei das Training für die Kapseln noch dazu kam), und es galt viele Experimente durchzuführen, bei denen auch eine wissenschaftliche Vorbildung nötig war. Die 2.100 Arbeitsstunden entsprechen dem eines Bachelorstudiums. Sie wurden allerdings in nur eineinhalb Jahren absolviert, woraus eine sehr hohe Arbeitsbelastung resultierte.

Trainingsdauer in Stunden	Skylab 2	Skylab 3	Skylab 4
Schulungen: CSM	95	95	95
OWS	112	112	112
Trägerraketen	8	8	8
Sonnenphysik	110	110	110
Flugplan und Checklisten	75	75	75
Missionstechniken und Regeln	50	50	50
Systemtraining: Crewsysteme	46	46	46
TV/Fotografie, Solarzellen aktivieren und deaktivieren	20	20	20
Verstauen, Arbeitsflächen	68	68	68
Feuer, Verlassen der Station	40	40	40
Raumfahrzeug	150	50	50
EVA/Arbeiten: in der Station im Mockup	108	127	119
Im Wassertank	48	57	42
Medizinische Schulung	98	98	98
Simulatortraining: CM Simulator	300	300	300
Dynamic Procedures Simulator	15	15	15
Skylab Simulator	300	300	300
CM Procedure Simulator	80	80	80
Experimente: Medizinische	134	134	98
EREP	72	72	72
ATM	46	46	46
Restliche	178	209	165

Trainingsdauer in Stunden	Skylab 2	Skylab 3	Skylab 4
Rettung	8	16	24
Gesamt:	2187	2154	2059

Zu dem Training gehörte auch ein medizinischer Grundkurs, um bei Verletzungen nicht die gesamte Mission abbrechen zu müssen. Da es statistisch nicht unwahrscheinlich war, dass zumindest ein Besatzungsmitglied Zahnprobleme bekommen wurde, lernten die Astronauten auch in einer Klinik bei freiwilligen Probanden das Ziehen der Zähne. Es gab beim Training drei Spezialisierungen:

- Kommandant: Gesamtüberblick über die Mission, Flugplanung, Apollo CSM-Systeme, EVA

- Pilot: Skylab-Bordsysteme, Erderkundung, Kopplungsmanöver

- Wissenschafts-Astronaut: ATM-Systeme und Medizin, EVA-Backup und Hilfestellung

Diese Einteilung und die Verantwortlichkeiten wurden von Charles „Pete" Conrad vorgeschlagen, der auch Leiter der Astronautenuntergruppe wurde, die für Skylab ausgewählt wurde. Gefordert war seitens der wissenschaftlichen Gemeinschaft, dass zwei Wissenschaftler unter jeder Besatzung waren. Dies wurde von Deke Slayton, dem Chef aller Astronauten, abgelehnt. Es wäre zu riskant, weil schließlich das Labor das Erste seiner Art wäre und so zwei Piloten notwendig wären, die auch Systeme reparieren könnten. So kam es dann auch. Bei allen drei Missionen waren Astronauten der ersten „Scientist" Gruppe 4 als Wissenschaftler eingeteilt.

Kerwin war Mediziner und daher für die erste Mission mit dem Schwerpunkt auf medizinischer Forschung ausgewählt. Auch Dr. Story Musgrave von der Backup-Besatzung war aus diesem Grund ausgewählt worden. Garriott hatte einen Doktor in Elektrotechnik. Gibson hatte einen Doktortitel in Ingenieurswissenschaften und ein Buch über Sonnenforschung geschrieben.

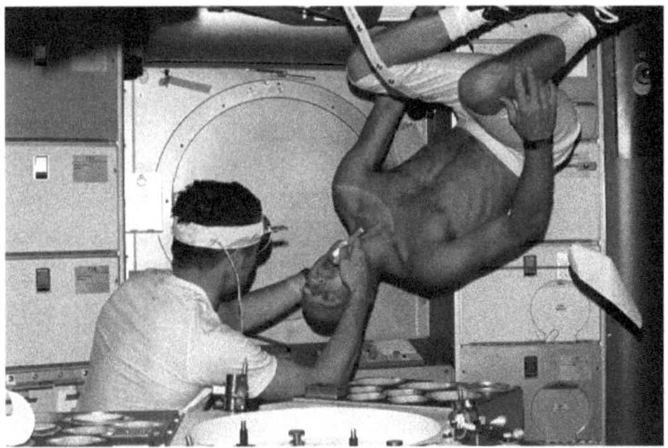

Abbildung 81: Kerwin untersucht Conrad während der SL-2 Mission

SMEAT oder „Skylab 0"

Da Skylab ein völlig neues Labor war, kam der Wunsch auf, möglichst viel am Boden zu testen. So kam das MSFC auf die Idee, eine Mission in einer abgeschlossenen Kammer durchzuführen. Auch die Mediziner waren dafür, schließlich konnte so die bilanzierte Diät getestet werden. Dies führte zur Idee einer Generalprobe, genannt SMEAT (**S**kylab **M**edical **E**xperiment **A**ltitude **T**est). Die Idee kam am 18.7.1970 auf. In den folgenden Monaten wurde überlegt, wie dies durchgeführt werden konnte und was dabei gemacht werden sollte. Eine kostengünstige Möglichkeit war der Test in einer vorhandenen Höhenforschungskammer im MSFC, die mit 6,60 m Durchmesser, 35 m² Bodenfläche und 250 m³ Raum auch den Abmessungen des OWS entsprach.

Die Astronauten würden sich in der Kammer bei einer simulierten Skylabatmosphäre aufhalten. So konnte diese ebenfalls getestet werden. Essen wurde durch eine von zwei Luftschleusen täglich hineingereicht, musste aber mit den gleichen Geräten wie im Labor zubereitet werden. Geplant war zuerst eine Studie über 28 Tage, gefolgt von einer 56-Tages-Studie.

Die Testcrew sollte in der Höhenforschungskammer, die in zwei Stockwerke unterteilt war, vor allem die medizinischen Experimente von Skylab erproben. Die Kammer im MSFC konnte mit relativ geringen Kosten in eine Kopie von Skylab umgewandelt werden. Es wurde versucht, die Stockwerke wie bei Skylab einzurichten. Es gab natürlich Anpassungen an die vorhandene Schwerkraft, so waren im Labor die Schlafkojen vertikal angeordnet und in der Kammer horizontal. Das Konzept wurde am 2.12.1970 vorgestellt und schon am 4.1.1971 genehmigt, allerdings mit einer Änderung: Es würde nur eine Gruppe über 56 Tage trainieren.

Die Crew bestand aus den Astronauten Crippen, Thornton und Bobko. Eine Ersatzcrew war nicht vorgesehen, und als „Capcoms" fungierten die Operateure der Vakuumkammer. Thornton spielte auch noch eine andere Rolle im Skylabprogramm. Schon frühzeitig hatte er sich freiwillig gemeldet, um bei der Entwicklung sowohl der Gegenstände, mit der die Crew zu tun hatte, wie auch bei Experimenten beteiligt zu sein. Er erwarb sich bald den Ruf des „99,5%-Mannes". Dieser Ausdruck ist aus einer Episode ersichtlich. Die Crew musste täglich die Menge des Urins bestimmen. Doch wie viel war dies? Also verteilte der für die Dimensionierung der Beutel Verantwortliche Flaschen an alle Angestellten, die sich dazu bereit erklärten, mit der Aufforderung den Urin zu sammeln. Wenn dies nicht möglich war, sollte die Menge geschätzt werden. Er nahm die Ergebnisse, bildete den Mittelwert und schlug drei Standardabweichungen auf diesen Wert. Die Beutel sollten diese Menge fassen. Unter der Annahme, dass das Kollektiv repräsentativ ist und die Urinmenge einer Normalverteilung gehorcht bedeutet dies, das 99,5% aller Männer weniger als diese Menge urinieren. Bei SMEAT kam Bill Thornton zwei Pints (946 cm³) über die so dimensionierten Beutelgrößen. Thornton war in fast allen physischen Parametern deutlich über dem Durchschnitt. Wenn er mit etwas zurechtkam, dann wussten die Ingenieure, dass es 99,5% eines Kollektivs auch konnten. Das zeigte sich auch bei der

SMEAT-Studie. Erprobt wurde unter anderem das Ergometer. Als Thornton es zum Trainieren benutzte, brach der Schaft – es musste durch die Luftschleuse ausgetauscht werden und kam zurück mit einem neuen, verstärkten, Schaft. Nun betrieb Thornton es mit der Einstellung für 300 W, und es fiel wiederum aus. Als es aus der Luftschleuse zurückkam, betrug die maximal mögliche Belastung nur noch 250 W. Mit dieser Modifikation wurde es auch in Skylab installiert.

Thornton war auch bei der Konzeption medizinischer Experimente beteiligt. Zuletzt flog ein von ihm entwickeltes Trainingsgerät als „Thornton's Revenge" zur Station. In der SMEAT-Studie wollte Thornton beweisen, dass die vorgeschlagene Kalorienmenge nicht ausreichend war. Sie war gerade von 2.400 kcal auf 2.000 kcal plus 800 „Snack" Kalorien reduziert worden. Also behielt er sein übliches Fitnessprogramm bei. Er war sehr sportlich und betrieb in seiner Freizeit Ausdauersport. Um seine Kollegen nicht zu stören, absolvierte er es meistens während der Schlafzeiten, was aber vor allem Bob Crippen weckte. Nach 30 Tagen bemerkte Crippen, dass Thornton kräftig an Gewicht verloren hatte, und ersuchte um mehr Kalorien für ihn. So wurde die Dosis auf 2.500 kcal erhöht. Am Ende hatte er über 12 kg Gewicht verloren. Doch die Mediziner meinten, er hätte übertrainiert und nur Fett verloren, was ihn verärgerte.

Der Arbeitsalltag der SMEAT-Crew orientierte sich an dem von Skylab:

Uhrzeit	Tätigkeit
7:00	Wecken, Frühstück, Morgenhygiene
9:00	Arbeit
13:00	Mittagessen zubereiten und verzehren
14:00	Arbeit
19:00	Abendessen, Besprechung, Hausarbeiten
21:00	Persönliche Freizeit, Erholung
23:00	Schlafengehen

Da es vorwiegend medizinische Experimente gab, die anderen Experimente von Skylab nicht zur Verfügung standen oder nicht durchführbar waren, absolvierten die Astronauten noch Kurse um die Zeit zu füllen. Bobko und Crippen waren auch am Apollo-Sojus-Testprojekt beteiligt und absolvierten einen Sprachkurs in Russisch. Andere Schulungen waren ein Skylab CSM-Training über das Fernsehen, ein Elektronikkurs und ein Sonnenphysikstudium. Mittags wurde die vorgeschlagene Arbeitsplanung für den nächsten Tag vorgelegt, abends besprochen und vereinbart. Nach sechs Arbeitstagen gab es einen Ruhetag, bei dem die eine Hälfte der Arbeitszeit für Hausarbeiten und die andere Hälfte zur Erholung vorgesehen war.

Die Crew arbeitete wie die späteren Skylab-Besatzungen mehr als vorgesehen. 412 Stunden Arbeit pro Person waren geplant, zwischen 509 und 547 Stunden wurden absolviert. Das wichtigste war ein medizinischer Check, bei dem ein Beobachter seinen Kollegen beim Ergometer und in der Unterdruckvorrichtung von Experiment M092 überwachte und dabei das Kardiogramm und den Metabolismus bestimmte. Das dauerte zweieinhalb Stunden, dann wurden die Rollen vertauscht, sodass dieser Test alleine fünf Stunden in Anspruch nahm. Es kamen andere Untersuchungen hinzu, Urin und Blut wurden regelmäßig gesammelt und entnommen. Die gesamte Crew wurde vor dem Beginn der Untersuchung mit zahlreichen Sonden versehen. Wie bei Skylab wurde Abfall durch eine Schleuse, die der des Weltraumlabors nachgebildet war, nach außen transportiert.

SMEAT ergab, dass zahlreiche Teile nachgebessert werden mussten. Die Urinsammelvorrichtung fiel aus und leckte. Die Sammelbehälter waren zudem unterdimensioniert. Die Bänder, mit denen die Elektroden befestigt wurden, verursachten Hautirritationen. Die Klettbänder, mit denen die Astronauten sich beim Experiment M092 festbinden mussten, nahmen Körperhaare mit, und der Verschluss der Unterdruckkammer für die untere Körperhälfte war nicht dicht. Auch eine Ersatzdichtung brachte keine Besserung. Das Experiment musste nachgebessert werden, genauso wie das zweimal gebrochene Fahrradergometer.

Die Liste der Fehler in den medizinischen Experimenten war lang, doch standen nur noch sechs Monate zur Verfügung, bis die Experimente in Skylab montiert werden sollten. Zumeist wurden trotzdem befriedigende Lösungen gefunden, auch wenn sie nicht optimal waren (wie die Begrenzung der Belastung des Ergometers auf 250 Watt). Die meisten Diskussionen gab es um das Urinsammelsystem, da unter Schwerelosigkeit Lecks durchaus problematischer waren als auf der Erde. Thornton hatte die vier Pints (1892 cm³) fassenden Beutel gesprengt, und die anderen kamen an das Limit der Beutel. Pete Conrad bezweifelte die Eignung des gesamten Systems in der Schwerelosigkeit und plädierte für ein modifiziertes Apollo-System. Darüber wurde heiß diskutiert. Aber die Mehrheit sprach sich gegen eine völlige Abkehr vom System aus. Es wurde verändert, um nun Beutel mit acht Pints Volumen (1 Gallone, 3,785 l) aufzunehmen, und auch das Desinfektionssystem wurde deutlich verbessert. Es hatte zu wenig Desinfektionsflüssigkeit zudosiert. Als Backup für Lecks gab es einen Anschluss, der wie bei Apollo kondomartig über den Penis gezogen wurde.

Abbildung 82: Die Crew brachte sogar Charles Schulz dazu einen Patch für die Mission zu entwerfen: Hier der offizielle "Missionpatch" mit Snoopy

Psychologisch wurde beobachtet, dass die gemeinsame Arbeit und die Isolation die Crew zusammenschweißten und ihr ein „Ihr und Wir" Gefühl gaben. Dies sollte sich auch bei den Besatzungen auf der Raumstation wiederholen, trotz vorheriger Besorgnisse, es könnte zu Konflikten und psychologischen Problemen kommen, da die Verträglichkeit der Crewmitglieder bei der Selektion niemals eine Rolle spielte. Bei den vorhergehenden Missionen, die nur einige Tage dauerten, war das kein Problem, doch bei einem viel längeren Aufenthalt sagten die Psychologen Probleme voraus.

Die Einrichtung, soweit sie vergleichbar mit Skylab war, erwies sich als zweckmäßig. Die Dusche funktionierte und wurde als ein Komfort empfunden, den es so vorher nicht bei Raumfahrtmissionen gab.

Ein voller Erfolg war der Test der Nahrung für das Himmelslabor. Die Crew musste schon 28 Tage vor dem Betreten der Kammer am 26.7.1972 die Diät zu sich nehmen. Bei Aktivitäten außerhalb des MSFC trugen sie in einem Koffer ihre Rationen. Nach dem Verlassen am 20.9.1972 wurde die Diät für weitere 18 Tage fortgesetzt. Die Verpflegung bestand wie bei Skylab aus getrockneter, hitzesterilisierter, gefrorener und dehydrierter Nahrung. Alle sechs Tage wiederholte sich das Essen. Auch wenn die Besatzung die Verpflegung als eine deutliche Verbesserung gegenüber der von Apollo empfand, so war sie doch froh, nach 104 Tagen wieder normal essen zu können. Skylab bot für die Verpflegung zwei Vorteile: Die Saturn V hatte genug Tragkraft, dass das MSFC nicht an Vorräten sparen musste, und die Stromversorgung basierte auf Solarzellen. Apollo und das Shuttle verwenden Brennstoffzellen, die als Abfallprodukt Wasser produzieren.

Das führt dazu, dass bis heute die Nahrung in dehydrierter Form mitgeführt wird, um Gewicht zu sparen. Das von den Brennstoffzellen erzeugte Wasser wird dann zugesetzt. Beim Dehydrieren verlieren jedoch viele Nahrungsmittel an Geschmack, manche auch an Struktur.

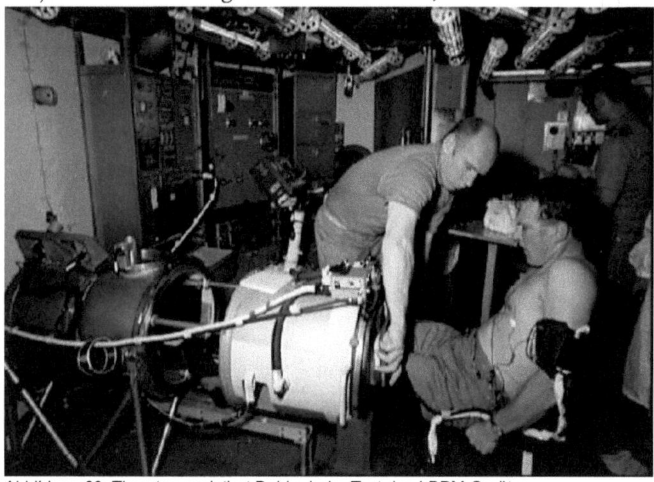

Abbildung 83: Thornton assistiert Bobko beim Test des LBPM Gerätes

Die geplanten Missionen

Wie bei den Apollo-Missionen üblich, veröffentlichte die NASA schon Monate vor dem Start von Skylab 2 das geplante Messprogramm, wie es hier wiedergegeben wird. Des weiteren wurde vor dem Start angekündigt, dass die dritte bemannte Mission bis zu 90 Tage ausgedehnt werden könnte. Es gäbe genug Ressourcen dafür an Bord. Die USA hatten nur Erfahrungen über eine Aufenthaltsdauer von maximal 14 Tagen, und so war die NASA vorsichtig. Skylab 4 sollte wie die vorherige Mission erst einmal nur 56 Tage dauern. Später konnte die Mission immer noch verlängert werden. Diese Entscheidung konnte auch erst fallen, wenn sich die nominale Mission dem Ende zuneigt.

Jede Mission hatte einen Schwerpunkt, für den die Besatzung trainiert wurde. Skylab 2 hatte die Aufgabe, die Eignung des Raumlabors selbst festzustellen, vor allem aber medizinische Untersuchungen durchzuführen. Dr. Joseph Kerwins Aufgabe war die Untersuchung des Gesundheitszustands der Besatzung, die Abnahme von Blutproben etc. Jeden Tag wurden Proben genommen, jeweils mit einem anderen Astronauten als Versuchsperson. Nach der Landung wurde die Besatzung innerhalb von wenigen Stunden in ein mobiles Labor gebracht (MOLAB) und dort untersucht. Die Ergebnisse sollten mit der SMEAT-Studie auf der Erde verglichen werden. Dies ging soweit, dass die Besatzung noch drei Wochen nach der Landung weiter bilanzierte Diät zu sich nehmen und auch weiterhin Atemschutzmasken tragen musste, um nicht durch eine Infektion die Ergebnisse zu verfälschen. Diese „Nachsorgeuntersuchungen" bewirkten auch, dass die nächste Besatzung nach zwei Monaten starten sollte, während zwischen SL-3 und SL-4 nur ein Monat Pause geplant war.

SL-3 hatte als primäre Aufgabe die Sonnenforschung und Erdbeobachtung. Auch entstanden hier die Filme, die später im Projekt „Classroom in space" über eine Generation im US-Schulunterricht gezeigt wurden. Die meisten Schülerexperimente wurden ebenfalls bei dieser Mission durchgeführt. Bedingt durch das Wechseln der Filme im ATM standen hier die meisten Ausstiege an. Neben zwei Ausstiegen, um den Film zu Beginn der Mission einzusetzen und am Ende zu bergen, gab es auch einen Dritten nach der halben Mission, um die Kassetten erneut auszutauschen.

Bei Skylab 4 stand erneut medizinische Forschung auf dem Programm. Hauptaufgabe war aber die Erdbeobachtung sowie wissenschaftliche, materialwissenschaftliche, technische und astronomische Forschungen.

Mission	Datum (geplant)	Datum (real)
Start SL-2	15.5.1973	25.5.1973
Landung SL-2	12.6.1973	22.6.1973
Start SL-3	8.8.1973	28.7.1973

Mission	Datum (geplant)	Datum (real)
Landung SL-3	3.10.1973	22.9.1973
Start SL-4	9.11.1973	16.11.1973
Landung SL-4	4.1.1974	8.2.1974

Im Post-Apollo Programm erfolgten Ankopplungen und Landungen noch wesentlich schneller als später bei der ISS. Die Saturn IB setzte das Raumschiff in einer elliptischen Erdumlaufbahn von 150 × 224 km Höhe aus. Diese niedrige Umlaufbahn hatte auch den Vorteil, dass die ausgebrannte S-IVB Stufe durch Ablassen des Treibstoffs gezielt deorbitiert werden konnte. Die Abtrennung von der S-IVB fand nach 15 Minuten statt. Danach richtete sich die S-IVB für das Experiment M415 zur Sonne aus. Dieses musste durchgeführt werden, solange die IU noch über Strom verfügte (etwa sieben Stunden).

Die erste Zündung des Apollo-Haupttriebwerks hob nach eineinhalb Umläufen das Perigäum an, die Zweite nach weiteren eineinhalb Umläufen dann das Apogäum. Zwischen diesen beiden Manövern konnte eine Anpassung der Bahnebene liegen. Diese war nötig, wenn das primäre Startfenster versäumt wurde. Eine weitere kleinere Kurskorrektur, einen halben Umlauf nach der zweiten Bahnanhebung, sollte Abweichungen beim Einschuss und den vorherigen Manövern korrigieren. Einen weiteren halben Umlauf später war die im NASA-Jargon als „koelliptische" bezeichnete Umlaufbahn erreicht. Sie hatte das Apogäum leicht unter der späteren Zielbahnhöhe, das Perigäum lag tiefer. Damit war die Umlaufdauer kürzer, und das CSM holte schnell die Distanz zu Skylab auf.

Zwei Manöver beim fünften Umlauf brachten die Kapsel schließlich auf den Kopplungskurs. Nach fünfeinhalb Umläufen koppelte das Raumschiff an Skylab an. Die Endannäherung begann in einer Entfernung von 40 km von der Station. Zuerst beschleunigte das Raumschiff, um die Distanz zu verringern. Die Abbremsung begann in einer Entfernung von 1,8 km von der Station. Die folgende Tabelle enthält die Daten für die Skylab 3 Mission.

Abbildung 84: Skylab über der Mündung des Rio de la Plata

Manöver	Zeitpunkt	Geschwindigkeitsänderung	Neue Bahn
Einschuss in den Orbit	00:10:03	7568 m/s	150 × 222 km
Abtrennung des CSM	00:25:00	1 m/s	150 × 224 km
Orbitanhebung 1	02:17:29	67,4 m/s	222 × 385 km
Änderung der Bahnebene		Variabel	222 × 385 km
Orbitanhebung 2	04:33:28	48,1 m/s	374 × 398 km
Feinkorrektur	05:19:32	9,0 m/s	385 × 422 km
Koelliptische Umlaufbahn	05:56:32	6,0 m/s	405 × 420 km
Beginn der Annäherung	07:12:22	6,3 m/s	413 × 434 km
Ende der Annäherung	07:46:04	8,3 m/s	426 × 441 km
Ankopplung	08:30:00	-	-

Der Kopplungsadapter ist vom selben Typ wie bei der Kombination CSM – LM. Er besteht aus zwei Teilen. Auf der MDA-Seite ist es ein passiver „weiblicher" Part: ein Konus mit einer Öffnung am Ende, an der drei Fanghaken mit Federn saßen.

Auf der CM-Seite ist es eine ausfahrbare Sonde mit drei Armen, die pneumatisch zurückgefahren werden konnte und zwölf Riegeln, die einschnappten, wenn die beiden Raumschiffe luftdicht verbunden waren und verhinderten, dass sich die Raumschiffe wieder trennten.

Die Kopplung erfolgte dermaßen, dass die ausfahrbare Sonde in den konischen Adapter des MDA eingeführt wurde. Die Form lenkte sie auch zur Mitte hin, wenn diese nicht exakt getroffen wurde. Passierte sie das Loch in der Mitte, so wurde sie von den Fanghaken erfasst. Damit gab es eine erste Verbindung, „soft dock" genannt. Nun wurde die Sonde durch einen Motor zurückgezogen, die beiden Adapter an beiden Raumfahrzeugen begegneten sich. Wenn der MDA-Teil tief genug in den Teil des Apolloraumschiffs hereingezogen wurde, passierte er die Riegel und sie schnappten mit einem lauten „Bang" zu und hielten die Verbindung fest („hard dock").

Bis heute setzen Sojus, Progress und ATV ähnliche Adapter ein, die nach demselben Prinzip arbeiten und auch ähnlich aufgebaut sind.

Danach wurde der Druck an den des MDA angeglichen. Nun wurde die Luke geöffnet, welche bisher das Raumschiff luftdicht verschlossen hatte, die Sonde der Kommandokapsel wurde demontiert und verstaut. Der Weg zum Labor war nun frei. Als Nächstes ging ein Besatzungsmitglied (im Raumanzug und mit eigener Sauerstoffversorgung) in den Dockingadapter und kontrollierte, ob alle zwölf Riegel rund um die Öffnung eingerastet waren. Wenn nicht, verriegelte er die restlichen von Hand. Nun konnte die Besatzung ihre Raumanzüge ablegen, die beiden Raumschiffe waren luftdicht verbunden.

Danach wurde die Luke wieder geschlossen, und die Besatzung verbrachte die erste Nacht im CM. Diese Vorsichtsmaßnahme diente dazu, sicherzugehen, dass die Verbindung druckdicht war und Skylab nicht Atmosphäre verlor. In diesem Falle hätte so risikolos abgelegt werden können. Danach begannen Pilot und Wissenschaftspilot damit, die Systeme im MDA hochzufahren und eine Versorgungsleitung an das CM anzuschließen, während der Kommandant die meisten Systeme des CM herunterfuhr und deaktivierte. Aktiv blieb das Kommunikationssystem und ein Warnsystem, das 90 Werte überwachte und akustischen Alarm gab, wenn einer von den Sollwerten abwich.

Es gab einen weiteren Grund, warum die erste Nacht noch im Kommandomodul verbracht wurde: Man ging davon aus, dass durch die Möglichkeit, sich frei zu bewegen und die dadurch möglichen Kopfbewegungen die „Weltraumkrankheit" (vornehmer: „Space Adaption Syndrome" SAS genannt) verursacht würde. In der kleinen Kapsel waren die Bewegungsmöglichkeiten beschränkt, und so nahmen die Mediziner an, dass sich so die Crew akklimatisieren könnte.

Eine der Aufgaben der ersten Besatzung war das Hochfahren der Systeme des Labors und die Inspektion der gesamten Hardware. Sie musste das Umweltkontrollsystem aktivieren und die Geräte für die Aufbereitung und Kühlung von Wasser und Essen in Betrieb nehmen. Danach folgte eine Zeit der Forschungstätigkeit, die je nach Dauer der Mission von einer oder mehreren Ausstiegen unterbrochen wurde. Ein typischer Arbeitstag sah folgendermaßen aus:

Zeit (GMT)	Zeit (Houston)	Kommandant	Pilot	Wissenschaftler
11:00	5:00	Persönliche Hygiene		
11:30	5:30	Frühstück		
12:30	6:30	Experimente		
13:00	7:00	Hausarbeiten	Experimente	
14:30	8:30	Experimente		
17:00	11:00	Essen		
18:00	12:00	Experimente		
18:30	12:30	Experimente	Hausarbeiten	Experimente
20:00	14:00	Experimente		
20:30	14:30	Persönliche Hygiene / Training		
21:00	15:00	Experimente		
21:30	15:30	Experimente		Hausarbeiten

Zeit (GMT)	Zeit (Houston)	Kommandant	Pilot	Wissenschaftler
23:00	17:00	Essen		
24:00	18:00	Experimente / Missionsplanung für den folgenden Tag		
01:00	19:00	Freizeit		
02:00	20:00	Experimente / Persönliche Hygiene		
03:00	21:00	Schlaf (8h)		

Es aßen in der Regel nur zwei Astronauten gleichzeitig. Einer blieb immer an der ATM-Konsole. Die Zeiten für persönliche Hygiene schlossen auch Trainingseinheiten für die Aufrechterhaltung der Muskelkraft ein.

Mit Ausnahme der ersten Besatzung war es so, dass kurz nach der Ankunft der erste Ausstieg zum Bestücken der Filmkassette angesetzt war. Der Film sollte nicht zwischen zwei Missionen in der Kammer verbleiben, damit er nicht durch Strahlung beschädigt würde. Nur die erste Besatzung konnte darauf verzichten, da beim Start die Kassetten schon installiert waren und die Bodenkontrolle mit dem Start der ersten Mannschaft am nächsten Tag rechnete. An diesen Tagen waren wegen der Vorbereitung des Ausstiegs und der notwendigen Sicherheitsmaßnahmen keine anderen Experimente geplant. Alleine der Ausstieg dauerte mindestens zweieinhalb Stunden. Mit den Vor- und Nacharbeiten (Anziehen der Raumanzüge, entlüften und Wiederherstellung der Atmosphäre in der Luftschleuse) war der Arbeitstag fast gefüllt.

Die Arbeiten wurden alle 20 Tage von einer kurzen Zündung des RCS unterbrochen, um die Bahnhöhe konstant zu halten. Etwa acht Tage vor der Landung wurde der Arbeitstag auf 22 h verkürzt. Ziel dieser Zeitverschiebung war es, dass die Besatzung am Landetag ausgeruht war und während ihres regulären Arbeitstages von Skylab abkoppeln und landen konnte. Dies machte eine Zeitverschiebung notwendig, da das Landegebiet zwischen Honolulu und der westamerikanischen Küste lag. Die Deaktivierung der Station begann drei Tage vor dem Ablegen und dauerte insgesamt 36 Stunden. Zuerst wurden Materialproben, Blut, Stuhl und Urinproben ins CM transferiert und verstaut. Dann folgten die Filmkassetten und bespielte Magnetbänder. Anschließend wurde das Essen- und Wassermanagementsystem gesichert, die Heizung der Mannschaftsbereiche und Ventilatoren abgeschaltet. Zuletzt wurde das Umweltkontrollsystem deaktiviert, die ATM-Kontrolle auf Automatik umgestellt, die Lichter ausgeschaltet und die Luken geschlossen.

Das Abkoppeln geschah dann wie das Ankoppeln, nur in umgekehrter Richtung. Die RCS-Triebwerke bremsten das CSM um 1,5 m/s ab, wodurch sich die Raumfahrzeuge voneinander entfernten und Apollo auf eine niedrige Umlaufbahn sank. Der Wiedereintritt erfolgte in zwei Stufen: Zuerst wurde das Perigäum auf eine Höhe von 166-170 km erniedrigt. Einen Umlauf später senkte eine zweite Zündung des SPS-Triebwerks die Bahn soweit ab, dass die Kapsel in die Atmosphäre eintrat. Danach wurde das Servicemodul abgetrennt, und einen halben Umlauf später erfolgte in 120 km Höhe der Wiedereintritt. Sechs Stunden nach dem Besteigen der Apollo-Kapsel schwamm diese im Pazifik. Hier die Zeitlinie bei der Mission Skylab 2:

Zeit	Ereignis
00:45	Crew betritt das CM, schließt die Luke zum MDA, aktiviert die Systeme des CSM
03:58	Ablegen von Skylab, Umrunden der Station für Inspektionen
05:15	Erste Zündung des SPS-Triebwerks für 10 s, Δv=80,5 m/s
08:10	Zweite Zündung des SPS-Triebwerks für 7 s, Δv=58 m/s
08:15	Trennung des CM vom SM
08:38	Eintritt in die Atmosphäre in 121 km Höhe
08:49:48	Landung

Die Landezonen waren für die erste und dritte Mission 509 km nordwestlich von Honolulu und für die Zweite 1.830 km westlich von San Diego.

Die Arbeit an Bord der Station war während des überwiegenden Teils der Aufenthaltsdauer eher von Routinetätigkeiten geprägt. Es wurde ein 24-Stunden-Tag zugrunde gelegt, der mit der Ankopplung begann. Der Tagesablauf für die Tätigkeiten richtete sich nach der Ortszeit von Houston. Bei den Experimenten dagegen, bei denen die Zeit entweder automatisch gespeichert oder notiert wurde, wurde die international übliche Weltzeit (UTC) verwendet. Es gab zwei Zeitgeber mit angeschlossenen Digitalanzeigen, welche die Zeit absolut oder relativ zu einem Ereignis anzeigen konnten.

Der Tag bestand im wesentlichen aus je acht Stunden Schlaf, Arbeitszeit und Routinetätigkeiten, Essenszubereiten, körperlichem Training und Hygiene. Zweimal täglich 15 Minuten für persönliche Hygiene und 90 Minuten für Übungen, um die Kraft aufrecht zu erhalten, waren angesetzt. Jeweils 100 Stunden wurden für Arbeiten an der Station bei der Ersten und doppelt so viel bei der zweiten und dritten Mission angesetzt, also rund vier Stunden pro Tag.

Es gab freie Tage, die so gewählt wurden, dass die Passagen, bei denen Erdaufnahmen gemacht werden, nicht davon betroffen waren. An diesen Tagen wurden die normalen „Hausarbeiten" durchgeführt, aber 10 Stunden am Tag waren frei.

Zu den Routinetätigkeiten an Bord zur Aufrechterhaltung des Zustands der Station gehörte die Prüfung des Wassersystems inklusive Probenentnahme und Tests, ob es noch mikrobiologisch in Ordnung war. Geräte wie die Bandrekorder mussten regelmäßig gereinigt werden, Filter erneuert und Ventilatoren gewartet werden. Bestimmte Geräte hatten begrenzte Betriebszeiten und mussten nach

Ablauf derer ersetzt werden. Dazu kamen Tests der Warnanlage sowie regelmäßige Feuerübungen. Die folgende Aufstellung enthält die geplanten Mengen an Proben und Ergebnissen, die zur Erde zurückgebracht werden sollten sowie die vorgesehenen Aktivitäten:

Mission	Datum (geplant)	Datum (real)
Start SL-2	15.5.1973	25.5.1973
Landung SL-2	12.6.1973	22.6.1973
Start SL-3	8.8.1973	28.7.1973
Landung SL-3	3.10.1973	22.9.1973
Start SL-4	9.11.1973	16.11.1973
Landung SL-4	4.1.1974	08.02.74

Abbildung 85: Jack Lousma bei der Installation des "Twin-Pole" Schildes

172

Planungen vor dem Start	Skylab 2	Skylab 3	Skylab 4
Aktivierung des Labors	Tag 1-2	Tag 1-2	Tag 1-2
Experimente	Tag 2-25	Tag 3-53	Tag 4-53
EVA Ausstiege	Tag 26	Tage 5,29,54	Tage 4,54
Deaktivierung der Station	Tag 27-28	Tag 55-56	Tag 55-56
Freie Tage	3	7	7
Biomedizinische Experimente	19	18	
Astrophysikalische Experimente	4	4	5
Astronomische Experimente	10		15
Schülerexperimente	7	10	9
Ingenieurswissenschaftliche / technologische Experimente	8	10	11
EREP-Beobachtungen	14	28	22
ATM-Beobachtungen	33 h	230 h	
Materialtechnische Experimente	4		12

	Mission		
Art des Materials	Skylab 2	Skylab 3	Skylab 4
	kg	kg	kg
Biologische Proben	36	48	46
ATM-Filmkassetten	84	168	84
Filme über wissenschaftliche Experimente und Proben	34	16	5,3
Bänder und Filme der EREP-Instrumente	33	33	40
Filme der Technologieexperimente und Proben	30	2	
Filme über die Operation	24	28	13

Zehn Tage im Mai

Am 14.5.1973 startete Skylab-1 mit der drittletzten Saturn V Trägerrakete. Der Start wurde zuletzt nochmals um 14 Tage verschoben, weil das Labor noch nicht startbereit war. Beim Start gab es nach 60 s eine Meldung, die das Ausfahren des Mikrometeoritenschilds signalisierte. Das wurde zuerst als ein fehlerhaftes Signal angesehen. Beobachtet konnte das Ereignis nicht werden, da drei Wolkenschichten in 800, 2.200 und 4.000 m Höhe einen visuellen Kontakt verhinderten. Bedeutsamer war zunächst, dass der Stufenadapter nach Trennung von der ersten und zweiten Stufe nicht abgetrennt wurde. Die Triebwerke der S-II brannten 9 s länger und verbrauchten einen Teil der Treibstoffreserven, da nun eine 5 t schwerere Nutzlast in die Umlaufbahn transportiert werden musste.

Nach dem Start fehlte im Orbit die Rückmeldung über das Ausfahren der Solarzellen des Orbitalworkshops (OWS), dafür gab es eine über das Ausfahren des Mikrometeoritenschilds. Das war beunruhigend, da der Schild unter den Solarzellen lag, weshalb die Solarzellen zuerst entfaltet werden mussten. Anstatt 12.400 W lieferten sie nur 25 W Strom. Vor allem stiegen die Temperaturen an Bord rapide an – innerhalb von eineinhalb Tagen auf 148°C an der Außenwand sowie 93°C an der Innenwand. Die Lufttemperatur im Inneren lag zwischen 48 und 54°C.

Eine spätere Analyse zeigte, dass in der 60. Sekunde nach dem Start, als die Rakete die Schallgrenze durchbrach, das Problem begann. Innerhalb von drei Sekunden entrollte sich vorzeitig der Mikrometeoritenschutzschild. Dabei nahm er einige Halterungen des Sonnenflügels mit. Dadurch konnte auch dieser sich entfalten – zumindest Flügel 2, der nun locker war. Die Solarpaneele und der Mikrometeoritenschutzschild waren nicht durch die Nutzlastverkleidung geschützt, sondern beim Start dicht an der Wand anliegend bzw. zusammengefaltet und von einer Verkleidung bedeckt. Wie sich später zeigte, konnte Luft mit hohem Druck vom unteren Ende her eindringen und darin expandieren. Sie hatte so die Verkleidung beschädigt. Aerodynamische Kräfte taten dann das Übrige. Ein Untersuchungsbericht zeigte, dass niemand direkt verantwortlich für das Problem war – es war schlicht und einfach übersehen worden, weil McDonnell Douglas die Befestigung nicht mehr zum von ihr

Abbildung 86: Offizielles Crewportrait der Skylab 2 Besatzung. Von Links: Kerwin, Conrad, Weitz

gefertigten OWS zählte. Die NASA hingegen betrachtete die Befestigung als Teil des OWS, sodass eine ausführliche Untersuchung unterblieb. Man war bei dem Design davon ausgegangen, dass beide Enden der Verkleidung luftdicht verschlossen waren, das war für das untere Ende aber nicht kommuniziert worden, weshalb dort Öffnungen blieben.

Nach dem Ausbrennen der zweiten Stufe durchtrennten dann die Abtrennungsraketen der S-II die Befestigung eines der Solarpaneele, während das andere durch ein verbogenes Aluminiumblech geschützt wurde. Diese Lasche verhinderte aber auch das Entfalten des zweiten Flügels. Das zweite Solarzellenpaneel wurde dagegen abgetrennt und nahm dann den Mikrometeoritenschutzschild mit. Die

Abbildung 87: Skylab wie es die Crew vorfand - ein Panel fehlt, das zweite ist nicht entfaltet

folgenden Manöver, wie das Drehen der Station mit den TACS-Triebwerken, die Abtrennung der Nutzlasthülle und das Entfalten des ATM und seiner Solarzellen (Letzteres galt vor dem Start als der riskanteste Teil) klappten wie vorgesehen. Diese Manöver wurden automatisch von der IU durchgeführt.

Die Folgen waren gravierend: Zum einen fehlte nun die Stromversorgung aus den beiden Solarpaneelen, die am OWS angebracht waren. Skylab hatte jetzt nur noch 35-40% der nominellen Stromversorgung, und es war nicht sicher, ob sie vollständig wiederhergestellt werden könnte. Vor allem aber war es zu heiß in der Station. Der Mikrometeoritenschutzschild befand sich im ausgefahrenen Zustand nicht direkt auf der Hülle, sondern 12 cm entfernt. Er absorbierte also Sonneneinstrahlung, ohne sie an die Außenhülle weiterzugeben. Die Hitze erzeugte eine Folge von weiteren Problemen. Es wurde vermutet, dass nun die Kunststoffe, vor allem die Polyurethanisolierung des Tanks, ausgasen würden. Fünfmal wurde die Atmosphäre in den nächsten zehn Tagen ausgetauscht.

Nach dem Positionieren in eine Lage, die möglichst wenig der Stationsoberfläche der Sonne aussetze, lagen die Innentemperaturen immer noch bei 43°C. Allerdings konnte Skylab nicht allzu lange in dieser Position bleiben. In der normalen Ausrichtung lag die Längsachse von Skylab parallel zur Erdoberfläche. Nun wurde zur Minimierung der Oberfläche, welche der Sonne ausgesetzt war, die Station um 90 Grad gedreht. In dieser Lage drehten jedoch differentielle Gravitationskräfte (ein Teil der

Abbildung 88: Eine zweite Sicht auf das beschädigte Labor.

176

Station befand sich 20 m weiter vom Erdmittelpunkt entfernt als der Rest) die Station von alleine in die normale Position. Als Folge benötigte die Bodenkontrolle viel TACS-Treibstoff, um die veränderte Lage aufrecht zu erhalten. Die Missionskontrolle rechnete aus, dass nach 20-30 Tagen die Vorräte erschöpft sein würden. Eine Rettungsmission musste daher schnell erfolgen, sonst wäre Skylab endgültig verloren. Weiterhin zeigte sich, dass einer der Kreisel von zwei Sets mit jeweils drei Gyroskopen nicht mehr funktionierte. Wegen Gewichtsbeschränkungen konnte aber erst die Skylab 3 Besatzung Ersatzkreisel zur Station bringen.

Untersucht wurde auch, ob die Besatzung Essen zur Station bringen sollte. Da die Möglichkeiten eines CM, Fracht zu transportieren sehr beschränkt waren, hätte dies die Nutzung der Station stark beeinträchtigt. Doch es zeigte sich bei Versuchen, dass die Nahrung nicht durch die Hitze verderben würde. So erhielt die Crew nur Anweisung, das Essen zu inspizieren. Dagegen wurden die Medikamente ausgetauscht, Skylab 2 brachte Neue zur Station. Das galt auch für den Film für die Erdaufnahmen. Eastman Kodak sagte, es wäre möglich mittels Salzpaketen, die Luftfeuchtigkeit aufnehmen, den Film wieder in seinen Ursprungszustand zu versetzen, doch das würde 20 Tage dauern. Daher entschloss sich die NASA, ihn komplett zu ersetzen.

Nun erarbeiteten MSC und MSFC Konzepte für eine Lösung. Diese wurden gemeinsam mit der Skylab 2 Mission gestartet. Die erste Mannschaft sollte die Situation vor Ort klären und die Stromversorgung wiederherstellen. Danach sollte sie den am besten passenden Sonnenschutz entfalten, um die Station bewohnbar zu machen. Dafür musste andere Ausrüstung entfallen.

Das Notprogramm, wenn auch dies scheitern sollte, wäre eine 17 Tage Mission, bei der nur Strom vom ATM geliefert wird, die Station sich aber in einer räumlichen Lage befindet, in der auch die Solarzellen des ATM nur teilweise beschienen sind, um die Temperaturen an Bord zu reduzieren. Die Dauer von 17 Tagen war vorgegeben durch die Leistung der Batterien an Bord der Apollo-Raumschiffe, die zusätzlichen Strom liefern sollten, vor allem für das Lebenserhaltungssystem. Das Forschungsprogramm wäre dann nur auf die medizinischen Experimente beschränkt gewesen, da die Station weder die Energie, noch die korrekte Ausrichtung für die Erdbeobachtungsexperimente und Sonnenforschung gehabt hätte.

Die erarbeiteten Ersatzschirme hatten unterschiedliche Konzepte und spezifische Vor- und Nachteile.

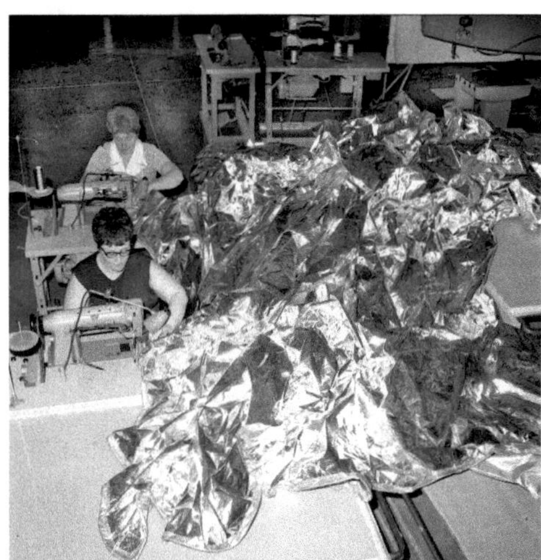

Abbildung 89: Die Folie für den Spinnaker wird vernäht

Das erste Konzept sah vor, dass ein Segel von der Apollo-Raumkapsel aus bei einer „Stand-up EVA" entfaltet und an der Station befestigt werden würde. Bei einer Stand-up EVA verbleibt der Astronaut in der Apollo-Kapsel, er fixiert sich in dieser und kann je nach Befestigungspunkt so Punkte erreichen, die maximal 1,5 m von dem Raumschiff entfernt sind. Dabei würde die Kapsel das Labor umrunden, damit das Segel auch an genügend Punkten fixiert werden konnte. Der Vorteil war, dass kein Ausstieg nötig war, was als riskant galt. Auf der anderen Seite müsste sich die Kapsel sehr stark dem Workshop nähern, damit der Astronaut dies durchführen konnte, und diesen geringen Abstand auch über längere Zeit halten. Das war eine große Herausforderung an die Steuerung des Raumschiffs.

Das zweite Konzept, ebenfalls vom JSC erdacht, sah vor, durch die sonnenzugewandte Luftschleuse eine Art „Regenschirm" zu entfalten. Er würde dann ein Segel von 6 × 6 m ergeben. Die Streben würden aus Teleskopstangen ähnlich einer Angelrute bestehen. Dieses Konzept erforderte überhaupt keine EVA und galt als am wenigsten riskant. Dieser „Parasol" getaufte Schirm könnte aber nur den unteren Teil des Workshops abdecken, und die Folie wäre wegen des kleinen Durchmessers der Luftschleuse sehr dünn und würde bald im Weltraum an Reflexionsfähigkeit verlieren. Das Hauptproblem war es, das Paket so zu falten, dass es in die 22 × 22 cm große Luftschleuse an der Seite des OWS passte.

Die dritte mögliche Lösung kam vom Marshall Flugzentrum. Es sollte ein größeres Segel im All montiert werden, bestehend aus 1,50 m langen Stangen, die mit Karabinerverschlüssen verbunden waren. Sie bildeten ein „V" von 11 m Länge. Dieses „V" sollte am Fußpunkt des ATM fixiert werden. Danach sollte ein rechteckiges Segel über die Stangen hochgezogen werden, das den ganzen OWS abdeckt. Das Segel bestand aus Mylarfolie, aufgenäht auf ein Gewebe und bestrichen in einer UV-beständigen Farbe. Es wog 20 kg, das gesamte Paket 50 kg. Diese Lösung erforderte eine EVA-Operation, aber da das Segel am Fußpunkt des ATM befestigt wurde, musste nicht am OWS entlang gegangen werden, der keine Haltemöglichkeiten bot. Das Segel bedeckte den ganzen nicht isolierten Teil des Workshops und war langzeitstabil. Diese Lösung erhielt die Bezeichnung „Twin Pole" wegen der beiden Stangen oder auch „Marshall-Spinnaker" wegen der Ähnlichkeit zu dieser Segelkonstruktion.

Abbildung 90: Erprobung der Parasolentfaltung

Der erste Ansatz war es, die beiden ersten Konzepte zu versuchen und die Durchführung des Dritten auf die zweite Besatzung zu verschieben, die damit noch etwas mehr von der Oberfläche abdecken könnte. Zuerst einmal sollten aber alle Konzepte ausgearbeitet und vor dem Start dann nochmals beraten werden. Der Start von Skylab 2 wurde zuerst um fünf Tage, dann um zehn Tage verschoben. Mehr war wegen der schnell abnehmenden Treibstoffvorräte nicht möglich, sonst würde die Besatzung auf eine Station treffen, die ohne Treibstoff manövrierunfähig war.

In Houston wurde das Konzept des Parasols entwickelt. Dies war das provisorische Sonnensegel, bestehend aus dünnen, biegsamen Fiberglasstreben, verbunden mit Klappfedern und überzogen mit einer vergoldeten Mylarfolie. Vier Streben bildeten ein 6,40 × 6,40 m großes Segel. Es entfaltete sich durch die Federn nach Verlassen der Luftschleuse. Bedingt durch deren freie Öffnung war aber nur eine dünne Folie möglich, die zudem nicht die ganze Oberfläche bedecken würde. Das MSC entschied sich für das Material der Weltraumanzüge. Dessen Nylonbasis würde aber durch UV-Strahlung zerstört. Da das Material schon an der Grenze der maximalen Dicke war, schied eine weitere UV-beständige Schutzschicht wie beim Marshall-Entwurf aus.

Bill Lenoir erprobte in einer Halle in Houston die Entfaltung des Parasols, der in dem Kanister des T027 Experiments verstaut wurde. Die Astronauten der Backup-Crew von Skylab 2 trainierten zeitgleich im MSFC in Huntsville an einem Skylabmodell im Neutralauftriebsimulator. Vor allem die Befreiung des Solarzellenflügels stand im Vordergrund. Verschiedene Schneidwerkzeuge, Verlängerungen und Techniken wurden probiert. Parallel wurde das „Marshall Spinnaker" Segel von rund 80 Ingenieuren in 6.300 Arbeitsstunden in zwei Arbeitsschichten innerhalb von sechs Tagen entwickelt. Es fanden Tests der Stangen statt, und bei ILC Industries wurde die Mylarfolie hergestellt, mit der Spezialfarbe S-136 bestrichen und auf eine Nylonbasis genäht.

Alle drei Lösungen wurden zum Cape geflogen und vor dem Start deren Vor- und Nachteile diskutiert. Die ursprünglich favorisierte Lösung, die die Stand-up EVA erforderte, geriet nun deutlich ins Hintertreffen. Die Parasollösung war umsetzbar ohne größeres Training und auch ohne Risiko für die Besatzung. Die Spinnaker Lösung des MSFC galt als das Optimum, sie wäre dauerhaft und würde die gesamte Fläche abdecken, aber sie erforderte Training für die geplante EVA. Es gab nun zwei Lösungen, deren Hardware fertig oder fast fertig war, demgegenüber gab es nun keine Vorteile mehr, das Segel bei einer Stand-up EVA anzubringen. Die Risiken einer Kollision, vor allem wenn der genaue Status des Labors noch nicht bekannt war (es könnte abgerissene, scharfe Reste des Schildes oder Solarpaneels vorhanden sein) erschienen nun deutlich größer als die Vorteile.

Es wurde beschlossen, bei Skylab 2 den Parasol zu entfalten. Die Besatzung für Skylab 3 sollte währenddessen die Montage des endgültigen Segels trainieren und diesen Schirm bei ihrer Mission anbringen.

Eine zweite Aufgabe, die anzugehen war, war die Entfaltung der Sonnenflügel des OWS. Was mit diesen geschehen war, war offen. Waren sie ab-

Abbildung 91: Test der Montage des Spinnakers im NBS

gerissen oder nur durch den Meteoritenschutzschild am Entfalten gehindert worden? Hektisch suchte das JSC nach Werkzeugen, mit denen es möglich war, aus der Ferne den Mikrometeoritenschutzschild zu durchtrennen. Fündig wurde die NASA bei einem Hersteller, der Schneidwerkzeuge für die Arbeit an Strommasten herstellte. Sie konnten aus einzelnen Stangen zusammengesetzt werden, damit die Arbeiter diese Tätigkeit vom Boden aus erledigen konnten. Es zeigte sich, dass die Schneidwerkzeuge nicht brauchbar waren, wohl aber der Mechanismus, wie aus den Stangen eine Teleskopstange gebildet werden konnte. In Rekordzeit entwickelte das Marshall Flugzentrum aus dem unbrauchbaren Schneidmechanismus eine per Seilzug betätigte Säge und einen Schneider. Am 22sten Mai erprobte Paul Weitz im NBL diese Gerätschaften und konnte dabei den Mikrometeoritenschutzschild des dortigen Mockups durchtrennen.

Am 23.5.1973 flogen Schneidwerkzeuge und beide Sonnensegel zum Kennedy Space Center, wo sie am 25.5.1973 um 3 Uhr nachts im Crew Module verstaut wurden. Fünf Stunden später starteten dann Weitz, Kerwin und Conrad zu Skylab. Eine weitere Verspätung hielt der Flugdirektor angesichts der alarmierenden Daten über den Zustand der Station für nicht vertretbar.

Offen war allerdings noch die Frage der Stromversorgung. Wenn beide OWS-Paneele fehlten, so hatte die Station weniger als die Hälfte des vorgesehenen Stroms. Damit gab es gravierende Einschränkungen im Betrieb. So wurde nach einer Lösung gesucht, wie die volle Stromversorgung hergestellt werden konnte. Rockwell schlug ein „Solar Wing Module" vor, das elektrisch mit dem ATM verbunden und am MDA neben dem radialen Port fixiert wurde. Es hätte dort immer noch ein Andocken für eine Rettung ermöglicht. Da das zweite Modul aber noch ein wenig Strom lieferte, gab es die Hoffnung, dass nur eines zerstört war und das Zweite noch in Betrieb genommen werden könnte. Für die Mission von Skylab 2 mit vorwiegend medizinischen Fragestellungen und wenigen Experimenten wäre die Stromversorgung nur mit den ATM-Paneelen gerade noch ausreichend. So verschob die NASA eine Entscheidung über das Solar Wing Modul bis klar war, ob es benötigt wurde.

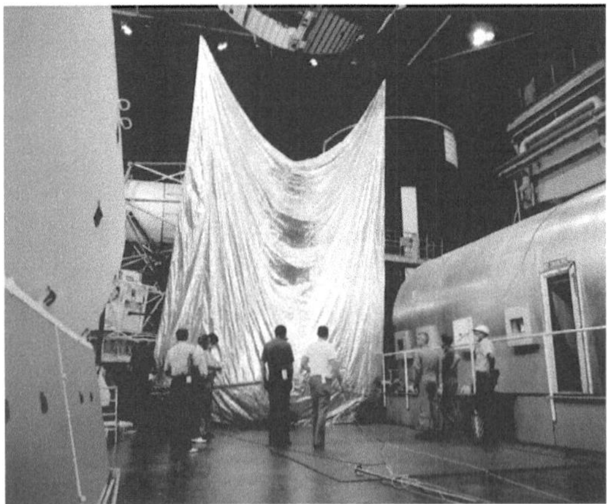

Abbildung 92: Test des endgültigen Segels in einer Halle im MSFC

Skylab 2 – „We can fix anything"

Die erste Besatzung startete am 25.5.1973, zehn Tage später als vorgesehen. Kommandant war Pete Konrad, Paul Weitz war Pilot und Joe Kerwin Wissenschaftsastronaut. Nach dem Einsatz von Harrison Schmidt als ausgebildetem Geologen bei Apollo 17 war es der zweite Flug eines Wissenschaftsastronauten. Sowohl für Kerwin, wie auch Weitz, war es die erste Mission ins All. Pete Conrad war schon zweimal mit Gemini und einmal im Apollo-Programm gestartet. Für ihn war es der letzte Flug.

Primäres Ziel war nun nicht mehr, das Forschungsprogramm durchzuführen, sondern die Station in einen Zustand zu bringen, in dem Forschung überhaupt möglich war. Als die Saturn IB abhob, rief Conrad der Bodenkontrolle zu „We can fix anything" — und brachte damit das Motto der Mission auf den Punkt.

Als das Raumschiff nach siebeneinhalb Stunden bei Skylab ankam, stellte sich heraus, dass eine Solarzellenfläche komplett abgerissen war anstatt, wie manche noch hofften, nur nicht entfaltet. Das Apollo-Raumschiff umkreiste Skylab, um den Schaden zu begutachten. Danach machte die Besatzung Mittagspause und ruhte sich aus. Am Abend stand dann eine Stand-up EVA an, um den Schaden am zweiten Solarpaneel genauer zu betrachten und es eventuell zu lösen. Gleich zu Beginn gab es Probleme, weil eines der 16 Triebwerke des RCS-Systems nicht feuerte und Weitz so Probleme hatte, das Raumschiff zu stabilisieren. Der ungleich verteilte Schub bewirkte eine Drehbewegung, die durch die Gyros kompensiert werden musste. Conrad konnte erkennen, dass der Flügel nur durch einen etwa 12 mm breiten Draht gehalten wurde, aber bei mehreren Versuchen kam er nicht nahe genug heran, um ihn von der Luke des CM aus mit einem Schneidwerkzeug zu lösen. So wurde die Aktion beendet, und die Besatzung sollte nun an die Station ankoppeln.

Abbildung 93: So sah der Rest des Mikrometeoritenschildes vor der Ankunft der Besatzung aus

Das Ankoppeln klappte erst im sechsten Anlauf, weil es Probleme mit den elektrischen Anschlüssen gab. Die Sonde rastete in den Kopplungsadapter ein, zog sich aber nicht zurück. Schließlich musste das CM erneut entlüftet werden, und Conrad öffnete die Luke. Er verknüpfte die Kabel von Hand, indem er die Isolierung entfernte und die Kabelenden verzwirbelte. Danach zündete er die Triebwerke des Servicemoduls und fuhr das Raumfahrzeug in den Adapter hinein, wodurch die zwölf Riegel zuschnappten und die Verbindung fixierten. Die Crew verschloss erneut die Luke, stellte den Kabinendruck wieder her und konnte nach 22 Stunden endlich schlafen gehen.

Am nächsten Tag wurde die Luke geöffnet. Weitz war der Erste im MDA. Er prüfte mit einem Gerät, ob es toxische Gase gäbe und meldete, dass es sehr heiß war, aber trocken. Sie konnten sich bis zu fünf Stunden in der Station aufhalten.

Eine der ersten Aufgaben war es, den Parasol zu montieren und zu entfalten. Es dauerte 6 bis 7 Stunden, um ihn in der Hitze zu montieren, auch weil die Besatzung immer wieder die Arbeit unterbrechen und sich in das kühle CM zurückziehen musste. Das Entfalten durch die Luftschleuse klappte reibungslos, und das Heck des OWS war nun vor Sonneneinstrahlung geschützt. Innerhalb von zwei Tagen sanken die Temperaturen von 43 auf 27 Grad Celsius und blieben auf diesem Niveau stabil über die Skylab-2 Mission. Trotzdem schliefen die Besatzungsmitglieder die ersten Nächte noch im CM, wo die Temperaturen bei 20°C lagen. Der provisorische Schutz entfaltete sich nicht komplett und bedeckte nur 75% der Oberfläche. Die Astronauten konnten an der Wand fühlen, wo die Oberfläche nicht bedeckt war, da es dort wärmer war.

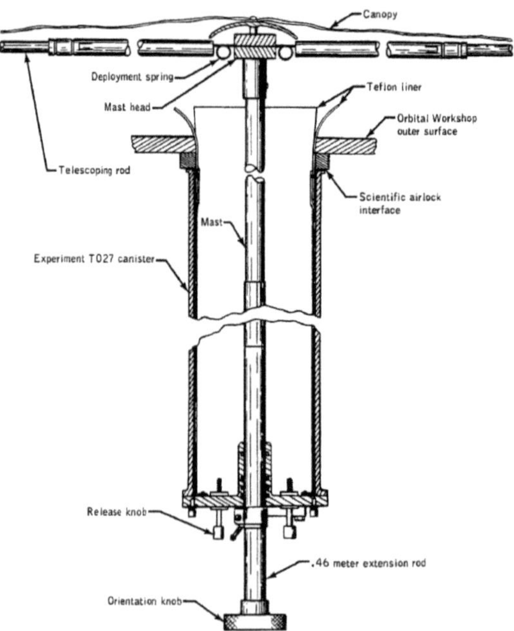

Figure 3-3.- Parasol deployed configuration.

Doch nach wie vor hatte Skylab zu wenig Strom. Der Betrieb war dadurch eingeschränkt, und dies war keine akzeptable Lösung. So machte Pete Conrad den Vorschlag, nochmals zu versuchen, den Flügel zu entfalten, aber diesmal von der Außenseite des OWS aus. Das war riskant: Die scharfen Kanten der Halterung könnten den Raumanzug beschädigen, und aufgrund der Position des Flügels war Conrad außerhalb des Sichtbereiches von Kerwin in der Luftschleuse.

Abbildung 94: Position des Parasol in der Luftschleuse

Die Backup-Crew erprobte die Vorgehensweise im NBS, während die Besatzung daran ging, Skylab von der Startkonfiguration in die Betriebskonfiguration zu bringen. Am 29sten konnten die ersten Experimente durchgeführt werden. Doch der fehlende Strom machte sich bald bemerkbar – bei einer Erdbeobachtung ertönte der Alarm. Skylab hatte durch das Wegdrehen von der Sonne noch weniger Strom, und die Batterien waren nicht genügend aufgeladen und wurden nun schnell entladen. Die Station musste wieder in Richtung Sonne gedreht werden. Vorerst waren so keine Erdbeobachtungen möglich. Als dann noch vier der 18 Akkus an Bord des ATM ausfielen, erwog die Missionskontrolle zeitweise, die Mission auf 17 Tage zu verkürzen. Die Akkus waren durch die veränderte Ausrichtung während der letzten 10 Tage zu starker Sonneneinstrahlung ausgesetzt und hatten sich dadurch überhitzt.

Ohne das SAS lieferten die ATM-Solarzellen im Mittel 4,6 kW Leistung (gemittelt über Tag/Nachtseite und nach Aufladen der Batterien). Davon benötigte die Station 3,6 kW für die eigenen Systeme, sodass nur 1 kW für Experimente übrig blieb. Das schränkte vor allem die Sonnenbeobachtungen ein. Die Crew entwickelte zwar nach einer Woche Routine, vor der Inbetriebnahme von Experimenten Lüfter und Lampen auszuschalten, aber dies alleine konnte den Leistungsverlust nicht kompensieren.

Rusty Schweickart hatte im NBS eine Vorgehensweise erarbeitet: Nach dem Ausstieg aus der Luftschleuse würde Conrad sich an der Antenne am ATM Mechanismus fixieren, wo es durch die Gitterrohrstruktur die Möglichkeit gab, sich zu verhaken. Er würde dann aus Stangen einen 7,9 m langen Schneider zusammenbauen und diesen erst einmal in einem Stück des abgerissenen Mikrometeoritenschutzschildes, das noch an der Seite des OWS hing, verhaken, ohne ihn durchzutrennen. Die Stange benutzt er nun als Kletterhilfe, um sich am OWS entlang zu bewegen, der keinerlei Haltemöglichkeiten bot. Dabei sollte er ein Nylonseil mitziehen. Es hat Klammern an beiden Seiten. Auf einer Seite befestigt Conrad es an der Befestigung der Nutzlasthülle an der Luftschleuse und an der anderen Seite am SAS. Nun kann er mit dem Schneider den Draht durchtrennen, der den Flügel noch festhielt, und durch Ziehen des Seils das Array entfalten. Um Letzteres zu bewerkstelligen, musste er das Seil über die Schulter spannen und sich aufrichten.

Nominell sollte sich nach Freigabe das SAS alleine entfalten. Allerdings rechnete die Missionskontrolle damit, dass in der Kälte (diese Stelle war nun von der Sonne über zehn Tage abgewandt gewesen) der Entfaltungsmechanismus eingefroren war. Die Vorgehensweise hatte Schweickart unter Wasser er-

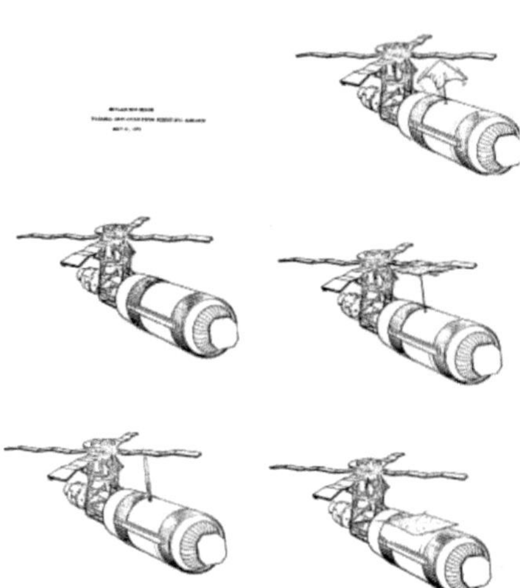

Abbildung 95: Entfaltung des Parasols

probt, und dort funktionierte sie, was den Schluss nahelegte, dass sie auch in der Schwerelosigkeit klappen könnte.

Am 13ten Tag stiegen dann Conrad und Kerwin aus. Conrad blieb in der Luftschleuse und assistierte Kerwin. Capcom war Rusty Schweickart, der das Ganze erprobt hatte und sie vor dem Ausstieg nochmals mit Details zur Vorgehensweise versorgte. Zuerst setzten sie die 7,5 m lange Blechschere aus Einzelteilen zusammen. Kerwin platzierte sich am Ende des Workshops und versuchte die Schere an dem Draht zu verhaken. Doch das klappte nicht. Das Grundproblem, das die NASA schon seit Gemini kannte, war das dritte Newtonsche Gesetz: Jede Kraft erzeugt eine gleich große, entgegengerichtete Kraft. Anders ausgedrückt: Wenn Kerwin versucht, die Schere zuzudrücken, so bewirkt die dabei entstehende Kraft, dass er sich langsam in die Gegenrichtung bewegt. Ohne Möglichkeit, sich mit den Füßen zu verankern, führt das zu einer Drehbewegung um die eigene Achse. Er versuchte es, indem er die Leine um sich wickelte und mit einer Hand festhielt, konnte aber mit der verbliebenen Hand die Schere nicht schließen.

Als er nach 30 Minuten wieder in den Empfangsbereich einer Bodenstation kam, hatte er eine Lösung gefunden: Er hatte sich mehr Halt verschafft, indem er die Leine doppelt nahm und die Länge so halbiert hatte. Er berichtete, dass sich nun die Scheren verhakt hätten und er anfangen könnte, zu sägen. Doch so sehr, wie er auch an den Seilzügen zog – der Draht wurde nicht durchschnitten. Conrad verlor nun die Geduld und bewegte sich entlang der Stange zum SAS. Gerade dort angekommen riss der Draht, und Conrad wurde mit der Stange weggeschleudert. Während er durch die Verbindungsleine gesichert ins All hinaus schwebte, ging das Panel um 20 Grad auf. Wie befürchtet war das Dämpfergestänge eingefroren. Nun galt es, das Panel durch Zug ganz zu entfalten.

Das Befestigen der Leine an beiden Positionen klappte nicht. Auf Seite der Luftschleuse waren die Löcher dazu zu klein. Nur mit dem Einsatz von Zugkraft an dem Scharnier war der Flügel nicht ent-

Abbildung 96: Zeichnerische Darstellung der Entfaltung des Solarpanels

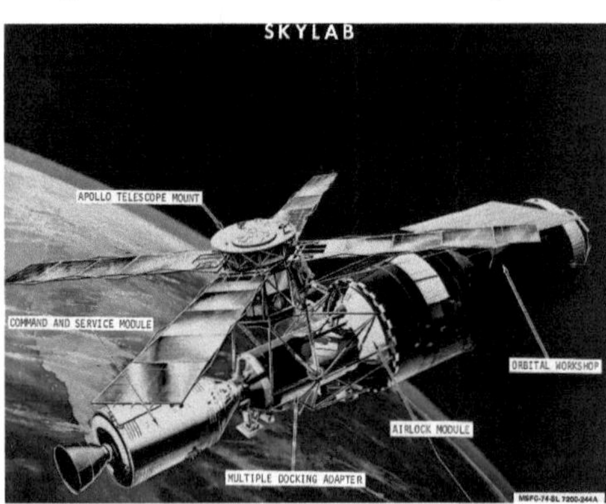

Abbildung 97: Der Parasol-Schutzschild in der Darstellung der NASA - noch ging man mit einem Betrieb ohne die Solarzellen des OWS aus.

faltbar. So stellte sich Conrad mit einem Fuß auf das Scharnier, zog das Seil über seine Schulter und richtete sich auf, während Kerwin gleichzeitig am Seil zog. Dies reichte aus, das Dämpfergestänge brach und der Flügel ging auf – und Conrad wurde mit Kerwin in den Weltraum hinaus gestoßen. Während Sie sich an den Leinen zurück in die Luftschleuse hangelten, bekamen sie von der Bodenstation die Bestätigung, dass das Solarpanel funktionierte. „Wir sehen Ampere" funkte Schweickart zu den Astronauten.

Nach dreieinhalb Stunden wurde die bisher erfolgreichste EVA im amerikanischen Weltraumprogramm beendet. Die Protokolle des Sprechfunks wurden allerdings lange Zeit unter Verschluss gehalten. Die Schwierigkeiten führten dazu, dass beide Astronauten viele Kraftausdrücke benutzten. Nachdem die NASA schon Proteste bekommen hatte, als Eugene Cernan bei einem Problem bei der Apollo 10 Mission die Worte „Son of a Bitch" und „Goddamn" rausrutschten war die NASA vorsichtiger geworden.

Abbildung 98: Conrad in einem Mockup des MDA

Skylab hatte nun 3 kW mehr elektrische Leistung – und die Besatzung kam nun auch in den „Luxus" einer warmen Dusche und warmen Mahlzeiten, die vorher nicht möglich waren, weil die Solarzellen des ATM zu wenig Energie lieferten. Mit 75% der Sollleistung hatte die Station genug Strom für das vorgesehene Messprogramm. Lediglich sechs Experimente konnten nicht durchgeführt werden, weil die Zeit fehlte oder sie die Luftschleuse benötigten, die nun vom Parasol blockiert war. Beide Paneele zusammen lieferten zwischen 6.700 und 8.400 Watt. Die Station benötigte 4.700 ohne Versorgung des CSM und 5.900 Watt mit angedocktem CSM. Der Rest stand für Experimente zur Verfügung.

Auch sonst mussten sich die Astronauten als Handwerker betätigen. Der Motor für den drehbaren Spiegel des Experiments S019 lief nicht mehr. Nach dem Auseinandernehmen und Neuzusammensetzen funktionierte er wieder.

Zu Missionsende am 26sten Tag stand dann die einzige EVA nach dem ursprünglichen Plan an.

Kerwin sollte den vor dem Start im ATM deponierten Filmkanister bergen. Conrad entschied, dass dies Weitz durchführen sollte, damit auch er in den Genuss einer EVA kam. Weitz musste nur entlang einer vorher festgelegten, mit Hand- und Fußhaltevorrichtungen bestückten Route zum Boden des ATM klettern. Diese Route, „EVA Trail", war farblich markiert, und an fünf Positionen gab es Schilder, die allerdings kaum lesbar waren, weil die Farbe verblasste. Unterstützt wurde Weitz durch einen ausfahrbaren Ausleger, den „ATM-Baum". Er wurde von der Luftschleuse aus von Conrad gesteuert. Neben dem Bergen des Kanisters reinigte Weitz die Optik des Koronografen mit einem Pinsel und „reparierte" einen blockierten Stromunterbrechungsschalter, indem er mit dem Hammer auf ihn einschlug. Diese rustikale Vorgehensweise war allerdings erfolgreich – der Schalter machte nun keine Probleme mehr. Vor dem Einstieg zog Weitz noch ein Blatt vom Experiment S230 ab und kehrte nach zweieinhalb Stunden zurück ins Labor.

Als die Besatzung am 22.7.1973 landete, hatte sie rund 80% der geplanten Experimente durchgeführt. Alle 16 medizinischen Experimente konnten absolviert werden. Die medizinischen Experimente waren die wichtigsten, und es gab deswegen sogar eine Auseinandersetzung am Anfang der Mission, als Conrad diese wie geplant aufnehmen wollte, Kerwin aber die Belastungstests wegen der Hitze zurückstellen wollte. Die Bodenkontrolle vermittelte, und Untersuchungen und Probenentnahmen begannen erst am dritten Tag der Mission. Das Experimentalprogramm wurde reduziert von 25% der gesamten Zeit auf 20,6%.

Dagegen gab es keine Probleme mit der Übelkeit und bei dem Experiment, das den Gleichgewichtssinn irritieren sollte (M131). Bis sich Symptome einer Irritation zeigten, konnten alle drei Astronauten eine erheblich höhere Rotationsgeschwindigkeit aushalten als beim Kontrollexperiment vor dem Start. Dies machte das „Space Adaption Syndrome" noch rätselhafter.

Abbildung 99: Joe Kerwin mit einer Kappe zur Überwachung des Schlafs in seiner Koje

Diese Untersuchungen gingen nach der Landung weiter. Die Besatzungsmitglieder sollten noch eine Woche Atemschutzmasken tragen, um sich nicht zu infizieren, und 21 Tage weiter die bilanzierte Diät zu sich nehmen. Es gab nur ein Problem: Nach der Landung erhielt die Crew von Nixon eine Einladung zu einem Staatsbesuch von Breschnew. Vor dem Treffen mit dem Präsidenten nahmen sie daher die Masken ab, um sie danach wieder aufzusetzen. Die Nachuntersuchung zeigte, dass Conrad im besten Zustand von den drei Astronauten war. Kerwin und Weitz hatten deutlich mehr Probleme, sich wieder zu akklimatisieren. Es dauerte einige Tage, bis sie wieder ihre alte Leistungsfähigkeit erlangt hatten. Kerwin litt unter Übelkeit nach der Landung, die sich jedoch innerhalb eines Tages legte.

Conrad, der auch mit Apollo 12 auf dem Mond war, bezeichnete Skylab 2 als die weitaus schwierigere Mission von beiden. Zum einen, weil es darum ging, die Station zu retten und bewohnbar zu machen – 14 Tage lang war nicht sicher, ob die Besatzung nicht vorzeitig landen sollte. Zum anderen, weil der Arbeitsalltag auf der Station mit den durchgeplanten Tagen viel mehr Disziplin erforderte als zwei kurze Spaziergänge auf dem Mond.

Beobachtungen	Erreicht	Geplant
ATM Beobachtungszeit	81 h	101 h (81%)
S052 Aufnahmen	4.519	8.025
S054 Aufnahmen	6.739	6.979
S056 Aufnahmen	4.276	6.000
S082A	219	201
S082B	1.608	1.608
Gesamt ATM Aufnahmen	17.377	22.810 (76%)
H-Alpha Film	13.000	16.000
EREP Überflüge	11 (5 nur teilweise)	14
Andere EREP Beobachtungen	6	10
Fotos	7.460	9.000
Medizinische Experimente	137	147 (93%)
Stunden für Untersuchungen	148	158 (94%)
Beobachtungen durch die Luftschleuse	32 h	38 h (84%)
Andere wissenschaftliche Untersuchungen	22 h	14 h (157%)
Untersuchungen im UV	10	16
Materialwissenschaftliche Experimente	9	10
Entfallene Experimente:	S015, S020, T025, M555	
Schülerexperimente:	4 h	4½ h
Durchgeführte Experimente:	ED11, ED23, ED26, ED31	ED12, ED22

Skylab 3 – der endgültige Schutzschild wird montiert

Zwischen den beiden Missionen war geplant, die ATM-Beobachtungen unbemannt fortzuführen. So sollten die ATM-Experimente S052, S054 und S055 weiter betrieben werden. Doch am 19.7.1973 fiel einer der drei primären Kreisel aus. Zwar konnte am nächsten Tag auf das Sekundärsystem umgeschaltet werden, doch wollte die Missionskontrolle nun auf Nummer sicher gehen, bis die Besatzung mit einem Satz Reservegyros zur Station aufgebrochen war. Nach Verlassen der Besatzung wurde die Luft abgelassen, bis ein Druck von 0,14 bar erreicht war. Er dürfte dann noch weiter bis auf 0,13 bar sinken, bis die Atmosphäre rekonstruiert wurde. Unmittelbar vor Ankunft der Besatzung wurde dann die ganze Atmosphäre entlassen und die Normale mit einem Druck von 0,35 bar wiederhergestellt. So erwartete die Besatzung frische Luft.

Schon 36 Tage nach der Landung startete die zweite Besatzung Skylab 3 am 28.7.1973. Kommandant dieser Crew war Al Bean. Er war zusammen mit Conrad bei Apollo 12 auf dem Mond gelandet. Pilot war Jack Lousma, Wissenschaftsastronaut war Owen Garriott. Für sie beide war es der erste Flug ins

Abbildung 100: Die Crew von Skylab 3: Von Links: Garriott, Lousma, Bean

All. Geplant war ein Start 60 Tage nach der Landung von SL-2, doch verschiedene Faktoren führten zu einer Vorverlegung. Die Mission Sklab-3 startete früher als vorgesehen, da die NASA den hohen Sonnenstand auf der Nordhalbkugel besser ausnutzen wollte. Als dann der Kreisel ausfiel, wurde die Mission, die schon vorher vom 17ten auf den 9ten August vorgezogen wurde, nochmals vorverlegt.

Diese Besatzung trug einiges an Ausrüstung zu Skylab, wobei die Apollo-Kommandokapsel den Rekordwert von 6.106 kg Masse aufwies – mehr hätten die Fallschirme bei einer Notlandung nicht aushalten können (die Trägerrakete verfügte noch über Reserven, die jedoch in diesem Falle irrelevant waren). Die Besatzung brachte nun die endgültige Version des Sonnenschildes zur Station, den „Marshall Spinnaker". Dazu kamen die sechs Ersatzgyroskope, genannt „six-pack", Filmkanister, Essen für eine eventuelle Missionsverlängerung, Ersatzteile für verschiedene Experimente und zwei weitere Bandrekorder. Der erste Bandrekorder im ATM war nach 842 Stunden ausgefallen und noch von der ersten Crew repariert worden. Während der unbemannten Zeit fiel der Zweite nach 320 Stunden Betrieb aus. Ebenso führte die Besatzung zwei neue Videokameras mit, nachdem die eingebauten inzwischen defekt waren.

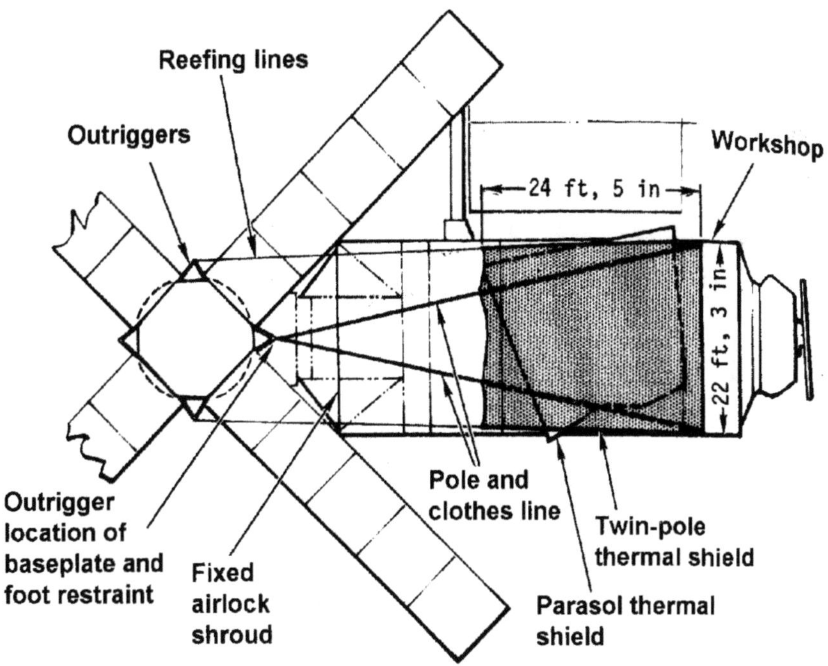

Abbildung 101: Position des endgültigen Segels und seine Befestigung

Schon vor dem Start hatte die NASA am 20.7.1973 die Mission von 56 auf 59 Tage verlängert, da die Landung diesmal nahe der amerikanischen Westküste vor San Diego geplant war und bei einer Verlängerung um drei Tage die Bedingungen für eine Landung zur Tageszeit besser waren.

Die primäre wissenschaftliche Aufgabe dieser Crew war vor allem die Sonnenbeobachtung. Dazu kam der erste Block von Schülerexperimenten, und es sollten Lehrfilme für das Projekt „Classroom in Space" gedreht werden.

Abbildung 102: Skylab nach Aufziehen des Spinnakers, darunter sind noch Teile des schon dunkel verfärbten Parasols zu erkennen.

Bei Skylab 3 gab es bald nach dem Start, noch vor dem Ankoppeln, einen Defekt im Servicemodul. Durch ein Leck trat RCS-Treibstoff aus und gefror an der Wand. Dadurch wurde eine Düsenglocke abgetrennt. Das erschwerte schon das Ankoppeln. Das Haupttriebwerk wurde nur zur Erhöhung der Umlaufbahn oder zum Abbremsen vor der Landung eingesetzt. Die vier RCS (**R**eaction **C**ontrol **S**ystem) Einheiten mit jeweils vier Triebwerken von 445 N Schub wurden für alle feinen Kurskorrekturen benötigt. Schon vor der Ankopplung an Skylab wurde daher der erste Block deaktiviert, da alle Triebwerke an einer gemeinsamen Treibstoffleitung hingen.

Das Hauptproblem war nun der unsymmetrische Schub. Da nur noch drei der vier Triebwerke arbeiteten, bewirkte jede Vorwärtsbewegung eine Rotation oder eine Bewegung zur Seite. Es sah deshalb anfangs so aus, als würde sich das Raumschiff Skylab nicht nähern. Garriott hatte den ersten wissenschaftlichen Taschenrechner von Hewlett-Packard, den HP-35 mitgenommen. Dieser bewies nun seinen Nutzen. Da das CM zwar einen Radartransponder zur Bestimmung der Entfernung, aber keine Elektronik zur Bestimmung der Relativgeschwindigkeit aus den Daten hatte, musste die Besatzung diese berechnen, indem die Differenz der Distanz zwischen zwei Messungen durch die Zeitdifferenz geteilt wurde. Dies machte Garriott, der damit Alan Bean die Relativgeschwindigkeit des Raumfahrzeugs mitteilen konnte. Dadurch konnte sich Apollo langsam Skylab annähern. Das Ankoppeln klappte dann ohne Probleme. Vorher umrundete das Raumschiff das Labor. Dies wurde abgebrochen, als auf Fernsehaufnahmen sichtbar wurde, dass die Abgase der RCS-Düsen den Parasol zum Flattern brachten und die Flugkontrolleure befürchteten, dass sich die Abgase auf den Solarzellen

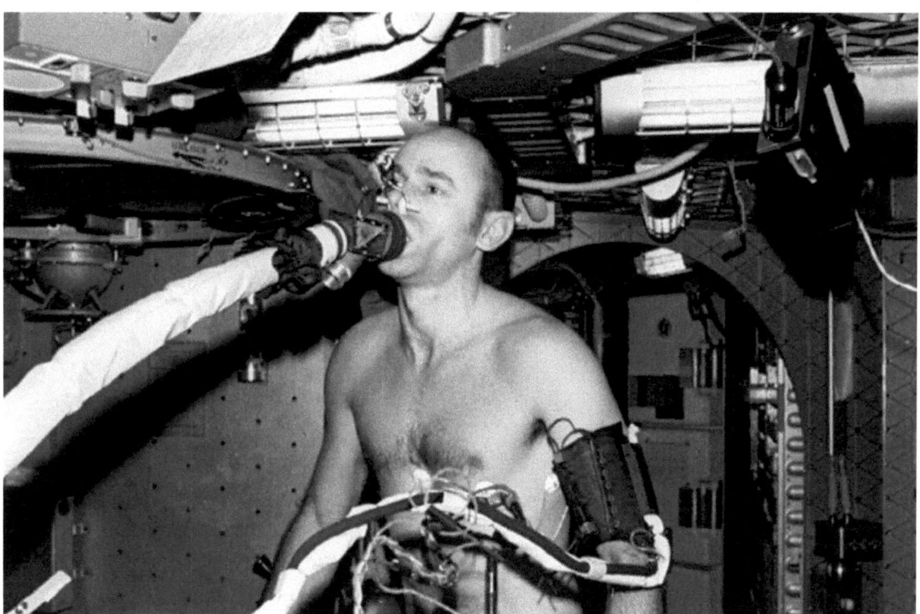

Abbildung 103: Alan Bean beim Training auf dem Ergometer (Experiment M171)

niederschlagen könnten. 52 Minuten später dockte das CSM-117 an. Es war das erste Mal, dass eine Raumstation von zwei Besatzungen bewohnt wurde.

Zuerst einmal gab es ein Problem, das nichts mit Skylab zu tun hatte – alle Astronauten litten unter Raumfahrerkrankheit. So musste der auf den vierten Tag nach dem Start vorgesehene Ausstieg für die Reparatur des Sonnenschirms aufgeschoben werden. Er rutschte vom dritten Missionstag über den Sechsten auf den zehnten Tag. Erst nach fünf Tagen waren die Astronauten wieder wohlauf. Danach gab es Probleme mit dem Müllschlucker (der Luftschleuse), der nicht hermetisch dicht schloss. Dadurch verlor Skylab Atmosphäre. Dies war aber nichts, was die Mission gefährdete. So entschloss sich die Bodenkontrolle, diese nachzufüllen, wenn die Astronauten schliefen. Das Geräusch der Ventile weckte aber die Astronauten, und so suchte die Besatzung schließlich doch noch nach der Ursache und fand sie in einem nicht ganz eingerasteten Hebel. Wie bei Skylab 2 bereitete aber auch die Entleerung der Luftschleuse Probleme. Immer wieder blieben Beutel im Inneren hängen, und die Luftschleuse musste erneut geöffnet und die Ladung entnommen und zusammengepresst werden. Die Astronauten schlugen bei einem Nachfolgemodell eine konische Öffnung vor, welche sich zum freien Raum hin ausweitet.

Abbildung 104: Der Spinnaker wird entfaltet. Die beiden Stangen und die Zugleinen sind gut zu erkennen.

Ein weiteres Problem war ein Druckabfall im Kondensationssystem. Die Suche nach einem Leck war erfolglos. Nachdem alle Verbindungen untersucht waren, war das Problem verschwunden. Offensichtlich war es ein Problem der Kupplungen, mit denen die Leitungen verbunden wurden.

Als die Besatzung am sechsten Tag gerade eine Erdbeobachtung durchführte, sah sie einen Schneeschauer am Fenster vorbeifliegen, und bald darauf ertönte auch ein Alarm. Bean hechtete in die Kommandokapsel und stellte fest, dass ein zweites Leck im RCS vorlag und nun ein zweiter Triebwerksblock abgeschaltet werden musste. 6 kg Treibstoff waren verloren gegangen. Nun waren Block B und D (Steuer- und Backbordseite des SM) ausgefallen. Obwohl es keine genauen Daten darüber gab, was passiert sein könnte, gingen die Ingenieure von einer Verunreinigung des Stickstofftetroxids aus, das als Oxidator fungierte. Es wäre eine Erklärung, warum beide Systeme ausgefallen waren. Allerdings bestand dann die Gefahr, dass auch die beiden anderen RCS-Triebwerksblöcke ausfallen könnten.

Am Boden bereitete die Missionskontrolle nun eine Rettungsmission vor. Was würde passieren, wenn noch ein Triebwerksblock ausfallen würde? Es wurde nun sowohl untersucht, ob die Mission abgebrochen werden sollte, wie auch die Fortführung mit nur einem Triebwerksblock.

Eine Rettungsmission, das zeigte eine Konferenz der beteiligten NASA-Zentren, wäre in einem Monat startbereit, und am Kennedy Space Center beschleunigten die Bodenmannschaften die Vorbereitungsarbeiten an dem CSM-118 und der Saturn IB SA-208 für die Skylab 4 Mission, die als nächste starten sollte. Der Umbau des CSM-118 für die Beförderung von fünf Astronauten wurde dabei nach hinten geschoben, da dies innerhalb von acht Arbeitsstunden möglich war. So war eine Entscheidung noch wenige Tage vor dem Start möglich. Es gab auch eine Besatzung für diesen Fall: Es waren Don Lindt und Vance Brandt aus der Ersatzbesatzung für Skylab 3+4. Sie waren, als 1971 erstmals über die Rettungsmöglichkeit beraten wurde, als Vertreter des Astronautenkorps bei der Planung beteiligt. Sie hatten auch für diese Mission trainiert. Die NASA begann mit den ersten Vorbereitungen für eine Rettungsmission am 10.8.1973. Falls keine andere Lösung gefunden werden konnte, würde sie am 5.9.1973 starten und am 10.9.1973 wieder landen.

Ironischerweise waren aber auch Lindt und Brandt verantwortlich am Boden für die Tests in den Simulatoren, wie Skylab 3 trotz zweier ausgefallener Triebwerksblöcke beendet werden konnte. Inzwischen hatten die Ingenieure die Daten genauer begutachtet und kamen zu dem Schluss, dass sie keine gemeinsame Ursache hatten, es also unwahrscheinlich war, dass weitere RCS-Triebwerke ausfallen würden. Nun galt es noch festzustellen, ob eine Rettungsmission wegen des Ausfalls von zwei RCS-Quads nötig wäre. Zwei Szenarien wurden untersucht:

- der normale Wiedereintritt mit der Nutzung des Haupttriebwerks, allerdings unter Beteiligung der verbliebenen RCS-Triebwerke zur Stabilisierung. Dieser Weg schien gangbar. Das

Risiko war, dass bei Ausfall eines weiteren Blocks durch einen falschen Schubvektor die Gefahr eines falschen Eintrittswinkels sehr hoch war.

- Der zweite Alternativplan war eine Abbremsung nur mit den beiden RCS-Blöcken. Deren Schub reichte dazu gerade noch aus. Mit dieser Erkenntnis hatten Brandt und Lindt ihre eigene Rettungsmission unnötig gemacht.

Währenddessen gingen die Astronauten an Bord von Skylab ihrer Arbeit nach – Eile gab es nicht, denn Skylab verfügte ja noch über die Vorräte für die dritte Besatzung. Sie hätten über vier Monate an Bord der Station bleiben können. Schließlich kam die Missionskontrolle zu dem Schluss, dass keine Rettungsmission nötig war. Die Missionskontrolle schickte den Astronauten eine 15 Seiten lange Liste von Dingen, die sie beachten sollten, um keine Probleme mit den Steuerdüsen beim Wiedereintritt zu haben. Man zündete sie nur kurz, um sich von Skylab zu lösen und führte den Wiedereintritt mit dem Haupttriebwerk durch.

Noch einmal schrillten Alarmglocken durch die Station: Es gab einen Kurzschluss im ATM, und die Station verlor die Ausrichtung. Bean beging einen Fehler – wie bei dem Apollo-Raumschiff korrigierte er die Ausrichtung zuerst mit den TACS-Düsen und sah erst dann nach den Gyros. Dabei verfügte Skylab nach Ablegen der letzten Besatzung nur noch über 44% des Treibstoffs für die Kaltgasdüsen. Bean verbrauchte so zusätzlich 11.720 Ns. Am nächsten Tag bekam er von der Missionskontrolle einen Satz „neuer" Prozeduren für die Lageregelung hochgefaxt. Beim Vergleich mit den „alten" stellte er dann fest, dass sie identisch waren.

Am achten Tag gab es ein weiteres Problem: Der Druck im primären Kühlkreislauf fiel ab. Es wurde beschlossen, am nächsten Tag bei der EVA nach austretender Kühlflüssigkeit Ausschau zu halten.

Die zweite Besatzung montierte am neunten Tag ihres Aufenthalts das endgültige Sonnensegel, das dann die Temperaturen auf 22 Grad sinken lies. Es war eine der Hauptaufgaben dieser Mission, und sie brachten die endgültige Version zur Station. Es gab zwei Gründe dafür: Zum einen deckte der Parasol nur einen Teil des Workshops ab. Zum Zweiten wurde die Basisschicht aus Nylon durch die UV-Strahlung der Sonne langsam zerstört. Das Bestreichen mit einer UV-beständigen Farbe hätte die Schichtdicke soweit erhöht, dass es gefaltet nicht mehr durch die Luftschleuse gepasst hätte.

Lousma und Garriott hatten anders als die erste Besatzung genügend Zeit, um im Wassertank die Montage des Segels zu üben. Über 100 Stunden umfasste das Training dafür. Lousma hangelte sich zuerst am ATM-Gerüst bis zu einer Position in Höhe des OWS entlang. Dort angekommen konnte er die Haltevorrichtung für die Stangen befestigen.

Garriott montierte in der Zwischenzeit die Stangen aus 1,5 m langen Teilen. Die einzelnen Teile hatten einen Bajonettverschluss. Die Enden wurden schräg aneinandergesteckt, wobei eine Feder heruntergedrückt wurde. Nach einer Drehung um 20 Grad rastete das Bajonett ein. Zuletzt wurde ein Gummi über die Verbindungsstelle gerollt. Es verhinderte, dass sich die Verbindung lockern konnte. Dies war beim Zusammenbau mit den klobigen Handschuhen der schwierigste Teil. Nachdem Lousma die Befestigung montiert hatte, reichte ihm Garriott die beiden Stangen, die er in Form eines „V" befestigte. Die Haltevorrichtung war dann der Fußpunkt des „V". Das Ende der 16,5 m langen Stangen lag am Ende des Workshops.

Das eigentliche Segel wurde mit zwei Leinen auf diesen Stangen aufgezogen. Fixiert wurden die Leinen am ATM-Gestänge. Sie wurden um das Gerüst herumgezogen. Während die Stangen relativ gut zu montieren waren, bereitete das Aufziehen der Leinen Probleme, da hier die Verbindungsleine hinderlich war. Die Missionskontrolle schlug vor, die Leine zuerst an dem Ende der Stangen zu befestigen und erst mit befestigter Leine dann die Stangen zusammenzusetzen. Letztendlich klappte es, doch dauerte die EVA deutlich länger als geplant – vier Stunden. Das Aufziehen des Segels war dann relativ problemlos. Es war 7,25 m lang und bedeckte die gesamte exponierte Oberfläche (der vordere Teil des OWS war ja von mehrlagiger Folie thermisch abgeschirmt). Nun sanken die Temperaturen im Inneren von 27 auf wohnliche 22 Grad Celsius ab.

Danach stand das Ersetzen der Filmkassetten an. Lousma zog auch eine weitere Materialprobe vom Experiment S230 ab. Danach schauten er und Bean vom MDA aus nach irgendwelchen Lecks bei den RCS-Düsen des CSM. Es konnten keine entdeckt werden. Aber Lousma stellte fest, dass die sonnenzugewandte Seite des CSM sich verfärbt hatte. Ebenso erfolglos verlief die Suche nach dem Leck der Kühlflüssigkeit. Das Experiment S149 wurde neu installiert und das UV-Spektrometer inspiziert.

Geplant war eine EVA von dreieinhalb Stunden, doch erst nach 6 Stunden 29 Minuten war sie beendet.

Beim Marshall Spinnaker zeigte sich, dass in der Eile der Vorbereitung ein Zusatzstoff, der zum Trennen der Lagen zugesetzt wurde, nicht genügend Zeit zum Aushärten hatte. Er verfärbte sich dann in der Sonne recht schnell, und so ist auf den Fotos das Segel hellbraun, bis auf die Mitte, wo der Binder voll aushärten konnte. Dort ist es heller.

Bei SL-2 zeigte sich, dass der Beobachtungsmonitor des Experiments S082A kaum erkennbar war. Das gelieferte Bild der Videokamera war zu kontrastarm und zu dunkel. In der Zwischenzeit hatte die Flugkontrolle eine Lösung erarbeitet, um die Sonnenbeobachtungen trotzdem durchführen zu können. Die Besatzung montierte nach der Ankunft einen Kegelstumpf über den Monitor und an dessen Ende eine Polaroid Sofortbildkamera, die zu diesem Zeitpunkt gerade neu auf den Markt gekommen war. Neben der Möglichkeit, sofort ein Bild der Situation auf der Sonne anzufertigen, war auch die technische Auslegung der Kamera ideal: Sie hatte keine vorgegebene Belichtungszeit, sondern maß die Lichtmenge und schloss den Verschluss, wenn genügend Licht auf das Foto gefallen war. Als die

Besatzung allerdings die ersten Bilder aus der Kamera entnahm, fand sie anstatt der Sonne Motive aus dem letzten Playboy vor: Die Ersatzmannschaft hatte die Bilder schon vorbelichtet.

Die Besatzung hatte bei Skylab 3 eine enorme Arbeitsbelastung, da es nun auch weitere Pannen gab – die Ausrichtung des ATM fiel kurzzeitig aus, wodurch eine Fernsehkamera beschädigt wurde und die Energieversorgung abfiel. Dazu kamen die Reparaturen an den Lageregelungskreiseln. Die Liste der Aufgaben, die noch offen waren, nahm so weiter zu. Nach sieben Tagen hatte sie schon einen Umfang von 30 Seiten, die den Astronauten an den Fernschreiber an Bord hochgefaxt wurden. Bean beschwerte sich bei den Bodenmannschaften über die Arbeitsbelastung: „Es ist nun einmal einfach nicht möglich, aus einem Achtstundentag zehn Stunden herausschinden zu wollen". Danach packte die Crew aber der Ehrgeiz. Sie wurde zunehmend effizienter. So zeigte sich, dass Garriott besonders die Arbeit am ATM lag, und es wurden Schichten intern getauscht. Die Crew fing an, nicht mehr zeitgleich zu essen, sondern einer begann nach dem Aufstehen sofort damit, das ATM in Betrieb zu nehmen. So holte sie nicht nur die Arbeit auf, die in den ersten Tagen liegen blieb, als nur 50 bis 60% des Solls erledigt wurden, sondern die Bodenkontrolle musste sogar nach neuen Aufgaben suchen. Später ließ die Mannschaft die Hauptmahlzeiten ausfallen und nahm dafür abends einen Snack. Selbst dann gingen sie eine Stunde später ins Bett. Das Ergebnis: Nach vier Wochen arbeitete die Crew rund 19 Stunden am Tag. Zu Missionsende waren es 27 bis 30 Stunden.

Dreimal zündete die Crew die RCS-Triebwerke des SM: am 1. und 26. August und am 17. September, wobei alle drei Zündungen zusammen Skylab nur um 1,5 m/s beschleunigten. Sie brachten die Station wieder auf eine kreisförmige Umlaufbahn in 434 km Höhe. Als die Besatzung ankam, hatte sich Skylabs Orbit schon in eine 424,6 × 439,5 km Ellipsenbahn verändert. Die Einhaltung des Orbits war wegen der vorgegebenen Ziele auf dem Erdboden wichtig. Schon Skylab 2 hatte zweimal den Orbit angehoben: einmal um 2 m/s und einmal um 0,3 m/s.

Am Tag 40 fragte die Besatzung auch nach, ob sie nicht fünf oder zehn Tage länger im All bleiben könnte. Die Bodenkontrolle beriet sich und verwarf diese Option am Tag 50. Das Problem war, dass Skylab 3 durch die große Effizienz knapp an Ressourcen wurde. Es gab zwar genügend Nahrungsmittel und Wasser für eine Missionsverlängerung, aber die Filmvorräte gingen zu Ende. Weiterhin wurde die Unterbekleidung, die nach jeweils zwei Tagen in den Müll wanderte, knapp.

Zwei weitere EVA standen an. Am 24.8. stiegen Garriott und Lousma aus. Hauptaufgabe war es, ein Versorgungskabel für die neuen CMG zu installieren, das sie mit Strom versorgte. Die neuen CMG waren im MDA untergebracht, doch der Strom musste vom ATM geliefert werden. Sie deponierten auch ein Stück des Parasolgewebes am ATM, das von der Erde mitgebracht wurde. Ziel war zu sehen, wie es sich im Sonnenschein veränderte. Weiterhin wurden die Filme im ATM ein zweites Mal gewechselt.

Die Bergung der Filmkassetten war auch die Aufgabe der dritten EVA, nun von Bean und Lousma durchgeführt. Eine der beiden Parasolproben wurde dabei auch geborgen. Es gab allerdings ein Problem bei der Kühlung der Anzüge. Trotzdem war die Wärme beim Arbeiten nicht zu hoch. Die letzte EVA am 22.9.1973 war mit zweidreiviertel Stunden die kürzeste.

Skylab 3 dauerte nur drei Tage länger als geplant und ging nach 59 Tagen zu Ende. Sie erfüllte nicht nur die Missionsziele, sondern weitaus mehr. Die NASA sprach in einer offiziellen Pressemitteilung von 150% Effizienz. Die Mannschaft war die eingespielteste von allen drei im Programm. Die Übererfüllung der Vorgaben rächte sich dann bei der nächsten Mission, als die Missionskontrolle diese als „normal“ voraussetzte und die Besatzung sich über eine zu hohe Arbeitslast beklagte. Die Besatzung absolvierte 39 Erdbeobachtungen (26 waren geplant). 305 Stunden lang beobachtete sie die Sonne – nur 206 Stunden waren vorgesehen. Anstatt 327 medizinischer Untersuchungen gab es deren 333.

In der Öffentlichkeit wurden allerdings andere Aspekte der Mission wahrgenommen. Eines der zahlreichen Experimente war, ob Spinnen in der Schwerelosigkeit fähig sind, ein Netz zu knüpfen. Eine der beiden Spinnen, Arabella getauft, schaffte nach einigen Tagen der Schwerelosigkeit ein perfektes Netz, nachdem sie die vorher missglückten Netze wieder aufgefressen hatte. Das Bild der Kreuzspinne in ihrem Netz ist bis heute populär geblieben. Damals stahl es für einige Zeit den Astronauten die Show. Bean und Garriott waren auch gute Unterhaltungskünstler und machten neben den Aufnahmen für das Projekt „Classroom in Space“ andere Aufnahmen des Lebens in der Schwerelosigkeit. Garriott machte einen Haarschnitt bei Bean, wobei er mit dem Staubsauger die Haare aufsaugte. Die Crew machte Liegestütze – einer am Boden, die anderen auf ihm, und er hob sie ohne Problem hoch und sie schwebten gemeinsam weg. Dann bastelte Bean aus zwei Gewichten von je 500 amerikanischen Pfund Gewicht für die Massenbestimmung im All (Experiment S074) und einer Stange eine Hantel mit 1000 Pfund Gewicht (rund 454 kg). Mit gespielter Anstrengung hob er die Hantel triumphierend über den Kopf – und schwebte weiter nach oben weg.

Erstmals wurde das Manövriergerät (Experiment M509) erprobt. Das funktionierte beim Handgesteuerten sehr gut. Das Fußgesteuerte wurde als deutlich schwerer steuerbar empfunden. Auch dies wurde gefilmt. Diese und andere Filme begeisterten eine ganze Generation (darunter auch den Autor dieses Buchs) für die Raumfahrt.

Ein weiterer Scherz, den sich Bean mit der Bodenstation erlaubte, war eine Rekorderaufnahme einer privaten Unterhaltung mit seiner Frau Helen, die bei der nächsten Passage einer Station abgespielt wurde: Sie rief zuerst die Bodenkontrolle und ging dann auf Fragen ein, wie sie wohl nach oben gekommen wäre („den Jungs ein richtiges Essen zu bringen“) und was sie sähe – die Besatzung hatte kurz vorher Waldbrände in Kalifornien gesehen. Mit eingeweiht war Bob Crippen als Capcom. Er musste schließlich die richtigen Fragen stellen, und die Pausen mussten die richtige Länge haben.

Kurz vor dem Verlassen stellte die Besatzung einen Lüfter auf, um die neuen CMG zu kühlen. Schon am Tag 55 begann die Besatzung mit der Reaktivierung des CSM. Dabei wurde ein weiteres Leck im SM-Kühlkreislauf entdeckt, doch da nur 1% der Kühlflüssigkeit pro Tag austrat, war dies nicht kritisch.

Bedingt durch die ausgefallenen RCS-Triebwerke wurde das Umfliegen der Station zur Inspektion abgesagt und nur einmal das SPS-Triebwerk gezündet. Das fand nach 90 Minuten statt. Schon 40 Minuten später landete die Kapsel vor San Diego. Die Besatzung befand sich in einem besseren Zustand als die Erste. Zwar hatte sie mehr Muskelmasse verloren und brauchte etwa eine Woche, um ihre alte Fitness wiederzuerlangen, doch die akuten Symptome direkt nach der Landung wie Gleichgewichtsstörungen und Übelkeit waren erheblich geringer als bei der ersten Crew.

Die zweite Crew konnte nicht nur die Vorgaben erfüllen, sondern deutlich übertreffen. 27,7% der Aufenthaltszeit entfiel auf wissenschaftliche Untersuchungen – ein Drittel mehr als bei der ersten Besatzung.

Abbildung 105: Die dritte und letzte Crew: Von links: Carr, Gibson, Pogue

Skylab 4 – die Meuterei an Bord?

Auch zwischen Skylab 3 und 4 gab es eine unbemannte Periode. Die Atmosphäre wurde entlassen und erst vor der Ankunft restauriert. Am 14.11.1973 fiel die primäre Steuerung des ATM aus. Die Sekundäre übernahm, die Missionskontrolle unterließ jedoch eine erneute Feinausrichtung, da die Besatzung wenige Tage später Skylab erreichen würde.

Der Start von Skylab 4 wurde bis in den November verschoben, damit die Besatzung den Kometen Kohoutek beobachten konnte. Kohoutek wurde am 7.3.1973 von dem tschechischen Astronomen Luboš Kohoutek an der Hamburger Sternwarte entdeckt. Dank der frühen Entdeckung erhofften sich Astronomen zahlreiche neue Erkenntnisse über Kometen, die sonst erst recht spät entdeckt wurden. Kohoutek wurde daher auch „Komet des Jahrhunderts" genannt – etwas vorschnell, denn er war durchaus nicht sehr spektakulär und wurde später dann in „Komet Watergate" umgetauft.

Er war auf der Erde wegen seiner Sonnennähe nicht gut sichtbar, konnte jedoch von Skylab aus sehr gut untersucht werden. Er durchlief sein Perihel, den sonnennächsten Punkt, am 28.12.1973. Zwischen dem 1.12.1973 und 1.2.1974 befand er sich innerhalb der Erdbahn. Die Crew ermittelte erstmals die genaue Zusammensetzung der Koma und bestimmte die Verlustrate auf 1 t Materie/s. Zur Beobachtung sollte neben den vorhandenen Kameras auch ein neues Experiment, die Kamera S201, die aus dem umgebauten Backup-Exemplar einer Kamera für Apollo 16 entstanden war, mitgeführt werden. Dieses Ereignis wurde von der NASA im offiziellen Presskit besonders hervorgehoben, zeigte es doch, wie die Mission an aktuelle Ereignisse angepasst werden konnte – schon dies war ein großer Unterschied zu Apollo, wo die Landeplätze schon vor der ersten Mondlandung festgelegt wurden und die Ausrüstung ebenfalls Monate vor dem Flug feststand. Die Entwicklung neuer Instrumente dauerte etwa zwei bis drei Jahre. Daher wurden vor allem astronomische Experimente für die Beobachtung des Kometen zweckentfremdet.

Der Start am 9.11.1973 wurde verschoben, als die Bodenmannschaften Schäden an der Saturn IB Trägerrakete feststellte. Sowohl die Steuerungsfinnen wie auch die Verbindungen zwischen den Stufen waren korrodiert. Es gab Haarrisse. Dies lag an dem langen Aufenthalt der Rakete in der salzhaltigen Luft am Meer, wo sie seit dem 14. August stand. Da die Trägerrakete von Skylab 4 schon für die Rettungsmission von Skylab 3 vorbereitet wurde, kam es zu diesem langen Aufenthalt am Startturm. Zudem war sie schon vor sieben Jahren produziert worden, was ebenfalls eine Rolle spielte. Die Finnen wurden ausgetauscht und die Verbindung zwischen den Stufen verstärkt. Danach konnte die Besatzung am 16.11.1973 starten. Vorher hatte sie sich bei der Bodenmannschaft unbeliebt gemacht, indem sie die alte und korrodierte Saturn IB als „Humpty Dumpty" bezeichnet hatte. Das sickerte auch zur Presse durch. Die Retourkutsche kam dann 20 Minuten vor dem Start, als ein Gruß von der Bodenmannschaft kam „Good Luck and God Speed from all the king's horses and all the king's men".

Kommandant von SL-4 war Gerald Carr, Pilot war William Pogue, und Wissenschaftsastronaut war Edward Gibson. Er hatte wenige Jahre zuvor ein Buch über Sonnenphysik („The quiet Sun, NASA SP-308) geschrieben. Es war seit Gemini 8 die erste Crew, die nur aus Neulingen (ohne Raumfahrterfahrung) bestand.

Die Kapsel war noch vollgestopfter als bei Skylab 3. Es wurde im Stauraum sogar die Isolation entfernt und durch Kleidung ersetzt. Neben zusätzlichem Film und Magnetbändern für eine verlängerte Mission gab es auch zusätzliches Essen (72 kg), davon 26 kg in Form von Energieriegeln. Ebenso wurden Kleidung, Handtücher und Urinbeutel für die verlängerte Mission mitgeführt. Dazu kamen weitere Ausrüstung zum Erproben und neue Kameras. Es waren neben Ersatzteilen auch Gegenstände, die seit dem Entwurf der originalen Teile verbessert worden waren und die getestet werden sollten, außerdem bei den ersten Missionen verlorengegangene (oder nicht mehr gefundene) Gegenstände, Ausrüstung für einen besseren Komfort der Crew und zusätzliche TV-Kameras.

Dazu kam ein neuer Kühlkreislauf für die Luftschleuse. Proben der Kohlendioxidfilter, die SL-3 zur Erde zurückbrachte, zeigten Spuren des Kühlmittels. Daher wurde ein Reparaturkit entwickelt, und Skylab 4 sollte es installieren. Als Experiment flog ein Paket mit 500 Eiern des Schwammspinners mit. Den Rekord an Lebewesen von Skylab 3 (drei Astronauten, zwei Mummichog (Raubfische), zwei Spinnen, 50 Mummichog-Fischeier, 720 Fruchtfliegenlarven und sechs Taschenmäuse — zusammen 784 Lebewesen) konnte die Besatzung aber nicht brechen. Mit an Bord war auch ein neues Trainingsgerät, erfunden von Dr. Bill Thornton von der SMEAT-Crew: ein Teflonstreifen, der auf dem Boden fixiert wurde. Dann wurden Bungeeseile über die Schulter gezogen und ebenfalls am Boden fixiert. Der Zug des Gummis belastete den Bewegungsapparat wie die Gravitation auf der Erde und in Socken konnte nun die Besatzung wie auf einem Laufband „joggen".

Auch für diese Besatzung waren Reparaturen vorgesehen: Sie sollte die Flüssigkeit im primären Kühlkreislauf ersetzen, der bei SL-3 leckte. Zudem sollten sie die Antenne des Mikrowellenradiometers inspizieren, die eine Fehlfunktion aufwies. Als die Mannschaft in Skylab ankam, war die Station wieder etwas abgesunken. Ihr Orbit lag nun bei 427,3 × 432,9 km Höhe.

Die Besatzung sollte gleich nach dem Start Medikamente gegen die Übelkeit einnehmen. Doch das war nicht ausreichend. Pogue wurde raumfahrerkrank. Nach dem Ankoppeln musste er das Essen erbrechen. Die Besatzung debattierte, wie mit der Situation umzugehen sei. Die Mediziner maßen dem Punkt auch große Bedeutung bei, weil

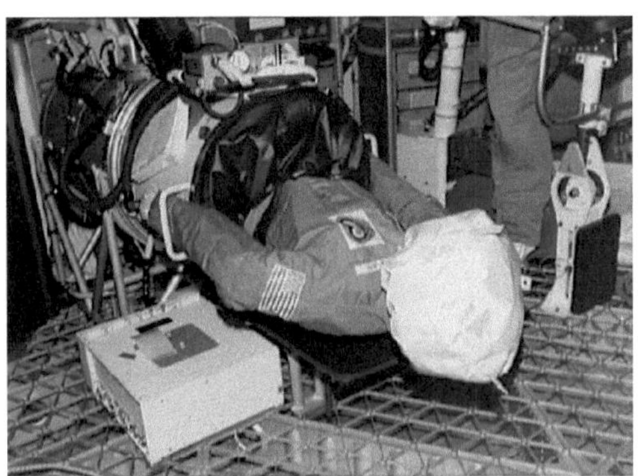

Abbildung 106: Eines der drei "Crewmitglieder", welche die letzte Besatzung als Scherz zurückließen.

das Space Shuttle mehr Volumen zur Verfügung stellt als die Apollo-Landekapseln, und von Pilot und Copilot aktiv in der Endphase der Landung gesteuert werden muss. Was würde passieren, wenn Pilot und Copilot krank wären? So diskutierte die Crew, ob es nicht besser wäre, die Krankheit zu verschweigen, um nicht das Shuttle-Programm in Bedrängnis zu bringen. Carr verschwieg nicht nur die Krankheit Pogues, sondern er log auch über das aufgenommene Essen bzw. das Erbrochene, und die Crew wollte den Beutel mit Erbrochenem durch die Luftschleuse verschwinden lassen. Korrekt wären das Wiegen, Dehydrieren und die Rückführung zur Erde gewesen.

Dummerweise war Pogue aber auch für die Kommunikation verantwortlich, und er vergaß den Schalter umzulegen, der verhinderte, dass die Bodenkontrolle während der Nacht die Sprachaufzeichnungen auslesen konnte. Alles, was gesprochen wurde, zeichnete ein Bandrekorder auf. Wäre der Schalter umgelegt worden, dann hätten die Unterhaltungen des nächsten Tages die Vorigen überschrieben. So aber war die Bodenkontrolle über den Vorfall informiert und sehr verstimmt. Der Capcom am nächsten Morgen war Al Shepard, Leiter des Astronautenkorps, und er las den Astronauten die Leviten. Damit war schon das Klima zwischen Besatzung und Bodenkontrolle gestört, und die folgenden Ereignisse wurden je nach Quelle unterschiedlich gedeutet.

Als die Astronauten ankamen, fanden sie die Station schon besetzt vor: Beans Crew hatte als Abschiedsscherz die Anzüge mit anderer Kleidung vollgestopft und auf dem Ergometer, auf der Toilette und im Unterdruckgerät platziert. Die ersten Tage versuchte die Besatzung, ihr Fehlverhalten bei der Meldung der Raumfahrerkrankheit zu kompensieren, indem sie sehr viel arbeitete. Carr sagte, er hätte nicht einmal die Zeit gefunden, aus dem Fenster zu schauen.

Am 22.11.1973 stand die erste EVA an, nachdem es Pogue wieder gut ging. Gibson und Pogue führten die EVA durch, sie wechselten den Film im ATM und installierten das Experiment zur Messung der Kontamination des Koronografen. Des weiteren setzten sie die Kamera für Experiment S063 zur Fotografie von Kohoutek ein. Die Kamera sollte eigentlich in der Luftschleuse arbeiten, doch diese war nach wie vor durch den Parasol blockiert, der nun zwar unter dem Segel saß und nutzlos war, aber nicht entfernt werden konnte. Doch nach 5 von 40 geplanten Aufnahmen fiel die Kamera aus. Danach reparierten sie die Mikrowellenantenne. Sie hatte einen Kurzschluss. Sie war allerdings an einer schwer zugänglichen Position auf der Unterseite des MDA, sodass dies nicht einfach war. Nach 6 Stunden 33 Minuten kamen beide vollgeschwitzt zurück ins Labor. Sie hatten alle Aufgaben gemeistert.

Es gab dann mehrfach Berichte über eine zu hohe Arbeitsbelastung, und ein zusätzlicher „freier Tag" wird je nach Autor entweder als Notmaßnahme von Houston, um eine Arbeitsüberlastung der Besatzung zu verhindern, oder als Rebellion der Besatzung gedeutet. In der NASA-Dokumentation ist dieses Ereignis kaum gewürdigt. Sowohl die Astronauten wie auch Flugleiter berichteten jedoch übereinstimmend davon, dass eine Arbeitsüberlastung tatsächlich vorlag. Die Ursache lag darin, dass die Besatzung das gleiche Pensum erhielt wie die letzte Besatzung zu Missionsende. Doch diese hatte sich langsam gesteigert, ihren Arbeitsalltag durchorganisiert und nach NASA-Angaben 150% erledigt. Dass dies die vierte Besatzung nicht von Anfang an konnte, war eigentlich offensichtlich. So beschwerte sie sich erstmals am Ende der zweiten Woche über die Arbeit, und nach sechs Wochen diskutierte Carr auf dem B-Kanal, der nicht öffentlich übertragen wurde, den Zustand der Mission und die hohe Arbeitsbelastung. Es gab einen zusätzlichen freien Tag, zudem wurden Trainingseinheiten und Hausarbeiten von der Prioritätenliste gestrichen. Die Situation entspannte sich, auch wenn weitere Beschwerden kamen, vor allem über die Energieriegel als Hauptmahlzeit alle drei Tage, um die Vorräte zu strecken.

War es nun Meuterei? Alle drei Astronauten von Skylab 4 bekamen nie wieder die Gelegenheit, einen weiteren Flug zu absolvieren. Das alleine kann nicht als Indiz gelten. In den Zeiten, in denen Christopher Kraft Flugleiter und später sogar Direktor des JSC war, reichten schon kleine Fehler aus, dass er sich weigerte, mit den entsprechenden Personen eine weitere Mission durchzuführen. So erging es Scott Carpenter, als er bei der zweiten Mercury-Mission zu viel Treibstoff verbrauchte, weil er seinem „Experimentiertrieb" folgte, später der Crew von Walter Schirra bei Apollo 7. Schirra beschwerte sich ebenfalls über zu viel Arbeit, zudem hatte die Besatzung sich eine Erkältung eingefangen. Schirra konnte es egal sein, er kündigte vor dem Start schon sein Ausscheiden an. Doch auch Don Eisele und Walter Cunningham sollten nicht mehr fliegen. Sie wagten nur nicht, sich offen gegen ihren Kommandanten zu wenden – schließlich kamen alle vom Militär, und wenn die NASA auch eine zivile Behörde war, so hatte die Crew doch eine semimilitärische Struktur mit einem Kommandanten und zwei Piloten. Cunningham war lange Zeit auch am Skylabprogramm beteiligt, quittierte aber den Dienst, als er sah, dass er keine Chance auf einen Einsatz hatte. Zuletzt kostete die Weltraumkrankheit Schweickart die Möglichkeit, auf dem Mond zu landen – die Besatzung konnte sie, anders als bei Apollo 8, wo Anders und Borman ebenfalls krank wurden, nicht geheim halten, da gerade ein Ausstieg geplant war.

Es gibt aber noch eine unabhängige Meinung, und das sind die Memoiren von Deke Slayton, Leiter des Astronautencorps. Er schreibt, es wäre einfach schlecht gelaufen in der Zusammenarbeit: zuerst das Verschweigen der Krankheit, dann die Arbeitsüberlastung, die sofort hätte gemeldet werden müssen, anstatt sich einige Wochen lang mit Tätigkeiten zudecken zu lassen. Es gab ein Kommunikationsproblem seitens Carr. Die NASA kommunizierte leider zur Presse, dass die Besatzung langsam wäre, verspätet reagiere, an ihren freien Tagen nicht oder kaum arbeiten wolle und Fehler mache. In der Gesamtbilanz war sie nur wenig besser als die Crew von Skylab 3, trotz 25 Tage längerer Arbeitszeit. Die Astronauten selbst zogen als Resümee, dass zukünftige Besatzungen mehr Autonomie bei ihrem Arbeitsplan erhalten sollten, da die Bodenkontrolle die Schwierigkeiten und den Zeitaufwand schwer einschätzen kann.

Am 25.12.1973 gab es dann die nächste EVA, diesmal von Carr und Pogue durchgeführt. Es ging um einen teilweisen Filmaustausch, vor allem aber um eine Reparatur des Filterrads des Instruments S054. Dieses war nicht offen zugänglich. Mit klobigen Handschuhen, einem Zahnarztspiegel und einer Taschenlampe in Bleistiftformat musste Carr mit einem Schraubenzieher das Filterrad neu positionieren. Es war vorher zwischen Position 5 und 6 stehen geblieben und wurde nun in Position 3, ohne Filter geschoben. Die Filter konnten so zwar nicht mehr benutzt, das Instrument aber weiter betrieben werden. Dabei sah er, dass die Chromatlösung, die als Kühlmittel diente, leckte. Weiterhin wurden 40 Aufnahmen von Kohoutek angefertigt. Mit sieben Stunden und einer Minute war es die bisher längste Tätigkeit außerhalb der Raumstation.

Schon vier Tage später gab eine weitere EVA, diesmal zusammen mit Gibson. Erneut sollte der Komet aufgenommen werden, dazu sollte ein Teil des Mikrometeoritenschutzschildes der Luftschleuse geborgen werden. Wie schon bei der letzten Außerbordtätigkeit bei SL-3 gab es wieder ein Problem mit den Anzügen, diesmal leckte bei ihnen das Kühlmittel. Nach 3 Stunden und 39 Minuten war auch diese EVA beendet.

Danach fiel einer der drei Lageregelungskreisel aus, mit dem die räumliche Position der Station festgestellt wurde. Als Folge brauchte die Station sechsmal mehr Langregelungstreibstoff als vorgesehen, weshalb die Flugkontrolle der Besatzung alle aktiven Kurskorrekturen mit dem TACS verbot. Zwar würde mit zwei Kreiseln die Station noch arbeiten können, doch dann zeigte ein Zweiter ein irreguläres Verhalten. Er lief eine Zeit lang normal, dann bei höheren Temperaturen und niedriger Drehzahl, wobei diese Phasen immer länger dauerten. Es gab jedoch nun keinen Ersatz mehr, und so war das Einzige, was die Missionskontrolle machen konnte, die CMG zu schonen. So bekam die Besatzung das Verbot, das bisher so populäre „Laufen" auf den Wasserkanistern, „Indy-500" genannt, durchzuführen. Dabei lief oder sprang die Besatzung in Saltos über den Ring von zehn Wasserkanistern im oberen Drittel des OWS. Die Szene des Laufens hatte schon ein Regisseur vorweggenommen – sie findet sich auch im Spielfilm „2001: Odyssee im Weltraum". Weiterhin entließ nun die Bodenkontrolle das evakuierte Gas von Experiment M092 (Unterdruck im unteren Körperbereich) in den Abfallbereich anstatt nach außen, um weniger Lageregelungskorrekturen erforderlich zu machen.

Die Erprobung der Manövriereinheit zeigte, dass diese noch einen langen Weg bis zu einer einsatzfähigen Version hatte. 80% der Ausrüstung fielen bei den Erprobungen aus und mussten zeitaufwändig repariert werden.

Die Beobachtungen von Kohoutek waren sehr erfolgreich. Die Besatzung beobachtete den Kometen über 10 Tage. Er war bis zu 26 Minuten pro Umlauf von Skylab aus beobachtbar. Dabei wurden die unterschiedlichsten Experimente eingesetzt. Neben den Bildern der mitgeführten Kamera entstanden UV-Spektren, Aufnahmen im UV, Zeichnungen durch die Astronauten (sie konnten mit Ferngläsern den Kometen visuell durch die Fenster beobachten) und Aufnahmen mit Spiegelreflexkameras. Der Komet konnte sogar von Koronografen fotografiert werden, als er am 28.12.1973 an der Sonne vorbeiflog. Skylab setzte alle Instrumente zur Beobachtung ein, auch wenn wenig Chancen auf Ergebnisse bestanden. So gab es auch Fotografien durch die H-Alpha-Teleskope und Beobachtungen mit den Experimenten zur Detektion von Röntgenstrahlen, die aber keinerlei Ergebnisse ergaben.

Die NASA kündigte vor dem Start an, dass die Mission mindestens 60 Tage dauern würde. Eine flexible Verlängerung wäre möglich. Davon wurde Gebrauch gemacht, als sich die Mission dem Ende näherte, alle sieben Tage wurde die Mission verlängert. Die wesentlichen Einschränkungen waren die Vorräte an Bord: Skylab wurde für einen Aufenthalt von 140 Tagen ausgerüstet. Dabei war alles rationiert und eingeteilt, was der Besatzung direkt zugeteilt werden kann: die Wäsche, die Nahrung etc. Großzügiger wurden die Vorräte an Wasser und Gasen bemessen. So war schon vor dem Start klar, dass es genügend Wasser und Gas an Bord gab, um den Aufenthalt auf über 56 Tage zu verlängern. Das Nahrungsproblem wurde dahingehend gelöst, dass die Besatzung hochkonzentrierte Energieriegel mitnahm. Sie wogen am wenigsten und waren kompakt und ohne Kühlung lagerfähig. Dadurch blieben möglichst viel Gewicht und Platz für die Ausrüstung. Das bedeutete aber auch, dass die Besatzung jeden dritten Tag Energieriegel zu sich nahm. Ein Besatzungsmitglied resümierte: „Das Frühstück war in 30 Sekunden erledigt: Vier bis fünf Bissen von dem Riegel und das war's". Schlimmer noch: Die Diät musste in der gleichen Weise noch 21 Tage nach der Landung fortgesetzt werden. Zudem hatten die beiden vorherigen Besatzungen die Leckerbissen, die es an Bord gab, vor allem Butter Cookies, verbraucht.

Die zweite Beschränkung waren die Urinsammelbeutel. Mitte Januar entdeckte Pogue, dass etwa 10 Beutel fehlten. Die Bodenkontrolle löste das Problem dadurch, dass diese nun alle 36 anstatt 24 Stunden gewechselt wurden. Erst nach der Landung und dem Ende der Quarantäne wurde das Rätsel der verschwundenen Beutel gelöst: Alan Bean hatte sie aus Versehen eingepackt und zur Erde zurückgebracht. So wurde 17-mal der Urin direkt über die Luftschleuse in den Abfallbehälter entlassen.

Trotzdem konnte die Besatzung die maximale Verlängerung, die schon vor dem Start inoffiziell anvisiert wurde, erreichen. Am 3.2.1974 stand die letzte EVA an. In dem 5 Stunden 19 Minuten dauernden Ausstieg wurden alle Filmkassetten vom ATM und alle noch ausgebrachten Materialproben aus unterschiedlichen Experimenten geborgen und in die Luftschleuse gebracht. Schon am 31.1.1974 bekamen die Astronauten eine lange Checkliste von 4,50 m Länge hochgefaxt, welche die Anweisungen enthielt, welche Systeme in welcher Reihenfolge wann deaktiviert werden sollten. Auch das Verstauen der Ausrüstung gestaltete sich schwierig unter der Schwerelosigkeit. Am Tag vor dem Ablegen wurde der Orbit ein letztes Mal mit den RCS-Düsen von 431 × 444 km auf 433 × 455 km angehoben. Die Triebwerke brannten dazu 180 s lang. Die NASA gab nach der Landung an, dass dadurch die Lebensdauer um zwei Jahre erhöht wurde. Die Lebensdauer der Station wurde von der NASA nun mit 3.610 Tagen angegeben (dann würde Skylab am 3.4.1983 verglühen).

Nach 84 Tagen ging Skylab 4 am 8.2.1974 zu Ende. Nach dem Ablegen umrundete die Besatzung ein letztes Mal die Station, machte Aufnahmen und landete knapp fünf Stunden nach dem Ablegen. Auch sie war trotz eines Rekordaufenthalts in sehr guter physischer Verfassung. Die Missionskontrolle machte in den nächsten 32 Stunden noch weitere Systemchecks mit dem schon ausgefallenen Gyro 1 (er blieb dauerhaft ausgefallen), der Kühlung und den Batterien. Einen Tag nach Landung der Besatzung wurde Skylab deaktiviert. Am Schluss waren von den Verbrauchsgütern noch folgende Margen übrig:

	Anfang	Ende
Wasser:	2.721 kg	775 kg
Sauerstoff:	2.767 kg	1.253 kg
Stickstoff:	698 kg	272 kg
Lagekorrekturgas (Gesamtimpuls):	359 kNs	55,6 kNs

Gewonnen wurden insgesamt 177.047 Aufnahmen der Sonne und des Alls sowie 46.146 Aufnahmen der Erde. Es wurden 72,7 km Magnetband mit Daten gefüllt. Alleine Skylab 4 brachte 780 kg an Filmen und Magnetbändern zurück zur Erde. Insgesamt war die Bodenkontrolle aber unzufrieden mit der Performance trotz Missionsverlängerung. Lediglich beim Beobachten des Schlafs (wofür nur Gibson eine Kappe überziehen musste) und den Aerosolanalysen wurden mehr als 100% erreicht. Von den Schülerexperimenten wurden nur 33% durchgeführt. Sie waren ebenfalls auf der Liste der Dinge, die gestrichen wurden, als sich die Besatzung über die Arbeitsbelastung beschwert hatte. Die Besatzung hatte 25,8% ihrer Arbeitszeit mit wissenschaftlichen Untersuchungen zugebracht, etwas weniger als die zweite Besatzung. Die Ausbeute bezogen pro Arbeitsstunde war aber deutlich geringer.

Die Raumstation war zu diesem Zeitpunkt noch betriebsbereit, jedoch standen erneut Reparaturen an. So waren zwei der drei Lageregelungskreisel ausgefallen. Die NASA hielt die Vorräte noch für ausreichend für eine 20-22 Tage Mission, führte jedoch keine weitere durch. Die Vorräte an Gasen würden für weitere 200 Tage und die an Wasser für weitere 90 Tage reichen. Kritisch war der TACS-Treibstoff. Essen müsste die Besatzung zur Station bringen.

Abbildung 107: Die letzte EVA an Bord von Skylab

Die Rettung bleibt aus

Die Möglichkeiten von Skylab, seine Umlaufbahn zu ändern, waren begrenzt. Die Treibstoffvorräte waren vor allem dazu gedacht, die räumliche Lage relativ zur Erde und zur Sonne zu verändern. Zudem waren sie weitgehend erschöpft, als die letzte Besatzung Skylab verließ. Primäre Ursache war neben dem zusätzlichen Verbrauch eines Drittels des gesamten Treibstoffs schon in den ersten zehn Tagen auch der veränderte Schwerkraftgradient der Station. Es waren zum Beibehalten der Ausrichtung auf die Sonne viel mehr Drehungen der Station mit den Kaltgasdüsen nötig. Dies war ein Resultat des verlorenen Solarzellenflügels und Mikrometeoritenschutzschildes.

Ein weitere, vierte, Besatzung war vor SL-1 angedacht worden. Sie hätte aus der Backup-Crew der letzten beiden Missionen (Brandt, Lenoir und Lindt) bestanden. Doch die Verlängerung des Aufenthalts der dritten Crew hinterließ zu wenige Vorräte für eine weitere Besatzung. Das Essen war verbraucht und die TACS-Gasvorräte ebenfalls.

Skylab wurde in einen 434 km hohen Orbit gestartet. Vor dem Ablegen hob die letzte Besatzung mit den RCS-Triebwerken die Bahn erneut leicht an. Als sie abkoppelte, drehte die Missionskontrolle Skylab. Vorher war die Station so ausgerichtet, dass die Längsachse nicht parallel zum Bewegungsvektor zeigte. Daraus resultierte eine erhöhte Abbremsung durch die Atmosphäre, aber es war die optimale Position, um die Solarzellen zur Sonne auszurichten, und für die Erdbeobachtungsexperimente. Nun wurde die Längsachse in den Bewegungsvektor gedreht, um die Abbremsung zu reduzieren. Diese Position hatte einen zweiten Vorteil: Sie war durch die Differenz der Gravitationskraft stabilisiert. In dieser Position konnte die Differenz der Gravitationskraft, die durch die unterschiedliche Entfernung der einzelnen Bestandteile von der Erde zustande kommt, die Station nicht in Rotation versetzen. Auf der Erde entspricht dies der stabilsten Lage eines Körpers. Ein Quader nimmt auf der Erde z.B. als stabilste Position die ein, in der die kürzeste Seite von der Erdoberfläche weg schaut. Jede andere Position ist metastabil. Anders als beim Quader genügen bei Skylab aber schon kleinste Kräfte, um sie langsam in die stabilste Position zu drehen. Damit hatte die NASA alles getan, was sie tun konnte, um die Umlaufbahn von Skylab möglichst lange stabil zu halten.

Die Atmosphäre wurde teilweise entlüftet, bis der Druck auf 0,14 bar abgefallen war. Danach wurde am 9.2.1974 um 6:10 UTC das letzte Kommando an Skylab gesandt, das den Telemetriesender abschaltete. Skylab war nun deaktiviert, horchte aber noch auf weitere Befehle, die es aktivieren konnten.

Die NASA rechnete damit, dass dieser Orbit etwa sieben Jahre stabil sein würde, bis in die frühen achtziger Jahre. Dies basierte auf einer optimistischen Schätzung der Aktivität der Sonne. 1976 begann ein neuer Sonnenzyklus. Die Aktivität stieg an, und die von der Sonne freigesetzten Protonen trafen in größerer Zahl auf die Erde. Sie bringen zusätzliche Energie in die dünne Restatmosphäre, wo sie auf Sauerstoff- und Stickstoffatome treffen. Die beschleunigten Atome können sich weiter von der Erdoberfläche entfernen. Das bedeutet, dass die Dichte der Atmosphäre nahe der Erde zunimmt und die Abbremsung stärker wird.

Interessanterweise hatte die NASA vor dem Start selbst eine Prognose über die Stabilität des Orbits angestellt und errechnete als Datum des Wiedereintritts den Oktober 1979. Doch nun vertraute sie einem anderen Modell der Atmosphäre, welches vom NORAD (**N**orth **A**merican **A**erospace **D**efense **C**ommand) stammte. Dieses sah voraus, das Skylab bis 1980 um 30 km abgesunken sein würde, bis Ende 1982 dann um 100 km, und im März 1983 würde die Station verglühen. Dieser sich rapide beschleunigende Prozess ist eine Eigenschaft der Atmosphäre. Auch wenn sie äußerst dünn ist, so nimmt die Dichte der Atmosphäre doch mit steigender Entfernung von der Erdoberfläche ab. Ein 180 km hoher Orbit ist für einige Tage stabil. Bei 250 km Höhe sind es schon Wochen bis Monate, bei 350 km Höhe etwa ein Jahr und in Skylabs Höhe etwa sechs Jahre. Das bedeutet: Sinkt Skylab ab, so bewirkt die steigende Reibung durch die dichter werdende Atmosphäre, dass die Station noch stärker abgebremst wird und sie noch tiefer sinkt – ein sich selbst beschleunigender Prozess.

Lange Zeit war die Zukunft von Skylab offen. Die Station war passiviert (es waren nur noch zwei Kommandoempfänger aktiv) und die NASA kontaktierte sie nicht mehr. Es gab zwar Studien für die Verwendung der Raumstation, aber kein konkretes Vorhaben. Das änderte sich in der zweiten Hälfte der siebziger Jahre. Die NASA entwickelte das Space Shuttle. Offiziell verkaufte sie es als Transportsystem, das die Startkosten drastisch reduzieren sollte. Intern sah sie es aber als Versorgungssystem für eine Raumstation. Dafür wurde es konzipiert. Die NASA nahm an, dass sobald die Entwicklungskosten für das Shuttle sinken würden, etwa zur Hälfte der Projektlaufzeit, als nächstes Programm eine Raumstation aufgelegt wird.

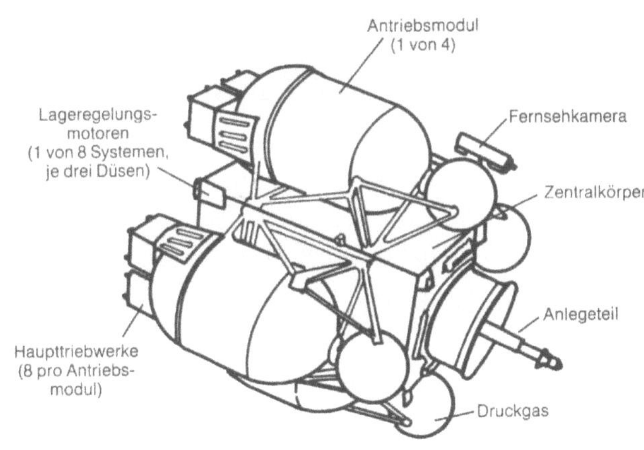

Abbildung 108: Aufbau des TRS

Doch es kam anders als gedacht. Die Entwicklungsprobleme beim Shuttle nahmen zu. Die Kacheln des Hitzeschutzschildes hafteten nicht an der Struktur. Die Turbopumpen der Triebwerke zerlegten sich bei Belastung, und später explodierte ein Triebwerk bei einem Test. Damit lag das Raumfahrzeug im Zeitplan zurück und erforderte zusätzliche Mittel für die

Entwicklung. Es war schon schwierig, diese zu erhalten. Von dem Aufbau einer neuen Raumstation war nun keine Rede mehr. Die ESA entwickelte das Spacelab, ein Forschungslabor, das im Frachtraum des Space Shuttles transportiert wurde. Aber damit waren nur Kurzzeitmissionen möglich. So schien die Wiederbelebung von Skylab eine gute Lösung, bis einige Jahre später die Entwicklung einer neuen Raumstation starten sollte.

Doch dafür musste zuerst einmal Skylab wieder in eine sichere Höhe gebracht werden. Im Jahre 1978 kam eine NASA-Studie zu dem Schluss, dass es für Kosten von weniger als 50 Millionen Dollar möglich sein müsste, die Raumstation zu retten, indem sie mit einem Antrieb in eine höhere Umlaufbahn geschoben wird. Sie wäre dann erst einmal gesichert und könnte später genutzt werden. Racks aus dem Spacelab-Programm könnten eingebaut und so die Forschung mit moderneren Experimenten fortgeführt werden. Es wäre sogar möglich, durch Umbau- und Erweiterungsmaßnahmen (wie einem solaren 25-kW-Stromgenerator) aus dem Labor eine Raumstation für sieben Mann Besatzung bis zum Jahr 1983/84 zu machen. Das Space Shuttle könnte Skylab anfliegen, und damit wäre eine ideale Symbiose gefunden: Das Shuttle selbst ist nur für Kurzzeitmissionen ausgelegt, ist aber ein leistungsfähiger Transporter. Das umgebaute Skylab erlaubte Langzeitmissionen. Damit konnte die Zeit überbrückt werden, bis eine neue Raumstation im All aufgebaut sein würde.

Die 1978 durchgeführte Studie sah folgende Operationen vor:

- Anheben der Station so früh wie möglich mit einem vom Shuttle angekoppelten Antriebsmodul, je nach Zeitpunkt sind eventuell mehrere Flüge dieses TRS (**T**eleoperator **R**etrieval **S**ystem) genannten Moduls nötig.

- Erster Besuch des Space Shuttles mit der Aufgabe, ein Interface für die direkte Kopplung an ein Space Shuttle zu installieren. Zusätzliche Aufgaben waren die Inspektion und das Upgrade der Subsysteme und Einbau einer Kommunikationsmöglichkeit mit den TDRS-Satelliten. Das Interfacemodul beinhaltet auch eine neue Stabilisierung mit sechs Gyros. Erwogen wurde auch das Neubefüllen der Druckgasflaschen.

- 1984 sollte dann ein neuer Solargenerator mit 25 kW Leistung installiert werden. Er ermöglicht nun 30-tägige Missionen mit einem während dieser Zeit angekoppelten Shuttle Orbiter. In dieser Zeit würden vorwiegend Experimente im Nutzlastraum des Shuttles durchgeführt werden. Einige könnten auch in Skylab eingebaut werden. Die Station dient vorwiegend als Wohnquartier und zum Verstauen von Gerätschaften.

- Diese Basisstation könnte dann ausgebaut werden durch neue Zusatztanks mit Gasen und Wasser am Interfacemodul und überleiten zu einer Station, die unabhängig vom Shuttle und dauerhaft bemannt ist und gegebenenfalls ausgebaut werden kann.

Mit der Entwicklung des TRS wollte die NASA zuerst einmal Skylab retten, indem die Bahn angehoben wird. Es sollte 1979 mit dem Space Shuttle gestartet werden, an Skylab andocken und die Bahn um 40 km anheben. Es wäre danach zum Space Shuttle zurückgekehrt. Bei den folgenden Flügen hätte das erneut aufgetankte Modul Skylab sukzessive in eine höhere Bahn gebracht.

Im März 1977 bekam Martin Marietta den Auftrag für die Entwicklung des TRS. Im September 1977 lag das erste Konzept vor, doch stieg die Sonnenaktivität rasch an, und der Terminplan war nun Makulatur: Durch die steigende Sonnenaktivität würde Skylab erheblich schneller absinken und zwei Jahre vorher verglühen, wenn nicht schnell gehandelt wird. Im Herbst bewirkte die sich ausdehnende Atmosphäre, das Skylab die durch den Gravitationsgradienten stabilisierte Ausrichtung verlor und die Abbremsung weiter zunahm.

Auf der anderen Seite gab es technische Probleme: Zum einen wurde die Entwicklung teurer als geplant (55 anstatt 35 Millionen Dollar) und zum anderen verzögerte sich der Erststart des Space Shuttles immer weiter. Sehr bald war klar, dass der TRS nicht rechtzeitig zur Verfügung stehen würde. Geplant war der Start der Skylabrettungsmission mit der Mission STS-2, angesetzt für Ende 1979 mit Fred Haise (Apollo 13 Veteran) als Pilot und Jack Lousma (Skylab 2) als Copilot der Mission.

Das TRS hatte keine Möglichkeit autonom anzukoppeln. Dies hätte von dem Space Shuttle mit seinem Manipulatorarm aus geschehen oder zumindest vom Shuttle aus gesteuert werden müssen. So kam ein Start mit einer Titan-Trägerrakete als Alternative nicht infrage. Die Erfolgsaussichten wurden in diesem Fall mit maximal 10% angesetzt. Daher wurde das Projekt schon 1978 wieder eingestellt.

Das TRS bestand aus einem Kern und zwei bis vier Treibstofftanks. Der Kern enthielt das Haupttriebwerk und drei Gruppen von Steuertriebwerken. Vorne war ein Kopplungsadapter angebracht, mit dem der TRS an Skylab ankoppeln konnte. Gesteuert wurde er vom Shuttle aus. Es gab dazu einen Kommandoempfänger und Sender für Telemetrie. Übertragen wurden auch die Signale einer TV-Kamera, die über dem Kopplungsadapter angebracht war. Damit konnte die Besatzung aus einer sicheren Entfernung die Ankopplung überwachen und steuern. Das modulare Konzept erlaubte, den TRS wiederzuverwenden. Bei einem neuen Einsatz wären nur die Tanks ausgewechselt worden. Geplant waren auch Einsätze, um Satelliten von einem höheren Orbit in einen niedrigen zu transferieren. Dort wäre er repariert und dann erneut angehoben worden. Je nach Größe des Satelliten wären dazu zwei oder vier Tanks eingesetzt worden.

Abbildung 109: Künstlerische Darstellung der Rettungsmission

TRS	
Abmessungen:	3,32 m Höhe × 3,17 m Breite × 3,35 m Länge
Startgewicht:	4.401 kg
Davon Kernmodul betankt:	1.068 kg
Davon Tanks (4 Stück):	3.333 kg
Kernmodul (Trockengewicht):	1.002 kg
Tanks (Trockengewicht):	588 kg
Gesamtimpuls Tanks:	600.500 kNs
Gesamtimpuls Kern:	11.100 kNs
Reichweite Kommandoempfänger:	480 km
Reichweite TV-Sender:	1,4 km

Schließlich gab die NASA die Rettungspläne für Skylab auf und konzentrierte sich nur noch darauf, es möglichst in unbewohntem Gebiet niedergehen zu lassen.

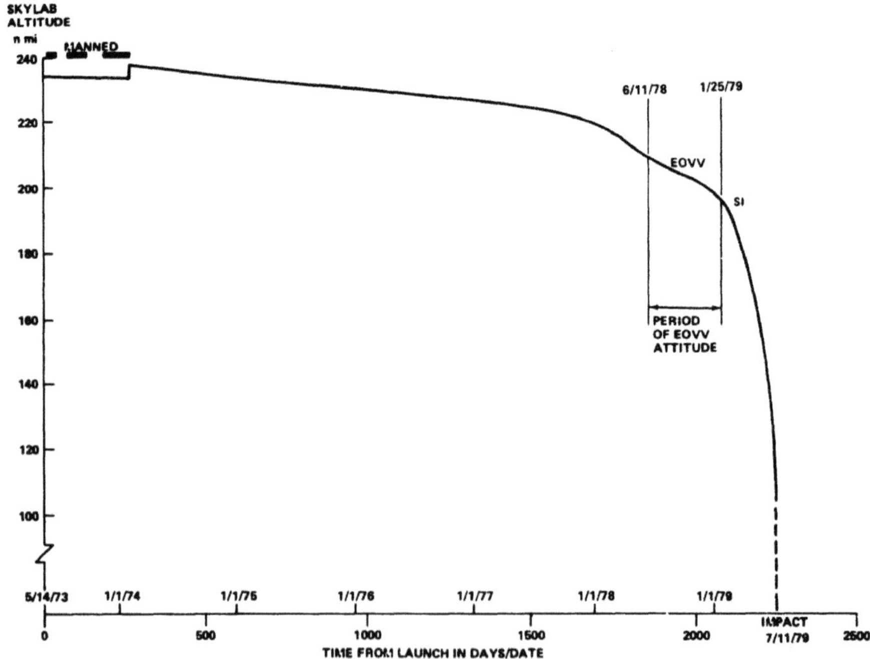

Abbildung 110: Plot des Höhenverlusts von Skylab seit dem Start

210

Zurück zur Erde

Schon als Skylab geplant war, gab es Ideen, die Station sicher zu deorbitieren. Im Jahr 1971 untersuchte die Rettungsbesatzung, bestehend aus Don Lindt und Vance Brandt, Szenarien für Skylab 5. Don Lindt berichtete über sein Training für diese Mission. Diese wäre nach Skylab 4 mit zwei möglichen Aufgaben gestartet worden: Anheben der Bahn von Skylab oder Deorbitieren.

Erstaunlicherweise konzentrierten sich die Untersuchungen auf das Letztere, obwohl das Apollo-CSM eine recht große Leermasse von über 12 t aufwies und nur wenig Treibstoff zugeladen werden konnte. Es wären mindestens 3,5 t zusätzlicher Treibstoff für das Deorbitieren nötig. Das Raumschiff wäre damit etwa 16,5 t schwer gewesen – zu schwer für eine Saturn IB. Einfacher wäre es sicher gewesen, die Station anzuheben, da dafür erheblich weniger Treibstoff notwendig war.

Beim Deorbitieren gab es nach den Simulationen zwei Bedenken. Das Erste war die Zündung des SPS-Triebwerks. Bei höchstem Schub konnte eine instabile Lage resultieren, in der die Station mit dem Raumschiff anfing, zu rotieren. Der Schub musste also begrenzt werden. Doch das war nicht das eigentliche Problem. Weniger als einen Umlauf später sollte Skylab verglühen. Trümmer würden in einem Umkreis von 40 km niedergehen, aber nicht in einer langen Spur, wie es später der Fall war. Zeitgleich würde aber auch das Raumschiff in die Atmosphäre eintreten. Stand genügend Zeit zur Verfügung, um abzukoppeln und auf sicheren Abstand zu gehen? Was würde passieren, wenn das automatische Abdocken nicht klappt? In diesem Fall hätte Lindt aufstehen, in den Tunnel zum Docking-Adapter kriechen und bei offener Luke im Raumanzug die zwölf Klammern manuell lösen müssen. Sobald er die vorletzte Klammer löste, würde Brand beginnen, die Vorbereitungen zum Abkoppeln zu treffen. Dazu hatte er vierzehn Minuten Zeit. In Simulationen schaffte Lindt das auch gerade noch. Nur war er dann noch nicht am Platz und die Luke auch nicht geschlossen. Das war dann der Missionsleitung zu riskant. Das Konzept wurde nicht umgesetzt, auch nicht in der zweiten Form, bei der der Orbit angehoben wurde.

Ab Frühjahr 1978 konzentrierte sich die NASA auf einen kontrollierten Absturz. Sie konnte Skylab zwar nicht retten, aber vielleicht wenigstens die Bahn so beeinflussen, dass es über weitgehend unbewohntem Gebiet niedergehen sollte. Schon vorher waren Satelliten und andere große Teile wieder in die Atmosphäre eingetreten, und die NASA betrieb bei anderen Missionen auch einen großen Aufwand, um die Gefahr zu minimieren. Die von der Saturn I gestarteten Pegasus-Satelliten waren so konstruiert, dass sie beim Wiedereintritt verglühten. Die Saturn IVB-Stufen wurden nach der Mission deorbitiert, indem die Treibstoffreste gerichtet ins All entlassen wurden, was zum Absenken des Perigäums und Verglühen nach 20 bis 30 min führte. Schon vorher waren Teile von Skylab in die Atmosphäre eingetreten: die Nutzlastverkleidungen am 5.6. und 1.8.1976 und die durch die Retroraketen abgebremste S-II-Stufe am 10.2.1975. Schlagzeilen gab es nicht, auch weil die großen Stufen nur wenige massive Teile enthielten und so beim Wiedereintritt keine große Gefahr darstellten.

Das Thema bekam unerwartete Brisanz, als im Januar 1978 über Kanada der Satellit „Kosmos 954"
niederging. Dieser Satellit des sowjetischen RORSAT-Programmes hatte die Aufgabe, mit einem Radar Schiffe und deren Bewegungen zu überwachen. Den hohen Energiebedarf des Radars deckte ein
Kernreaktor mit 31,1 kg hochangereichertem Uran-235. Vor Betriebsende sollte der Reaktor abgesprengt und durch einen eigenen Antrieb in eine höhere Bahn befördert werden. Das unterblieb aufgrund einer Fehlfunktion, und der Satellit verglühte am 24.1.1978 über Kanada. Trümmer gingen auf
einer 600 km langen Schneise nieder. Kanada suchte das Gebiet nach Trümmern des Satelliten und
radioaktivem Material ab und stellte der UdSSR eine Rechnung über 6 Millionen kanadische Dollar
aus, von denen auch 3 Millionen beglichen wurden.

Die Öffentlichkeit war durch dieses Ereignis sensibilisiert: Was würde passieren, wenn Skylab verglühen würde? Die Station hatte zwar kein radioaktives Material an Bord, doch sie wog über 70 t. Die
NASA machte eine Risikoanalyse – welche Teile könnten den Wiedereintritt überleben, wie groß ist
die Gefahr?

Am 6.3.1978 kontaktierte die NASA das Raumlabor über die Bodenstation auf den Bermuda-Inseln.
Sie war die letzte Bodenstation, die noch über Sender und Empfänger im UHF-Band verfügte, denn
inzwischen hatte die NASA die anderen Bodenstationen auf das höherfrequente S-Band umgerüstet.
Die Kommandoempfänger und Telemetrieeinheiten wurden aktiviert. Schon bald verlor die Bodenstation wieder den Kontakt. Über die nächsten Tage verschaffte sich das Bodenpersonal einen Überblick über den Zustand der Station. Das Hauptproblem war, dass Skylab rotierte – eine Umdrehung
in sechs Minuten. So wurden die Solarzellen mal beschienen und mal nicht. Daher ging auch laufend
der Funkkontakt verloren. Zuerst einmal mussten die Batterien aufgeladen werden, sodass es eine
dauerhafte Stromversorgung gab und die Station stabilisiert werden konnte.

Doch das war problematisch: Ein Schalter, der eigentlich das Entladen der Batterien unter eine Spannung von 27,5 V verhindert, war defekt und wirkte als Sperre für das Aufladen, solange die Spannung
unter 27 V lag. Die Batterien waren aber vollständig entladen. Die Lösung war, 575-mal das Aufladen
zu kommandieren, da der Schalter erst nach 10 Millisekunden aktiv wurde und in dieser Zeit Strom in
die Batterie floss. Irgendwann waren die Batterien soweit aufgeladen, dass die Ausgangsspannung
über 27 V lag, und danach war es möglich, die Batterien kontinuierlich aufzuladen. Die NASA stattete
weitere fünf Bodenstationen mit der notwendigen Ausrüstung aus, um Skylabs Telemetrie empfangen und Kommandos senden zu können, damit mehr Befehle an die Station gesendet werden konnten. Trotzdem verging mehr als ein Monat, bis am 14.5.1978 die Batterien aufgeladen waren.

Mit aufgeladenen Batterien konnten die CMG wieder in Betrieb genommen und damit die Ausrichtung der Station und auch die Energieversorgung stabilisiert werden. Am 11.6.1978 wurde Skylab mit
den Düsen wieder in die Ausrichtung parallel zur Erdoberfläche gebracht, um die Abbremsung zu
minimieren. Von der bisherigen Ausrichtung unterschied sich die neue Lage dadurch, dass nun der
Dockingport vorwärts in die Bahnrichtung schaute, da diese neue Ausrichtung den Kreisel 2 weniger

belastete, der schon während der Betriebszeit Anzeichen eines Ausfalls zeigte. Dies war eine Variation der **S**un **I**nertial (SI) Ausrichtung, die Skylab auch während der Zeit einnahm, als die Station bewohnt war.

Skylab war nun erneut stabilisiert und die NASA untersuchte nun, wie sie den Wiedereintritt kontrollieren konnte. Es zeigte sich, dass die Station in einem wesentlich besseren Zustand war als gedacht. Nahezu alle Systeme konnten reaktiviert werden. Ein Team untersuchte die Möglichkeiten und fand eine Lösung unter der Bedingung, dass immer noch zwei von drei Kreiseln arbeiten würden. Sie bestand darin, die Station in der derzeitigen Ausrichtung zu belassen, bis sie eine Höhe von 140 nautischen Meilen erreichte (259 km). Danach würde es nicht mehr möglich sein, diese Ausrichtung gegen die ansteigenden aerodynamischen Kräfte aufrecht zu erhalten. Nun sollten die Kreisel eingesetzt werden, um die Drehungen der Station durch die aerodynamischen Kräfte zu kompensieren (genannt **T**orque **E**quilibrium **A**ttitude TEA). Allerdings hatte dieser neue Modus den Nachteil, dass in dieser Ausrichtung die atmosphärische Abbremsung nahe am Maximum war. Skylab verlor daher, sobald TEA als Ausrichtung genutzt wurde, noch schneller an Höhe. Hätte es genügend Treibstoff an Bord gegeben, um den SI beizubehalten, so wäre Skylab erst am 11.4.1980 verglüht.

Computerspezialisten von IBM hatten in kurzer Zeit eine neue Software zur Kontrolle der Station geschrieben. Sie war umfangreicher als die Alte, doch da alle Programme für die Umweltkontrolle und die Ausrichtung des ATM gelöscht werden konnten, war dies kein Problem. Die Hauptbefürchtung war, dass weitere Kreisel oder die Kommandoeinheit, die schon 1964 für Gemini entwickelt worden war, ausfallen könnten.

TEA wurde aktiviert, als die Station am 20.6.1979 eine Höhe von 142 nautischen Meilen (263 km) erreicht hatte. Um 170 km Höhe zu verlieren, benötigte die Station rund sechs Jahre, für die restlichen 143 km bis zum Auseinanderbrechen jedoch nur noch 21 Tage.

Datum	Höhe
9.2.1974	434 × 455 km
1.1.1978	400 km
31.9.1978	361 km
31.3.1979	345 km
25.5.1979	298 km
20.6.1979	263 km
10.7.1979	165 km
11.7.1979	120 km und Wiedereintritt

Die Vorgehensweise war, den TEA-Modus beizubehalten, bis die Station weiter abgesunken war. Es gab eine zweite Grenze, sie lag in 75 Meilen (121 km) Höhe. Wenn Skylab diese Höhe erreicht, dann reichen die CMG nicht mehr aus, um die Station zu stabilisieren. Sie gerät ins Taumeln, verliert dadurch noch schneller an Höhe und verglüht innerhalb eines Umlaufs. Die Strategie war es, nahe dieser Grenze die CMG abzuschalten und damit den Punkt festzulegen, an dem die Station in die Erdatmosphäre eintritt. Dieser Punkt konnte um einen Erdumlauf variiert werden. Zuletzt gab es noch Treibstoff für einen Impuls von 40.000 Ns, mit dem bei einem ungünstigen Orbit nochmals die Station kurzzeitig angehoben werden konnte.

Mehr Möglichkeiten gab es nicht: Die Station konnte maximal einen Erdumlauf früher oder später in die Erdatmosphäre eintreten. Vorhersagen ergaben, dass die Station am 11.7.1979 wieder eintreten würde. Innerhalb eines Tages würde sie von 160 km Höhe auf 120 km Höhe sinken und dann verglühen. Es gab fünf Umläufe an diesem Tag, die den Sicherheitsanforderungen genügten – die Trümmer würden über eine Strecke von 6.400 km Länge und 160 km Breite niedergehen. Es zeichnete sich am 10.7.1979 ab, dass bei dem wahrscheinlichsten Orbit für das Verglühen Trümmer die Westküste der USA und Kanada erreichen können. Daher wurde das Kommando zum Abschalten der Gyros frühzeitig, in 150 km Höhe, gegeben und der Punkt vorverlegt. Dies war sechs Stunden vor dem Eintritt. In diesen sechs Stunden sank Skylab um weitere 30 km. Skylab sollte über dem Atlantischen Ozean verglühen, Festland sollte nicht betroffen sein. Diese Vorhersage basierte auf den Spezifikationen der maximalen Belastungsgrenzen der strukturellen Teile. Geplant war ein Auseinanderbrechen über dem Nordatlantik und ein Niedergehen der Trümmer rund um Ascension Island bis zur Südspitze von Afrika. Doch die Station war robuster gebaut als gedacht, und so erreichten die Trümmer noch Australien.

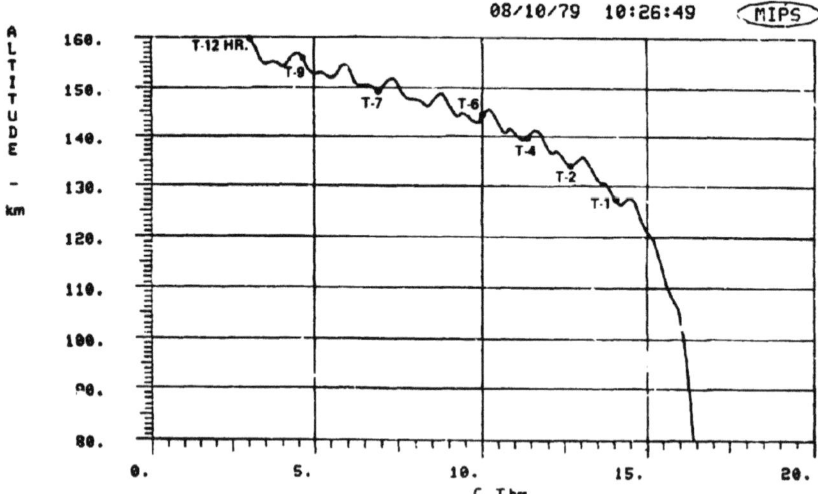

Abbildung 111: Der Höhenverlust am letzten Tag von Skylab

214

Die NASA hatte errechnet, dass 25 t den Wiedereintritt überleben würden. Etwa 400 bis 500 Stücke würden auf die Erde niedergehen. Die schwersten Stücke waren die Sauerstofftanks (jeweils 1.200 kg Gewicht), der Tankzwischenboden (6.785 kg), die Verkleidung der Luftschleuse (2.245 kg) und der mit Blei abgeschirmte Filmbehälter (1.800 kg). Er sollte eine Geschwindigkeit von 120 m/s beim Aufschlag erreichen und könnte einen Krater von 30 m Durchmesser erzeugen. Etwa ein Dutzend Teile würden 500 kg oder mehr wiegen, 200 weitere zwischen 5 und 500 kg. Der Rest wog jeweils unter 5 kg.

Zuerst würden in 114 km Höhe die OWS-Solarpaneele abgetrennt werden, gefolgt vom ATM in 100 km Höhe. Der OWS sollte in 78 km Höhe auseinanderbrechen. Die Trümmer verteilten sich zwischen 94,4 und 131,1 ° östliche Länge und 46,9 bis 26° südliche Breite. Die Mitte der Trümmerwolke erreichte bei -33°, 122° Ost das australische Festland südlich von Perth.

Zahlreiche Trümmer wurden in Australien gefunden und auch ausgestellt. Sie verteilten sich über eine Fläche von 4.000 × 60 km. Die größten waren die Sauerstofftanks, die etwa mannsgroß waren. Die Fundstücke sind heute in den Vereinigten Staaten und in Australien ausgestellt. Während die Möglichkeit, von der Station getroffen zu werden, weltweites Medienecho hervorrief und selbst den „Spiegel" zu einer Titelstory inspirierte, war der Wiedereintritt mit Ausnahme von australischen Lokalzeitungen nicht wichtig genug für ein nennenswertes Medienecho, da niemand getroffen wurde und auch die über Land niedergegangenen Trümmer nur in wenig besiedeltem Gebiet aufschlugen.

Abbildung 112: Fotografie des Verglühen der Trümmer Skylabs, aufgenommen in Perth

Vorbereitungen und Bodensegment

Was das Skylab-Programm von der ISS, aber auch den Apollo-Missionen (nach dem Start) unterscheidet, ist die Tatsache, dass es keinen dauerhaften Funkkontakt gab. Es gab zwölf Funkstationen, über die ein Funkkontakt zustande kam, die meisten davon in den USA. Dazu gab es ein mobiles Schiff mit Empfangs- und Sendevorrichtungen. Während der Aufenthalte von Astronauten in Skylab war das Schiff „Vanguard" im Hafen von Mar del Plata in Argentinien stationiert, um die Empfangslücke über dem südlichen Atlantik abzudecken. Eine Flotte von acht **A**pollo **R**ange **I**nstrumentation **A**ircrafts (ARIA) stand bereit, um in besonderen Situationen einzuspringen.

Typischerweise war die Station nur einige Minuten im Empfangsbereich einer Station. So war die Besatzung den größten Teil der Umlaufdauer auf sich alleine gestellt. Es gab eine Abdeckung von 32 Prozent der Flugzeit. Ein „Fenster" dauerte 2 bis 11 Minuten. Durchschnittlich gab es 6,5 Minuten Funkkontakt zu einer Bodenstation. In einigen Fällen überlappten sich die Empfangsbereiche, sodass eine längere Funkverbindung über 18 bis 20 Minuten bestand. In anderen Situationen gab es während eines ganzen Orbits (90 Minuten) keinen Kontakt.

Die meisten Stationen hatten Empfangsantennen mit 9 m großen Parabolantennen. Der Komplex bei Goldstone in Kalifornien war auch mit 26 m Antennen ausgerüstet. Die TV-Signale mit höherer Datenrate wurden daher dort empfangen. Die Konzeption der Kommunikation trug dieser Gegebenheit Rechnung. Bei den kurzen Kontakten wurde neben den Realzeitdaten und Gesprächen mit der Besatzung die Telemetrie der Station gesendet, die Aufzeichnungen der Sprache und gespeicherte Daten dann während der Nacht. Die Experimente hatten in der Regel nicht die Möglichkeit, Daten zum Boden zu senden, sondern die Ergebnisse wurden auf Magnetband und Film aufgezeichnet. Die Bänder und Filme wurden von der Besatzung gewechselt und zum Boden zurückgebracht. So war es nicht möglich, die Instrumente längerfristig ohne die Besatzung zu betreiben. Zwischen den Besatzungswechseln war es eingeschränkt möglich, bis das entsprechende Band voll bespielt war und von der nächsten Besatzung ein neues eingelegt wurde.

Es wurden neben zwei Flugexemplaren zahlreiche Simulatoren gebaut, insgesamt 17 Stück. Die meisten davon befanden sich bei Vertragspartnern zur Untersuchung von speziellen Eigenschaften wie dem Thermalhaushalt, der Verkabelung oder Akustikmessungen. Diese umfassten daher nicht ein komplettes Modell des Labors. Am MSFC gab es sechs Simulatoren, davon einer voll ausgestattet, mit Flughardware. Dieses Modell wurde, während die Mission schon lief, intensiv genutzt, um die Zündungen der Triebwerke zu optimieren, nachdem die Gyroskope an Leistung verloren. So konnte Treibstoff im Labor gespart werden. Zwei weitere Simulatoren am MSFC wurden genutzt, um die elektrische Last zu optimieren, indem ein genauer Zeitplan erstellt wurde, wann welche Geräte an- und abgestellt werden sollten. Der bekannteste Simulator war der in den NBL herabgelassene, an dem die EVAs trainiert wurden.

Zusammenarbeit Boden / Skylab

Dar Raumlabor unterscheidet sich in zwei Aspekten von früheren Missionen: zum einen durch die viel längere Missionsdauer und zum anderen durch die Orientierung auf die Forschung. Vorher dauerten die Gemini- und Apollo-Missionen maximal 14 Tage. Nur während eines Bruchteils der Zeit war aber die Besatzung mit Experimenten beschäftigt. Bei Apollo war z.B. der Flug zum Mond und zurück, der sieben von zwölf Tagen ausmachte, weitestgehend ereignislos. Die meisten Gemini-Missionen dauerten nur drei bis vier Tage. Nur zwei Missionen erstreckten sich über sieben bzw. vierzehn Tage. Während dieser Zeit drehte die Besatzung weitgehend Däumchen, da zum einen wesentlich weniger Energie zur Verfügung stand und zum anderen in den kleinen Gemini-Kapseln auch die Möglichkeiten, Experimente mitzuführen, äußerst begrenzt waren.

Der Besatzung wurde von der Bodenkontrolle nicht mehr vorgeschrieben, was sie wann erledigen musste, sondern sie bekam einen Plan, welche Dinge für den heutigen Arbeitstag anstanden. Dieser wurde über Fernschreiber übermittelt. Bei der Skylab 3 Crew etablierte sich am Schluss sogar die Praxis, die Aufgaben so zu Papier zu bringen, dass die Besatzung den Papierstreifen nehmen und entlang der Wand des MDA bis zum Workshop platzieren konnte und neben den Experimenten nun stand, was sie wann machen mussten.

Dieser Plan war aber als Vorgabe zu verstehen. Die Besatzung konnte Aktivitäten verschieben, ausdehnen oder streichen. Insbesondere bei der Sonnenforschung war die Arbeit stark aktivitätsabhängig. Bei einer aktiven Sonne wurden die Beobachtungen natürlich nicht abgebrochen, wenn die nominelle Beobachtungszeit zu Ende war. Andere Aktivitäten waren nicht verschiebbar, wie z.B. die Erdbeobachtungen: Sie waren durch die Himmelsmechanik festgelegt. Sie waren so wichtig, dass freie Tage so gelegt wurden, dass möglichst keine Erdbeobachtungen von ihnen betroffen waren.

Neu war auch die Zusammenarbeit mit den Principal Investigators (PI). Bei Apollo waren diese zwar auch bei der Mission beteiligt, sie saßen jedoch in einem der hinteren Räume im Kontrollzentrum. Alle Vorschläge, Hilfen und Wünsche wurden über einen Verbindungsastronauten der Flugkontrolle vorgetragen, welche sie dann über den Capcom der Besatzung vortrug. Bei Apollo stand die Sicherheit im Vordergrund, nicht die Experimente. Bei Skylab etablierte es sich im Laufe der Zeit, dass es möglich wurde, dass die PI direkt mit den Astronauten sprachen. So konnten Beobachtungen viel einfacher koordiniert, Hilfestellungen gegeben, Experimente und Instrumente erklärt werden. Heute ist dies bei der ISS die Standardvorgehensweise.

Die langen Missionen machten auch bei der Missionskontrolle in Houston neue Strategien bei der Betreuung nötig. Apollo kam mit drei Teams aus, die sich im Acht-Stunden-Takt abwechselten – dass dabei Wochenenden wegfielen, ließ sich bei den kurzen Missionen noch verschmerzen. Bei Skylab 2 arbeiteten vier Teams abwechselnd in nominellen 40 Stunden Arbeitswochen. Das erwies sich aber als nicht praktikabel, und so arbeiteten bei Skylab 3+4 jeweils fünf Gruppen an der Betreuung, wobei im Wechsel jeweils ein Team zwei Tage am Stück dienstfrei hatte.

Das Kontrollteam bestand bei Skylab aus folgenden Personen:

GUIDO: Guidance Officer: Überwachte die IU der Saturn während des Fluges, danach den Bordcomputer von Skylab und der Kommandokapsel.

FLY DYN (FIDO): Überwachte und plante Bahnmanöver, Orbitalparameter und bereitete den Wiedereintritt und die Landung vor.

LV/EVA/EREP: Die Konsole wurde beim Start von dem Ingenieur besetzt, der die Startvorbereitungen überwachte (LV=Launch Vehicle). Bei EVA-Tätigkeiten wurden diese von hier aus überwacht, und bei EREP-Beobachtungen diese geplant und überwacht. Diese Konsole wurde daher (wie auch zahlreiche andere) von drei Ingenieuren zu unterschiedlichen Zeiten besetzt.

EGIL/EECOM: Electrical General Instrumentation and Life Support Engineer: Verantwortlich für Überwachung und Problemlösungen des Elektrischen- und Umweltkontrollsystems von Skylab. Wenn das CSM nicht an Skylab angedockt war, wurde die Position besetzt von dem Ingenieur, der die Elektrischen- und Umweltsysteme des Apollo-Raumschiffs überwachte (EECOM: Electrical Environmental and Consumables Manager).

GNS/GNC: Die Konsole wurde von dem Guidance Navigation and Control Systems Ingenieur besetzt, beim Start und nach dem Abkoppeln von dem für das CSM Verantwortlichen (GNC), sonst von dem für Skylab Verantwortlichen (GNS). Er überwachte die Ausrichtung der Station und die dafür verantwortlichen Subsysteme.

EXP: Experiment Officer: Verantwortlich für die Überwachung der Experimente, Übertragung der Daten und Übermittlung dieser an die Wissenschaftler.

MED OPS: Medical Operations. Der Arzt überwachte die Körperfunktionen der Besatzung und synchronisierte alle Aktivitäten, die mit Medizin zu tun hatten.

CAPCOM / FAO: Capsule Communicator / Flight Activities Officer. Der Capcom (ein von den Astronauten ungeliebter Ausdruck, sie bevorzugten „Spacecraft Communicator", aber das war nicht als Abkürzung auszusprechen) war ein Astronaut des Skylabprogramms aus der Unterstützungsmannschaft oder Reservebesatzung, der als Einziger direkt mit der Besatzung sprechen dürfte. Er vermittelte zwischen dem Team und den Astronauten, die so nur einen Ansprechpartner hatten. Er tauschte den Platz mit dem FAO, der genauer über die Experimente Bescheid wusste und Unterstützung bei diesen geben konnte. Der FAO war auch verantwortlich für den Flugplan und Änderungen dessen. Er koordinierte die gesamten Beobachtungen, also welche Experimente wann durchgeführt wurden.

FD: Flight Director: Der Chef des ganzen Teams. Verantwortlich für das Team als Ganzes, alle Entscheidungen und Aktivitäten. Alle Konsolen berichten zuerst nur an den FD, der dann Aufgaben delegiert oder entscheidet.

O&P: Operation & Procedures: Verantwortlich für die Einhaltung der Missionsvorschriften und Überwachung der Realzeitdatenverarbeitung.

SKYCM: Skylab Communications Engineer: Zuständig für die Kommunikationssysteme von Skylab und den ganzen Funkverkehr mit der Station.

DoD: Department of Defence Officer: Verantwortlich für die Koordination mit dem Militär, das sowohl an Experimenten beteiligt war, wie auch bei der Bergung benötigt wurde.

HQTRS: Headquarters: Repräsentanten der NASA-Zentrale.

FOD: Flight Operations Director: Der Direktor des Johnson Space Centers. Verantwortlich für alle operationellen Aspekte von Skylab und Verbindungsmann zu den anderen NASA-Zentren, die am Projekt beteiligt waren.

PAO: Public Affairs Officer: Er ist die „Stimme von Mission Control" und als Kommentar bei allen Radio- und Fernsehübertragungen zu hören. Er erklärt, worüber gerade geredet wird, was passiert, und übersetzt den Fachjargon in allgemein verständliche Ausdrucksweise.

Wie deutlich wird, waren viele Konsolen zu unterschiedlichen Zeiten mit unterschiedlichen Personen besetzt. Im wesentlichen wurden die Positionen geteilt von Ingenieuren, die das Himmelslabor überwachten und denen, die das Apollo-Raumfahrzeug betreuten. Da die Besatzung zu einem Zeitpunkt nur jeweils eines von beiden Raumschiffen bewohnte, war dies möglich.

Jede Konsole hatte Verbindungen zu zahlreichen Technikern in anderen Räumen, die bei Problemen hinzugezogen wurden. Weiterhin waren über Daten- und Telefonleitungen auch die anderen am Projekt beteiligten NASA-Zentren eingebunden. Während die meisten nur zeitweise an der Mission beteiligt waren, das Kennedy-Space-Center z.B. nur bis zum Abheben der Saturn, war die Verbindung zum MSFC eine besonders starke, denn dort wurden die meisten Teile von Skylab entwickelt und gebaut.

Verglichen mit den Positionen bei Gemini und Apollo gibt es zahlreiche Parallelen, aber auch Unterschiede. Positionen wie EECOM, GUIDO und FIDO gab es schon vorher. Eine Revolution war aber, dass erstmals an der Capcom-Konsole kein Astronaut saß. Der FAO war dafür zuständig, dass die Arbeitszeit der Astronauten optimal ausgenutzt wurde und die Arbeitspläne verändert wurden, wenn es nötig war, um auf sich bietende Gelegenheiten zu reagieren. Hier saßen auch die Verantwortlichen für die Experimente, die den Astronauten Erklärungen und Hintergrundinformationen geben konnten. Erstmals gab es so einen direkten Draht zu den Wissenschaftlern. Es zeigt auch, dass sich der bei Apollo noch vorherrschende starre Zeitplan nun gewandelt hatte. Die Astronauten waren mehr eigenverantwortlich für den Zeitplan, auch wenn die Besatzungen von Skylab 3 und 4 sich teilweise gegängelt durch die Bodenkontrolle fühlten und für noch mehr Freiheit plädierten.

Abbildung 113: Das wohl bekannteste Bild von Skylab, aufgenommen von der letzten Crew nach Verlassen der Station.

Rettungsmöglichkeiten

Die Notlandung von Gemini 8 im Jahre 1966 und die Explosion des Sauerstofftanks bei der Mission Apollo 13 lenkte die Aufmerksamkeit des MSC auf die Möglichkeit einer Fehlfunktion. So machte sich die NASA Gedanken, wie sie die Besatzung retten könnte. Zum einen bot die Station eine gewisse inhärente Sicherheit. Schon alleine ihre Größe war hier von Bedeutung: Wenn es z.B. ein Leck gegeben hätte, so sorgte das Innenvolumen von über 300 m³ dafür, dass der Druck nicht zu schnell abfällt und so genügend Zeit vorhanden war, weitere Schritte zu überdenken. Darüber hinaus gab es noch die Möglichkeit, weiteres Druckgas hinzuzufügen und die Atmosphäre so länger aufrecht zu erhalten.

Zusätzlich gab es luftdicht verschließbare Luken an beiden Enden der Luftschleuse und am OWS. Wäre der OWS von einem sehr großen Meteoriten getroffen worden, so sollte die Besatzung sich in den MDA zurückziehen und dann schnellstmöglich zur Erde zurückkehren. Eine Beschädigung des MDA war unwahrscheinlicher. Zum einen war seine Hülle wesentlich stärker, zum anderen war er auch kleiner und weniger exponiert: Skylab flog mit dem Ende des OWS nach vorne in die Bahnrichtung.

Aber selbst in diesem Fall hätte die Besatzung noch den MDA in den EVA-Anzügen durchqueren können. Es gab im MDA und in der Luftschleuse jeweils Anschlüsse für das Versorgungssystem für Gase. Zusätzlich verfügten die Anzüge über eine kleine Sauerstoffflasche.

Sorge machte in den Planungen eigentlich die Luftschleuse: Was würde geschehen, wenn sich die Türen nicht wieder sauber schließen würden oder wenn es einen Ausfall der Einheit für die Restaurierung der Atmosphäre gab? Auch in diesem Fall war der MDA als Rückzugsmöglichkeit vorgesehen. Von drei Personen in der Raumstation verblieb einer bei der EVA im MDA. Auch er legte bei einer EVA seinen Raumanzug an und verband ihn mit dem Versorgungssystem. Der MDA blieb aber noch unter Druck. Wenn die beiden anderen Besatzungsmitglieder bei ihrer EVA-Operation Probleme hatten, oder es ihnen nicht gelang, in der Luftschleuse die Atmosphäre wiederherzustellen, dann sollte der dritte Astronaut im MDA diesen durch die radiale Luke verlassen, gesichert durch seine Versorgungsleine und eine Sicherheitsleine. Er nahm zwei weitere Versorgungsleinen mit. Die EVA-Arbeiter sollten diese übernehmen, bei sich anstecken und die Verbindungen zur Luftschleuse ausklinken. Danach nutzen sie die Sicherheitsleine des dritten Besatzungsmitglieds als Seil, um zum Einstieg des MDA zu gelangen.

Von dort aus wäre dann nochmals versucht worden, die Luftschleuse zu reparieren. Wäre dies nicht gelungen, so hätte die Besatzung Skylab verlassen und wäre mit dem CSM zur Erde zurückgekehrt.

Es gab dann noch die Möglichkeit, dass die Apollo-Kapsel selbst beschädigt wurde. Mit dieser Möglichkeit beschäftigte sich die NASA schon 1970 und hatte daher auch für diesen Fall eine Lösung. Bei den ersten beiden Missionen gab es mehr als genügend Vorräte an Bord. Die Crew würde einfach an Bord der Raumstation ausharren, bis eine Rettungsmission gestartet wäre. Die Vorbereitung für diese dauerte 45 Tage, von denen 22 allein auf die Wiederherstellung der Startanlagen nach dem Start einer Saturn IB entfielen. Die Rettungsbesatzung wäre dann die Backup-Crew gewesen, allerdings nur mit zwei Astronauten. Die Vorgehensweise bestand darin, die nächste Mission normal vorzubereiten. Sollte ein Notfall eintreten, so wäre diese als Rettungsmission gestartet worden. Wann sie an Skylab ankoppelte, hing daher davon ab, wann der Notfall eintrat – bei Missionsbeginn dauerte es 48 Tage, zu Missionsende nur noch 10 Tage. Das bedeutet, dass in vielen Fällen die Mission verlängert werden musste: Die Mission mit 28 Tagen Dauer um bis zu 20 Tage, die Missionen mit 56 Tagen um bis zu 13 Tage. Ein Problem war die letzte Mission, weil hier keine Nachfolgemission geplant war. Im Extremfall – ein Defekt wird am Ablegetag entdeckt – hätte die Besatzung bis zu 48 Tage warten müssen, bis Rettung eintrifft.

Abbildung 114: CSM 119/SA-208 wurden zuerst als Rettungsmission vorbereitet

Es zeigte sich, dass eine Kapsel innerhalb von acht Arbeitsstunden in eine fünfsitzige Kapsel umrüstbar ist, indem im Ausrüstungsbereich unter den drei Sitzen die Vorratsbehälter entfernt und neue Konturensitze eingebaut werden.

In diesem Fall sollte jeweils einer unter der linken und rechten Seite installiert werden, allerdings um 180 Grad gedreht. Die Besatzungsmitglieder in den Notsitzen hatten ihren Kopf unter den Füßen der Astronauten auf den regulären Sitzen. Eine gewisse Besorgnis gab es, dass die oberen Liegen durchbrechen könnten, denn dies war ein Designmerkmal von ihnen. Bei einer zu hohen g-Belastung sollten die Aufhängungen an Sollbruchstellen brechen und die Liegen dann weich auf die darunter liegenden Vorratsbehälter fallen. Dies konnte nur vorkommen, wenn die Kapsel an Land niederging. Da dieses Szenario am wahrscheinlichsten bei einem Fehlstart war, spielte es in der Praxis aber keine Rolle, da dann die unteren Liegen nicht belegt waren.

In der Mitte unter dem dritten Sitz wäre noch Platz für eine Reihe von Vorratsbehältern für Ausrüstung gehabt. Es konnten aber nur die wichtigsten Ergebnisse zurückgebracht werden, da ein Großteil des Stauraumes wegfiel. Es verblieben nur 175 – 200 l Volumen. Maximal 80 kg an Ausrüstung konnten dort verstaut werden. Schon vor dem Start des Labors gab es daher eine Liste, was höchste Priori-

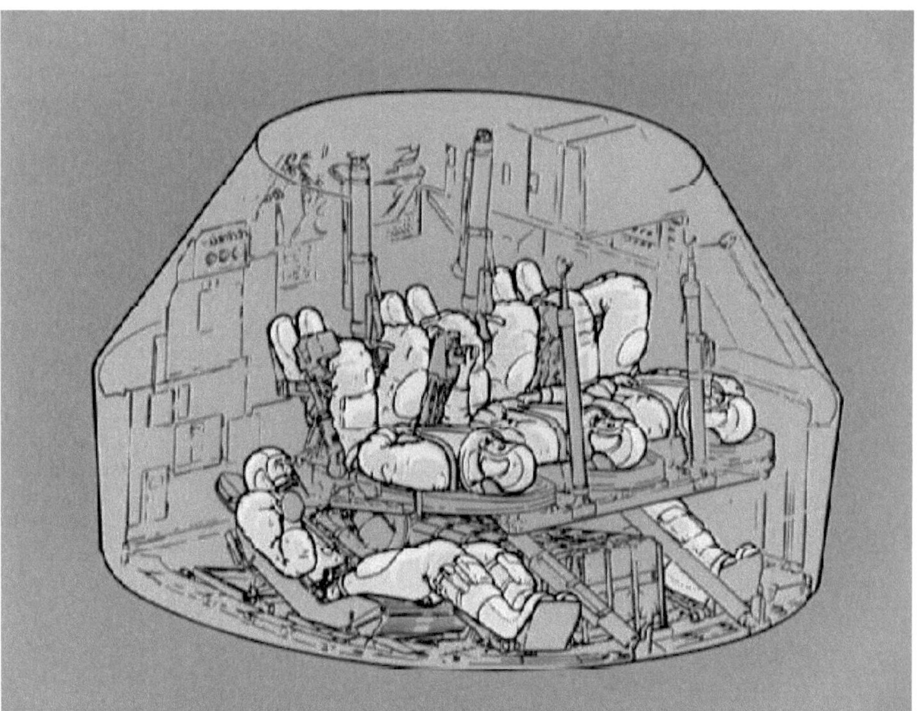

Abbildung 115: Die umgebaute Kapsel für die Rettungsmission

tät genoss. Den Astronauten kam es sehr seltsam vor, dass ganz oben auf dieser Liste Urin- und Kotproben standen. Drei Viertel der so geborgenen „Ergebnisse" entfielen auf die medizinischen Experimente. Danach folgten EREP- und Sonnenaufnahmen.

Die Trajektorie einer Rettungsmission wäre identisch zu einem normalen Aufstieg gewesen. Geplant war die Landung in den primären Landezonen. Das Ankoppeln sollte ohne Funkwellen-Abstandsbestimmung erfolgen können, und eine Rettungsmission wäre nach spätestens fünf Tagen beendet gewesen.

Nur ein einziges Mal wurde eine derartige Rettungsmission tatsächlich ernsthaft erwogen. Dies war bei der Mission SL-3. Nach sechs Tagen waren zwei der vier RCS-Blöcke der Apollo-Kapsel nicht mehr einsetzbar und die Missionskontrolle überlegte, was wohl beim Ausfall eines dritten oder vierten Blocks passieren würde. Ohne die RCS-Triebwerke war das Raumschiff nicht mehr steuerbar. In diesem Falle wäre die Rettungsmission regulär gestartet. Sie hätte an dem radialen zweiten Port am MDA angekoppelt, der normalerweise nicht benutzt wurde. Bis dahin blieb die ursprüngliche Kapsel an Skylab, um ihre Kommunikationsausrüstung weiter benutzen zu können (die Wände der Raumkapsel waren so massiv und dick, dass eine Durchlöcherung als unwahrscheinlich angesehen wurde und ein Defekt eher im Servicemodul oder einem anderen Subsystem vermutet wurde). Erst nach Ankopplung des Rettungsraumschiffs wäre die defekte Kapsel abgekoppelt worden, um den Kopplungsadapter für die nächste reguläre Besatzung freizumachen. Danach sollte die Besatzung mit der Rettungsfähre zur Erde zurückkehren. Aufgrund der Vorbereitungszeit hätte sich die Missionsdauer unter Umständen verlängert. Doch das war nicht kritisch. Die Vorräte waren mit so hohen Reserven beaufschlagt, dass sie in jedem Falle ausgereicht hätten.

Abbildung 116: CSM-119, die Rettungskapsel, steht heute im Museum

Die Experimente

Dieses Kapitel beschreibt die Experimente von Skylab. Sie befanden sich an verschiedenen Stellen im Labor. Das auffälligste war die Montierung der Sonnenexperimente (Apollo Telescope Mount ATM) mit vier Solarpaneelen, welche der Sonne beim Umlauf um die Erde folgten. Andere Experimente waren an der Außenseite des Orbitalworkshops (OWS) angebracht und erforderten zum Teil Außenbordeinsätze von Astronauten zum Wechseln von Proben oder Filmkassetten. Die medizinischen Experimente waren im OWS untergebracht, die Erdbeobachtungsexperimente im MDA.

Auffällig bei Skylab ist der extensive Einsatz von fotografischem Film: Gegenüber TV-Kameras, die es damals auch schon gab, ist er empfindlicher und hat einen viel größeren Informationsgehalt pro Bild. Der Hauptnachteil, dass es eine nur einmal verwendbare Ressource ist, spielte bei Skylab keine Rolle, da die Besatzung Nachschub im Apollo-Raumschiff in den Lagerräumen unterhalb der Sitze mitführen konnte und auch Skylab voll mit Film beladen gestartet wurde.

Eine besondere Verbindung gab es zwischen Skylab und der Weltraummedizin. Anfangs gab es große Bedenken, ob der Mensch nicht körperlichen Schaden durch den Aufenthalt unter Schwerelosigkeit erleidet. Den ersten Orbitalflügen gingen Versuche mit Affen voraus. Während der Mercury-Flüge und den ersten Gemini-Flügen wurde sukzessive die Aufenthaltsdauer von wenigen Stunden über eineinhalb Tage, drei Tage, eine Woche bis hin zu 14 Tagen erweitert. Da diese Dauer länger als ein Mondflug war, war damit für die NASA das Thema Einfluss der Schwerelosigkeit auf die Menschen erledigt. Im Apollo-Programm stand die Mission im Vordergrund, und die Astronauten waren nun nicht noch zusätzlich Versuchskaninchen, wie dies bei Mercury und Gemini der Fall war.

Bei Skylab war dies anders: Die Mediziner wollten die Gelegenheit nutzen, eine Besatzung vollständig auf die Folgen der Schwerelosigkeit über ansteigende Zeiträume zu untersuchen. Sie konnten ihren Einfluss innerhalb der NASA durchsetzen. Besonders hart traf es die erste Besatzung, bei der ein Mediziner Crewmitglied war. Bei dieser wurden auch regelmäßig Blutproben genommen, und die beiden anderen Besatzungsmitglieder mussten sich von ihm untersuchen lassen.

Um zu bestimmen, ob der Mensch Mineralstoffe verliert oder Knochenmasse abbaut, war es ein Ziel, die gesamte Mineralstoff- und Nährstoffbilanz zu bestimmen, die Letztere auch, um den Energiebedarf und den Abbau von Körpersubstanz zu ermitteln. Die Besatzung bekam daher bilanzierte Diäten. Eine bilanzierte Diät bedeutet: Die Aufnahme an Eiweiß, Fett sowie den Hauptmineralstoffen ist festgelegt. Alle Menüs waren auf eine bestimmte Tageszufuhr ausgelegt, und die Menüs wiederholten sich alle sechs Tage. Es gab aber zahlreiche Einwände gegen diese Diäten. Das erste Problem war die Nährstoffzufuhr. Ursprünglich waren 2.000 kcal (8.400 kJ) pro Tag angesetzt – deutlich unter den 2.400 kcal, die ein mittelschwerer Mann ohne körperliche Tätigkeit pro Tag auf der Erde benötigt.

Die Mediziner vertraten die Ansicht, dass der Körper in der Schwerelosigkeit erheblich weniger Energie braucht, er muss das Blut nicht gegen die Schwerkraft pumpen. Das Gleiche gilt für die Atmung. Der Energiebedarf sei daher vergleichbar dem von bettlägrigen Patienten. Entsprechend sollte die Diät zusammengesetzt werden.

Dem widersprachen die Astronauten. Bei den Besatzungen gab es folgende Extreme: Alan Bean wog 68 kg und benötigte bei seiner Mondmission bei Apollo 12 durchschnittlich 2.000 kcal. Jack Lousma wog 88,5 kg und verbrauchte auf der Erde (er trainierte regelmäßig) 3.000 kcal/Tag. Beide über einen Kamm zu scheren, wäre unsinnig. Das Problem war nicht, dass Skylab nicht genügend Nahrung aufnehmen konnte – es war die bilanzierte Diät, die für alle drei Besatzungsmitglieder gleich war. Nach längeren Diskussionen wurden sich Mediziner und Astronauten einig, dass die Bestandteile der Nahrung, die wichtig für den Elektrolyt und Eiweißhaushalt waren, 2.400 kcal umfassen sollten. Darüber hinaus konnten die Besatzungsmitglieder bis zu 800 kcal pro Tag an „leeren Kalorien", sprich Nahrungsmittel, die Fett und Kohlenhydrate, aber kaum Eiweiß, Salz und Mineralien enthielten wie z.B. Kekse, Eis und andere Süßigkeiten, zu sich nehmen. Weiterhin gab es nun individuelle Menüs, bei denen auch persönliche Vorlieben berücksichtigt wurden. Dazu gab es sogar mehrere „Probeessen" auf der Erde.

Nach längeren Diskussionen konnte die Besatzung auch eine kleine wöchentliche Sherryration durchsetzen (Sherry, weil er längere Zeit, auch unter höheren Temperaturen, lagerbar sein musste, was normalen Wein ausschloss). Dafür gab es eigens eine Weinprobe. Die Mediziner waren strikt dagegen, weil Alkohol die Wasserausscheidung durch Ausschüttung des Hormons Renin forciert. Doch auch hier konnte die Besatzung einen Konsum von $^1/_8$ l Sherry pro Woche nach 14 Tagen durchsetzen. Als allerdings ein Crewmitglied dies bei einem Vortrag in den Südstaaten erwähnte, bekam die NASA zahlreiche Protestbriefe.

Die Besatzung musste schon 18 Tage vor dem Start und 18 Tage nach der Landung die Diät einhalten. An Bord sollten sie das Gewicht jeder Essensportion bestimmen (sogar das Leergewicht der Verpackung) sowie das Gewicht der Reste, die nicht verzehrt wurden. Die Menge des Urins musste gemessen und eine Probe davon gezogen werden. Das Wiegen galt auch für den Kot oder Erbrochenes. Beides musste komplett gefriergetrocknet und zur Erde zurückgebracht werden. In der Praxis vereinfachten die Besatzungsmitglieder diese Prozedur. Es wurde nur das Durchschnittsgewicht der Verpackung genommen und nicht jede einzeln gewogen. Die Besatzungen tendierten dazu alles aufzuessen, um das Wiegen der Reste einzusparen. Wenn die Portion nicht ganz aufgegessen wurde, dann ermittelten die Mediziner über Nacht die Nährstoffbilanz, und die Besatzung musste am Morgen Magnesium-, Kalium-, Calcium- und Phosphattabletten schlucken, um den Mineralstoffhaushalt auszugleichen.

Die Sonnenforschung und Weltraummedizin waren die primären Forschungsgebiete. Sie nahmen auch die meiste Arbeitszeit ein und waren schon bei Projektbeginn selektiert worden. Als immer klarer wurde, das Skylab das einzige Projekt nach Ende der Mondflüge für einige Jahre bleiben würde, kamen Wünsche auf, mehr Experimente in das Arbeitsprogramm zu integrieren.

Den Anfang machte im Dezember 1969 das EREP (**E**arth **R**esources **E**xperiment **P**ackage). Die Erdbeobachtung war damals ein ganz neues Gebiet. Die NASA hatte bis dahin einige Wettersatelliten der Typen Tiros und Nimbus gestartet, aber deren Auflösung lag im Bereich von mehreren Kilometern. Das Militär hatte seit einem Jahrzehnt hochauflösende Satelliten im Betrieb, doch mit anderer Aufgabenstellung. Es ging dabei um Spionage, aber nicht systematische Beobachtung der Erde, der Vegetation, menschlicher Aktivität etc. Geplant waren aber spezielle Satelliten für diesen Zweck, das spätere Landsat-System. Ein Test der Vorläufer der S190A Kamera an Bord von Apollo 9 zeigte die Möglichkeiten von multispektralen Aufnahmen, also Aufnahmen in einzelnen Spektralbereichen, die dann durch Zuordnung einer der drei Grundfarben eine Falschfarbenaufnahme ergeben. So konnte auf Aufnahmen, bei denen Rot durch den Kanal mit dem Chlorophyllabsorptionsmaximum ersetzt wurde, sehr genau erkannt werden, welche Felder eine hohe Wachstumsaktivität hatten (hohe Ernteerwartung) und welche diese nicht aufwiesen.

Das gesamte Paket sollte ursprünglich 10 Millionen Dollar kosten, plus 11,25 Millionen für die Durchführung der Mission und Auswertung der Daten. Es wurden 25 Millionen bewilligt, aber die Kosten stiegen schnell an, um schließlich 42 Millionen zu erreichen. Die Instrumente wurden in den MDA verfrachtet, da es dort zum Planungszeitpunkt noch genügend Platz gab. Es musste ein optisch durchlässiges Fenster für die Kameras installiert werden, und die anderen Experimente bekamen Durchbrüche in der Hülle, um die Kontrollpaneele im MDA zu installieren.

Die EREP-Instrumente bedeuteten aber eine größere Herausforderung bei der Missionsplanung. Bisher hatte Skylab keinen Bezug zur Erde. Die Sonnenexperimente, aber auch andere astronomische Beobachtungen hätten von jeder Umlaufbahn aus durchgeführt werden können. Der Orbit war zwar noch nicht festgelegt, aber jeder ging von einer Bahn aus, bei dem die Nutzlast vom Cape aus maximal war, zumal alle Bodenstationen, die bisher für bemannte Missionen genutzt wurden, sich in niedrigen Breitengraden befanden, da alle bisherigen Missionen mit einer Inklination von 30 Grad zum Äquator gestartet wurden. Nun war ein deutlich stärker geneigter Orbit nötig. Der schließlich Gewählte von 50 Grad erlaubte zwar Untersuchungen der gesamten Landfläche der USA (das wichtigste Ziel), bereitete aber andere Probleme. Skylab war nun viel stärker unterschiedlich starker Sonnenstrahlung ausgesetzt als in einer äquatornahen Umlaufbahn, was eine Anpassung des Thermalkontrollsystems nötig machte.

Trotzdem war die Bahn nicht ideal für Erdbeobachtungen. Dazu wird üblicherweise ein sonnensynchroner Orbit gewählt. Dieser hat eine Bahnneigung über 90 Grad, die so gewählt ist, dass sich der Satellit im gleichen Maße rückwärts um die Erde bewegt wie die Erde vorwärts in der Umlaufbahn. Der Satellit behält daher seine Ausrichtung relativ zur Sonne bei, und somit entstehen Aufnahmen immer unter den gleichen Belichtungsbedingungen. Bei Skylabs Bahn war dies nicht gegeben. Es gab daher nur bestimmte Zeiten, in denen die Bedingungen für gute Aufnahmen gegeben waren. Diese Überflüge (es waren z.B. 45 über das Gebiet der USA in den 171 Tagen) mussten in das Arbeitsprogramm eingearbeitet werden. Dabei reichte es nicht einfach, die Kamera einzuschalten, sondern Skylab musste aus seiner normalen Ausrichtung zur Sonne gedreht werden, damit die Kameras genau senkrecht nach unten schauten. Ein sonnensynchroner Orbit schied aber aus Sicherheitsgründen aus – das Magnetfeld der Erde schützt uns vor den energiereichen Teilchen des Sonnenwindes. Sie sammeln sich in den beiden Van Allen Strahlungsgürteln, die oberhalb der Bahn von Skylab liegen. Sie können aber am Nord und Südpol, wo die Magnetfeldlinien durch die Erdoberfläche stoßen, bis in die Atmosphäre gelangen. Besonders heftige Aktivität verursacht Polarlichter in rund 90 km Höhe. Auf der Erde schützt uns die Atmosphäre auch in hohen Breiten, nicht jedoch im All. Eine polarer Orbit würde Skylab bei jedem Umlauf zweimal durch diese Zone führen.

Die letzten Experimente, die hinzukamen, waren die der Schüler. Sie wurden erst im letzten Jahr vor dem Start hinzugenommen. Aufgrund der Vielzahl der Experimente und der verschiedenen Messprinzipien habe ich mich auf eine Beschreibung der Instrumente und Untersuchungen beschränkt und verweise bei tiefer gehendem Interesse auf die weiterführende Literatur, in der auch das physikalische Messprinzip, die Fragestellung und die Ergebnisse erläutert werden.

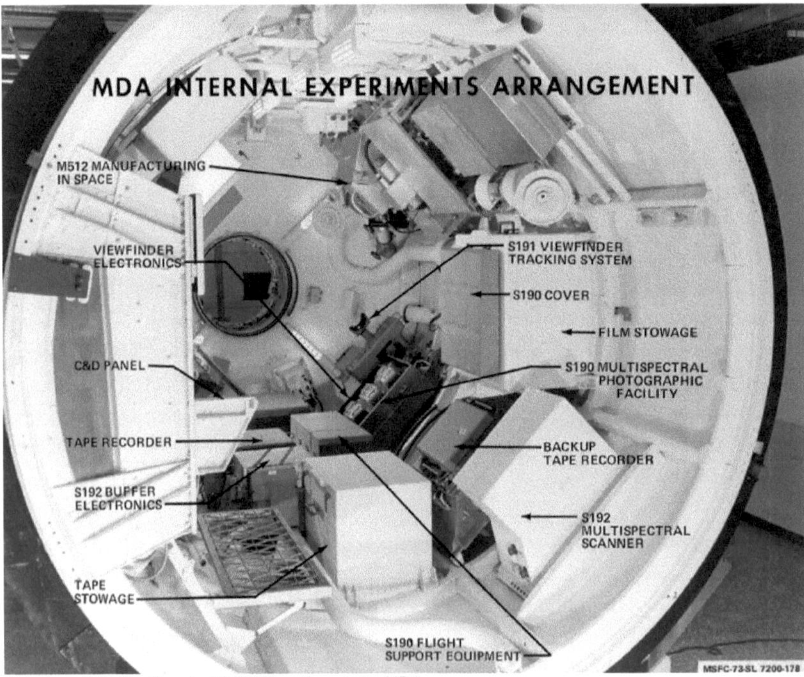

Abbildung 117: Position der **EREP** Experimente im MDA

228

Einteilungen

Wie bei anderen Missionen rief die NASA wissenschaftliche Institute auf, Vorschläge für Experimente zu machen, die während der Mission durchgeführt werden sollten. Da die Station viel größer ist als alles, was die NASA vorher gestartet hatte und auch die drei bemannten Missionen länger dauerte als alle Missionen des Mercury bis Apolloprogramms zusammen, gab es die Möglichkeit mehr Experimente durchzuführen.

Es musste daher ein Ordnungsschema her. Skylabs Experimente bekamen ein Buchstabenkürzel für das Aufgabengebiet und eine dreistellige Nummer. Die Nummerierung war nicht fortlaufend, da die NASA erst alle Vorschläge für Experimente sammelte und diese durchnummerierte und erst dann an die Selektion ging. Folgendes System wurde benutzt:

- M5XX: Materialforschungsexperimente
- M0XX / M1XX: medizinische Experimente
- SXXX: wissenschaftliche Experimente (**S**cientific)
- EDXXX: Experimente der Schüler (**Ed**ucational)
- DXXX: Experimente des Verteidigungsministeriums (Department of **D**efense)
- TXXX: Technologieexperimente

Insgesamt gab es 54 fest installierte Experimente, mit denen 270 verschiedene Untersuchungen durchgeführt wurden. Dazu kamen noch einige Instrumente, die an Bord der bemannten Missionen zur Station gebracht wurden. Weiterhin gab es Instrumente, die keine besondere Nummer erhielten, da sie für mehrere Experimente benötigt wurden oder für Hilfsfunktionen vorgesehen waren, wie die H-Alpha-Teleskope. Dazu kamen bei den medizinischen Experimenten auch „Preflight" und „Postflight" Untersuchungen, bei denen Gesundheitszustand und zahlreiche biologische Parameter vor und nach dem Flug verglichen wurden. Wird dies dazugezählt, so waren es 82 Experimente, die durchgeführt wurden. Die Besatzung hatte also ein volles Arbeitsprogramm.

Nummer	Titel	Ort	Principal Investigator	Mission			Verantwortlich
				1	2	3	
S020	UV+Röntgenstrahlenfotografie	OWS	Dr. R. Tousey, U.S. Naval Research Laboratory		x	x	JSC
S052	Weißlicht-Koronograf	ATM	Dr. R. MacQueen, High Altitude Observatory	x	x	x	MSFC
S054	Röntgenstrahlenteleskop	ATM	Dr. R. Giacconi, American Science and Engineering Corp. Dr. G. Vaiana	x	x	x	MSFC
S055	Abtastendes Spektroheliometer im UV-Bereich	ATM	Dr. L. Goldberg, Kitt Peak National Observatory. Dr. E. Reeves, Harvard College Observatory.	x	x	x	MSFC
S056	Röntgenstrahlenteleskop	ATM	J. E. Milligan, MSFC	x	x	x	MSFC
S082A	Extrem-UV-Spektroheliograf	ATM	Dr. R. Tousey, U.S. Naval Research Laboratory	x	x	x	MSFC
S082B	UV-Spektrograf	ATM	Dr. R. Tousey, U.S. Naval Research Laboratory	x	x	x	MSFC
S019	Fotografie von Sternen im UV Bereich	OWS	Dr. K. G. Henize, JSC	x	x		JSC
S150	Untersuchungen galaktischer Röntgenstrahlung	IU	Dr. W. L. Kraushaar, University of Wisconsin			x	MSFC
S183	UV-Panoramateleskop	OWS	Dr. G. Courtes, Laboratoire d'Astronomie Spatiale, Frankreich	x	x		MSFC
S009	Nuklear Emulsion Paket	MDA	Dr. M. M. Shapiro, U.S. Naval Research Laboratory	x			MSFC
S063	Fotografie des UV Nachtleuchtens	OWS	Dr. D. M. Packer, U.S. Naval Research Laboratory	x			JSC
S073	Gegenschein und Zodiakallicht	OWS	Dr. J. L. Weinberg, Dudley Observatory	x	x	x	MSFC
S149	Mikrometeoritensammlung	OWS	Dr. C. L. Hemenway, Dudley Observatory	x	x	x	JSC
S228	Nachweis Transuranischer Elemente	OWS	Dr. P. B. Price, University of California, Berkeley	x	x	x	MSFC
S230	Zusammensetzung der Teilchen der Magnetosphäre	ATM	Dr, D. L. Lind, JSC und Dr. Johannes Geiss, Universität Bern, Schweiz.	x	x	x	MSFC
S19OA	Multispektralkameras	MDA	K. Demel, JSC	x	x	x	JSC
S190B	Terrainkamera	OWS	K. Demel, JSC	x	x	x	JSC
S191	Infrarotspektrometer	MDA	Dr. T. L. Barnett, JSC	x	x	x	JSC
S192	Multispektralscanner	MDA	Dr. C. K. Korb, JSC	x	x	x	JSC
S193	Mikrowellenradiometer / Scatterometer und Altimeter	MDA	D. E. Evans, JSC	x	x	x	JSC
S194	L-Band Radiometer	MDA	D. E. Evans, JSC	x	x	x	JSC
M071	Mineralstoffhaushalt	OWS	G. D. Whedon, M.D., National Institutes of Health und L. Lutwak, M.D., Cornell University	x	x	x	JSC
M073	Bioessay von Körperflüssigkeiten	OWS	Dr. C. S. Leach, JSC	x	x	x	JSC

M074	Messung der Masse von Proben	OWS	W. E. Thornton, M.D., JSC und J. W. Ord, Col., Medical Corps, Clark AFB	×	×	×	JSC
M078	Messung des Mineralstoffgehalts der Knochen		J. M. Vogel, M.D., U.S. Public Health Service Hospital, San Francisco und Dr. J. R. Cameron, University of Wisconsin Medical Center	Vor und nach dem Flug			JSC
M092	Unterdruckgerät für die untere Körperhälfte	OWS	R.L. Johnson, M.D., JSC und J.W. Ord, Col.,Medical Corps, Clark AFB.	×	×	×	JSC
M093	Vektorkardiogramm	OWS	N. W. Allebach, M.D., USN Aerospace Medical Institute und R. F. Smith, M.D., School of Medicine, Vanderbilt University	×	×	×	JSC
M111	Zytogenetische Blutstudien		L. H. Lockhart, M.D., University of Texas Medical Branch, Galveston und P. C. Gooch, Brown und Root-Northrop.	Vor und nach dem Flug			JSC
M112	In-Vitro Aspekte des Immunsystems	OWS	S. E. Ritzmann, M.D. und W. C. Levin, M.D., University of Texas Medical Branch Galveston.	×	×	×	JSC
M113	Blutvolumen und Lebensdauer der roten Blutzellen	OWS	P. C. Johnson M.D., Baylor University College of Medicine	×	×	×	JSC
M114	Metabolismus der roten Blutzellen	OWS	C. E. Mengel, M.D., University of Missouri, School of Medicine	×	×	×	JSC
M115	Spezielle hämatologische Effekte	OWS	Dr. S. L. Kimsey und C. L. Fischer, M.D., JSC	×	×	×	JSC
M131	Menschliche Vestibularfunktion	OWS	A. Graybiel, M D., und Dr. E. F. Miller, USN Aerospace Medical Institute.	×	×		JSC
M133	Schlafüberwachung	OWS	J. D. Frost Jr., M.D., Baylor University College of Medicine	×	×		JSC
M151	Zeit- und Bewegungsstudien	OWS	Dr. J. F. Kubis, Fordham University und Dr. E. J. McLaughlin, NASA Hq. OMSF.	×	×	×	JSC
M171	Metabolische Aktivität	OWS	E L. Michel und Dr. J. A. Rummel, JSC	×	×	×	JSC
M172	Messung der Körpermasse	OWS	W. E. Thornton, M.D., JSC	×	×	×	JSC
S015	Effekt der Schwerelosigkeit auf Humanzellen	CM	P. 0. Montgomery, M.D., and Dr. J. Paul, University of Texas, Southwestern Medical School Dallas.	×			JSC
S071	Tag- und Nachtrhythmus bei Taschenmäusen	CSM	Dr. R. G. Lindberg, Northrop Corporation Laboratories		×		ARC
S072	Tag- und Nachtrhythmus bei Fruchtfliegen	CSM	Dr. C S. Pittendrigh, Stanford University		×		ARC
M479	Entflammbarkeit unter Schwerelosigkeit	MDA	J. H Kimzey, JSC			×	MFSC
M512	Materialverarbeitungsanlage	MDA	P. G. Parks, MSFC	×		×	MSFC
M551	Materialschmelzen	MDA	R. M. Poorman, MSFC	×			MSFC
M552	Exothermisches Löten	MDA	J. Williams, MSFC	×			MSFC
M553	Formen von Kugeln	MDA	E. A. Hasemeyer, MSFC	×			MSFC

M555	Galliumarsenid Kristallwachstum	MDA	Dr. M. Rubenstein, Westinghouse Electric Corporation	x			MSFC
M518	Elektrischer Mehrzweckofen	MDA	A. Boese, MSFC			x	MSFC
M556	Wachstum von II-VI Verbindungen aus der Dampfphase	MDA	Dr. H. Wiedemeir, Rensselaer Polytechnic Institute			x	MSFC
M557	Nichtmischbare Legierungen	MDA	J. Reger, Thompson Ramo Wooldridge			x	MSFC
M558	Diffusion radioaktiver Tracer	MDA	Dr. T. Ukanwa			x	MSFC
M559	Mikroausscheidungen in Germanium	MDA	Dr. F. Padovani, Texas Instruments			x	MSFC
M560	Wachstum kugelförmiger Kristalle	MDA	Dr. H. Walter, University of Alabama in Huntsville			x	MSFC
M561	Whisker-Herstellung	MDA	Dr. T. Kawada, National Research Institute for Metals, Japan			x	MSFC
M562	Indiumantimonid-Kristalle	MDA	Dr. H. Gatos, Massachusetts Institute of Technology			x	MSFC
M563	Wachstum gemischter III-V Kristalle	MDA	Dr. W. Wilcox, University of Southern California, Los Angeles			x	MSFC
M564	Herstellung von eutektischen Halogenidlegierungen	MDA	Dr. A. Yue, University of California, Los Angeles			x	MSFC
M565	Schmelzen von Silbergittern	MDA	Dr. A. Deruythere, Katholische Universität Leuven, Belgien			x	MSFC
M566	Eutektische Kupfer-Aluminiumlegierungen	MDA	E. Hasemeyer, MSFC			x	MSFC
M487	Bewohnbarkeit / Crewquartiere	OWS	C. C. Johnson, JSC	x	x	x	MSFC
M509	Manövrierausrüstung	OWS	Maj. C. E. Whitsett, Jr., USAF Space & Missile Systems Organization.		x	x	JSC
M516	Aktivitäten der Besatzung und Studie der Wartungsarbeiten	OWS	R. L. Bond, JSC	x	x	x	JSC
T002	Manuelle Navigation	OWS	R. J. Randle, ARC		x	x	ARC
T013	Störungen durch die Crew	OWS	B. A. Conway, LaRC		x		LaRC
T020	Fußkontrollierte Bewegungseinheit	OWS	D. E. Hewes, LaRC		x	x	LaRC
D008	Strahlungsmessung im Raumfahrzeug	CM	Capt. A. D. Grimm, USAF, Kirtland Air Force Base	x			AF, JSC
D024	Thermische Beschichtungen	AM	Dr. W. Lehn, Wright-Patterson Air Force Base	x			AF, JSC
M415	Thermische Beschichtungen	IU	E. C. McKannan, MSFC	x			MSFC
T003	Aerosol Analyse während des Fluges	OWS	Dr. W. Z. Leavitt, Department of Transportation	x	x	x	MSFC
T025	Messung der Kontamination des Koronografen	OWS	Dr. M. Greenberg, Dudley Observatory	x	x	x	JSC
T027	Messung der ATM Kontamination	OWS	Dr. J. A. Muscari, Martin-Marietta Corporation	x	x	x	MSFC

ED11	Strahlungsabsorption durch die Erdatmosphäre	None	J. B. Zmolek, Oshkosh, Wisconsin	x	x	x	MSFC
ED12	Beobachtung und Vorhersage von vulkanischen Eruptionen.	None	T. A. Crites, Kent, Washington	x	x	x	MSFC
ED21	Fotografie der Partikelwolken bei den Librationspunkten	None	A. Hopfield, Princeton, New Jersey		x		MSFC
ED22	Suche nach Objekten innerhalb des Orbits von Merkur	None	D. C. Bochsler, Silverton, Oregon	x	x	x	MSFC
ED23	Spektrografie von Quasaren	None	J. C. Hamilton, Aiea, Hawaii	x			MSFC
ED24	Röntgenstrahlenemission in Verbindung mit Spektralklassen	None	J.W.Reihs, BatonRouge, Louisiana			x	MSFC
ED25	Röntgenstrahlenemissionen von Jupiter	None	J. L. Leventhal, Berkeley, California		x		MSFC
ED26	Suche nach Pulsaren im UV	None	N. W. Shannon, Atlanta, Georgia	x			MSFC
ED31	Verhalten von Bakterien und Sporen im Weltraum	OWS	R. L. Staehle, Rochester, New York	x			MSFC
ED32	In-Vitro Studie von selektierten isolierten Immunphänomenen	OWS	T. A. Meister, Jackson Heights, New York		x		MSFC
ED41	Quantitative Messung der motorischen Sensitivität in der Schwerelosigkeit	OWS	K. L. Jackson, Houston, Texas			x	MSFC
ED52	Bildung von Spinnennetzen in Schwerelosigkeit	OWS	J. S. Miles, Lexington, Massachusetts		x		MSFC
ED61	Pflanzenwachstum unter Schwerelosigkeit	OWS	J. G. Wordekemper, West Point, Nebraska			x	MSFC
ED62	Fototropische Ausrichtung von embryonalen Pflanzen unter Schwerelosigkeit	OWS	D. W. Schlack, Downey, California			x	MSFC
ED63	Zytoplasmatische Strömungen unter Schwerelosigkeit	OWS	C. A. Peltz, Littleton, Colorado		x		MSFC
ED72	Kapillarstudien	OWS	R. G. Johnson, St. Paul, Minnesota			x	MSFC
ED74	Massenbestimmung unter Schwerelosigkeit	OWS	V. W. Converse, Rockford, Illinois		x		MSFC
ED76	Neutronenanalyse im Erdorbit	OWS	T. C. Quist, San Antonio, Texas	x	x	x	MSFC
ED78	Wellenbewegung in einer Flüssigkeit unter Schwerelosigkeit	OWS	W.B.Dunlap, Youngstown, Ohio			x	MSFC

Sonnenforschung

Der wichtigste Bereich von Skylab war die Sonnenforschung. Das ATM alleine wiegt über 11 t und einzige Aufgabe eines Astronauten war es, die Experimente zu überwachen. Die einzigen vorgesehenen EVA (außer den außerplanmäßigen Reparaturen) galten dem Wechseln der Filmkassetten des Sonnenobservatoriums. Auf der Erde arbeiteten 250 Sonnenbeobachter in einem Netz zusammen und gaben Warnungen, wenn die Sonnenaktivität anstieg und die Astronauten Aufnahmen oder Beobachtungen machen sollten. Zwei Sonnenobservatorien waren diesem Netz angeschlossen. Deren Vorschläge wurden mit denen der Principal Investigators abgesprochen und in einen gemeinsamen Beobachtungsplan zusammengefasst. Dieser wurde nachts zu den Astronauten hochgefaxt. Alle drei Crewmitglieder erhielten eine Schulung in Sonnenphysik und Sonnenbeobachtung. Es gab dazu auch ein Handbuch an Bord von Skylab. SL-3 und 4 nahmen jeweils aktualisierte „Auflagen" des Buchs mit, in das die operative Erfahrung der vorherigen Mission eingearbeitet wurde. Die Beobachtung machte der Besatzung Spaß, und sie betrieb sie auch an ihren freien Tagen.

An der ATM-Steuerkonsole konnte der Sonnenbeobachter auf einem TV-Schirm das Bild der Sonne von den Instrumenten abrufen. Es gab folgende Kanäle, zwischen denen umgeschaltet werden konnte:

- Kanal 1: ein Bild der Sonne im sichtbaren Licht. Hier waren Sonnenflecken zu erkennen.
- Kanal 2 und 3: zwei mögliche Zoomstufen der Chromosphäre in der H-alpha-Wellenlänge. Sie zeigten Prototuberanzen und Flares.
- Kanal 4: Bild des UV-Spektrographen
- Kanal 5: Bild der Korona, aufgenommen vom Koronografen.

Eine einzige, von der Besatzung SL-3 am 7.9.1973 beobachtete Sonneneruption, setzte mehr Energie frei, als die Menschheit in einer halben Million Jahre an Strom benötigen würde. Dabei war Skylab zu den Zeiten einer weitgehend ruhigen Sonne gestartet worden. Deren Aktivität ändert sich in einem elf Jahre umfassenden Zyklus. Der Letzte hatte im Oktober 1964 begonnen und sein Maximum im November 1968 erreicht. Nun strebte er seinem Minimum zu, das im Juni 1976 erreicht wurde. Zum Glück für die Beobachter war die Sonne gerade während der Missionen etwas aktiver als zuvor und danach.

Experiment	Gewicht	Länge	Breite	Höhe
S052	153 kg	315 cm	53 cm	56 cm
S054	141,3 kg	293 cm	49,3 cm	54,6 cm
S055	161 kg	305 cm	61,5 cm	54,5 cm
S082A	114,3 kg	312 cm	41 cm	88,9 cm
S082B	192,7 kg	304,8 cm	49,5 cm	88 cm
H-alpha 1	87,36 kg	264 cm	50,8 cm	25,4 cm
H-alpha 2	54,6 kg	160 cm	36,83 cm	25,4 cm

Mehr über die Ergebnisse der Instrumente und eine genauere Beschreibung der Aufgabenstellung und Teleskope finden Sie in den Dokumenten:

Abbildung 118: Die einzelnen ATM Instrumente

A New Sun: The Solar Results from Skylab (NASA SP-402, 1979)
NASA TM X-64821 MSFC Skylab Apollo Telescope Mount Experiments Systems Evaluation
NASA TM X-64811 MSFC Skylab Apollo Telescope Mount

S020: Fotografie der Sonne im UV- und Röntgenbereich

Bei diesem Experiment sollten langzeitbelichtete Aufnahmen der Sonne gemacht werden, um ein deutliches Spektrum zu erhalten. Es besteht aus einem Gitter-Spektrographen mit Film zur Aufzeichnung des Spektrums. Erfasst wurde die extreme UV- und Röntgenstrahlung von 1-20 nm Wellenlänge. Dünne Metallfilme vor der Öffnung verhinderten das Eindringen von Licht im sichtbaren oder UV-Bereich des Spektrums.

Die Auflösung konnte zwischen 1.200 und 2.400 Linien/mm gewählt werden. Man erhielt auswertbare Spektren, doch durch eine Kontamination durch austretendes Kühlmittel des Kühlkreislaufes war die Empfindlichkeit beeinträchtigt.

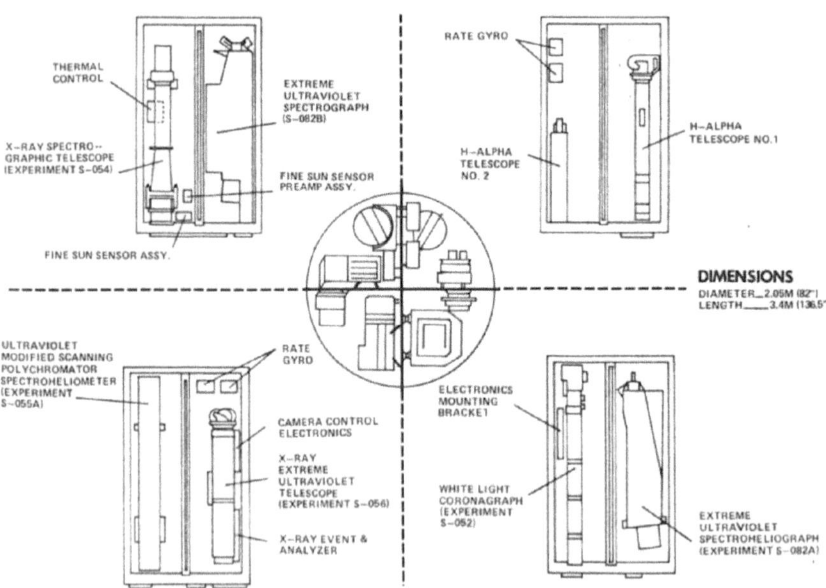

Abbildung 119: Die Experimente im ATM

236

Abbildung 120: Das Experiment S020

S052: Weißlicht-Koronograf

Dieses Experiment im ATM benutzte einen Koronografen, der die Sonnenscheibe abdeckte und so nur die Korona in einer Ausdehnung von 1,5 bis 6,0 Sonnenradien fotografierte. Ein Koronograph ist ein Teleskop mit einer internen Blende, die so verschoben wird, dass die Sonne abgedeckt ist. Es ist sozusagen eine „künstliche Sonnenfinsternis", weshalb nur von der Korona Licht auf den Film gelangt. Die Korona ist eine Schicht leuchtenden Gases, welche die Sonne umgibt. Sie ist jedoch sehr dünn, ihre Leuchtkraft geringer als die der Sonnenoberfläche und wird daher ohne Abdeckung der Sonne von ihr vollkommen überstrahlt. Koronografen werden auch auf der Erde eingesetzt, doch ihre Empfindlichkeit leidet durch das Streulicht der Atmosphäre, das mit aufgenommen wird.

Empfindlich war die Emulsion des Films zwischen 400 und 600 nm im sichtbaren Licht. Streulicht wurde durch Oberflächenbehandlung des Teleskoptubus und Blenden absorbiert. Aufgenommen wurde auf 35-mm-Film. Es gab einen Filter mit drei unterschiedlichen Polarisationsfiltern und einer Position mit einem Klarfilter. Die korrekte Ausrichtung wurde durch ein Photometer bestimmt und automatisch korrigiert. Es maß das Licht und verschob die Scheibe, bis die Lichtmenge minimal wurde, die Sonnenscheibe also optimal abgedeckt war.

Drei Belichtungszeiten von 0,5 s, 1,5 s und 4,5 s waren fest vorgegeben. Dazu kamen mehrere Beobachtungsmodi. Im Ersten wurden jeweils drei Belichtungen durch jeden Filter gemacht. Im Zweiten wurde diese Serie aus 12 Bildern kontinuierlich über 16 Minuten wiederholt. Im Dritten wurde ebenfalls die Bilderserie 16 Minuten lang wiederholt, aber nur mit dem Filter ohne Polarisation. Im letzten Modus wurde alle 32 s ein Bild durch einen vorgegebenen Filter gemacht, bis dies manuell gestoppt wurde.

Neben den Aufnahmen konnte das Instrument auch in einem Video-Modus betrieben werden. In diesem wurde das Bild in die ATM-Steuerkonsole geleitet und von den Astronauten zur Kontrolle und zum Betätigen der fotografischen Aufnahme im richtigen Moment genutzt.

Der Koronograph hat eine Länge von 3 m. Geplant waren bei ruhiger Sonne zwei Bilder pro Tag, bei hoher Aktivität ein Bild alle 13 s. Anders als bei den anderen Instrumenten wurde nicht der Film, sondern die komplette Kamera mit Kassette gewechselt. Eine Kassette fasst 8.000 Aufnahmen, während der Missionen entstanden insgesamt 35.918 Aufnahmen. Das Filterrad steckte bei der SL-4 Mission fest und musste bei einem Außeneinsatz manuell in die Position mit dem Klarfilter verschoben werden.

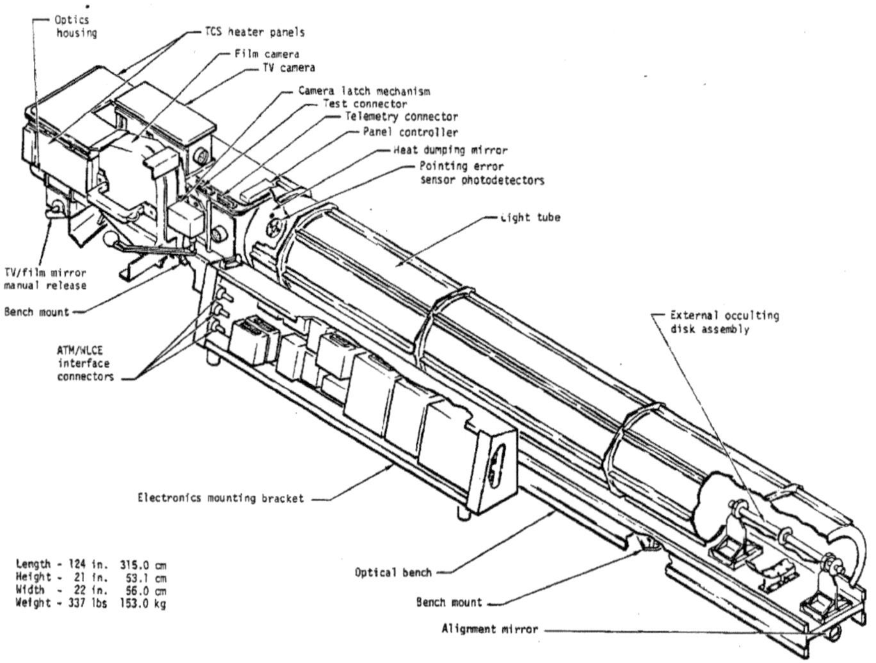

Abbildung 121: Aufbau des Experiments S052

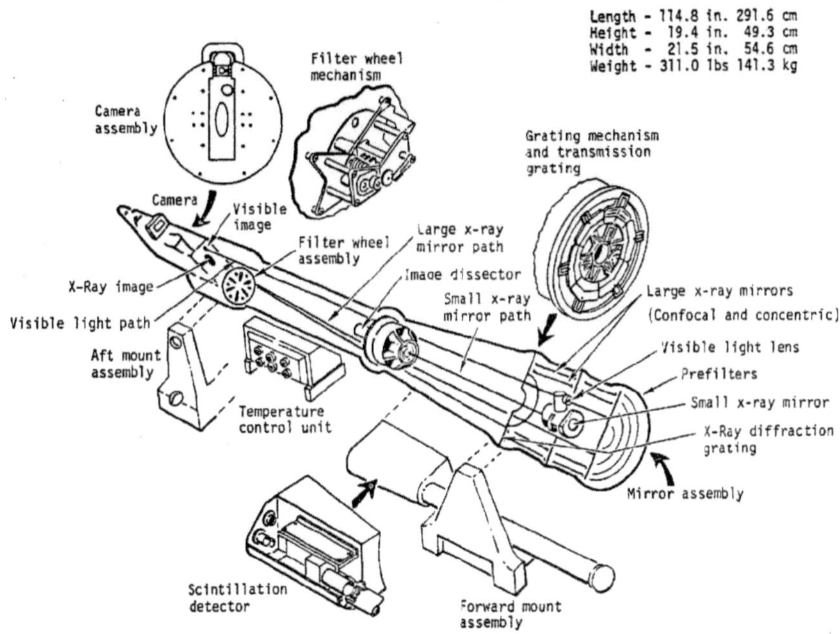

Abbildung 122: Bestandteile des Experiments S054

S054: Solares Röntgenstrahlen Spektrometer

Dieses Experiment machte Spektren im Röntgenbereich von 0,2 bis 6,0 nm Wellenlänge. Die Besonderheit ist die hohe örtliche Auflösung von 2 Bogensekunden, gepaart mit einer hohen spektralen Auflösung $\Delta\lambda/\lambda$ von 0,02. Röntgenstrahlen wurden zwischen zwei koaxialen Zylindern von 31 und 23 cm Durchmesser in einem Winkel von 0,5 Grad reflektiert. Die Sammelfläche des Detektors beträgt 42 cm² bei einer Fokuslänge von 213 cm.

Ein Gitter spaltete das Licht in zwei Spektren erster Ordnung auf. Ein zweites, kleineres koaxiales Teleskop mit einem Spiegel von 7,6 cm Größe warf die empfangenen Röntgenstrahlen auf einen Szintillatorkristall. Die Röntgenstrahlen erzeugten dort Photonen im sichtbaren Bereich, die von einer Photokathode verstärkt, von einer TV-Kamera aufgenommen und in die Station übertragen wurden, wo ein Astronaut nach Kontrolle des Monitorbildes manuell eine Aufnahme auslösen konnte. Die Photokathode gab auch ein Signal ab, wenn die Röntgenstrahlung zu stark wurde, und wurde zur Belichtungszeitbestimmung genutzt. Aufgenommen wurden Bilder und Spektren auf 70 mm Film.

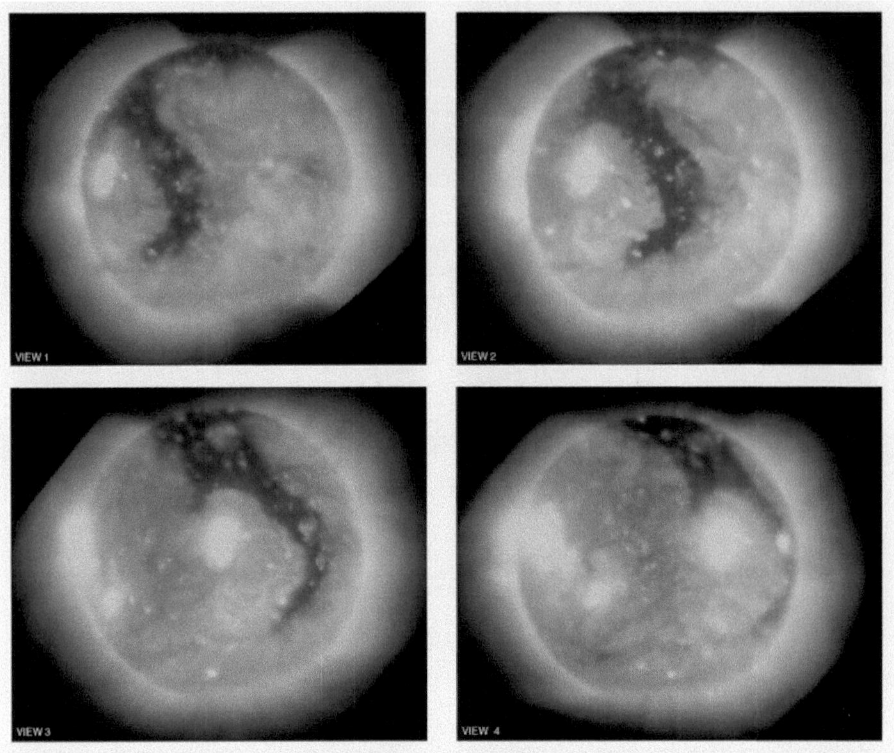

Abbildung 123: Bilder der Sonne im Röntgenstrahlenbereich, aufgenommen vom Experiment S054

Die Signale des Szintillatorkristalls wurden auch als allgemeiner Hinweis für eine aktive Sonne genutzt. Leider erzeugten auch energiereiche Teilchen ein Signal, und so gab es regelmäßig beim Durchlaufen der Südatlantikanomalie (eine Zone, in welcher der Van-Allen Strahlungsgürtel der Erdoberfläche besonders nahe kommt) einen Fehlalarm.

S055: UV-Abtastung der Sonne mit einem Spektroheliometer

Dieses Experiment sollte photometrische Daten in sechs Spektrallinien erfassen (O IV, Mg X, C II, O VI, H I, C II und die Lyman-Serie). Weiterhin wurden die Chromosphäre, Korona und der Übergangsbereich zwischen beiden im extremen UV untersucht. Ein abtastendes Spektralheliometer im UV-Wellenbereich war das Hauptinstrument. Es arbeitete zwischen 29,6 und 135 nm Wellenlänge und besaß eine Auflösung von 0,15 nm.

240

Das Instrument bildete durch einen beweglichen Parabolspiegel über einem 56 × 56 Mikrometer großen Eingangsspalt ein Gebiet von 5 × 5 Bogensekunden auf der Sonne ab. Ein Gitter mit 1.800 Linien/mm spaltete das Spektrum auf. Es wurde danach von sieben Photomultipliern an festen Positionen von Absorptionslinien und dem Kontinuum erfasst. Das Instrument konnte in drei Modi arbeiten:

- Im Ersten tastete es ein Gebiet von 5 × 5,5 Bogenminuten ab und maß die Intensität in sieben Spektralbereichen. Das dauerte pro Messung fünfeinhalb Minuten.

- Im zweiten Beobachtungsmodus wurde nur ein Gebiet von 5 Bogensekunden × 5,5 Bogenminuten erfasst. Damit wurde ein Spektrum über eine Zeile erhalten. Das dauerte 5,5 s. Beide Modi maßen die Intensität an den sieben Emissionslinien der obigen Elemente.

- Im Dritten wurde von einem 5 × 5 Bogensekunden großen Punkt ein komplettes Spektrum mit 5.720 Punkten erhalten, indem die Detektoren über das Spektrum bewegt wurden. Das dauerte 3,8 Minuten.

Das Instrument wurde auch zweckentfremdet, um die Atmosphäre der Erde zu untersuchen. Wenn es auf den Horizont gerichtet war und dabei die Atmosphäre bis zur Oberfläche abtastete, konnte ein Profil der UV-Absorption über die Höhe erstellt werden. Dabei wurde es wegen der schnellen Bewegung von Skylab im zweiten Modus betrieben, also alle 5 s eine Messung gemacht.

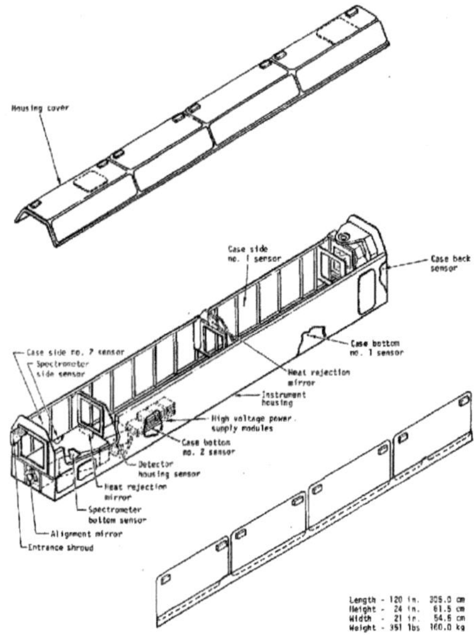

Abbildung 124: Aufbau des Experiments S055

Das Instrument konnte autonom arbeiten, aber auch manuell bedient werden. Die Daten wurden zuerst auf Band aufgezeichnet und dann an die Bodenstation übertragen. Insgesamt arbeitete das Instrument 2.292 Stunden lang.

S056 Röntgenstrahlenteleskope

Dieses Experiment des Goddard Space Flight Centers bestand aus zwei Instrumenten: einem Röntgenstrahlen-Ereignisanalysator (XREA) und einem Wolter-1 Typ Röntgenteleskop.

Der XREA bestand aus zwei Proportionalzählern mit Pulshöhenanalysatoren und der entsprechenden Auswertungselektronik. Ein Zähler verfügte über ein Berylliumeingangsfenster, beim anderen war es aus Aluminium. Die Fenster ver-

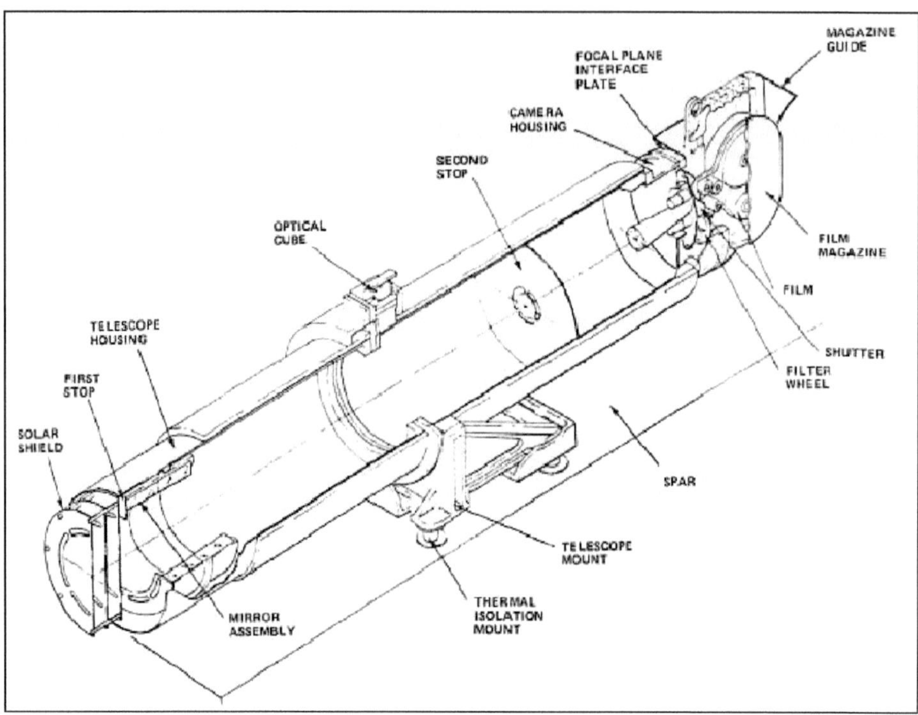

Abbildung 125: Aufbau des Experiments S056

hindern, dass niederenergetische Strahlung und Teilchen detektiert werden. Es gab keine Kollimatoren (eine Abschirmung mit feinen Kanälen, die nur Röntgenstrahlen passieren lässt, die parallel zur Richtung der Kanäle einfällt, also das Gesichtsfeld auf die Strahlungsquelle einschränkt).

Beide Zähler erfassten die gesamte Röntgenstrahlung der Sonne. Beim Zähler mit dem Berylliumschild gibt es sechs Pulshöhenanalysatoren, welche den Bereich von 0,25 bis 0,8 nm mit einer Energieauflösung von etwa 0,05 nm abdecken. Ein Pulshöhenanalysator misst die Höhe eines durch Röntgenphotonen erzeugten Spannungsimpulses. Beim Zweiten, mit Aluminium geschützten Zähler, sind es vier Analysatoren, welche im Bereich von 0,6 bis 2 nm mit einer Energieauflösung von 0,4 nm arbeiten. Die zeitliche Auflösung beträgt 2,5 s.

Das Wolter-Teleskop besteht aus einer Wolter Typ I Optik und einer Kamera. Ein Wolter-Teleskop ist ein Teleskop aus zahlreichen, gebogenen, ineinander geschachtelten Metallzylindern. Röntgenstrahlen können nur gebrochen werden (was nötig für die Fokussierung auf einen Detektor ist), wenn sie flach auf eine Metalloberfläche fallen. Daraus ergibt sich diese Konstruktion.

242

Der Kamerateil umfasst ein Filterrad, eine Kamera, einen Verschluss mit wählbaren Zeiten und ein auswechselbares Magazin für fotografischen Film. Das Filterrad besteht aus fünf dünnen Metallfiltern aus Aluminium, Beryllium und Titan, welche jeweils einen Teil des Röntgenstrahlenbereichs passieren lassen und einem zusätzlichen Filter, der auch das sichtbare Licht passieren lässt. Normalerweise wurde der Filter bei jeder Belichtung gewechselt. Es gab verschiedene Operationsmodi, die sich in der Belichtungszeit und den Filtern unterschieden. Es konnten alle sechs, drei oder nur ein Filter benutzt werden, je nachdem ob die gesamte Sonne, nur Prototuberanzen oder Flares abgebildet werden sollten. Die Röntgenbilder entstanden bei einer Wellenlänge von 0,6 bis 3,3 nm.

Die Besatzung steuerte die Belichtung von der Steuerkonsole des ATM aus und wechselte auch die Filmkassetten regelmäßig aus. Zwischen den Missionen war die Kamera inaktiv. Insgesamt 27.000 Aufnahmen auf vier Rollen Schwarzweißfilm und einer Rolle Farbfilm wurden angefertigt. Jede Kassette fasste 7.200 Aufnahmen.

S082 EUV-Spektrograph

Dieses Experiment sollte ein Spektrum der Chromosphäre und der Übergangsregion zur Korona über der Chromosphäre anfertigen. Es gab dazu die beiden Spektrographen S082A und S082B. Sie waren zusammen an ein Spiegelteleskop von 2.000 mm Brennweite angeschlossen. Das optische Instrument bildete einen Bereich von 1,75 Sonnendurchmessern ab und hatte eine Auflösung von 2 Bogensekunden. Die Spektrographen erfassten die Strahlung im extremen UV Bereich, also der Strahlung zwischen 10 und 100 nm Wellenlänge. Sie ist sehr energiereich und schließt an die Röntgenstrahlung an. Hauptquelle bei der Sonne ist die Korona.

Die Spektrographen nutzten zwei Gitter zur Brechung des Lichtes. Beide hatten 3.600 Furchen/mm und wurden für ein Spektrum zwischen 9,7 und 39,4 nm Wellenlänge mit 0,004 und 0,008 nm spektraler Auflösung verwendet. Das erste Instrument arbeitete zwischen 17,5 und 35,5 nm bei einer Zentralwellenlänge von 25,5 nm, das Zweite zwischen 32 und 48 nm bei einer Zentralwellenlänge von 40 nm.

Abbildung 126: Experiment S056

Die Gitter spreizten das Spektrum über einen Halbkreis auf. Bedingt durch den planen Film nahmen jenseits der Zentralwellenlänge sowohl die räumliche wie auch spektrale Auflösung ab. Im beobachteten Bereich betrug die Auflösung auf der Sonne 2-5 Bogensekunden. Spektren konnten auch jenseits des angegebenen Bereichs erhalten werden, da der Film breit genug war, doch nahm dann die räumliche Auflösung weiter ab. So betrug sie bei 63 nm schon 10 Bogensekunden. Die spektrale Auflösung betrug 0,0134 nm für ein 10 × 10 Bogensekunden großes Gebiet.

Nutzbar war mit beiden Spektrographen der Bereich von 15 bis 73,5 nm. Strahlung mit längerer oder kürzerer Wellenlänge wurde ausgeblendet, um Störungen durch die Spektren höherer Ordnung zu verhindern.

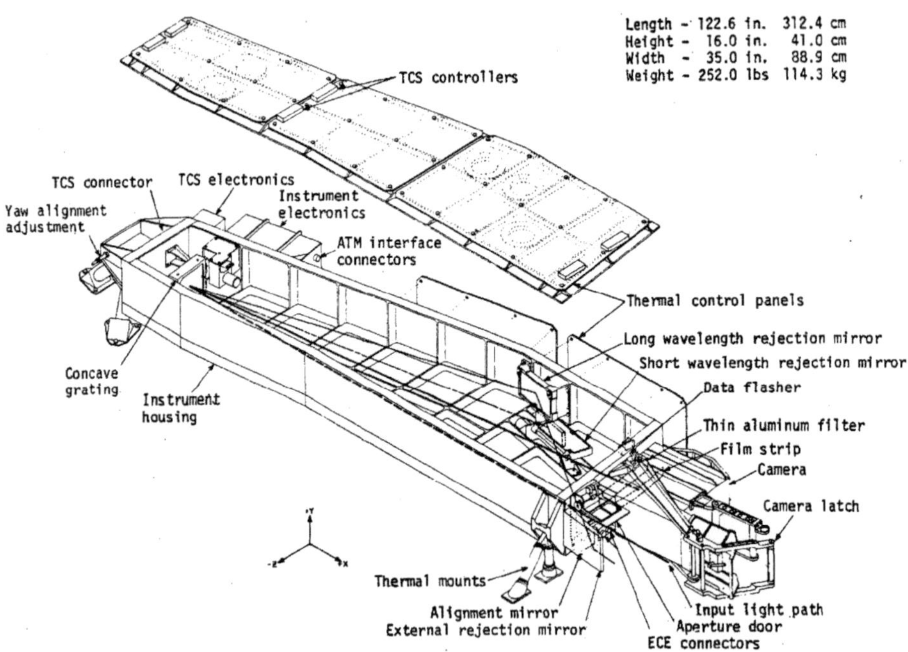

Abbildung 127: EUV Spektrograph S082A

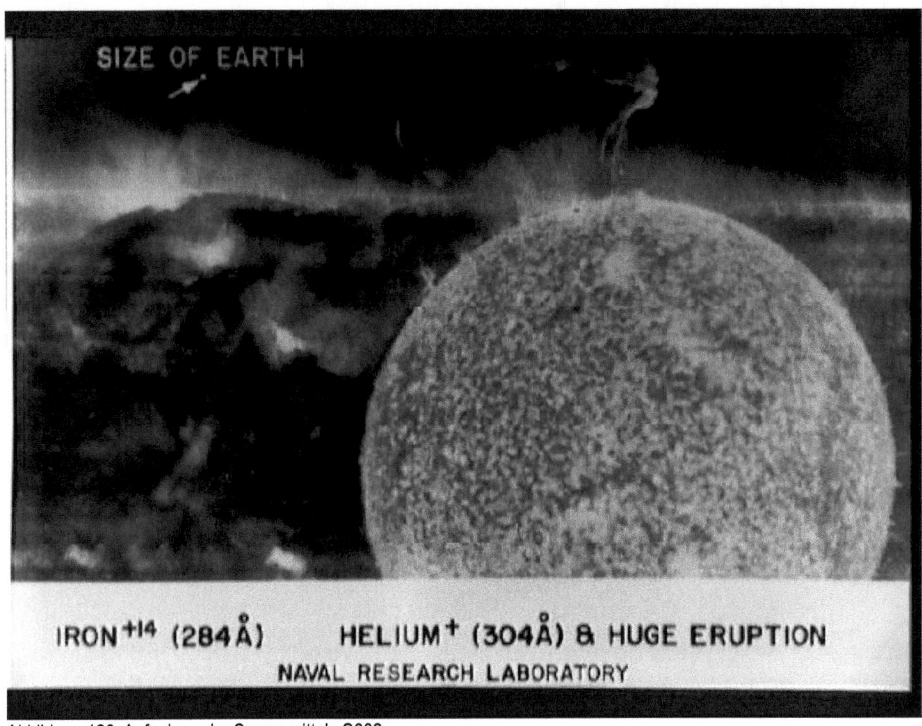

Abbildung 128: Aufnahme der Sonne mittels S082

Ein Eingangsspalt hinter dem Spiegel ließ nur das Licht einer Zone von 2 × 60 Bogensekunden auf der Sonne passieren. Es gab verschiedene Operationsmodi, die von den Astronauten gesteuert wurden. Das Instrument konnte auf den Rand der Sonne oder eine spezifische Region ausgerichtet werden, aber auch den Rand zyklisch abtasten oder periodisch bei Flare-Zonen Spektren in festgelegten Intervallen aufnehmen.

Die Daten wurden auf Film aufgenommen. Ein erster Aluminiumfilter blendete dabei die Spektren höherer Ordnung aus. Ein Zweiter verhinderte vor der Öffnung das Eindringen von Streulicht. Es wurde parallel ein Spektrum und ein Bild der Sonne aufgenommen. Auf dem Film war die Sonne 18,6 mm groß und ein volles Spektrum 120 mm breit. Eine Kamera nahm die Spektren auf, eine Zweite die Bilder der Sonne. Es gab acht Belichtungen pro Filmstreifen (35 × 258 mm Breite). Vier Kameras wurden eingesetzt, jede mit einem Magazin von 200 Bildern beladen. Bei einem EVA-Einsatz zu Missionsende wurden die Magazine geborgen.

Um interessante Gebiete in Echtzeit zu finden, gab es den XUV-Monitor, der eine Videoaufnahme der Sonne zwischen 17 und 55 nm Wellenlänge anfertigte und zur ATM-Kontrollkonsole an einen

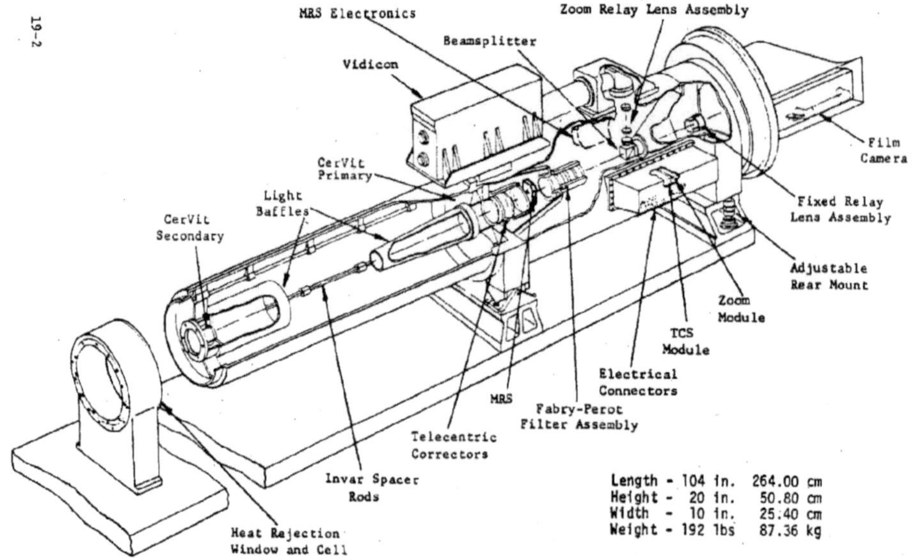

Abbildung 129: H-Alpha Teleskop 1

Fernsehschirm und über Funk zur Bodenstation sandte. Die Auflösung dieses Monitors betrug 10 bis 20 Bogensekunden, und das Bild erstreckte sich bis zu 2 Radien von der Sonne weg.

Experiment S082 hatte sowohl die Aufgabe die Chromosphäre (S082B) wie auch die Korona (S8082A) zu untersuchen. Da Korona und Chromosphäre sich in ihrer Ausdehnung und optischen Dichte stark unterscheiden, waren zwei Gitter und zwei Belichtungszeiten auf separaten Medien nötig. Insgesamt arbeitete das Experiment weitgehend störungsfrei. 1.032 Spektroheliogramme und 6.411 Fotografien wurden erhalten.

H-α Teleskope

Dieses Teleskop auf dem ATM hat keine eigene Experimentnummer. Es hatte neben der Aufgabe, die Sonne im Bereich der H-α Wellenlänge bei 656,1 nm zu beobachten, auch die Aufgabe, die gesamte Teleskopmontierung mit ihren anderen Experimenten (S052, S054, S055, S056, FSS und S082) präzise auf ein Gebiet auf der Sonne auszurichten. Es lieferte ein vergrößertes Bild der Sonne an die ATM Konsole an der Luftschleuse, wo die Astronauten die Sonne überwachten.

Das H-α Teleskop machte Aufnahmen der Sonne in der H-α Linie der Balmer-Serie (bei 656,28 nm Wellenlänge). In dieser Wellenlänge ist die Chromosphäre sichtbar und deren Granulation erkennbar, aber auch Prototuberanzen und Flares sind sehr deutlich zu sehen. Auch bei Sonnenbeobachtern auf

246

der Erde (Profis und Hobbyastronomen) sind daher H-α Filter die wichtigsten und am häufigsten eingesetzten Filter für die Sonnenbeobachtung.

Der Filter hatte eine Bandbreite von 0,07 nm, war also sehr schmalbandig. Das Gesichtsfeld des Teleskops betrug 35 Bogenminuten (die Sonne hat je nach Jahreszeit eine Größe von bis zu 32,5 Bogenminuten). Zwei Monitore mit einer Bildschirmdiagonale von 15 cm gaben das Bild an der ATM-Konsole wieder. Angeschlossen waren eine Kamera und eine Zoomoptik. Mit der zusätzlichen Zoomoptik waren Aufnahmen mit einer Auflösung von 1,5 Bogensekunden möglich. Das Gesichtsfeld betrug dann 7 Bogenminuten oder rund ein Fünftel des Sonnendurchmessers.

Die Kamera konnte automatisch arbeiten, dann nahm sie pro Minute je nach Modus ein, zwei oder vier Bilder auf. Alternativ konnte sie manuell ausgelöst werden. Es gab zwei Teleskope. Nur das Erste war mit einer Fotokamera ausgerüstet. Dessen Magazin fasste 16.000 Aufnahmen. Jedes Magazin wog rund 40 kg. Beide verfügten über eine TV-Kamera, aber mit jeweils unterschiedlichem Gesichtsfeld. So konnte in der Missionskontrolle und der Bedienkonsole je nach Einsatzzweck die richtige Vergrößerung gewählt werden (Kanal 2 oder Kanal 3 im TV-System).

Das Instrument arbeitete insgesamt 1.402 Stunden. Über 68.000 Aufnahmen wurden gewonnen.

Aufnahmesystem	Gesichtsfeld	Auflösung
Kamera (Teleskop 1)	35 Bogenminuten	1 Bogensekunde
TV-1 (1x Vergrößerung)	15,8 Bogenminuten	5 Bogensekunden
TV-1 (5x Vergrößerung)	4,5 Bogenminuten	1 Bogensekunde
TV-2 (1x Vergrößerung)	35 Bogenminuten	7 Bogensekunden
TV-2 (5x Vergrößerung)	7 Bogenminuten	1,5 Bogensekunden

Astronomie und Astrophysik

Auch die allgemeine astronomische Forschung profitierte von Skylab. Berühmt wurden die Beobachtungen des Kometen Kohoutek, weswegen die NASA die Mission SL-4 extra verschob. Genutzt wurden die Sonnenforschungsexperimente auch für andere Zwecke, und bei der Beobachtung von Kohoutek kamen diese ebenfalls zum Einsatz. Für vertiefende Informationen rate ich zu folgender Lektüre:

Skylab's Astronomy and Space Sciences (NASA SP-404, 1978)

Die astronomischen Experimente entfielen auf folgende Gruppen:

- Stellare und galaktische Astronomie: die Experimente S019 Ultraviolett-Sternfotografie, S020 solare UV-/Röntgenstrahlenfotografie, S150 Kartierung galaktischer Röntgenquellen und S183 UV-Panoramafotografie.

- Interplanetarer Staub: S073 Gegenschein Zodiakallicht und S149 Mikrometeoriten-Sammlung

- Komet Kohoutek: S201 Fernes UV-Kamera, S233 Photometrische Studien, S052 Weißlicht-Koronograf, S055 Scannendes UV-Spektroheliometer, S082a/b: Extrem UV-Spektrograph.

- Energiereiche Teilchen: S009 Kernteilchen-Emulsion, S228 Suche nach Transuranen, S230 Zusammensetzung der Teilchen der Magnetosphäre, ED76 und TV108 Neutronenfluss im/außerhalb des OWS und Beobachtungen von Lichtblitzen im Orbit.

S009: Kernteilchen Emulsion

Dieses Experiment hatte die Aufgabe, die kosmische Strahlung zu erforschen. Es bestand aus einem „Buch" bestehend aus Blättern von fotografischer Emulsion aus Silberbromid und Gelatine (abweichend von der normalen Fotografie waren sie dicker als Film und je nach Seite von unterschiedlicher Zusammensetzung) und Deckeln, welche einen Schutz vor kosmischer Strahlung bildeten. Montiert wurde es am äußeren Ende des MDA nahe der Außenhaut, sodass nur der Radiator die niederenergetische Strahlung abschwächte und teilweise blockierte. Dann wurde das Buch geöffnet und Teilchen konnten eindringen. Ein Zeitgeber schloss den Deckel, wenn Skylab die Zone zwischen 25 und 30° südlicher Breite passierte, da in dieser die Südatlantik-Anomalie liegt und Teilchen des Van Allen Strahlungsgürtels sonst das Messergebnis verfälschen würden. Je nach Energie erreichten sie tiefere Schichten der Emulsion und schwärzten diese. Bei der SL-2 Mission wurde das Experiment beim ersten Außeneinsatz montiert, 10 Tage der galaktischen Strahlung ausgesetzt und dann bei einem zwei-

Abbildung 130: Experiment S019

ten Außeneinsatz geborgen. Am Boden wurde der Film nach der Rückkehr entwickelt und mit einem Mikroskop die Spuren durch die Blätter vermessen. Dadurch konnten Energie und Ladung der kosmischen Teilchen ermittelt werden. Die dritte Besatzung installierte ein neues „Buch".

Empfindlich war das Experiment vor allem für Teilchen mit einer Kernladung von 16 bis 28 und einer Energie von 5 bis 17 GeV. Damit wurden nur hochenergetische Teilchen und harte Röntgenstrahlung detektiert. Über 4.000 Ereignisse wurden gezählt. Das erlaubte eine Aussage über die Häufigkeit und die Energie schwerer Atome in der kosmischen Strahlung.

S019: Sternuntersuchungen im UV-Bereich

Ein Spiegelteleskop mit 15 cm Öffnung konnte in der antisolaren Luftschleuse montiert werden. Es

Abbildung 131: Weitz arbeitet am Experiment S019

sollten mit ihm Gebiete in der Milchstraße, in denen sich Emissionsnebel, junge oder heiße Objekte oder leuchtende Gaswolken befanden, fotografiert werden. Bei jeder der drei Missionen wurden etwa 50 Gebiete fotografiert. Verwendet wurde eine 35-mm-Kamera mit im UV empfindlichen Film, der UV-Strahlung im Bereich von 140 bis 300 nm detektieren konnte. Verschiedene Gebiete konnten durch einen verschiebbaren Planspiegel erfasst werden. Jedes Feld hatte eine Größe von 4 × 5 Grad. Details bis zu 20

Bogensekunden konnten auf den Aufnahmen aufgelöst werden. Ein Prisma im Strahlengang spaltete das Licht in ein Spektrum auf. Die Aufnahme enthielt daher die Spektren als Band an der Stelle, wo sich die Sterne befanden. So war es möglich, mit einer Aufnahme parallel sehr viele Spektren zu gewinnen. Die Bedienung der Kamera war vollständig manuell. Das Teleskop wurde per Hand ausgerichtet, der Verschluss manuell geöffnet und nach der gewünschten Belichtungszeit wieder geschlossen.

Ziel war es, Gebiete der Milchstraße mit jungen, sehr heißen Sternen zu fotografieren, die aufgrund ihrer hohen Oberflächentemperatur ihr Strahlungsmaximum im UV-Bereich haben (Spektraltyp B und O). Es wurden Aufnahmen mit 30, 90 und 270 s Belichtungszeit angefertigt. Ein Filmmagazin fasste 164 Bilder. Insgesamt 1.600 Aufnahmen von 188 Gebieten wurden von den drei Besatzungen angefertigt.

Das Experiment war sehr erfolgreich. Es wurden insgesamt 3.660 Grad² abgebildet, was 24% der Fläche der Milchstraße entspricht. 1.600 Sterne wurden bei einer Wellenlänge von 200 nm erfasst, 400 noch bei 150 nm. Insgesamt 170 Sterne zeigten messbare Absorptionslinien. Vorher gab es nur von 30 Sternen Spektren, die bei den Aufstiegen von Höhenforschungsraketen gewonnen wurden. Der Astronaut Karl Henize war Principal Investigator des Experiments.

S063: UV-Fotografie des UV-Nachtleuchtens der Hochatmosphäre

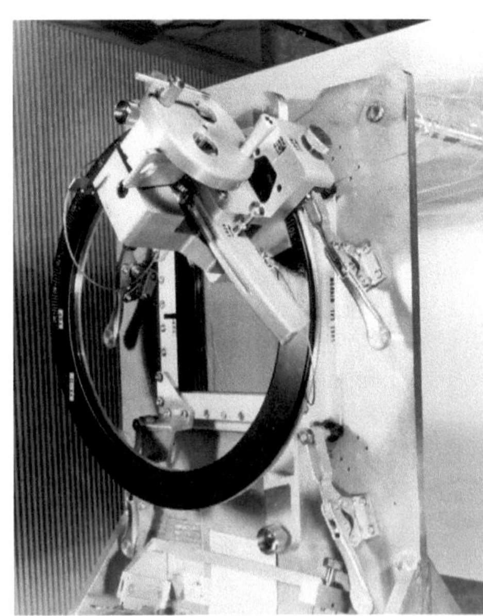

Dieses Experiment diente der Beobachtung des Kometen Kohoutek, wie auch der Beobachtung der Erde. Es wurden fotografische Aufnahmen bei 250, 391,4, 557,7 und 630 nm auf 35 Millimeter Film gemacht. Dabei schaute die Kamera auf das Zielgebiet und machte drei Fotos: eines durch einen Filter im Ozonabsorptionsband bei 391,4 nm, eines direkt daran angrenzend und ein Farbfoto ohne Filter. Die Kamera befand sich in der antisolaren (auf die Erde ausgerichteten) Luftschleuse, konnte aber auch an dem Fenster in der Mannschaftsmesse und auf der solaren Seite angebracht werden. Durch die Differenz der Absorption durch die Filter konnte das Instrument dann den UV-Anteil bzw. nur den Ozon-Absorptionsanteil bestimmen. Zweieinhalb Tage nach einem Ausbruch

Abbildung 132: Experiment S063

250

der Sonne konnte Owen Garriott am 7.9.1973 erstmals eine Aurora (Polarlicht) aus dem All fotografieren.

Nach der Landung wurden die Bilder auf der Erde entwickelt, digitalisiert, zur Deckung gebracht und die gemessenen Intensitäten Pixel für Pixel voneinander abgezogen. Dadurch wurden Daten über den Gehalt an Ozon, die Eigenstrahlung der Aurora und den Airglow (das Nachtleuchten der Atmosphäre) der Erde gewonnen.

Zum Einsatz kamen auch normale Spiegelreflexkameras mit Normalobjektiven (55 mm Brennweite), auf die Vorsatzfilter montiert waren, die nur das Licht bei 556,7 nm oder zwischen 630 und 636 nm passieren ließen – dies sind zwei Absorptionsbereiche von atomarem Sauerstoff, die für die grüne und rote Farbe von Polarlichtern verantwortlich sind.

Für Beobachtungen des Kometen Kohoutek wurden einige weitere Filter eingesetzt, welche die Besatzung vom Experiment T025 borgte (sowohl für UV wie auch sichtbares Licht). Der Komet konnte um den Zeitpunkt der Passage der Sonne fotografiert werden, was von der Erde aus unmöglich war, da er sich dann am Taghimmel befand.

S073: Beobachtungen des Gegenscheins / Zodiakallicht

Dieses Experiment im OWS verwendete eine Fabryoptik mit einem rotierenden Polarisator, um die Helligkeit und Polarisation eines großen Teiles der Himmelssphäre in zehn Wellenlängen im visuellen Bereich zu bestimmen. Das Zodiakallicht rund um die Ekliptik und der Gegenschein der Sonne, verursacht durch Staub im Sonnensystem, sollten so genauer bestimmt werden. Das Instrument konnte auch zur Beobachtung des Nachtleuchtens der Atmosphäre über 90 km Höhe benutzt werden. Die zweite Crew betrieb das Experiment 14 h 37 min lang. Sie setzte dazu eine 16-mm-Kamera ein. Die dritte Crew konfigurierte das Experiment um, nachdem es nach sechs weiteren Betriebsstunden ausfiel. Nun wurde eine 35-mm-Kamera eingesetzt. Sieben Aufnahmen des Gegenscheins und 96 weitere Aufnahmen des Kometen Kohoutek wurden mit dieser Kamera angefertigt.

Mit der 35-mm-Kamera wurden auf hochempfindlichem Kodak S2485-Film Aufnahmen gemacht. Die Belichtungszeit betrug jeweils 6 Minuten. Es zeigte sich, dass der äußerst grobkörnige Film sehr anfällig gegenüber hellen Objekten war. Schon ein Stern von 3,8 mag Helligkeit konnte ein Gebiet von mehreren Grad überstrahlen. Mit den Aufnahmen wurde der Gegenschein bestimmt. Das Zodiakallicht wurde durch ein Photometer und eine 16-mm-Kamera zur visuellen Verifikation bestimmt. Das Zodiakallicht, das durch Streuung des Sonnenlichts an Staub entsteht, kommt von einer Position 15 bis 20 Grad von der Sonne entfernt. Mit der Kamera konnte das Photometer genau auf diese Position ausgerichtet werden. Es war an einem in zwei Achsen beweglichen Ausleger angebracht, der es erlaubte, durch die Luftschleuse die verschiedenen Gebiete zu fotografieren.

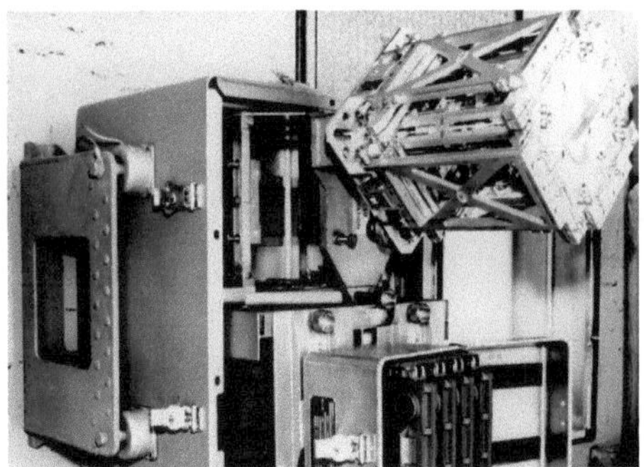
Abbildung 133: Experiment S149

S149: Sammeln von Mikrometeoriten

Dieses Experiment war an der Außenseite des OWS angebracht. Es gab zwei Teile, eines am OWS und eines am ATM-Gerüst. Das Segment am OWS bestand aus einem zylindrischen Behälter, während das Segment am ATM aus einem Kanister mit vier Flügeln von jeweils 0,15 × 0,15 m Größe bestand. Bei einem Außenbordeinsatz brachte ein Astronaut eine Kassette in den Behälter, diese enthielt verschiedene Materialproben: Metallplatten aus rostfreiem Stahl, Kupfer, Silber, wie auch dünne Filme aus Nitrocellulose. Stahl und Goldfolie waren teilweise beschichtet mit Materialien, welche Elektronenstrahlen gut reflektieren. Auf der Erde wurden die Proben, nachdem sie von den Astronauten geborgen wurden, mit optischen und Elektronenmikroskopen untersucht. Die Gesamtoberfläche betrug 1200 cm².

Dreimal wurde das Experiment durchgeführt, zuerst zwischen der Ersten und Zweiten und dann zwischen der zweiten und dritten Besatzung. Die Astronauten brachten die Proben aus, bevor sie die Station verließen, und die nächste Besatzung barg sie bei einem anstehenden Außeneinsatz dann wieder. Die letzte Besatzung installierte zwei neue Sätze, von denen einer bei einem weiteren Außeneinsatz geborgen wurde und der Zweite an der Station für eine Bergung bei einer zukünftigen Mission verblieb. Geöffnet wurden die Probenbehälter bei den ersten beiden Perioden durch ein Funkkom-

Abbildung 134: Von Experiment S150 abgetastete Gebiete

mando nach Rückkehr der Besatzung, um eine Kontamination zu vermeiden. Es gab so drei Expositionszeiten mit zweimal 34 und einmal 46 Tagen Dauer.

Der Kanister am OWS lag auf der antisolaren Seite und diente als Vergleich. Die Kombination von mehreren Folien übereinander erlaubte es festzustellen, wie tief Teilchen eindringen konnten.

Die Bergung der Flächen zeigte, dass Mikrometeoriten äußerst selten waren. Eine Probe, welche das MPI für Aeronomie erhielt (von 71,5 cm² Oberfläche in der Sonnenrichtung und 77,5 cm² in Gegensonnenrichtung), zeigte nur drei Krater zwischen 10 und 30 μm Größe und etwa 40 Krater von 1-4 μm Größe. Die größten Krater erreichten 200 μm Durchmesser.

S150: Suche nach schwachen galaktischen Röntgenquellen

Dieses Experiment war, anders als die meisten anderen astronomischen Experimente, nicht an der Raumstation angebracht. Das Experiment befand sich an Bord der Saturn S-IVB Oberstufe und war oberhalb der IU, dem Bordcomputer, angebracht. Nach dem Abkoppeln des CSM der SL-3 Mission wurde die Abdeckung des Experiments geöffnet und die S-IVB durch Kommandos in eine langsame Rotation von einer Umdrehung in eineinhalb Stunden versetzt. Dadurch wanderte ein Streifen am Himmel innerhalb von eineinhalb Stunden an dem Detektor vorbei.

Das Blickfeld wurde durch Kollimatoren beschränkt. Als Detektoren dienten neun Proportionalzähler der Universität von Wisconsin. Sie wurden von 13 weiteren Zählern als Abschirmung gegen seitlich eintretende Strahlung umgeben. Die Sammelfläche war relativ groß und betrug 1.500 cm². Unterteilt waren die Zähler durch Drähte in drei Zonen, die jeweils ein Gebiet von 2 × 20 Grad abbildeten. Zusammen mit der langsamen Rotation der Stufe konnte so der Ort einer Röntgenquelle bis auf 30 Bogenminuten genau bestimmt werden. Ein 2 Mikrometer starker Schild aus Kunststoff schützte die Oberfläche vor kosmischer Strahlung. Gefüllt war der Gasentladungszähler mit einem Argon/Methan Gemisch. Er hatte seine höchste Empfindlichkeit bei 4 bis 10 keV pro Photon. Empfindlich war der Zähler zwischen 2 und 12 keV Energie pro Photon. Die spektrale Auflösung von $\Delta E/E$ lag bei 50% bei 0,5 keV und 10% bei 10 keV Energie pro Teilchen.

Während der vier bis fünf Stunden, in der die Batterien der Internal Unit noch Strom für das Experiment lieferten, sollte es den halben Himmel abtasten. Es fiel allerdings vorzeitig nach 103 Minuten aus, als die Stufe von der Sonne beschie-

Abbildung 135: Experiment S150

nen wurde und die Kunststoffabdeckung durch die Einstrahlung erweichte, die Atmosphäre aus dem Entladungszähler entwich und daraus ein Kurzschluss resultierte. Ohne die Möglichkeit zur aktiven Stabilisierung der ausgebrannten Stufe bestand eine Wahrscheinlichkeit von 10% für diesen Fall.

S183: Ultraviolett-Panoramafotografien von ausgewählten Sternfeldern

Dieses Experiment war im OWS untergebracht und benutzte ein Teleskop, das durch eine Luftschleuse nach außen schaute. Das Cassegrain-Teleskop wurde auch für andere astronomische Experimente benutzt. Für dieses Experiment wurde ein Photometer an das Teleskop angeschlossen. Das Cassegrain-Teleskop hatte Beschichtungen auf den Spiegeln, die UV-Strahlen reflektierten. Der Primärspiegel hatte eine elliptische Form und war 19 × 38 cm groß. Das Teleskop konnte um 15 Grad geschwenkt werden, und durch die Bewegung von Skylab während eines Orbits war so ein Bereich von 30 × 360 Grad zugänglich.

Der Detektor war ein fotografisches Photometer vom Laboratoire d'Astronomie Spatiale in Marseille. Er war zuvor auf Höhenforschungsraketen erprobt worden. Aufgenommen wurden die Spektren mit einer 16-mm-Kamera. Ein Foto bildete einen Bereich von 7 × 9 Grad am Himmel ab. Ein Strahlteiler nach einem Beugungsgitter bei 257 nm Wellenlänge spaltete das Spektrum in zwei Bereiche auf (Zentralwellenlängen 187,8 und 297,0 nm). Der erste Bereich lag zwischen 150 und 210 nm, der Zweite zwischen 270 und 330 nm.

Parallel geschaltet war eine normale Kamera an einem Schmidt-Cassegrain-Teleskop mit einem Gesichtsfeld von 5 × 7 Grad. Ein Interferenzfilter ließ nur Licht im UV-Bereich durch, die Zentralwellenlänge betrug 257,4 nm. Mit dieser Kamera wurden normale Aufnahmen der Sterne angefertigt. Insgesamt 36 Sternfelder, wie z.B. die Plejaden, wurden so fotografiert. Das Experiment litt bei der ersten Mission unter einer starken Degradation des Films durch die Hitze. Die zweite Crew produzierte verschwommene Aufnahmen, was eine Verschiebung des Fokus des Spektrographen nahelegte. Die dritte Besatzung setzte daher ein neues Filmkarussell ein. Dieses blieb aber sehr oft stecken. So war die Ausbeute an auswertbaren Fotos nur gering.

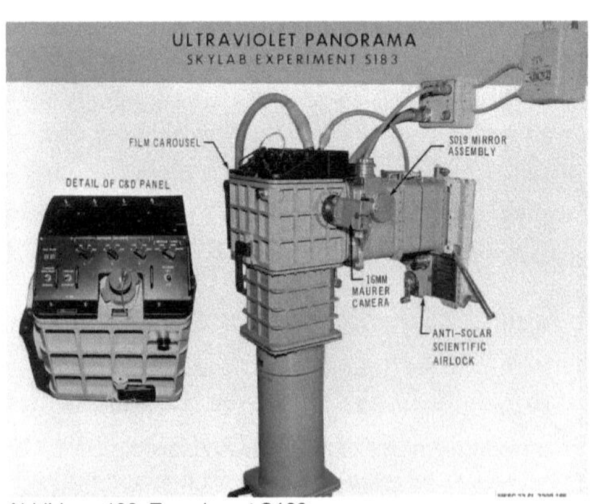

Abbildung 136: Experiment S183

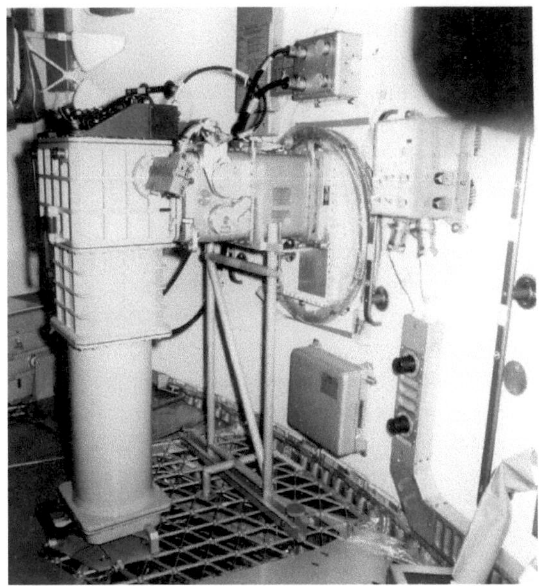

Abbildung 137: S184 angebracht an der Luftschleuse

S201: Elektrokoronografische Kamera

Dieses Experiment war eine Modifikation einer Kamera der Apollo 16 Mission. Eine elektrokoronographische Kamera kombiniert eine Photokathode als Verstärker mit fotografischem Film. Die Kamera bestand aus einem Teleskoptubus. In der Innenwand befand sich ein Fokussiermagnet mit einer Feldstärke von 0,03 Tesla. Beim Sekundärspiegel war eine Photokathode angebracht. UV-Licht schlug Elektronen aus ihr heraus, die durch den Magnet fokussiert wurden und dann im Sekundärfokus den Film belichteten. Eine 25-kV-Spannung verstärkte den Elektronenstrom in der Photokathode.

Die Sensitivität erhielt die Kamera durch eine Korrekturplatte. Sie korrigierte die Verzerrungen des Bildes durch die Spiegel und ließ nur einen Teil des Lichtes passieren. Es gab zwei Korrekturplatten mit unterschiedlichen Beschichtungen. Die eine war mit Lithiumfluorid beschichtet, das Strahlung unterhalb von 105 nm blockiert, die Zweite dagegen mit Calciumfluorid. Dieses Mineral absorbiert alle Strahlen unterhalb von 123 nm. Die Photokathode war wiederum mit Natriumbromid beschichtet. Natriumbromid emittiert Elektronen, wenn es von Licht mit einer Wellenlänge von weniger als 161 nm getroffen wird. Dann reicht die Energie der Photonen aus, Elektronen aus dem Kristallgitter herauszuschlagen. So konnten zwei Messbereiche mit einer Wellenlänge von 105 — 161 nm und 123 — 161 nm gewählt werden. Die Belichtungszeit der Kamera wurde manuell eingestellt. Auf der Erde wurden die Negative eingescannt, wobei die Auflösung 400 Pixel pro mm betrug.

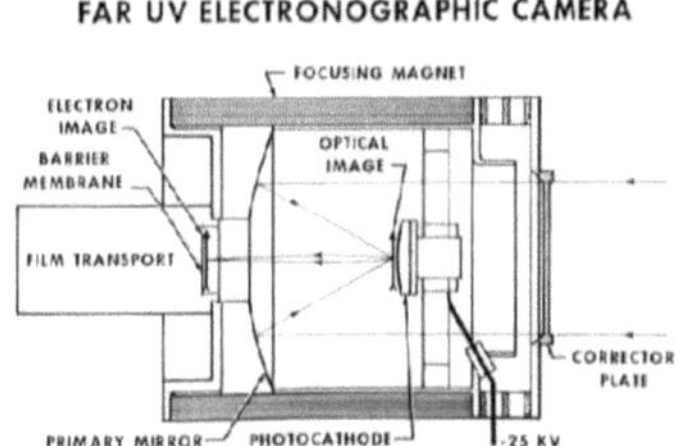

Abbildung 138: Aufbau der S201 Kamera

Die Kamera wurde bei der Skylab 4 Mission zur Station transportiert, dort an der antisolaren Luftschleuse angebracht und für Beobachtungen des Kometen Kohoutek genutzt.

Ein Großteil der geladenen Teilchen, die von Außen die Erde erreichen, sind Wasserstoff- und Heliumkerne. Die Sonne emittiert vor allem diese, sie sind aber auch die häufigsten im Universum. Schwere Elemente sind um so seltener, je schwerer sie sind, da die Elementhäufigkeit im interstellaren Medium bei steigender Ordnungszahl rapide absinkt. Dieses Experiment sollte die Häufigkeit schwerer Atomkerne in der kosmischen Strahlung bestimmen und insbesondere nach Elementen mit einer Ordnungszahl größer als 92 suchen: Alle Elemente mit einer höheren Ordnungszahl als Uran sind radioaktiv und haben so kurze Halbwertszeiten, dass sie (nach geologischen Zeiträumen) erst vor Kurzem entstanden sind.

Die Seltenheit schwerer Elemente macht sehr große und schwere Detektoren mit einer großen Sammelfläche notwendig. Skylab war die erste Mission, bei der diese Fläche zur Verfügung stand und auch das Gewicht kein Problem war. Die Detektoren bestanden aus 36 Modulen mit einer Gesamtoberfläche von 1,3 m² und einem Gewicht von 30 kg. Die Module bestanden aus Schichten des Kunststoffes Lexan. Jedes Modul hatte eine Fläche von 178 × 229 mm. 32 Schichten von jeweils 0,254 mm Dicke bildeten ein Modul.

Die Module befanden sich an der Innenseite des OWS. Die Wand des Labors diente als Schutzschild, der alle Teilchen mit einer Ordnungszahl kleiner als 26 (Element Eisen) und einer Energie von weniger als 1,5 keV/Nukleon nicht durchließ. Die Teilchen wurden in drei Bereichen mit Ordnungszahlen von 26 bis 60, 60 bis 110 und größer als 110 bestimmt. Der Energiebereich, der erfasst werden konnte, lag zwischen 1,5 keV und 1.500 MeV pro Nukleon.

Vor Rückkehr der Crew von SL-3 wurde ein Modul demontiert und nach 119 Tagen Expositionszeit zur Erde zurückgebracht. Am Ende der letzten Mission wurden 34 weitere Module nach 253 Tagen Expositionszeit zurückgebracht. Das letzte Modul wurde an Bord gelassen und im MDA deponiert für eine Bergung bei einer Rettungsmission nach noch längerer Expositionszeit. Auf der Erde wurden die Spuren, welche die Teilchen im Plastik hinterließen, chemisch herausgeätzt und mikroskopisch untersucht.

Es wurden 150 Spuren festgestellt, davon stammten drei von Elementen mit einer Ordnungszahl größer als 94. Kein Element mit einer Ordnungszahl über 110 (dem damals schwersten bekannten Element) wurde detektiert. Ein Großteil (77 Ereignisse) entfiel auf den Bereich zwischen Ordnungszahl 74 und 87 (Wolfram bis Francium). Das erlaubte es, Feinjustierungen an den Theorien über die Bildung von Elementen in Sternen vorzunehmen, da die Elemente rund um Platin (Ordnungszahl 78) bei dem schnellen Einfang hochenergetischer Neutronen in Supernova-Explosionen entstehen, die Elemente rund um Blei (Ordnungszahl 82) dagegen ein Nebenprodukt des langsamen Neutroneneinfangs beim Heliumbrennen von roten Überriesen sind.

S230: Häufigkeitsbestimmung von schweren Ionen im Magnetfeld der Erde

Dieses Experiment kam als Letztes zu Skylab. Eigentlich war es zu spät dafür, denn alle anderen Experimente waren schon ausgewählt. Dr. Johannes Geiss war zu Besuch beim Johnson Space Center, als Apollo 11 vorbereitet wurde. Bei dieser Mission sollten die Astronauten eine Sonnenwindfalle aufbauen, eine Folie, in der sich die Teilchen des Sonnenwindes fangen und die später zurückgebracht werden sollte. Sie stammte von dem Institut an der Universität Bern, an dem Geiss arbeitete. Dabei kamen Geiss und Backup-Crewmitglied Don Lindt die Idee, ein ähnliches Experiment an Bord von Skylab durchzuführen. Das Experiment musste, da damals von einem Start in weniger als zwei Jahren ausgegangen wurde, sehr schnell fertiggestellt werden. Es war daher eine sehr einfache Konstruktion. Sie bestand aus einem Stapel Folien aus Aluminium und Platin. Jede Folie bestand aus Streifen, manche aus nur einem der beiden Metalle, andere aus mehreren verbundenen Schichten. Sie waren auf einem Armalongewebe aufgenäht und am ATM-Gerüst befestigt. Beim ersten Außeneinsatz musste der Container geöffnet werden, um das Gewebe zu exponieren. Bei jeder weiteren EVA riss der Astronaut einfach einen Folienstreifen von 35 × 48 cm Größe ab und nahm ihn (mit den eingefangenen Ionen) mit. Dabei wurde der nächste Streifen exponiert. Insgesamt sechs Streifen gab es. Mit Kosten von lediglich 3.500 Dollar und einem Gewicht von 4,5 kg war es das preiswerteste und eines der leichtesten Experimente.

Nach Rückkehr zur Erde wurde die Folie langsam erhitzt, bis sie aufgeschmolzen war und die freigesetzten Gase mit einem Gaschromatographen analysiert. Teile der Folie wurden auch mit Elektronenmikroskopen auf Dichteveränderungen durch Ablagerungen untersucht.

Das Experiment wies nach, dass die Heliumhäufigkeit der von den Strahlungsgürteln der Erde eingefangenen Teilchen die Gleiche wie beim Sonnenwind ist. Es konnten auch schwere Teilchen nachgewiesen werden. Sie waren in der Magnetosphäre signifikant häufiger als in der Korona oder im Sonnenwind, sodass von einem Sammelprozess durch die Strahlungsgürtel der Erde ausgegangen werden konnte. Weiterhin konnte anhand des Isotopenverhältnisses des Edelgases Neon erstmals nachgewiesen werden, dass in der Bahnhöhe von Skylab die Atmosphäre fraktioniert ist: Das leichtere Isotop ist um so häufiger je größer die Distanz zur Erdoberfläche ist.

Abbildung 139: Die Detektoren des Experiments S230 an der Wand von Skylab hinter Astronaut Carr

Erderkundung

Erderkundung war eine weitere wichtige Aufgabe von Skylab. In den drei Missionen wurden über 46.155 Erdaufnahmen gemacht und 75.155 m Magnetband beschrieben. Der Großteil der Untersuchungen entfiel naturgemäß auf die USA, doch auch andere Länder profitierten von den Untersuchungen. So ergab eine Auswertung von Aufnahmen der Wüste Sahara Hinweise, in welche Richtung die Sandmassen wandern, und zeigte damit Möglichkeiten auf, dem Versteppen zu begegnen. Alleine in den USA wurden Erz- und Ölvorkommen entdeckt, deren Wert die Gesamtkosten von Skylab ausmachten. In Nevada fand die NASA z.B. ein Erzvorkommen im Wert von 2 Milliarden Dollar. Dabei hatten nur vier Experimente an Bord geowissenschaftliche Ausrichtung. Die Bahn von Skylab erlaubte die Beobachtung aller Gebiete zwischen dem Äquator und dem 50-sten Breitengrad (dies ist ungefähr die geografische Breite von Frankfurt – Hamburg wäre so nicht beobachtbar gewesen, es entstanden aber Aufnahmen der Alpen). In diesem Gebiet liegen 75% der Erdoberfläche, dort lebten zu diesem Zeitpunkt 90% der Weltbevölkerung und es wurden 80% der Nahrungsmittel erzeugt.

Alle Experimente befanden sich am MDA, gegenüber den Solarpaneelen, sodass sie auf den Nadirpunkt blickten, also den Punkt der Erdoberfläche, der von der Raumstation gerade überflogen wurde. Für die Beobachtung musste die Station die Ausrichtung der ATM-Teleskope auf die Sonne aufgeben. Daher fanden die Erdbeobachtungen nicht andauernd statt, sondern wurden nur zeitweise aktiviert, um bestimmte Ziele zu untersuchen. Die primären Ziele der sogenannten „EREP-Passes" lagen in den USA. Sekundäre Ziele waren vor allem geologisch interessante Gebiete. SL-2 absolvierte nur EREP-Überflüge über die USA, Skylab 3 und 4 untersuchten auch andere Gebiete. Die meisten Beobachtungen fanden bei der Skylab 3 Mission statt, da bei Skylab 4 schon Winter auf der Nordhalbkugel war und die Aussagekraft der Bilder dadurch geringer war (stärkere Wolken-/Schneebedeckung, flacher Sonnenstand, keine Vegetation im Wachstum).

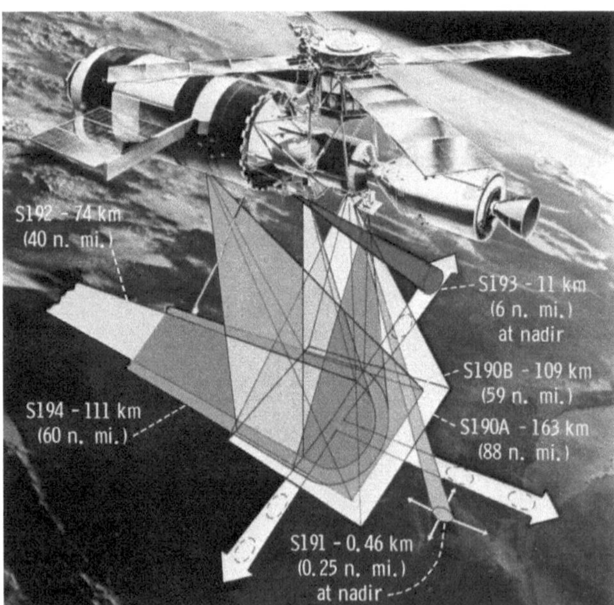

Abbildung 140: Von den EREP Instrumenten abgedeckte Flächen

Das gesamte EREP-Paket (**E**arth **R**esources **E**xperiment **P**ackage) wog zusammen 975 kg. Die Entwicklungskosten betrugen 45,7 Millionen Dollar, die Gesamtkosten inklusive Betrieb 55 Millionen Dollar.

Die Experimente basierten auf den Erfahrungen der NASA mit der Multispektralkamera, die bei Apollo 9 eingesetzt wurde und der Multispektralsensoren, die in Landsat 1 eingesetzt wurden. Während diese im sichtbaren Bereich und Nahinfrarot arbeiteten, sollte Skylab auch den Einsatz eines Sensors, der empfindlich im mittleren und langwelligen Infrarot war, erproben.

Später kamen noch drei weitere Experimente hinzu: ein L-Band Radiometer, ein Radarhöhenmesser und eine hochauflösende Kamera. Sie konnten durch Verzögerungen des Programmes noch integriert werden. Skylab wurde mit folgenden Ressourcen gestartet:

System	Ressource	Anzahl	Kapazität
Terrainkamera:	125 mm Film	5	450 Bilder/Rolle
Multispektralkameras:	70 mm Film	78	400 Bilder/Rolle
IR-Spektrometer:	16 mm Film	9	5600 Bilder/Rolle
Multispektralscanner, Radiometer, Altimeter:	Magnetbänder	25	7200 Fuß/Band

Die Magnetbänder hatten jeweils 9 Spuren mit einer Datendichte von 800 Bit/Zoll. Auf ein Magnetband passten so 829,44 Mbit.

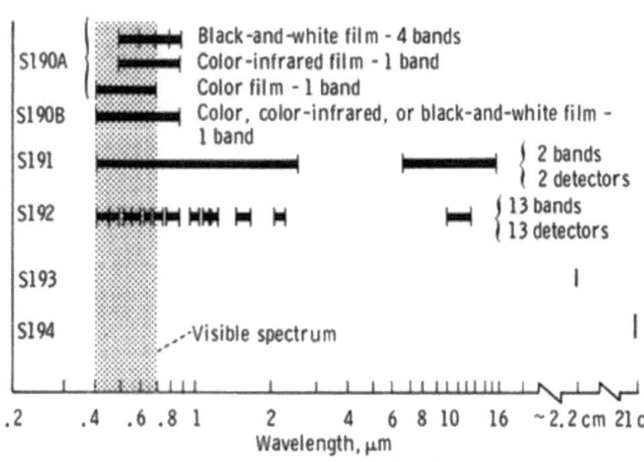

Abbildung 141: Die Bereiche im elektromagnetischen Spektrum in denen die Instrumente empfindlich waren.

Die 16-mm-Kamera war ein Vielzweckinstrument, das neben Aufnahmen für das IR-Spektrometer auch eingesetzt wurde, um zahlreiche Dinge innerhalb der Station zu filmen, oder sie wurde als Detektor in anderen Experimenten benutzt. Belichtungszeiten zwischen $^1/_{60}$ und $^1/_{1000}$ s und Bildraten von 1, 2, 6, 12 und 24 Bilder/s waren möglich.

Zusätzlich verfügten die Besatzungen über portable Spiegelreflexkameras von Nikon. Diese verwendeten 35-mm-Film. Die Bodys der Kamera konnten mit einem Normalobjektiv (55 mm Brennweite, f/1,2), einem Weitwinkelobjektiv (35 mm Brennweite, f/1,4) und einem Zoomobjektiv (300 mm Brennweite, f/4,5) ausgerüstet werden. Sie wurden ebenfalls eingesetzt, um Erdaufnahmen anzufertigen.

Die gesamten EREP-Instrumente waren in dem MDA installiert, in dem es Aussparungen gab, damit die Besatzung im Inneren die Instrumente steuern oder Magnetbänder wechseln konnte.

Zeitgleich wurden bei Passagen über den USA Luftbildaufnahmen von einer Flotte von 200 Flugzeugen, von hochfliegenden U-2 (bzw. die zivile Variante WB57F) bis hin zu niedrig fliegenden H-47G Helikoptern angefertigt. Sie ermöglichten den Vergleich der Aufnahmen aus dem All mit schon vorliegenden bzw. zeitgleich angefertigten Luftbildern. Insgesamt 164 Vorschläge für Beobachtungen gab es von 148 Wissenschaftlern, darunter auch aus 19 Ländern außerhalb der Vereinigten Staaten.

Während eines EREP-Überflugs waren zwei Astronauten mit der Beobachtung betraut. Einer kümmerte sich um die Kameras, der andere um die Sensoren. Die Bedienung umfasste das Ein- und Ausschalten, Öffnen der Abdeckung der Kameras und Wechseln der Magazine. Ein Pass dauerte 15 bis 25 Minuten und deckte ein Gebiet von 6.400 bis 11.100 km Länge und bis zu 163 km Breite (je nach Instrument) ab. Gab es zu starke Wolkenbedeckung, so wurden zumindest die Aufnahmen auf Film abgesagt und die Beobachtung vier bis fünf Tage später bei der nächsten Passage neu auf den Tagesplan gesetzt. Bei den fest installierten Kameras wurde ein Gebiet zuerst mit einem Sucher anvisiert und dann ein Zähler gestartet, der die Kamera auslöste, wenn das Gebiet überflogen wurde.

Während im MDA zwei Astronauten die Instrumente bedienten, machte das dritte Crewmitglied von der antisolaren Luftschleuse aus Aufnahmen mit der S190B Kamera oder den Spiegelreflexkameras vom Fenster im unteren Teil des OWS aus. Eine Erfahrung war, dass die Verwendung eines Zooms nicht sinnvoll war, da Zoom und Normalbrennweite unterschiedlich fokussiert waren und so die Aufnahmen unscharf wurden oder zeitaufwändig der Fokus neu eingestellt werden musste.

Während der Zeit zwischen den Überflügen wurden die Kameras von den Fenstern mit optischem Glas entfernt und die Besatzung genoss den Blick auf die Erde. Mehr über die Experimente und ihre Ergebnisse finden Sie in den NASA-Dokumenten:

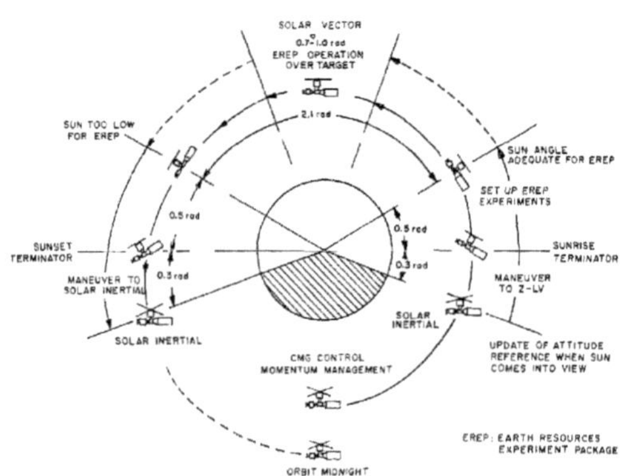

Abbildung 142: Drehung der Station für die EREP Passagen

Skylab explores the Earth (NASA SP-380, 1977)
Skylab EREP Investigations Summary (NASA SP-399, 1978)

S190: Multispektral-Fotoanlage

Das Experiment S190 bestand aus zwei Teilexperimenten: den Multispektralkameras S190A mit sechs
70-mm-Kameras und der Terrainkamera S190B. Die sechs Kameras von S190A waren so ausgerichtet, dass sie dasselbe Gebiet beobachteten. Jede Kamera bildete ein Gebiet von 163 km Kantenlänge
aus der nominellen Bahnhöhe von 435 km ab. Die sechs Kameras waren mit verschiedenen Spektral-

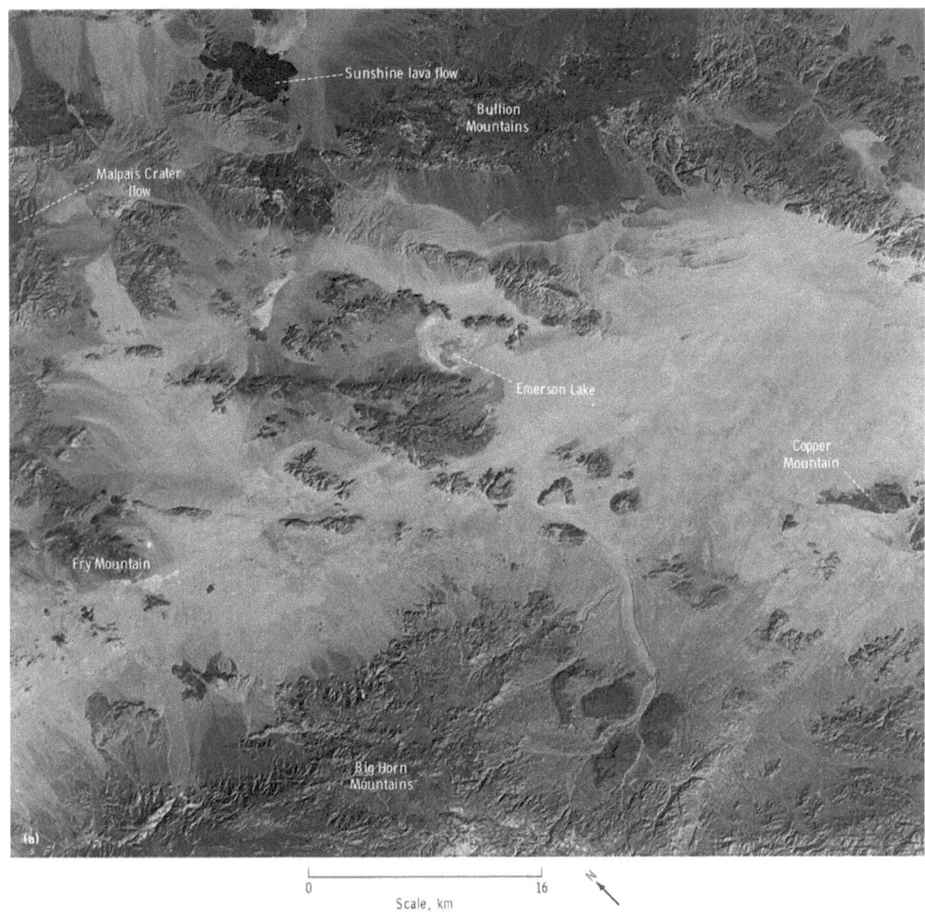

Abbildung 143: Eine Aufnahme der S190 Kamera

filtern belegt. Die Kameras blickten durch ein Fenster mit 4 cm dickem, optischem Glas von 46 × 58 cm Größe.

Die Auflösung betrug (abhängig vom verwendeten Film) zwischen 30 und 46 m im visuellen Bereich und 73 bis 79 m im infraroten Spektralbereich. Falschfarbenaufnahmen waren möglich durch Projektion der S/W Aufnahmen in beliebiger Kombination durch Projektoren mit Rot-, Grün- und Blaufiltern und Neuaufnahme der entsprechenden Farbaufnahme. Die IR-Farbfilmkamera verwendet für die Farbe Rot den Farbstoff Chinolinblau, der sensibel auf 0,8 bis 0,9 μm Strahlung reagiert. Die beiden anderen Spektralfarben wurden durch eine Gelb- und eine Magentaschicht erzeugt.

Die Kameras hatten drei feste Belichtungszeiten. Die Verschlüsse der Kameras waren bis auf 0,4 ms genau synchronisiert, sodass bei Auslösung alle Kameras dasselbe Gebiet aufnahmen. Ein Motor bewegte die Kameras mit 10-30 mrad/s, um die Bewegungsunschärfe durch die Umlaufgeschwindigkeit der Station zu kompensieren. Die Bilder wurden automatisch in festen Intervallen von 2 bis 20 s aufgenommen und überlappten sich entsprechend. Für stereoskopische Aufnahmen wurde meist das 10 s Intervall gewählt. Dabei ergab sich eine Überlappung der Bilder von 50%. Das 20 s Intervall entsprach einer Überlappung von 9%.

S190A Kameras	
Anzahl an Kameras:	6
Optisches System:	Brennweite 152,8 mm, Öffnung 54 mm
Gesichtsfeld:	21,1° = 163 km Kantenlänge
Belichtungszeiten:	$^1/_{400}$ s, $^1/_{200}$ s, $^1/_{100}$ s
Blenden:	1/2,8 bis 16, in ½ Blenden Intervallen
Auflösung:	30 m theoretisch 30-46 m sichtbarer Bereich erreicht, 73-79 m IR-Bereich erreicht

Kamera	Empfindlich zwischen	Film	
		Art	Typ
1	0,7 – 0,8 μm	Schwarzweiß, panchromatisch	EK-2424
2	0,8 – 0,9 μm	Schwarzweiß, infrarotempfindlich	EK-2424
3	0,5 – 0,88 μm	Farbfilm, infrarotempfindlich	EK-2443
4	0,4 – 0,7 μm	Farbfilm, hochauflösend	„Special order" (SO) 356
5	0,6 – 0,7 μm	Schwarzweiß, panchromatisch	SO-022
6	0,5 – 0,6 μm	Schwarzweiß, panchromatisch	SO-022

Die S190B Terrainkamera hatte die Aufgabe, ein Gebiet mit höherer Auflösung aufzunehmen. Dies wurde erreicht durch eine dreimal längere Brennweite und ein größeres Objektiv. Sie verwendete auch einen breiteren 5 Zoll Film (127 mm). Sie bildete ein Gebiet von 109 km Kantenlänge ab. Die Optik hatte eine feste Blende. Die Kamera wurde mit der Bewegung des Raumschiffes synchronisiert geschwenkt mit einer Unsicherheit von 2,8 m/s am Boden. Die Geschwindigkeit war zwischen 0 und 25 Bildern pro Minute wählbar. Nominell wurden 9,5 Aufnahmen pro Minute gemacht, die sich dann jeweils um 60% überlappten.

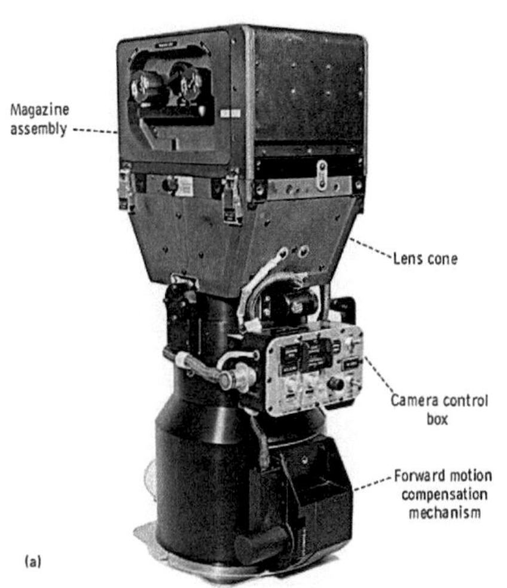

Abbildung 144: Die Terrainkamera und eine von ihr angefertigte Aufnahme

S190B Kamera	
Anzahl an Kameras:	1
Optisches System:	Brennweite 457,2 mm, Blende 4, Öffnung 114 mm
Gesichtsfeld:	14,2° = 109 km Kantenlänge
Belichtungszeiten:	$^1/_{200}$ s, $^1/_{140}$ s, $^1/_{100}$ s
Auflösung:	11 m theoretisch 17 bis 30 m praktisch

Während die sechs S190A Kameras feste Magazine mit jeweils einer vorgegebenen Filmsorte hatten, war das Magazin der Terrainkamera auswechselbar. Zur Verfügung standen folgende Filme:

Filmtyp	Art	Spektralbereich
EK-3414	Hochauflösender S/W Film für Luftbildaufnahmen	0,5 – 0,7 μm
SO-242	Hochauflösender Farbfilm für Luftbildaufnahmen	0,4 – 0,7 μm
SO-131	Hochauflösender Falschfarb-IR-Film für Luftbildaufnahmen	0,5 – 0,88 μm
EK-3443	Falschfarb-IR-Film	0,5 – 0,88 μm

In der Regel wurden Farbfilme eingesetzt. Eine Besonderheit der S190B Kamera war, dass eine Uhr in der linken, unteren Ecke eingeblendet war. Damit war der Aufnahmezeitpunkt bekannt. Anders als alle anderen EREP-Instrumente wurde die Terrainkamera vor einem Überflug auf der antisolaren Luftschleuse im Workshop installiert und danach wieder abgebaut.

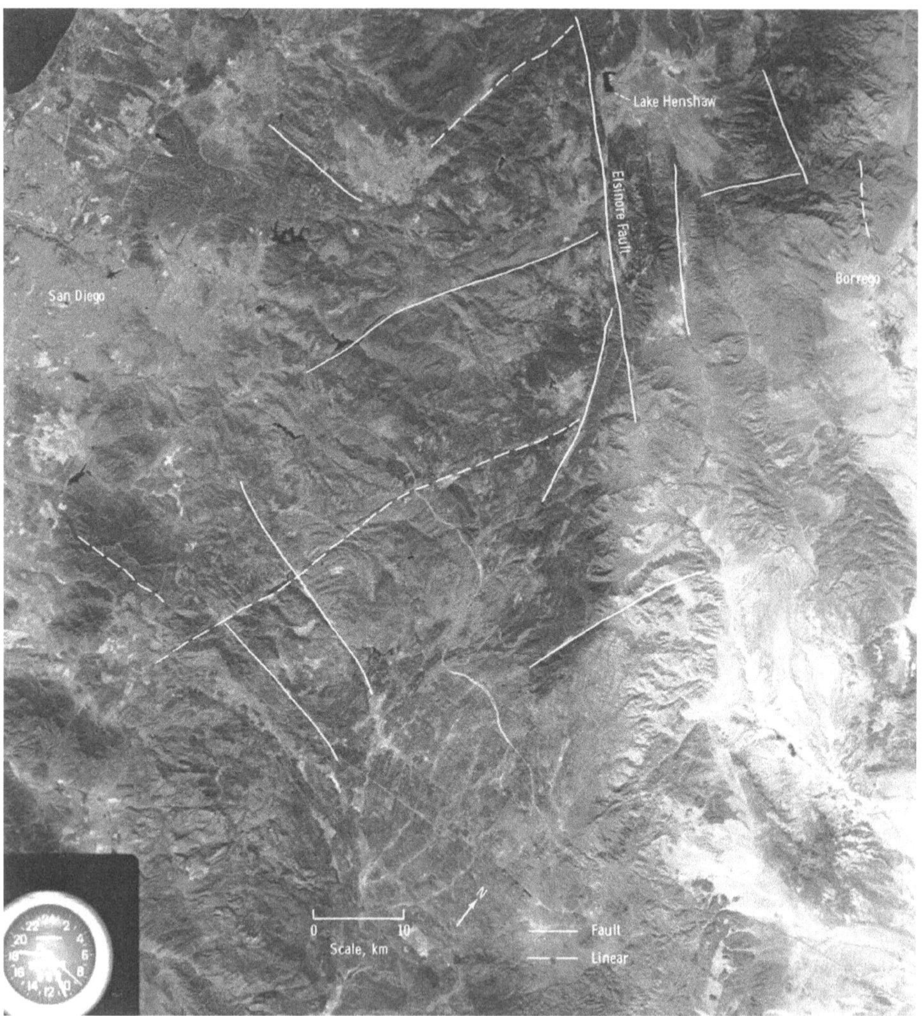

Abbildung 145: Eine Falschfarbenaufnahme der S190B Kamera von Südwest-Kalifornien mit den Verwerfungen verursacht durch den St. Andreas Graben.

S191: Infrarot-Spektrometer

Das Infrarot-Spektrometer war sowohl Ingenieursexperiment als auch wissenschaftliches Instrument. Da es noch keine Infrarotbeobachtungen im mittel- und langwelligen Bereich vom Weltraum aus gab, war eine Aufgabe des Instrumentes auch festzustellen, wie die Infrarotstrahlung durch die Atmosphäre abgeschwächt wird und wie verschiedene Einflussfaktoren sich auswirken (z.B. Wasserdampf oder andere Spurengase). Dadurch erhoffte sich die NASA Rückschlüsse, welche Spektralbänder für zukünftige Instrumente wichtig wären und welche nicht.

Das Instrument bestand aus einem Cassegrain-Teleskop, einem Strahlteiler und einem CdHgTe Detektor. Dieser wurde auf 90 K (-184° C) gekühlt. Das Infrarotspektrometer hatte zwei Bänder, die durch einen von den Astronauten selektierten Filter umgeschaltet wurden. Es gab nur einen Sensor, dessen Messungen auf Magnetband aufgezeichnet wurden. Er maß einen Punkt mit einem Durchmesser von einem Milliradian, das entspricht 435 m aus der nominellen Orbithöhe. Der Messpunkt wurde vom Astronauten mit einem Zielfernrohr anvisiert und dann das Instrument mit einer Schwenkvorrichtung nachgeführt.

Erfasst werden konnten Ziele von bis zu 435 km vom Nadirpunkt entfernt in Flugrichtung und jeweils 157 km quer dazu. Während die Raumstation das Ziel überflog, wurde ein Infrarotspektrum aufgenommen. Die Auflösung war gut genug, um verschiedene Mineralien voneinander unterscheiden zu können. Optimiert war das Instrument im kurzwelligen Bereich auf den Bereich der Vibrationsenergie von Silizium-Sauerstoff Atombindungen. So konnte das Instrument Eisensilikate von Aluminiumsilikaten, saures von basischem Gestein unterscheiden. Eine parallel angeschlossene 16 mm Kamera machte ein Foto zum späteren visuellen Vergleich. Das Spektrum selbst wurde auf Magnetband aufgezeichnet.

S191 Experiment	
Messbereich thermisches Infrarot:	0,4 – 2,5 µm
Messbereich mittleres Infrarot:	6,6 – 16 µm
Bodenauflösung:	1 mrad = 435 m
Schwenkbereich:	+45 Grad zum Nadirpunkt -10 Grad zum Nadirpunkt ± 20 Grad zur Seite
Spektrale Auflösung:	1-5% je nach Wellenlänge.

S192: Optomechanischer Multispektralscanner

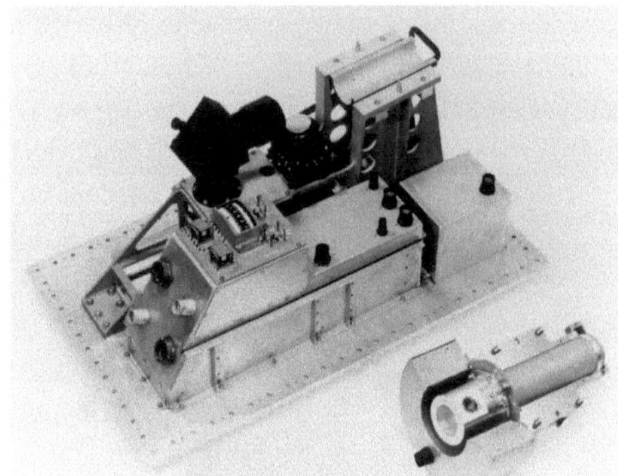

Abbildung 147: S192 Instrument

Dieses Experiment bestand aus einem konkav geformten Drehspiegel von 43,22 cm Durchmesser, der einen Streifen kontinuierlich Zeile für Zeile abtastete. Sein Licht fiel auf ein Schmidt-Teleskop mit 300 mm Brennweite.

Es passierte dort einen Strahlteiler. Er trennte das mittlere IR vom nahen Infrarot. Ein Prisma spaltete dann das Spektrum auf. An den zu detektierenden Wellenlängen befanden sich dann einzelne, stecknadelkopfgroße IR-Detektoren aus mit Gold dotiertem Germanium. Diese wurden kryogen gekühlt, um ihre Empfindlichkeit zu steigern. Das elektrische Signal, das sie abgaben, wurde benutzt, um die Intensität eines Elektronenstrahls einer Photokathode zu steuern. Die Bewegung des Elektronenstrahls wurde mit der des Drehspiegels synchronisiert. So wurde durch die Photokathode fotografischer Film belichtet. Dabei waren die Zeilen nicht gerade, sondern folgten durch den konkav geformten Spiegel einem Kreisbogen.

Abbildung 146: S191 Experiment

Jede Szene bildete ein Gebiet von 74 km Breite und einer frei wählbaren Länge mit einer Bodenauflösung von 39 m (drei Kanäle) bzw. 79 m (restliche 10 Kanäle) ab. Je nach Detektor bestand eine Zeile aus 1.240 oder 2.480 Pixeln. Durch die Vorwärtsbewegung der Raumstation entstand aus vielen Zeilen ein Bild. Dabei überlappten sich die einzelnen Zeilen geringfügig.

Es zeigte sich, dass der Aufwand zur Rekonstruktion der Bilder sehr hoch war. Das Instrument wies ein sehr hohes Eigenrauschen auf.

Das Teleskop und der Scanner befanden sich an der Außenseite des Docking Adapters.

Detektor	Wellenlänge	Spektralbereich
1	0,41 – 0,46 µm	Violett
2	0,46 – 0,51 µm	Violett-blau
3	0,52 – 0,56 µm	Blau-grün
4	0,56– 0,61 µm	Grün-gelb
5	0,62 – 0,67 µm	Orange-rot
6	0,68 – 0,76 µm	Tiefes rot bis nahes Infrarot
7	0,78 – 0,88 µm	Thermisches Infrarot
8	0,98 – 1,08 µm	Thermisches Infrarot
9	1,09 – 1,19 µm	Thermisches Infrarot
10	1,20 – 1,30 µm	Thermisches Infrarot
11	1,55 – 1,75 µm	Thermisches Infrarot
12	2,10 – 2,35 µm	Thermisches Infrarot
13	10,2 – 12,5 µm	Mittleres Infrarot

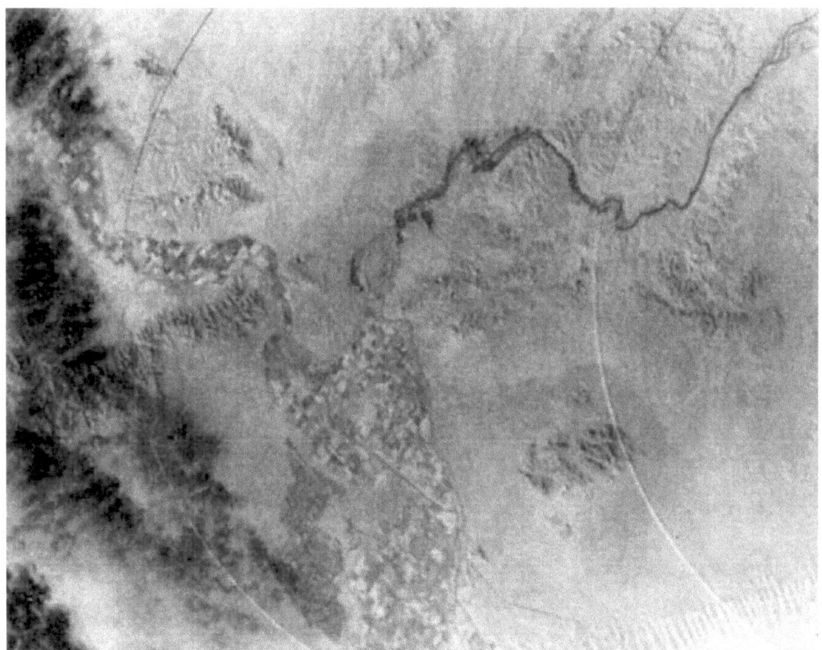

Abbildung 148: Verarbeitete S191-Szene. Gut sichtbar sind die kurvenförmigen Scanzeilen

Während die vorhergehenden Instrumente passiv sind, also reflektiertes Licht aufzeichnen, handelt es sich bei diesem um ein Aktives: Es sandte Radiowellen aus und empfing die rückgestreuten Signale. Daraus ergaben sich weitergehende Möglichkeiten, welche die im Sichtbaren und IR-Bereich arbeitenden Sensoren nicht hatten. Da das Ausgangssignal bekannt war, konnten aus dem zurückgestreuten Signal weitere Informationen gewonnen werden, wie z.B. die Reflexionsfähigkeit des Bodens für diese Wellenlänge oder das Höhenrelief durch Messung der Signallaufzeit.

Dieses Instrument diente zur Bestimmung der differentiellen Rückstreuung und der Detektion von thermischer Mikrowellenstrahlung entlang des Flugpfades. Es war auch als Technologieexperiment vorgesehen, welches Daten für den Bau zukünftiger Mikrowellenradarsysteme liefern sollte.

Es bestand aus drei Einzelinstrumenten: einem aktiven Streulichtmesser/Radiometer, einem Radar-Höhenmesser und einem passiven Radiometer. Zwei der Instrumente arbeiteten im K-Band bei 13,4 GHz, das passive Radiometer bei 1,4 GHz im L-Band. Die beiden K-Band-Instrumente nutzen eine gemeinsame, schwenkbare Antenne am MDA. Diese hatte eine Öffnung von 1,6 Grad. Das Signal konnte in zwei Richtungen polarisiert werden.

Das Scatterometer sendete und empfing die rückgestreuten Radarsignale in einem Bereich von 0 bis 48 Grad entlang des Flugpfades. Die Rückstreuung hing von Winkel, Dielektrizitätskonstante und Reflexionsvermögen ab. Das Integrieren der Signale sollte thermisches Rauschen minimieren und den Winkel als unerwünschte Messgröße eliminieren.

Das Altimeter (Höhenmesser) arbeitete im Pulsbetrieb mit einem Antennenstrahl, der am Boden 0,9 km Breite erreichte. Es maß die Signallaufzeit und bestimmte damit die Höhe der Oberfläche und konnte so ein Relief erstellen. Es deckte wie das Scatterometer einen Bereich von ±48 Grad zur Flugrichtung ab. Es arbeitete für etwa 3 Minuten kontinuierlich und sandte Impulse von 100 ns Dauer aus. Pro Sekunde konnten zwischen 1 und 99 Messungen durchgeführt werden.

Das Radiometer empfing mit einer eigenen Antenne die vom Boden emittierte Radiostrahlung, die eine Aussage über die Temperatur der Oberfläche lieferte. Die Daten wurden mit 5,33 Kbit/s und 10 kBit/s auf Magnetband aufgezeichnet.

Abbildung 149: Die Antenne des S193 Experiments

S193 Experiment	
Messbereich L-Band:	1.400 – 1.427 MHz
Messbereich K-Band:	13.400 MHz
Bodenauflösung Scatterometer:	11,1 km
Bodenauflösung Altimeter:	0,90 km
Schwenkbereich:	± 48 Grad zum Nadirpunkt ± 48 Grad zur Seite
Breite des Messbereichs:	111 km

S194: Temperaturmessungen im L-Band

Dieses Instrument bestimmte die Bodentemperaturen durch ein Radiometer im L-Band bei 21 cm Wellenlänge. Es ergänzte damit das Radiometer von S193 bei den Messungen von Temperaturen. S194 bestimmte die Oberflächentemperaturen von Ozeanen und lieferte damit auch Informationen über Meeresströmungen und Winde.

Verwendet wurde eine Planarantenne, mit der das Instrument die von der Erde selbst emittierte Strahlung zwischen 1.400 und 1.427 MHz empfing. Die Antenne nahm Signale aus einem Winkel von 15 Grad (halbe Empfangsstärke) oder 124 km am Boden auf. Während die Szene vorbeizog, wurden die Messungen integriert. Bei einem Schwenk über eine Breite von 111 km wurden 18 Messungen mit 10 Bits pro Messpunkt in jeder Sekunde erhalten.

Die Genauigkeit der Temperaturmessung betrug ungefähr 1 K. Alle Daten wurden mit 200 Bit/s auf Magnetband geschrieben.

Materialforschungsexperimente

Es gab zwei zentrale Instrumente für die Materialforschung an Bord von Skylab. Dies waren die Experimente M512 und M518. Mit diesen wurden unterschiedliche Untersuchungen durchgeführt, indem zahlreiche Materialproben dort verarbeitet wurden.

M512: Materialbearbeitung in der Schwerelosigkeit

Dieses Experiment im MDA bestand aus einer 40 cm großen Vakuumkammer mit einer Luke, um Proben einzubringen. Es ist mit einem 20 cm großen, durch zwei Ventile gesicherten, Auslass an der Rückseite an das Vakuum des Weltraums angeschlossen und kann so evakuiert werden. Durch die mit einer Glasscheibe versehene Luke konnten die Versuche optisch überwacht und mit einer 16-mm-Filmkamera aufgenommen werden.

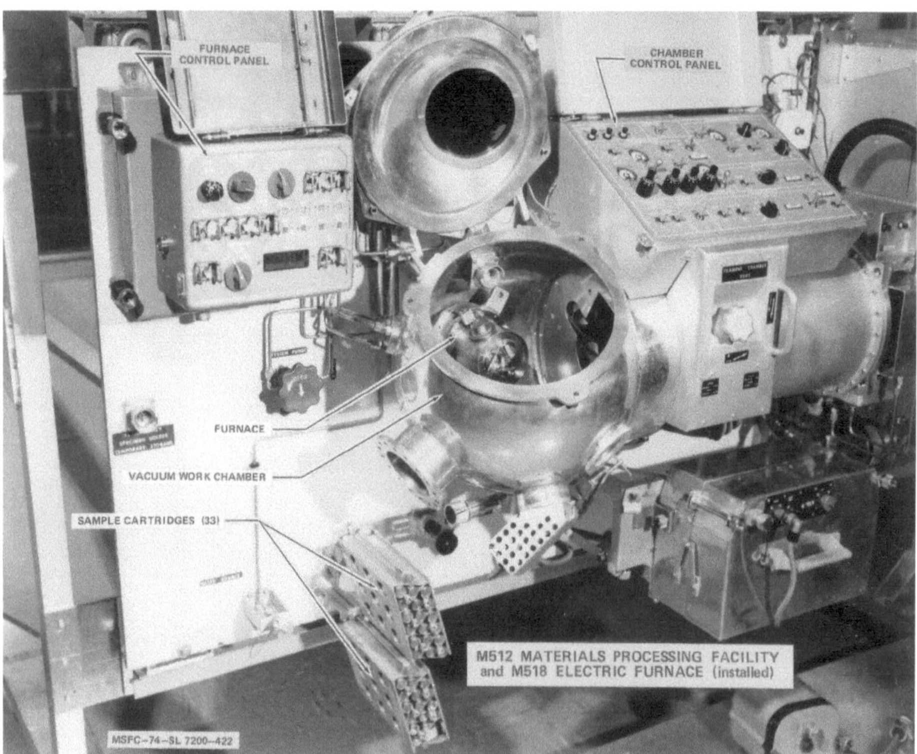

Abbildung 150: Die Gesamte Werkbank für die Materialforschungsexperimente mit den beiden zentralen Experimenten M512 und M518

Die Materialproben konnten durch einen Elektronenstrahl berührungslos erhitzt werden. Dieser operierte mit einer Spannung von 20 kV bei einem Maximalstrom von 0,08 Ampere. Zusätzlich gab es an der Wand elektrisch betriebene Heizelemente. Außerdem konnte Wasser in die Kammer eingesprüht werden. Die Vakuumkammer wurde für die Untersuchungen M551 bis M553 eingesetzt.

M518: Vielzweck-Elektroofen

Der Elektroofen von Skylab diente dazu, Materialproben zu erhitzen und ihr Verhalten in der Schwerelosigkeit zu untersuchen. Das betraf sowohl Prozesse wie Metallschmelzen und Kristallisation, wie auch Kristallzüchtungen, Untersuchungen an flüssigen oder dampfförmigen Phasen.

Das Experiment bestand aus einem Ofen, der an das Experiment 512 anschloss, einer Steuerbox, mit der die Temperatur gewählt und überwacht wurde, und den Probenbehältern. Der Ofen hatte drei Bereiche, deren Temperatur unterschiedlich gesetzt werden konnte: eine heiße Zone mit Temperaturen über 1000°C, die daran anschließende Zone mit einem Temperaturgradienten, wählbar von 200°C/cm bis 20°C/cm und eine kühle Zone, in der die Wärme aus dem System herausgezogen wurde. Welchem zeitlichen Temperaturverlauf Proben ausgesetzt wurden, darüber entschieden auch die Behältnisse: Es gab verschiedene mit unterschiedlichem Thermaldesign. Zwei Zeitgeber erlaubten es, einen Temperaturverlauf vorzugeben. Das System arbeitete dann alleine und folgte dem vorgegebenen Temperaturgradienten und schaltete sich auch automatisch aus. Elf Sets mit jeweils 33 Kartuschen mit Proben konnten in den Ofen eingebracht werden. Der Ofen wurde für die Versuche M556 bis M564 eingesetzt.

M551: Metallschmelzen

Vorbereitete Metallproben wurden mit dem Elektronenstrahl aufgeschmolzen, der Vorgang gefilmt und die Proben zur Analyse zur Erde zurückgebracht.

M552: exothermes Löten im Weltraum

Dieses Experiment sollte erproben, ob im Weltraum Löten möglich ist. Dazu wurde ein Lötkolben aus Edelstahl eingesetzt. Beobachtet wurden das Fließen und die Kapillarkräfte in geschmolzenem Metall. Dazu wurden Materialproben, die bei 1.104 °C erweichen, mit Zündvorrichtungen erhitzt und ihr Verhalten im Vakuum beobachtet. Die chemischen Zünder wurden elektrisch auf 510 °C erhitzt und gaben dann Hitze ab, welche das Hartlot zum Schmelzen brachte.

Bei anderen Materialproben, die Nickel und Silber enthielten, wurde das radioaktive Isotop Ag_{110} zugesetzt, das eine Halbwertszeit von 253 Tagen hat. Danach wurde die Probe erhitzt. So konnte der Fluss nach dem Abkühlen im Labor auf der Erde untersucht werden.

Es erwies sich als möglich, im Vakuum des Weltraums Materialien durch Löten zu verbinden, und dies wurde damals als eine Möglichkeit für Reparaturen und Montagen im Weltraum angesehen.

M553: Formen idealer Kugeln unter Schwerelosigkeit

In der Kammer von Experiment M512 wurden 6 mm große Metallkugeln aus Nickel aufgeschmolzen. Sechs waren mit kleinen Stäben fixiert, 22 weiteren Kugeln wurde erlaubt, frei in der Schwerelosigkeit zu schweben. Das Erhitzen erfolgte mit dem Elektronenstrahl nach der Freisetzung. Nach zirka 55 s hatten sich die Kugeln soweit abgekühlt, dass sie ihre Form behielten. Ziel war die Untersuchung, wie sich Kugeln ausschließlich unter dem Einfluss der Oberflächenspannung formen. Die abgekühlten Kugeln wurden dann nach der Rückkehr untersucht.

M555: Kristallzüchtung

Ziel war es, einen GaAs-Kristall höchster Reinheit zu züchten. Dazu wurde eine Galliumarsenidlegierung durch einen elektrisch beheizten Quarzkristall geschmolzen, indem sie auf 750 °C erhitzt wurde. Am anderen Ende des Versuchsbehälters war ein 500 °C heißer, reiner, Impfkristall eingebracht. Mit ihm wurde der Kristall aus der Lösung gezogen. Es gelang, einen 2,5 cm langen Reinkristall zu züchten – zehnmal größer als entsprechende Kristalle auf der Erde. Dieses Experiment war eines der ersten von der Industrie vorgeschlagenen Experimente: Es stammte von der Westinghouse Electric Corporation, einem Hersteller elektrischer und elektronischer Geräte.

M556: Kristallwachstum durch Dampftransport

Dieses Experiment untersuchte das Wachstum von Verbindungen aus Elementen der II. Nebengruppe und VI. Hauptgruppe (GeSe und GeTe) aus dem Dampf. Dazu wurde der Ofen umgebaut, sodass die heiße Zone direkt in die Temperaturgradientenzone überging. An der heißen Zone wurde die Probe bei einer Temperatur von 520 °C aufgeschmolzen. Sie reagierte mit einem Transportmittel (GeI$_4$, das bei dieser Temperatur gasförmig ist). Das Germanium verband sich mit der Probe und ging eine Legierung ein. Am anderen Ende des Ofens scheidet sich das Material bei einer Temperatur von 420 °C wieder ab.

Jede Probe wurde in einer Ampulle eingebracht. Es dauerte 2,75 Stunden, den Ofen aufzuheizen. Das Experiment wurde dann für 33 Stunden betrieben. Auf der Erde waren so aus der Dampfphase erzeugte Kristalle von schlechter Qualität, mit rauen Oberflächen, ungleichmäßiger Wachstumsrate und gestörter Kristallstruktur. Die im Weltraum erzeugten Kristalle waren von durchgehend besserer Qualität, vor allem was die Kristallstruktur und gleichmäßige Wachstumsrate anging. Besonders deutlich war der Effekt bei Germaniumselenid.

M557: Zusammenführung nicht durchmischbarer Legierungen

Auf der Erde gibt es eine Reihe von Metallen, die nicht legiert werden können, weil sie sich durch Dichteunterschiede noch während des Abkühlens entmischen. Untersucht wurde der Effekt der Schwerelosigkeit auf Proben, die im Ofen erhitzt werden. Es gelang dabei, eine Germanium-Goldlegierung herzustellen, die bei niedrigen Temperaturen supraleitend war.

M558: Diffusion radioaktiver Indikatoren

Mittels Zusatz radioaktiver Substanzen sollte untersucht werden, wie Diffusionsprozesse in der Schwerelosigkeit ablaufen und welchen Einfluss Verunreinigungen auf die Diffusion haben. Bestimmt werden sollte auch der Einfluss durch die Bewegung des Raumschiffs auf diese Prozesse. Wie bei anderen Proben wurden Metalle aufgeschmolzen und dann abgekühlt, sodass der Zustand „eingefroren" wurde. In einem Labor auf der Erde konnte die so gestoppte Diffusion untersucht werden. Untersucht wurde z.B. Zink, das mit dem Isotop Zink-65 mit einer Halbwertszeit von 224 Tagen markiert wurde. Dabei wurde eine radiale Bewegung festgestellt, die so vorher nicht erwartet wurde.

M559: Mikrotrennung in Germanium

Untersucht werden sollte die Entmischung von Unreinheiten in Germanium in der Schwerelosigkeit. Es handelte sich um gezielt eingebrachte Dotierungen, wie sie bei Halbleitern zur Erhöhung der Leitfähigkeit zugesetzt werden. Die Entmischung entsteht bei der konvektionslosen, gerichteten Erstarrung nach dem Erhitzen zur Einbringung der Verunreinigungen. Dies ist unerwünscht, da die Entmischung eine lokale Erhöhung oder Verminderung der Leitfähigkeit bewirkt.

M560: Wachstum sphärischer Kristalle

Hochreine Germaniumkristalle wurden in der Schwerelosigkeit gezüchtet, die erhaltenen Proben wurden dann auf der Erde untersucht und die Abweichungen mit den theoretischen Parametern von idealen Kristallen bestimmt.

M561: Whisker-Herstellung

Whisker sind haarfeine Kristallfasern. Ziel war es, Verbundwerkstoffe aus Silber oder Aluminium, verstärkt mit in einer Richtung ausgerichteten dünnen Siliziumcarbidfasern, herzustellen.

M562: Indiumantimonid-Kristallzüchtung

Das Experiment umfasste die Herstellung von hochreinen Indiumantimonid-Kristallen und Untersuchung dieser auf der Erde, analog dem Experiment M560. Bestimmt werden sollte der Einfluss der Schwerelosigkeit vor allem auf die Perfektion der Kristallstruktur.

M563: Züchtung gemischter Kristalle

Es sollte festgestellt werden, wie sich die Schwerelosigkeit auf eine Eigenschaft von Halbleitern auswirkt. Bestehen diese aus Elementen der dritten und fünften Gruppe (z.B. Galliumarsenid), so gibt es eine Richtungsabhängigkeit, in welcher der Strom durchgelassen wird. Es sollte bestimmt werden, ob sich dies bei Halbleiterproben, die in Skylab gezüchtet wurden, genauso ist wie auf der Erde.

M564: Herstellung von Halogenid-Gemischen

Bei diesem Experiment sollten eutektische Gemische (die Gemische oder Legierungen von zwei Verbindungen mit dem niedrigsten Schmelzpunkt) aus zwei Halogenidverbindungen hergestellt werden. Untersucht wurde das Gemisch von Natriumchlorid und Natriumfluorid. Im Labor wurden nach der Landung die physikalischen Parameter, vor allem die optischen Eigenschaften, untersucht.

M565: Schmelzen von Silbergittern im Weltraum

Es wurden Gitter aus feinen Silberdrähten geschmolzen, erneut kristallisiert und danach untersucht, wie das Metall floss und sich in Tröpfchen sammelte.

M566: Herstellung eutektischer Kupfer-Aluminium-Legierungen

Analog Experiment M564 sollte der Einfluss der Schwerelosigkeit auf eine eutektische Legierung (M564: Gemisch) bestimmt werden. Die Legierung wurde aufgeschmolzen und gerichtet erneut auskristallisiert. Besonderes Interesse galt laminaren Strukturen, die dabei ausgebildet wurden.

Technologieexperimente

Die Technologieexperimente hatten die Aufgabe, neue Verfahren und Hardware an Bord von Skylab zu erproben und ihre Eignung für zukünftige Missionen zu bestimmen. Die Ausrüstung wurde aber an Bord von Skylab nicht für den Routinebetrieb eingesetzt, war also nicht sicherheitskritisch. Weiterhin sollten Informationen über die Bedingungen auf der Raumstation gesammelt werden, die in das Design zukünftiger Stationen einfließen sollten. In diesem Bereich waren auch die einzigen Experimente des US-Militärs angesiedelt.

D008: Messung ionisierender Strahlung im Raumfahrzeug

Dieses Experiment sollte die Strahlenbelastung der Astronauten über einen längeren Zeitraum im Weltall messen. Dazu gab es zum einen ein portables Dosimeter, einen Teilchenzähler und fünf Passivdosimeter. Letztere waren fest in verschiedenen Bereichen von Skylab installiert. Sie konnten bewegt werden, um den Effekt an verschiedenen Positionen zu studieren. Die Daten des Partikelzählers und des tragbaren Dosimeters wurden mit der Telemetrie zum Boden gesandt. Die passiven Dosimeter wurden abgelesen, die Ergebnisse ins Logbuch eingetragen und dieses zur Erde zurückgebracht.

Es zeigte sich, dass die Strahlenbelastung bei 0,05 rad pro Tag lag, etwa zweieinhalbmal höher als die Bestimmung bei der Gemini 4 Mission, die als Vergleich vorlag.

D024: Weltraumbeanspruchbarkeit thermischer Schutzschichten

Bei dieser Untersuchung ging es darum festzustellen, wie sich Materialien verändern, wenn sie längere Zeit dem Weltraum ausgesetzt sind. Die Proben waren an der Außenseite des ATM an einer Stelle angebracht, wo sie den größten Teil der Mission nicht von den Solarpaneelen beschattet wurden. Befestigt waren sie mit Schnappverschlüssen. Die Schnappverschlüsse erlaubten es, die Proben schnell und unkompliziert wieder zu entfernen. Es gab vier Einheiten. Zwei enthielten jeweils 36 Materialproben in Kreisform von einem Zoll (2,54 cm) Durchmesser auf einer Platte in einem hermetisch verschlossenen Kanister. Jede Probe enthielt einen Schutzanstrich, der untersucht werden sollte. Die beiden anderen Probenbehälter nahmen größere, quadratische Proben von 17×17 cm Größe und 0,6 mm Stärke auf, die mit einem Polymerfilm überzogen waren.

24 Stunden vor dem Start wurden die Verkleidungen abgenommen. Beim Aufstieg schützte sie die Nutzlastverkleidung. Nach Abtrennung dieser wurden die Proben dem Weltraum mit Vakuum, UV-Strahlung, energiereichen Elementarteilchen sowie Mikrometeoriten ausgesetzt. Nach dem Ende von Skylab 2 und 3 wurde jeweils eines der beiden Sets abgenommen und in einen Container überführt, der hermetisch verschlossen wurde. Die Expositionszeiten betrugen 35 und 131 Tage. Die dritte

Crew brachte ein neues Set zur Station, das bei der ersten EVA installiert und der letzten EVA nach 74 Tagen wieder geborgen wurde. Es diente dazu, den Einfluss des Apollo-Raumschiffs, das bei den anderen Missionen die Station umflog, auszuschalten. Man befürchtete, die Abgase der RCS-Triebwerke könnten sich eventuell auf den Schichten niederschlagen. In einem Labor wurden dann die Proben chemisch und mikroskopisch untersucht. Sie ergänzten die Messungen des Experiments M415.

D021/D022: entfaltbare Luftschleuse und aufblasbare Strukturen

Dieses Experiment war in der Luftschleuse angebracht. Bei einem Außeneinsatz wurden mit einem Heizgebläse Strukturen entfaltet und ausgehärtet. Dazu wurde der Kunststoff Polyvinylmethacrylat eingesetzt. Bei einem späteren Einsatz wurde eine Materialprobe des Kunststoffes geborgen und nach der Rückkehr auf Veränderungen und Alterungsspuren untersucht.

M415: Beanspruchbarkeit thermischer Schutzschichten beim Raketenstart

Bei diesem Experiment, ähnlich D024, ging es darum, die Belastungen durch einen Raketenstart zu untersuchen. Die zwölf Proben von jeweils 2,5 cm Durchmesser befanden sich in vier Sets an der Außenseite der Saturn IB und wurden wie folgt verschiedenen Umgebungen ausgesetzt:

- Set 1: vom Start bis in den Weltraum
- Set 2: exponiert nach Abtrennen des Rettungsturmes
- Set 3: exponiert nach Zünden der Retroraketen der zweiten Stufe
- Set 4: exponiert nach Erreichen des Orbits

Keiner der Behälter wurde geborgen. Es wurden aber die Temperaturen von allen Proben während des Aufstiegs gemessen und mit der Telemetrie zur Erde übermittelt. Neben der so ermittelten thermischen Belastung der Proben sollten Rückschlüsse über die Alterung und Veränderungen der Oberflächen möglich sein.

M479: Entflammbarkeit unter Schwerelosigkeit

Ziel des Experiments war die Untersuchung, wie entflammbar verschiedene Materialien in der Atmosphäre von Skylab waren. Dieses Experiment benutzte dazu den Ofen von M512. In dem Ofen wurden verschiedene Materialien verbrannt. Der Ofen konnte zum Weltraum hin geöffnet werden, es konnte aber auch Frischluft zugeführt werden, um die Verbrennung aufrecht zu halten. Entzündet wurde nach Zugabe von Brandbeschleunigern durch eine eingebaute Vorrichtung, ohne den Ofen öffnen zu müssen. Es war möglich, die Materialien zwischen 10 s und 240 s lang zu verbrennen. Das Ergebnis wurde fotografiert, und der durchführende Astronaut sprach seine Beobachtungen wie Rauchentwicklung, Sublimationsprodukte und zeitlichen Verlauf auf den Stimmenrekorder.

M487: Leben in Skylab, Crewquartiere

Ziel dieses Experiments war es Erfahrungen zu gewinnen, wie die Umgebung für Astronauten beschaffen sein müsste, um Langzeitflüge zu ermöglichen, und wie zweckmäßig Skylab eingerichtet war. Weiterhin ging es darum, die allgemeinen Umweltbedingungen zu kontrollieren und festzustellen, ob diese förderlich oder hinderlich für das Arbeiten sind.

Es ging um eine Reihe von Disziplinen, die hier zusammenarbeiteten, wie Design, Architektur, Umweltkontrollen, Kommunikation, Hygiene, Verpflegung, Freizeitaktivitäten, Kommunikation etc. Wichtig waren z.B. folgende Fragen: Gibt es genügend Halte- und Fixiermöglichkeiten für die Besatzung? Reichen Wasser und Essensvorräte aus? Was wäre an der Nahrung zu verbessern? Was wird an Ausrüstung und persönlichen Gegenständen benötigt?

Das Ganze beruhte vor allem auf den Erfahrungen der Astronauten oder Beobachtungen der Astronauten bei der Arbeit. Sie mussten viele Faktoren quantifizieren und Protokolle auf den Stimmenrekorder sprechen. Es gab jedoch auch einige Instrumente für die wichtigsten Messwerte.

So wurde mit einem portablen Thermometer die Oberflächentemperatur gemessen. Weiterhin gab es Geräte zur Messung der Luftbewegung. Dazu kamen fest installierte Thermometer in dem OWS.

Die Geräuschkulisse wurde mit einem Gerät zur Messung der Lautstärke und des Frequenzspektrums im OWS bestimmt. Die Luftgeschwindigkeit wurde ebenfalls gemessen. Die Astronauten machten Kommentare auf den Sprachrekorder, und sie wurden mit Film- und Videokameras überwacht. Dies wertete die NASA nach den Missionen am Boden aus und fragte auch die Astronauten nach ihren persönlichen Erfahrungen und Vorschlägen für Verbesserungen.

M509 Bewegungsgerät für Astronauten

Bei Gemini 4 wurde für den Weltraumspaziergang von Edward White erstmals eine Manövriereinheit eingesetzt. Es war eine Druckluftpistole, mit der sich der Astronaut bewegen konnte. Er war aber immer noch durch eine Leine mit der Kapsel verbunden. Spätere Missionen erprobten Außenbordarbeiten an der Kapsel oder dem Versorgungsmodul. Eine Manövriereinheit kam dabei nicht mehr zum Einsatz. Die entsprechenden Experimente bei Gemini 8 und 9 kamen nicht zum Einsatz oder scheiterten. Obwohl das Experiment keine „D" Nummer hatte, stammten die Entwürfe vom US-Verteidigungsministerium, das darauf hoffte, Satelliten im All inspizieren, bergen und reparieren zu können.

Experiment M509 sollte eine Einheit erproben, welche in verbesserter Form später für freie Flüge und Arbeiten an Satelliten oder einer Raumstation eingesetzt werden sollte. Zwei Modelle wurden untersucht: eine auf den Rücken geschnallte, automatisch stabilisierte Einheit (**a**utomatically **s**tabilized **m**aneuvering **u**nit, ASMU oder „Backpack" genannt) und eine kleinere Einheit, die der Astronaut in den Händen halten konnte (**h**and **h**eld **m**aneuvering **u**nit, HHMU). Die größere Einheit wog auf der Erde 115 kg, und es wurde eine Bewegungsgeschwindigkeit bis zu 0,6 m/s im Workshop erreicht.

Die ASMU verfügte über mehrere Modi. Sie bestand aus einer Kontrolleinheit und einem Antrieb auf dem Rücken. Der Tank für den Antrieb war auswechselbar und bestand aus einem Stickstoff-Druckgasbehälter. Die Batterie war ebenfalls auswechselbar. Der erste automatische Modus stabilisierte die räumliche Ausrichtung durch Gyroskope, der Zweite durch Betätigung der Düsen. Es gab 14 Düsen in der Einheit auf dem Rücken und an den Handeinheiten. Der dritte Modus erlaubte eine manuelle Steuerung.

Gesteuert wurde mit zwei Steuerhebeln, einer in jeder Hand. Mit der linken Hand wurde sich durch den Raum bewegt: nach oben, unten, links und rechts, vorwärts und rückwärts. Mit der rechten Hand wurden mit einem Steuerknüppel (wie bei Flugzeugen) Drehungen durchgeführt.

Die HHMU bestand aus einer Handsteuerung mit drei Düsen: eine Düse für den Schub nach „rückwärts" und zwei für die Bewegung vorwärts.

Zwei Personen führten das Experiment aus: einer als Ver-

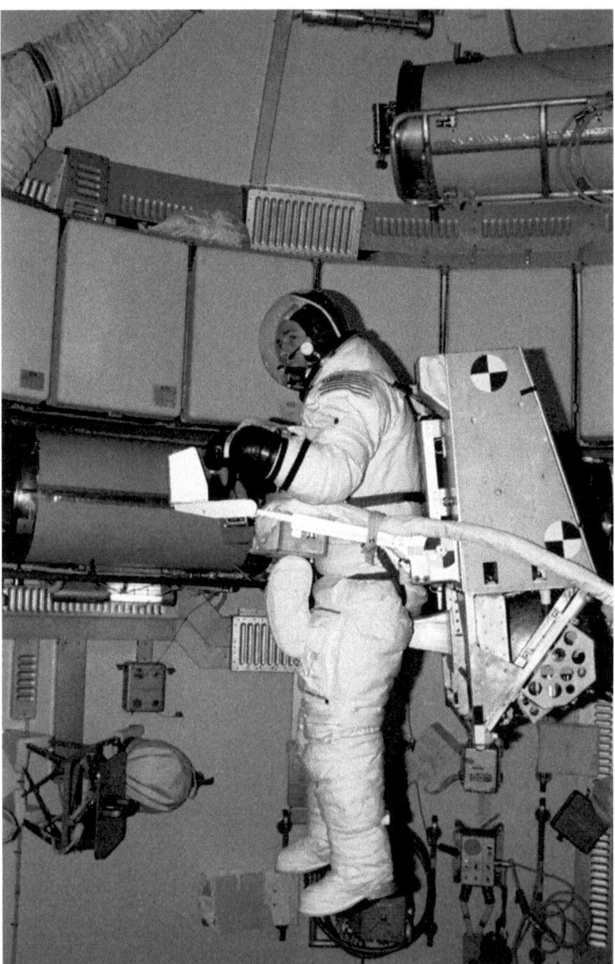

Abbildung 151: Erprobung des ASMU im oberen Stockwerk des Workshops

suchskandidat, der Zweite als Beobachter. Die 50 bis 80 Minuten dauernden Versuche wurden auf Video gefilmt und die Kommentare auf Band aufgezeichnet. Alle Versuche fanden innerhalb des oberen Stockwerks des OWS statt, welches mit einem Durchmesser von 6,60 m über genügend Raum verfügt. Es wurden drei Einheiten gebaut, sukzessive verbessert und jeweils eine pro Skylab-Mission erprobt.

M516: Arbeiten im Weltraum

Dieses Experiment diente dazu, zukünftiges Equipment zu verbessern und die Umgebungsbedingungen zu optimieren. Es sollte nicht die Performance der Crew beurteilt werden, sondern vielmehr, welche Faktoren hilfreich sind und welche nicht. Dazu wurde das Material durchgesehen, das ohnehin anfiel: Film- und Videoaufnahmen, Sprachaufzeichnungen und Logbucheinträge sowie die Telemetrie.

T002: Sichtnavigation vom Raumfahrzeug aus

Simulationen bei Parabelflügen und Experimente bei Gemini zeigten, dass Astronauten mit einfachen Navigationsgeräten, die Sextanten nachempfunden sind, im Weltraum navigieren können, indem sie die Position von Sternen durch diese tragbaren Geräte beim Blick aus dem Fenster bestimmten. Dieses Experiment untersuchte nun im Besonderen, ob diese Fähigkeit – und damit die Fähigkeit zu präzisen Arbeiten im Weltraum – auch bei längeren Zeiträumen erhalten bleibt, oder es hier eine Abnahme der motorischen Fähigkeiten über die Zeit gab.

Verwendet wurden dazu ein tragbarer Sextant und ein Stadimeter. Der Sextant war ein weitgehend unveränderter Sextant aus der Luftfahrt. Er bestimmte den Winkel zwischen zwei Sternen oder einem Stern und dem Mondrand. Das Stadimeter bestimmte den Winkel zwischen dem Erdhorizont und einem Punkt am Boden. Die Beobachtungen wurden auf den Sprachrekorder gesprochen und nach dem Flug ausgewertet.

T003: Aerosolanalysen in Skylab

Dieses Experiment sollte die Größe, Menge und Zusammensetzung von Aerosolen in der Kabinenatmosphäre untersuchen. Ein Aerosolanalysator bestimmte die Größe der Aerosole in drei Größenbereichen und zählte die Anzahl. Die Resultate konnten sofort abgelesen werden. Für die spätere Auswertung am Boden

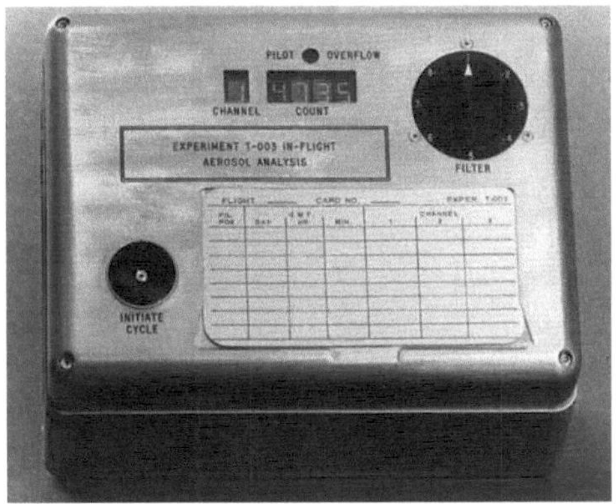

Abbildung 152: Aerosolmesser vom Experiment T003

gab es ein Probensammelsystem, das es erlaubte, die Aerosole später mikroskopisch und chemisch zu analysieren.

Das Instrument bestand aus einem Dreikanal-Partikelzähler, der die Zahl der Teilchen in den Bereichen 1 — 3, 3 — 9 und 9 — 100 Mikrometer bestimmte. Die Ergebnisse wurden auf Karten aufgezeichnet. Ein Container für das Sammeln konnte angeschlossen werden. Das Gerät war batteriebetrieben und wurde von dem Astronauten an die Stelle gehalten, an der eine Messung durchgeführt werden sollte.

T013: Störwirkungsuntersuchung durch die Bewegungen der Astronauten

Man rechnete damit, dass zukünftige Raumstationen auch astronomische Beobachtungen oder genaue Erdvermessungen durchführen sollten. Dazu muss die Raumstation auf Bruchteile einer Bogensekunde genau stabil ausgerichtet werden und diese Ausrichtung über Minuten, eventuell sogar Stunden beibehalten. Während dies bei astronomischen Satelliten mit guten Navigationssystemen und feinfühligen Aktoren zu erreichen ist, stellt die Bewegung der Astronauten in einem bemannten Raumfahrzeug einen unbekannten Störfaktor dar.

Dieses Experiment umfasste Pivotsensoren, welche in einen Raumanzug eingearbeitet waren. Dieser war mit einer Skelettstruktur versteift. Die Sensoren erfassten die Bewegung des Körpers, des Ober- und Unterarms, des Oberschenkels und Unterschenkels. Verbunden wurde der Astronaut mit einem empfindlichen Kraftmessgerät aus zwei Einheiten und der OWS-Struktur. Gemessen wurde dabei, wie seine Bewegungen sich auf die OWS-Struktur übertrugen und welche Kräfte dabei wirkten.

Die Messdaten wurden auf Band aufgezeichnet, und die Sensordaten wurden mit Filmaufnahmen verglichen, die parallel mit einer 16-mm-Kamera angefertigt wurden.

T018: präzise optische Vermessung

Dieses Experiment in der Instrumenteneinheit war während des Starts der Saturn IB aktiv. Ein LIDAR-System (ein Abstands- und Geschwindigkeitsmesser auf Basis von Laserstrahlen) sandte Lichtstrahlen an der Struktur der Saturn entlang und bestimmte dabei deren Vibrationen und Bewegungen nach dem Start.

T020: Erprobung eines fußgesteuerten Manövriergeräts

Dieses Experiment sollte ein Manövriergerät erproben, welches dem Astronauten die Hände freiließ. Dies erschien für Arbeiten im Weltraum sehr wichtig. Der Stickstoff-Kaltgasantrieb von M509 wurde dazu mit einem Gerät verbunden, das auf Fuß- und Zehenbewegungen reagierte. Idealerweise hätte der Proband die Bewegung durch den Raum und das Drehen in den drei Raumrichtungen durch verschiedene Bewegungen der Füße und Zehen steuern können. Es wurde ebenfalls im Inneren des OWS erprobt. Auch hier waren sowohl die Batterie für die Stromversorgung wie auch die Stickstoffdruckgasflaschen auswechselbar und neu befüllbar bzw. wiederaufladbar.

Aufgenommen wurden die Versuche durch zwei fest montierte Filmkameras im OWS und eine tragbare batteriebetriebene Kamera an dem Manövriergerät. Die Eindrücke der Astronauten bei der Durchführung wurden auf Tonband aufgezeichnet.

T025: Bestimmung der Kontamination des Koronografen

Ziel dieser Untersuchung war der Einfluss der vom Labor freigesetzten Gase (durch die Steuerdüsen) und Flüssigkeiten (aus dem Abfallbehälter) auf die Aufnahmen eines Koronografen. Die dabei entstehende Partikelwolke streut das Licht. Vermutet wurde, dass dies bei der Aufnahme der lichtschwachen Korona stören würde.

Das Experiment bestand aus einer 35-mm Nikon Spiegelreflexkamera, die an der sonnenzugewandten Luftschleuse befestigt werden sollte. An ihr war ein Koronograph befestigt. Verschiedene auswechselbare Scheiben sollten die Sonnenscheibe abdecken. Durch Vergleich verschiedener Aufnahmen sollte der Einfluss der Partikelwolke um Skylab bestimmt worden.

Da diese Luftschleuse durch den Parasol blockiert war, kam das Experiment in dieser Form nie zum Einsatz. Die Kamera wurde für einen EVA-Einsatz modifiziert, und ein Test war bei der SL-3 Mission geplant. Doch es kam nicht dazu, da die Zeit fehlte, die Besatzung für die Bedienung zu trainieren. Eine weitere Modifikation erfolgte für die Beobachtungen des Kometen Kohoutek bei der nächsten Mission. Es konnten nun verschiedene Filter eingesetzt werden. Bei allen vier EVA von Skylab 4 wurde die Kamera eingesetzt. Sie arbeitete aber nicht ordnungsgemäß, sodass nur wenige auswertbare Bilder erhalten wurden.

Abbildung 153: Kontaminationsmonitor T023 mit dem drehbaren Spiegel

Ziel dieses Experimentes war die Bestimmung der Degradation von optischen Elementen und Oberflächen. Es bestand aus zwei Teilexperimenten. Das eine war ein Feld mit 248 Proben verschiedener optischer Elemente wie Linsen, Spiegel, Prismen, Fensterverkleidungen und Gitter zum Aufspalten eines Spektrums. Die Elemente deckten ein breites Einsatzgebiet und unterschiedliche Wellenlängenbereiche ab. Das Feld wurde an dem ATM-Gerüst für 46,5 Stunden der Sonnenstrahlung ausgesetzt, dann vor der Bergung im Weltraum versiegelt und in einem Behälter zurück zur Erde gebracht. Dieses Experiment wurde bei der ersten Mission durchgeführt. Die Vermessung der optischen Transmission und Reflexionsfähigkeit über einen sehr breiten Wellenlängenbereich vom extremen UV bis zum mittleren Infrarot zeigte keine Veränderungen: Wenn es welche gab, so waren sie unterhalb der Messgrenze, was auch für die Vermessung der Oberfläche galt. Eine Ablagerung mit einer Stärke von 1 nm wäre nachweisbar gewesen.

Das zweite Teilexperiment sollte die Umgebung des Raumschiffs auf durch den Abfallbehälter oder aus der Oberfläche freigesetzte Teilchen untersuchen. Sie sollten eine Partikelwolke um die Raumstation bilden. Dazu wurde das Photometer genutzt, das durch die Luftschleuse Messungen des Zodiakallichtes machte. Der große Schwenkbereich des Photometers von 0 bis 354 Grad im Azimut und 2 bis 112 Grad senkrecht dazu erlaubte es, die Streuung durch die das Raumschiff umgebenden Partikel zu untersuchen. Gemessen wurde die Helligkeit dieser Wolke.

Ein drittes Experiment verwendete Quarzkristalle. Zwei Quarzkristalle von identischer Größe wurden mechanisch angeregt, und eine Elektronik zog die induzierten Schwingungsfrequenzen voneinander ab, sodass nur die Differenz erhalten blieb. Quarze haben eine sehr stabile Eigenfrequenz, die sich schon durch eine 1 Atomlagen starke Schicht um 1 Hz ändert (daher wird dieses Phänomen auch für die Zeitmessung bei Quarzuhren genutzt). Ein Quarzkristall war geschützt, der Zweite nicht. So wurden sechs Messgeräte mit je zwei Kristallen an zwei Positionen (zwei am ATM Gerüst, vier bei den EREP-Kameras) angebracht. Sie waren so orientiert, dass je zwei Längsachsen in jede Raumrichtung ausgerichtet waren, sodass auch ein Rückschluss darauf gezogen werden konnte, woher eine Kontamination kam.

T108: Demonstration einer Neutronenmessmethode

Dieses Experiment untersuchte eine zweite Methode zur Bestimmung des Neutronenflusses. Während andere Experimente Neutronen oder durch Neutronen zerstörte Atomkerne direkt detektierten, basierte dieses Experiment darauf, dass bei einigen Elementen Neutronen nicht den Atomkern zertrümmern, sondern ein Isotop entsteht, das durch die größere Anzahl von Neutronen mit einer bekannten Halbwertszeit zerfällt und dabei Gammastrahlung aussendet. Dieses Experiment bestand aus Materialproben aus Tantal, Titan, Hafnium, Nickel und mit Cadmium überzogenem Tantal (das Cadmium diente dabei als Neutronenabsorber). Sie wurden versiegelt in Behältern in Kleidungssäcken zur Station gebracht und in Filmbehältern an verschiedenen Stellen deponiert, so unterhalb der Wasserbehälter, am Dom des OWS und an der Außenwand bei den Schlafquartieren. Die dritte Crew setzte sie so 76 Tagen der Neutronenstrahlung (bzw. einzelne Proben reagierten auch auf durch Neutronen freigesetzte Protonen aus dem Aluminium der Wand) aus. Die Proben wurden zurück zur Erde gebracht und mit einem hochempfindlichen Gammastrahlenspektrometer die Radioaktivität der Proben gemessen. Die Ergebnisse deckten sich mit den der anderen Bestimmungen des Neutronenflusses: Es dominieren vor allem schnelle Neutronen, und der Fluss war deutlich höher als vor Missionsbeginn angenommen.

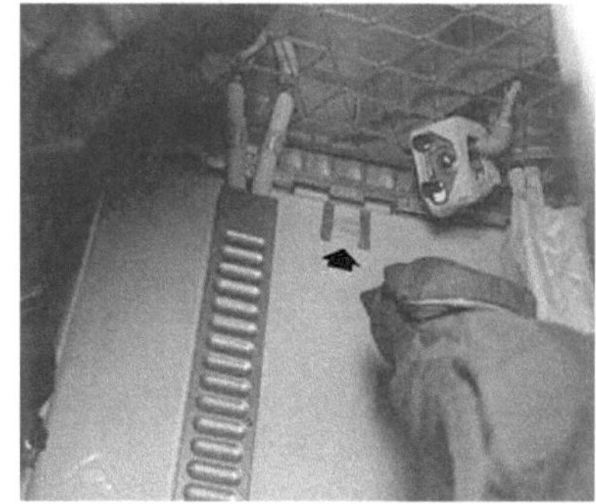

Abbildung 154: Hier die Materialproben von T108 in ihren versiegelten Behältern vor dem Start und eine angebrachte Probe an der Wand (Pfeil)

Medizinische Experimente

Die medizinischen Experimente waren sehr zahlreich, wenngleich es nicht viele Instrumente gab. Das Wesentliche waren Untersuchungen und Messungen an den Astronauten vor, während und nach dem Flug. Darüber hinaus wurde alles protokolliert, was die Astronauten aßen, und es wurden Blut-, Urin- und Kotproben genommen. Da nur in der ersten Besatzung ein Arzt anwesend war, wurde für die folgenden Besatzungen eine mit einer Feder angetriebene Vorrichtung zum Gewinnen von Blutproben entwickelt. Erprobt wurden auch Geräte, mit denen die NASA zukünftige Missionen ausstatten wollte, um noch längere Aufenthalte im All zu ermöglichen.

Bei allen Experimenten muss bedacht werden, das Skylab die erste Raumstation im All war. Es gab vorher nur wenige Erfahrungen mit längeren Missionen und gar keine in einer Raumstation. Der bis dahin gültige US-Langzeitrekord im All wurde von Jim Lovell und Frank Borman an Bord von Gemini 7 im Jahre 1965 aufgestellt. Die Gemini-Kapsel war eng und beschränkt. Die Apollo-Missionen boten mehr Raum, doch die Missionen waren kürzer. So plante die Missionskontrolle auch eine stufenweise Anhebung der Aufenthaltsdauer. Skylab 2, die erste bemannte Mission, sollte 28 Tage dauern – exakt doppelt so lang wie Gemini 7, Skylab 3 und 4 jeweils 56 Tage, also nochmals doppelt so lang. Da bei Skylab 3 keine nennenswerten Beeinträchtigungen durch die 56 Tage Mission festgestellt wurden und es genügend Luft und Wasser an Bord von Skylab gab, verlängerte die Missionskontrolle Skylab 4 jeweils um sieben Tage bis auf schließlich 84 Tage.

Dieser Langzeitrekord wurde erst im März 1978 gebrochen, als die erste Besatzung von Saljut 6 96 Tage im All blieb. Dass die UdSSR zum Brechen des Rekords insgesamt sechs Saljut-Raumstationen starten mussten, zeigt, welche technische Leistung die Raumstation darstellt. Das Space Shuttle blieb dann in der Regel eine bis zwei Wochen im All. Das Shuttle-MIR-Programm brachte Mitte der neunziger Jahre den Russen dringend benötigte finanzielle Mittel und den USA die Gelegenheit, Astronauten an Bord der MIR zu entsenden. Erst dann brach ein Amerikaner den Rekord der Skylab 4 Besatzung.

Im Mittelpunkt der Forschung stand der Mensch, nur zwei Experimente befassten sich mit Tieren. S071 und S072 sollten den Einfluss von Schwerelosigkeit auf fundamentale Rhythmen bei Tieren untersuchen.

M071: Mineralstoffhaushalt

Man hatte bei Kurzzeitaufenthalten schon festgestellt, dass die Knochen Calcium verloren. M071 sollte dies genauer bestimmen und die Veränderungen von 28-56 Tagen Schwerelosigkeit auf die Konzentration von verschiedenen Elektrolyten im Körper feststellen.

Die Astronauten mussten genau Buch führen, was sie aßen und tranken (Menge und Zusammensetzung), sowie täglich ihr Gewicht (genauer gesagt ihre Körpermasse) bestimmen. Vom Urin wurde das Volumen bestimmt, Proben des Urins wurden genommen. Die gesamten festen Ausscheidungen (Kot, Erbrochenes, sofern es anfiel) wurden gewogen und gesammelt. Weiterhin wurden vor dem Flug, während des Fluges und nach dem Flug Blutproben entnommen. Als Stauraum diente eine der Tiefkühltruhen der Station. Die Proben wurden zum Boden zurückgebracht und dort ausgewertet.

Der Urin wurde untersucht auf Calcium, Phosphor, Magnesium, Natrium, Kalium, Chlorid, Stickstoff, Harnstoff, Hydroxyprolin und Kreatinin. Der Kot wurde untersucht auf Calcium, Phosphor, Magnesium, Natrium, Kalium und Stickstoff. Die Blutproben wurden untersucht auf Phosphor, Magnesium, Natrium, Kalium, Alkaliphosphate, Protein, Glucose, Hydroxyprolin, Kreatinin, Chlorid. Weiterhin wurde das Proteinmuster bei der Elektrophorese auf Veränderungen untersucht.

M073: biologische Untersuchung von Körperflüssigkeiten

Die peniblen Aufzeichnungen der Besatzung über die Art und Menge der Nahrung, die aufgenommen wurde, die Ausscheidungen und die Blut- und Urinproben wurden auch für andere Analysen genutzt.

Urin wurde im Labor untersucht auf Natrium, Kalium, Aldosteron, Epinephrin, Norepinephrin, antidiuretisches Hormon (ADH), die Osmolalität des Urins, Hydrocortison, Körperwasser und Abbauprodukte von Ketosteroiden.

Die Blutproben wurden analysiert auf den Gehalt an Renin, Natrium, Kalium, Chlorid, die Osmolalität des Plasmas, das extrazelluläre Flüssigkeitsvolumen (ECF), parathyroides Hormon, Thyreocalcitonin, Thyroxin, Adrenocorticotropin (ACTH), Hydrocortison und Körperwasser.

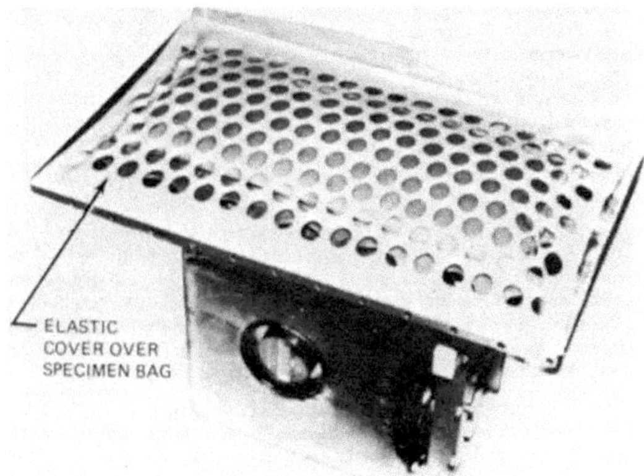

Abbildung 155: Experiment M074

M074: kennzeichnende Massenbestimmung

Dieses Gerät war zum einen ein Technologieexperiment: Es sollte damit demonstriert werden, dass es möglich ist, die Masse von Proben mit einem Erdgewicht von 50 bis 1.000 g präzise im All zu bestimmen. Zum anderen wurde mit diesem Gerät auch die Masse des Stuhls, der Nahrung, der Nahrungsreste und des Urins und anderer Proben bestimmt.

Das **S**pecimen **M**ass **M**easurement **D**evice (SMMD) bestand aus einem Behälter mit einer daran angebrachten Feder. Bei einer gespannten Feder ist die Oszillationsperiode der Feder abhängig von der Masse des Systems. Die Frequenz wurde nach Entspannen der Feder optoelektronisch bestimmt und die daraus resultierende Kraft in die entsprechende Masse umgerechnet.

M078: Bestimmung der Knochenmineralien

Die schon bekannte Entmineralisierung von Knochen sollte eingehender untersucht werden. Dazu wurden Aufnahmen der Knochen mit einer Gammastrahlenquelle angefertigt. Sie bestand aus einer radioaktiven Iod-125 Probe, einem Gammastrahlendetektor und einem Mehrkanal-Analysator. Aufnahmen wurden vor und nach der Mission gemacht und verglichen. Die Strahlenquelle war so gewählt, dass die Abschwächung der Gammastrahlen vor allem auf dem Calcium der Knochen beruhte. Kalibriert wurde das Gerät mit Aufnahmen von Proben einer bekannten Dichte und ähnlicher Absorption wie Knochen.

M092: Unterdruck im unteren Körperbereich

Ein Effekt der Schwerelosigkeit ist, dass das Herz nicht mehr gegen die Schwerkraft das Blut in den Kopf und die obere Körperhälfte pumpen muss. Als Folge verteilt sich bei Astronauten das Blut anders. In den Beinen fehlt Blut, sie werden dünn und der Kopf hat zu viel davon und schwillt an.

Für Skylab wurde eine Apparatur (**L**ower **B**ody **N**egative **P**ressure, LBNP) entwickelt, die diesen Effekt kompensieren sollte. Sie bestand aus einer Liege mit einer zylindrischen Unterdruckkammer an der unteren Hälfte. Der Astronaut lag auf der Liege, die Kammer wurde luftdicht um die Hüfte geschlossen und der Druck dort um 15-20% gesenkt. Das reichte aus, den gleichen Zustand wie auf der Erde herzustellen. Der Unterdruck zog das Blut in die untere Körperregion.

Das Experiment sollte messen, wie sich dies auswirkt und ob es förderlich für die Gesundheit der Astronauten ist, regelmäßig diese Kammer zu benutzen. Dazu wurde die Dicke der Unterschenkel gemessen, Blutfluss und Geschwindigkeit mit Kontaktmikrofonen bestimmt und mit dem EKG die Herztätigkeit bestimmt. Die Durchführung einer Untersuchung dauerte etwa 60 Minuten.

M093: Vektorkardiogramm

Dieses Experiment diente dazu, bei der Betätigung des Ergometers die Herzfunktion zu bestimmen. Das Ergometer erzeugte eine Belastung für das Herz-Kreislaufsystem. Die ermittelten Daten sollten mit Reihen, die vor dem Flug und nach der Landung angefertigt wurden, verglichen werden. Das Instrument bestand aus acht Elektroden, einer Elektronik zum Schärfen der Signale, Kalibrations- und Zeitgebersignalen. Es lieferte drei Elektrokardiogrammsignale und ein Signal für den Herzschlag, welche zur Auswertung an die gemeinsame Elektronik für Experimente weitergeleitet wurden.

Abbildung 156: Die Unterdruckkammer von Experiment M092 (links) und das Fahrradergometer von Experiment M093 (rechts)

M111: zytogenetische Blutuntersuchungen

Diese Untersuchungen erfolgten an den Chromosomen der Blutleukozyten. Dazu wurden den Astronauten vor und nach der Mission Blutproben abgenommen. Die Leukozyten wurden isoliert und in einer Zellkultur vermehrt. Wenn die Zellen sich in der Metaphase befanden, wurden die Zellen fixiert, die Chromosomen herauspräpariert und in ein Chromosomendiagramm einsortiert.

Die Untersuchungen begannen einen Monat vor dem Flug und endeten drei Wochen nach der Bergung. Sinn des Experimentes war es festzustellen, ob die Chromosomen sich veränderten und die Veränderungen (falls es welche gab) mit den Strahlungsmessungen der Dosimeter in Zusammenhang zu bringen.

M112: In-vitro-Aspekte des menschlichen Immunsystems

Veränderungen des menschlichen Immunsystems wurden bestimmt, indem die Konzentration von Plasma- und Blutzellenproteinen, blastoiden Transformationen und die Synthese von RNA und DNA durch Lymphozyten bestimmt wurde. Dazu wurde den Astronauten und einer Kontrollgruppe aus drei physisch vergleichbaren Personen, beginnend 21 Tage vor dem Flug bis 21 Tage nach dem Flug, Blut abgenommen, zentrifugiert und untersucht. Während der Mission wurden bei SL-2 vier

Proben und bei SL-3 und -4 jeweils acht Proben gezogen, zentrifugiert und für die Analyse nach der Landung eingefroren.

M113: Blutvolumen und Lebensdauer der roten Blutkörperchen

In diesem Experiment sollte die Anzahl und die Lebensdauer von roten Blutkörperchen bestimmt werden und damit die Fähigkeit des Blutes zum Sauerstofftransport untersucht werden. Zur Durchführung bekamen die Astronauten und eine Kontrollgruppe zwischen 21 Tagen vor der Mission und 21 Tage nach der Mission insgesamt vier Injektionen von radioaktiv markiertem Glycin. Diese mit einem radioaktiven Kohlenstoffisotop markierte Aminosäure wurde in die roten Blutkörperchen eingebaut. Durch Bestimmung der Zahl der radioaktiv markierten Zellen in den Blutproben konnten Lebensdauer und Neubildungsrate der Erythrozyten bestimmt werden.

M114: Metabolismus der roten Blutkörperchen

Die routinemäßig gewonnenen Blutproben wurden nach dem Flug in Labors auf den Gehalt bzw. die Aktivität von Methämoglobin, Glycerinaldehyd-6-Phosphatdehydrogenase, Phosphoglycerinsäurekinase, reduziertes Glutathion, Adenosintriphosphat (ATP), Glutathionreductase, Lipidperoxidgehalt, Acetylcholinesterase (AChE), Phosphofructokinase, 2,3-Diphosphoglycerat, und Hexokinease untersucht. Diese Stoffwechselprodukte und Enzyme sind Schlüsselelemente für den Stoffwechsel der Zellen oder treten vermehrt bei Membranveränderungen auf.

M115: spezielle hämatologische Effekte

Das Blut diente als Mustersystem für die Anpassung des Organismus an die Schwerelosigkeit. Neben der Möglichkeit, einfach Proben zu nehmen, leben die Blutzellen nicht sehr lange, und so könnte schon ein kurzer Aufenthalt im Weltall das Gleichgewicht zwischen den einzelnen Bestandteilen des Blutes verändern. Die vor dem Flug, während der Mission und danach gewonnen Blutproben wurden daher untersucht auf den Gehalt an Natrium, Kalium, Sichelzellenhämoglobin, Hämoglobin in den roten Blutkörperchen, RNA, Proteinverteilung, Hämoglobineigenschaften, elektrophoretische Beweglichkeit, Altersprofil der roten Blutkörperchen, Ver-

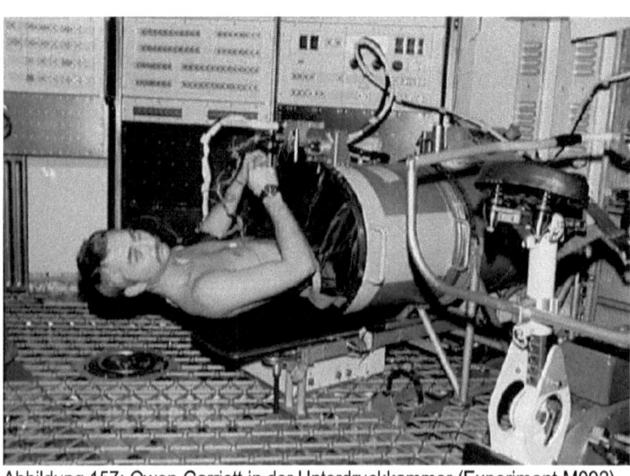

Abbildung 157: Owen Garriott in der Unterdruckkammer (Experiment M092)

teilung der Elektrolyte in roten Blutkörperchen, Ultrastruktur der Membranen und Zellen, Säuregehalt und osmotischer Druck, kritisches Volumen, Volumenverteilung, Anzahl der roten und weißen Blutkörperchen, differenziertes Spektrum der weißen Blutkörperchen, Hämatokritzahl, Hämoglobin und Retikulozytenzahl.

M131: menschliche Vestibularfunktion

Dieses Experiment sollte weitere Erkenntnisse über die „Weltraumkrankheit", im Fachjargon „Space Adaption Syndrome" genannt, bringen. Damit wurde umschrieben, dass den Astronauten vor allem in den ersten Tagen nach dem Start schlecht wurde. Sie verspürten Übelkeit, ein allgemeines Krankheitsgefühl und hatten Probleme mit der räumlichen Orientierung. Bisher hatten die Mediziner keine Erkenntnisse darüber, warum manche Personen dafür anfällig waren und andere nicht. Es gab aber schon Vorstellungen, was das Symptom verursachte: Im Ohr befinden sich Statolithen, kleine Steinchen aus Calcit. Durch ihr Gewicht üben sie Kräfte aus, die anzeigen, in welche Richtung die Schwerkraft wirkt. In der Schwerelosigkeit fehlt diese Referenz und die Informationen, welche das Auge liefert, passen nicht zu den Signalen des Gleichgewichtsorgans. Dasselbe kommt auch auf Schiffen vor, bei dem beim Blick über die Reeling der Horizont unbeweglich ist, aber der Gleichgewichtssinn eine schaukelnde Bewegung des Schiffs meldet. Die Methode, die gewählt wurde, um den Effekt zu studieren, war es nun die Probanden mit ebenso verwirrenden Informationen über die räumliche Lage zu versorgen und die Auswirkungen auf der Erde und an Bord des Raumlabors zu vergleichen.

Das Experiment bestand aus einem rotierenden Stuhl, dem Antrieb dafür und der Konsole für die Steuerung. Ein Besatzungsmitglied wurde auf dem Stuhl festgeschnallt, erhielt eine Verdunklungsklappe über die Augen und der Stuhl wurde in Rotation versetzt. Wählbar war eine Rotation zwischen einer und 30 Umdrehungen pro Minute mit einer Genauigkeit von 1%. Alternativ konnte der Stuhl auch zwischen zwei Endpunkten hin- und herschwingen. Ein Gerät, mit dem die Augenbewegung verfolgt wurde, konnte zusätzlich auf dem Kopf festgeschnallt werden. Ziel war es, die Astronauten auch im All künstlich durch die Rotation „weltraumkrank" werden zu lassen (auf der Erde bewirkte schnelle Rotation dies bei Versuchspersonen). Danach wurden die Ergebnisse mit Bodenversuchen verglichen.

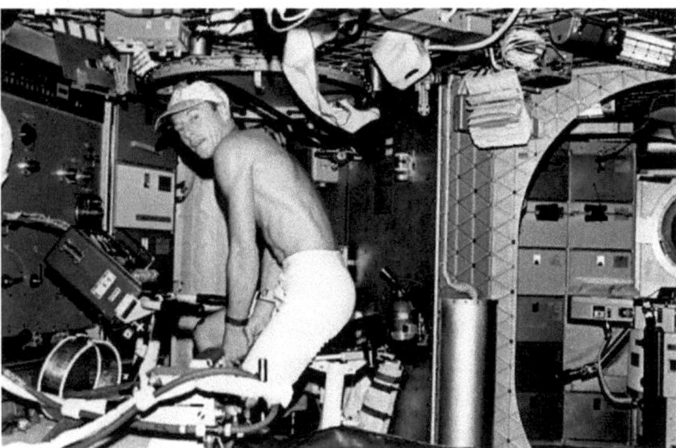

Abbildung 158: Conrad auf dem Ergometer

Nach einer kurzen Zeit der Adaption an die Schwerelosigkeit zeigte sich bei dem Experiment, dass die Probanden viel höhere Rotationsraten tolerieren konnten als auf der Erde. Dagegen wurde ihnen nach der Landung schlecht, und sie hatten Probleme geradeaus zu laufen, ohne zu schwanken oder zu stürzen.

M133: Schlafüberwachung

Es sollte untersucht werden, ob der Schlaf in der Schwerelosigkeit sich vom Schlaf auf der Erde unterscheidet, ob die Besatzungsmitglieder mehr oder weniger Schlaf benötigen und ob er weniger tief ist. Dazu zog der Wissenschaftsastronaut sich vor dem Schlafengehen eine Kappe über, die mit Elektroden ausgestattet war. Drei Elektroden übertrugen ein Elektroenzephalogramm (EEG), zwei weitere über dem Auge maßen die Augenbewegung (Elektrookulographie EOG), um die Dauer der REM-Phasen (des erholsamen Tiefschlafs) festzustellen.

Die Daten wurden auf Magnetband aufgezeichnet und später übertragen. Nach der Landung wurde pro Besatzung je ein Mitglied einen, drei und fünf Tage lang weiter überwacht. Es zeigte sich, dass der Schlaf aller Besatzungsmitglieder tief und ungestört war und es keine gravierenden Unterschiede zu den vorhergehenden und nachfolgenden Untersuchungen gab.

M151: Zeit- und Bewegungsstudien

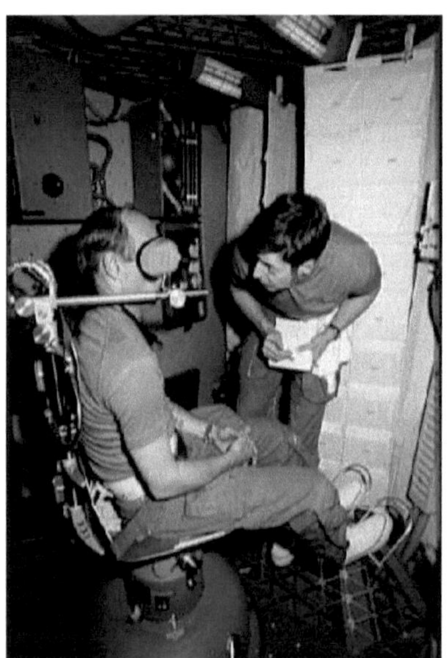

Abbildung 159: Conrad auf dem Drehstuhl von Experiment M131, beobachtet von Kerwin

Diese Untersuchung sollte feststellen, wie sich Beweglichkeit und Kraft bei Langzeitmissionen verändern. Dazu wurden die Astronauten bei bestimmten Tätigkeiten im Weltraum gefilmt und dies mit Kontrolluntersuchungen auf der Erde verglichen. Dazu kamen schon vorhandene Geräte, wie das Ergometer, zum Einsatz. Gefilmt wurde mit einer 16-mm-Kamera, die durch eine Fotolampe mit hoher Intensität unterstützt wurde.

Genutzt wurden auch die Fotos und Filmaufnahmen, die bei anderen Gelegenheiten, sowohl bei der Arbeit in der Station wie auch außerhalb, entstanden.

M171: Metabolismusstudien

Das Fahrradergometer diente nicht nur dazu, den Muskelabbau zu verringern, indem es eine Belastung für die Muskeln darstellte, sondern auch zu Untersuchungen über den Metabolismus und wie er sich verändert. Dazu

290

wurde durch eine Maske die ausgeatmete Luft einem Gasanalysator zugeführt. Er bestimmte Lungenkapazität, ausgeatmetes Volumen, den Sauerstoffverbrauch und die Kohlendioxidkonzentration. Weiterhin wurde Herzschlag, Körpertemperatur, Blutdruck, das EKG, die Leistung und Rotationsgeschwindigkeit des Ergometers, die Umweltparameter sowie die Körpermasse vor und nach dem Versuch bestimmt.

M172: Bestimmung der Körpermasse

Eine weitere Unbekannte war das Gewicht der Astronauten. Bisher verloren bei allen amerikanischen Missionen die Astronauten Gewicht, je nach Länge, Aktivität und individuellen Faktoren unterschiedlich viel. Von Interesse war nun der Verlauf über die Mission. War die Abnahme konstant oder degressiv oder gar progressiv? Dazu musste es eine Möglichkeit geben, die Masse eines Körpers zu bestimmen. Das Gewicht ist in der Schwerelosigkeit nicht bestimmbar, da es auf der Erdanziehung beruht. Gewicht und Masse stehen aber durch einen einfachen Umrechnungsfaktor in Beziehung.

Das Experiment basierte auf demselben Funktionsprinzip wie das Experiment M074: Das Messgerät beruhte auf Newtons zweitem Gesetz: „Die Änderung der Bewegung einer Masse ist der Einwirkung der bewegenden Kraft proportional und geschieht nach der Richtung derjenigen geraden Linie, nach welcher jene Kraft wirkt.". Die Kraft war eine Feder. Die Masse war der Astronaut und ein Stuhl, der schwingend aufgehängt war. Er fungierte als riesiges Pendel. Der Astronaut spannte mit den Armen die Feder, ließ los und die Schwingungsperiode wurde bestimmt. Beim Überqueren der Nulllinie wurde ein Timer gestartet und gestoppt. Die Astronauten mussten sich täglich wiegen. Die Messungen wurden auf den Sprachrekorder aufgezeichnet und später zum Boden übertragen.

Es gab an Bord zudem mehrere unterschiedlich schwere Massen, mit denen die Apparatur geeicht und überprüft werden konnte. Ihr Gewicht war vor dem Start genau bestimmt worden.

Abbildung 160: Alan Bean wiegt sich mit dem Instrument von M172

Biowissenschaften

Die Forschung an anderen Organismen spielte bei Skylab keine große Rolle. Zum einen nahmen die medizinischen Experimente einen großen Stellenwert ein. Sie waren einfacher an den Astronauten durchführbar als entsprechende Untersuchungen an Tieren. Die Astronauten waren kooperativer und konnten Beobachtungen selbst äußern.

Zum anderen war die Forschung an Tieren und Pflanzen deutlich aufwändiger. Sie erforderte eigene Behältnisse, in denen die Tiere lebten, sie mussten gefüttert werden oder benötigten Zuwendung. Pflanzen wurden gar nicht für Experimente in Betracht gezogen, und bei Tieren schafften es nur zwei Experimente in die endgültige Auswahl, die keinerlei Betreuungsaufwand erforderten.

Erstaunlicherweise fanden sich bei den Schülerexperimenten daher weitaus mehr biologische Untersuchungen als bei der NASA.

S015: Untersuchung der Schwerelosigkeit auf Humanzellen

Dieses Experiment sollte den Einfluss der Schwerkraft auf menschliche Zellen untersuchen. Vergleichende Untersuchungen gab es auf der Erde unter normaler Schwerkraft und in einer Zentrifuge. Das Experiment bestand aus zwei Zellkulturen, die einmal vier und einmal zehn Tage der Schwerelosigkeit ausgesetzt wurden. Danach wurden die Zellen fixiert (abgetötet). Nach der Landung wurde die Zellkultur auf ihren Gehalt an DNA, RNA, Lipiden und ihre Enzymaktivität untersucht.

Das Instrument bestand aus den Zellkulturen in einem hermetisch abgeschlossenen Container. An diesem waren zwei Mikroskope mit 20x und 40x Vergrößerung angeschlossen. An jedem Mikroskop befand sich eine 16-mm-Filmkamera. Sie wurde für 40 min pro Tag aktiviert und machte in dieser Zeit 5 Bilder pro Minute. So entstanden Zeitrafferfilme (normal sind 24 Bilder pro Sekunde). Das Experiment wurde während der Mission SL-2 betrieben.

S071: Tag- und Nachtrhythmus bei Mäusen

Dieses Experiment sollte die Veränderung des Tag- und Nachtrhythmus bei Taschenmäusen untersuchen. Sechs Mäuse wurden drei Wochen vor dem Start in einem abgeschlossenen Behälter platziert. In diesem wurde eine Temperatur von 15°C und eine relative Luftfeuchtigkeit von 60% aufrecht erhalten. Die Taschenmäuse wurden ausgewählt, weil sie sich von Vorräten ernähren können und 30-56 Tage ohne Essen und Wasser auskommen. Weiterhin ist der Kot konzentriert, und so ist wochenlang keine Reinigung des Behälters nötig. Die verfügbare Nahrung waren 50 g Getreidekörner in einer Polyethylenmatrix. Jede Maus befand sich in einem 15 cm langen, 4 cm durchmessenden Behälter. Die

Atmosphäre wurde durch ein Umweltkontrollsystem aufrecht erhalten und hatte einen Druck von 933 hPa. Lithiumhydroxid und Aktivkohlepatronen filterten die Luft.

Vier Wochen vor dem Start wurden 28 Mäusen Sensoren implantiert. Zwölf davon wurden für das Experiment und ein Backup-Experiment verwendet.

Einen Tag vor dem Start wurde der Behälter im CSM von Skylab 3 verstaut. Während der Vorbereitungsphase und des Fluges wurden Körpertemperatur und Aktivität bestimmt, aufgezeichnet und automatisch zur Erde übermittelt. Das Experiment arbeitete bis 30 h nach dem Start ohne Probleme. Die Mäuse zeigten vor dem Start eine regelmäßige Aktivität, die nach dem Erreichen des Orbits unregelmäßiger wurde, aber die Intensität blieb konstant. Danach fiel die Stromversorgung des Experiments aus und es wurden keine weiteren Daten mehr erhalten.

S072: Tag- und Nachtrhythmus bei Fruchtfliegen

Dieses Experiment teilte mit S071 eine gemeinsame Stromversorgung, Umweltkontrollsystem und Datenverarbeitung. Fruchtfliegen der Gattung Drosophila wurden im Puppenstadium in vier Versuchscontainern untergebracht. Diese wurden bei 20 Grad Celsius bebrütet. Eine Fotozelle hinter jeder Puppe in einem einzelnen Subbehälter reagierte auf das Licht eines Blitzes. Schlüpfte die Puppe, so änderte sich die Lichtintensität. Die vier Behälter entsprachen Gruppen, die zu unterschiedlichen Tageszeiten gemessen wurden. Die Zusammenfassung mit dem Experiment S071 sollte auch Störungen minimieren, die dann in beiden Experimenten sichtbar gewesen wären. Da die Stromversorgung aber nach 30 Stunden ausfiel, war noch keine Fliege geschlüpft und es gab keine auswertbaren Ergebnisse.

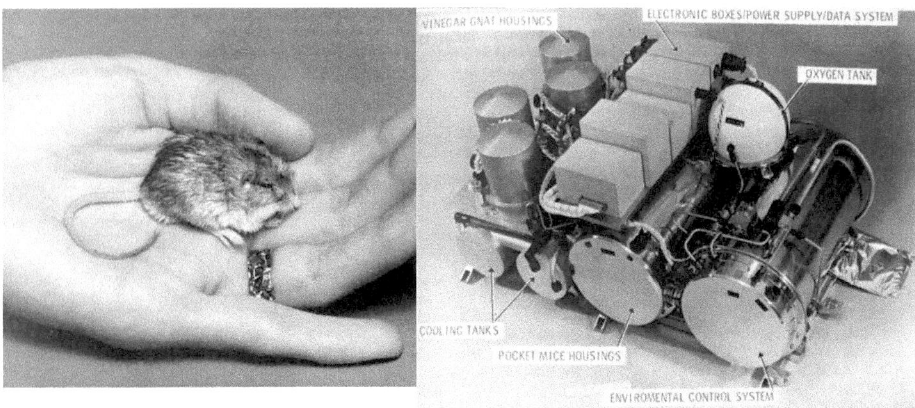

Abbildung 161: Taschenmaus und der gemeinsame Behälter für Experiment S071 und S072

Schülerexperimente

Die Möglichkeiten, die das Labor bot, waren bisher einzigartig. Noch nie stand so viel Arbeitszeit für wissenschaftliche Experimente zur Verfügung, und die Einschränkungen bezüglich Gewicht und Volumen waren ebenfalls geringer als bei allen vorhergehenden bemannten Missionen. Das brachte die NASA auf die Idee, eine Ausschreibung durchzuführen: Erstmals sollten Schüler der Klassen 9 bis 12 Vorschläge für Fragestellungen einreichen, die sie an Bord der Station untersuchen lassen wollten. Diese Entscheidung kam allerdings recht spät. Völlig neue Experimente konnten so in dem zur Verfügung stehenden Zeitrahmen nicht entwickelt werden.

Im Oktober 1971 veröffentlichte die NASA den Aufruf mit einer Abgabefrist bis zum 5.2.1972. Bis dahin wurden 3.409 Vorschläge eingereicht, an denen sich über 4.000 Schüler beteiligten. Bis zum 1. März selektierten regionale Vorauswahlen daraus 300 für die zweite Runde, und aus diesen wurden dann 25 nationale Gewinner und 22 mit besonderer Erwähnung ausgewählt.

Neben dem wissenschaftlichen Wert des Experiments mussten Gewichts-, Volumen- und vor allem Betreuungsaufwand beachtet werden. Letztendlich war die Raumstation nur noch ein Jahr vor dem Start entfernt – eine recht kurze Zeitfrist für die Integration von Experimenten und die Schulung der Crew. Völlig neue Experimente waren in diesem kurzen Zeitraum weder in das Training der Crew integrierbar, noch konnten sie in die fast fertige Station eingebaut werden. Schon am 8.5.1972 begannen die Entwicklungsarbeiten. Die Experimente konnten in drei Gruppen eingeteilt werden: Elf benötigten eine eigene Hardware, acht waren mit den vorhandenen Experimenten machbar, erforderten aber eine eigene Durchführung. Sechs nutzten die Daten, die bei schon vorhandenen Instrumenten gewonnen wurden, werteten diese aber eigenständig aus.

Nicht direkt zu den Schülerexperimenten zuzuordnen, aber damit verbunden, war das Projekt „Classroom in Space". Die Crew zeigte fundamentale Effekte im Weltraum, die auf der Erde wegen der Schwerkraft viel schwieriger zu verdeutlichen sind. Es entstanden sechs Filme, aufgenommen auf 16-mm-Film von jeweils 14 Minuten Länge. Sie wurden während der SL-3 Mission angefertigt. Die NASA machte aus diesen sechs Filmen zwölf Einheiten, die jeweils noch kommentiert wurden. Die Filme umfassten folgende Gebiete:

- Schwerelosigkeit (HQa-260A)
- Erhaltung von Gesetzen in Schwerelosigkeit (HQa-260B)
- Kreisel im Weltraum (HQa-260C)
- Flüssigkeiten in Schwerelosigkeit (HQa-260D)
- Magnetismus im Weltraum (HQa-260E)
- Magnetische Effekte im Weltraum (HQa-260F).

ED11: Absorption der Wärmestrahlung durch die Erdatmosphäre

Dieses Experiment sollte bestimmen, ob es möglich ist, die Wärmeabsorption der Atmosphäre vom All aus zu bestimmen. Dazu wurden Daten des Infrarotspektrometers S191 herangezogen. Die Datensätze wurden mit Messungen von Flugzeugen, die zum selben Zeitpunkt innerhalb der Atmosphäre dasselbe Gebiet überflogen, verglichen.

ED12: Beobachtung und Vorhersage von Vulkanausbrüchen aus dem Weltraum

Durch Untersuchung von Aufnahmen und anderen Daten der Experimente S190 bis S192 sollte festgestellt werden, ob es möglich ist, auf Bildern oder Infrarotdaten einen sich anbahnenden Vulkanausbruch rechtzeitig zu erkennen. Das sollte später ein Warnsystem etablieren. Untersucht wurde dazu das thermale Muster der Vulkane in den IR-Spektren. Aufnahmen der Kameras dienten zur Verifizierung der optisch wahrnehmbaren Aktivität.

ED21: Fotografie der Librationsgebiete

Innerhalb des Zweikörpersystems Erde-Mond gibt es fünf Punkte, in denen ein eingefangener Körper eine stabile Umlaufbahn erreicht. Alle anderen Bahnen führen entweder zu einem Aufschlag auf der Erde oder dem Mond. Diese Punkte werden als Librationspunkte bezeichnet. Durch astronomische Beobachtungen ist bekannt, dass bei zwei entsprechenden Punkten im Sonne-Jupiter-System sich Planetoiden aufhalten. Dies sind die Punkte L4 und L5. Sie befinden sich im System Erde-Mond auf der Mondumlaufbahn, liegen jedoch 60° vor und nach der Position des Mondes.

Wenn diese Gebiete in den Beobachtungsbereich von Skylab gerieten, sollten Sie mit dem Koronografen S052 fotografiert werden. Weitere Daten sollten die Experimente T027 und S073 liefern. Sie sollten die Helligkeit und Polarisation des reflektierten Lichts dieser Region messen. Falls sich in diesen Regionen Staub oder kleine Planetoiden befinden (zu klein, um von der Erde aus mit Teleskopen fotografisch erfasst zu werden), wurde erwartet, dass sie sich durch Streuung des Sonnenlichts verraten würden. Entsprechende Untersuchungen wurden während der Mission Skylab 3 durchgeführt.

ED22: Suche nach Objekten innerhalb von Merkurs Orbit

Merkur ist bis heute der innerste bekannte Planet. Es gab in den vergangenen Jahrhunderten zahlreiche Spekulationen über einen noch sonnennäheren Planeten. Er hatte schon einen Namen: „Vulcan", und manche Astronomen wollten ein Objekt beobachtet haben. Das Problem bei einem sonnennahen Planeten ist, dass er sich von der Erde aus gesehen nie weit von der Sonne entfernt. Schon Merkur ist schwer zu beobachten (Nikolaus Kopernikus soll vor seinem Tod beklagt haben, ihn niemals gesehen zu haben). Er ist nur kurz nach Sonnenuntergang oder kurz vor Sonnenaufgang beobachtbar. Das Hubble-Weltraumteleskop hat bis heute keine Merkuraufnahme gemacht, weil das Risiko der

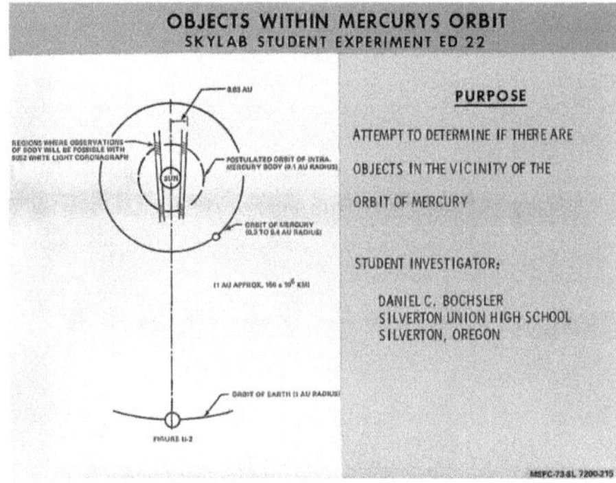

Abbildung 162: Funktionsweise von Experiment ED22

Beschädigung der Detektoren durch die nahe Sonne zu groß ist. Ein Objekt, das noch näher an der Sonne ist, wäre von der Erde aus überhaupt nicht beobachtbar.

Dieses Experiment wertete über 30.000 Aufnahmen des Koronografen aus und suchte auf ihnen nach einem weiteren Planeten nahe der Sonne. Jedes Objekt, das sich bis zu 15 Millionen km von der Sonne entfernt befunden hätte, und groß genug war, um vom Film detektiert zu werden, hätte so gefunden werden können. Entdeckt wurde aber keines.

ED23: UV-Spektrographie von selektierten Quasaren

Quasaren sind punktförmige Objekte (Quasar steht für „quasistellares Objekt"), die sich in sehr großer Entfernung von der Erde befinden. Quasare waren damals die entferntesten und ältesten bekannten Objekte im Weltraum.

Bei dieser Untersuchung sollten die UV-Aufnahmen des Experiments S019 auf in diesen Himmelsregionen bekannte Quasare untersucht werden. Ihre spektralen Eigenschaften sollten zu den schon bekannten Daten aus optischen und radioastronomischen Untersuchungen hinzugefügt werden.

ED24: Röntgenstrahlenaufnahmen in Verbindung mit Sternenklassen

Diese Fragestellung sollte versuchen, Sterne im Bereich der Röntgenstrahlen zu fotografieren und die Ergebnisse in Beziehung zu den Sternenklassen stellen. Verwendet wurden die Teleskope des ATM S054 und S056. Da die Teleskope für die Aufnahme der Sonne ausgelegt waren, wurde nicht mit nennenswerten Ergebnissen gerechnet, da Sterne viel lichtschwächer als die Sonne sind und wahrscheinlich noch weniger Licht im Bereich der Röntgenstrahlen aussenden.

ED25: Röntgenstrahlungsemission des Planeten Jupiter

Aufnahmen des Jupiter mit dem Experiment S054 im Bereich der Röntgenstrahlen sollten mit der solaren Aktivität in Zusammenhang gebracht werden. Weiterhin wurden neue Erkenntnisse über die Emissionen des Planeten erhofft. Dieses Experiment wurde nur während der Mission SL-3 durchgeführt.

ED26: Suche nach Pulsaren im ultravioletten Wellenlängenbereich

Bekannte Sterngebiete wurden mit der Kamera von S019 aufgenommen, darunter auch der Krebsnebel, dessen Pulsar bekannt für seine UV-Strahlung ist. Durch Untersuchung der Aufnahmen und Vergleich der Daten mit schon bekannten Pulsaren sollte festgestellt werden, ob sich Pulsare durch ihre UV-Strahlung verraten und so detektiert werden können.

ED31: Verhalten von Bakterien und Bakteriensporen im Weltraum

Kolonien von verschiedenen, nichtpathogenen, Bakterien wurden bei konstanten Temperaturen im OWS inkubiert und in periodischen Abständen fotografiert, um Differenzen in dem Wachstum, Überleben und Mutationen zu einer analogen Kontrollgruppe auf der Erde festzustellen. Die Bakterien, die dann Sporen ausbildeten, wurden zur Erde zurückgebracht und dort weiter untersucht.

ED32: In-Vitro-Untersuchung von isolierten Immunphänomenen

Es sollte festgestellt werden, ob Antikörper in der Schwerelosigkeit anders reagieren als auf der Erde. Antikörper werden als Immunantwort sowohl auf Bakterien wie auch andere Fremdkörper oder Allergene gebildet. In dem Versuch konnten Antigene und Antikörper in einem Agarsubstrat aufeinander zu diffundieren. Sie bilden dann eine ringförmige Reaktionszone. Diese wurde mit Essigsäure fixiert und die Proben zur Erde zurückgebracht. Die Träger wurden fotografiert und die Aufnahmen mit Kontrollexperimenten verglichen. Das Experiment wurde von der zweiten Mission durchgeführt.

ED41: quantitative Messung der motorischen Sensitivität

Abbildung 163: Das von der Spinne Arabella in der Schwerelosigkeit gebildete Netz

Dieses Experiment nutzte eine Standardapparatur zur Bestimmung der Koordination der Motorik mit dem Sehsinn. Sie bestand aus einem Stift, der durch Löcher in einer Platte, vergleichbar einer Lochkarte, Kontakte herstellen muss. Die Zeit, die dafür benötigt wird, ist ein Parameter, anhand dessen die Koordinationsfähigkeit bestimmt werden kann.

ED52: Bildung von Spinnennetzen unter Schwerelosigkeit

Mittels einer Kamera wurde verfolgt, welchen Einfluss die Schwerelosigkeit auf die Fähigkeit von zwei Kreuzspinnen hat, ihr Netz mit der typischen radialen Struktur zu bilden. Dazu wurde das von den Spinnen gebildete Netz in periodischen Abständen fotografiert. Dieses Experiment wurde während der Mission Skylab 3 durchgeführt. Die Spinnen (Anita und Arabella) wurden in kleinen Containern transportiert, zusammen mit Fliegen und Wasser als Nahrung. Am 25.7.1973 wurden sie im CM verstaut und am 31.7. in den Dom des OWS gebracht. Am 6.8. wurde die erste Spinne aus ihrem Transportcontainer herausgeschüttelt. Sie hatte abnormal gekrümmte Beine und flog einige Male in ihrem Behälter herum, bevor sie sich an einem Ende fixierte. Das erste Netz wurde noch am selben Tag errichtet. Die zweite Spinne wurde am 29.8. ausgesetzt und baute ihr erstes Netz am 16.9.1973. Sie wurde darin allerdings tot aufgefunden. Zu diesem Zeitpunkt war auch die erste Spinne verstorben. Die Aktivität wurde mit periodisch gewonnenen Aufnahmen mit 16-mm-Kameras und einem 35-mm-Fotoapparat dokumentiert.

ED61/ED62: Pflanzenwachstum unter Schwerelosigkeit / Lichtausrichtung von Keimlingen unter Schwerelosigkeit

Diese beiden Aufgabenstellungen wurden zu einem Experiment kombiniert. Es wurde im ersten untersucht, wie Reissamen unter Schwerelosigkeit keimen und ob es Unterschiede zum normalen Keimungsprozess gibt. Nach dem Keimen wurden die Keimlinge Licht verschiedener Intensität ausgesetzt. Die Frage war, ob Licht als Ersatz für die Schwerkraft ausreicht, um Wurzel und Stängel in eine Richtung auszurichten und welche Mindestmenge dafür benötigt wird. Die Keimlinge wurden fotografiert, die Pflanzen selbst aber nicht zurück zur Erde gebracht.

ED63: zytoplastische Strömungen unter Schwerelosigkeit

Blattzellen der Elodea (Wasserpest) wurden unter dem Mikroskop beobachtet und fotografiert. Dabei ging es um die Bewegung des Zytoplasmas, also des Zellinhaltes außerhalb des Zellkerns (der in Pflanzenzellen durch die Vakuole abgetrennt ist). Die Strömung kann leicht durch die Bewegung der Chloroplasten festgestellt werden, die dieser folgen. Filmaufnahmen durch das Mikroskop wurden mit einer Kontrollgruppe im Labor verglichen.

ED72: Kapillarkraftstudien

Durch Kapillarkräfte und Temperaturgradienten werden auf der Erde Flüssigkeiten durch Kapillaren (dünne Röhrchen) gegen die Schwerkraft gesaugt. Ziel dieser Untersuchung war, wie sich dies in der Schwerelosigkeit ändert. Die Bewegung der Flüssigkeiten wurde dabei fotografisch festgehalten.

ED74: Massenbestimmung

Auch die Schüler erfanden ein Gerät zur Massenbestimmung, dass nach dem gleichen Funktionsprinzip wie das der NASA arbeitete. Es bestand aus einer Blattfeder, die gespannt wurde mit der zu bestimmenden Masse an einem Ende. Anhand der Oszillationsperiode konnte das Gewicht der Masse empirisch bestimmt werden. Das Gerät wurde bei der Mission SL-3 erprobt.

ED76: Untersuchung von Neutronen aus dem Orbit

Ziel dieses Experimentes war es festzustellen, inwieweit Neutronen sich im Erdorbit befinden und aus welchen Quellen sie stammen. Es gab drei mögliche Primärquellen: abgelenkte Neutronen aus den Strahlungsgürteln der Erde, hochenergetische Neutronen von der Sonne und Neutronen aus Sekundärereignissen, die entstehen, wenn ein hochenergetisches Teilchen die Außenhülle trifft und dabei Neutronen freisetzt. Dazu wurden mehrere Neutronendetektoren so platziert, dass sie von den Wassertanks nach außen abgeschirmt wurden. Die Detektionsmethode war die ähnlich wie beim Experiment S228: Neutronen bilden einen Ionisationskanal in einem Kunststoff. Dieser wurde nach der Rückkehr herauspräpariert und mikroskopisch untersucht. Auch Störungen des Kristallgitters von Tonerdeglimmer (Muskovit) wurden untersucht. Diese wurden mit Flusssäure herausgeätzt. Ein Unterschied zum NASA-Experiment bestand darin, dass vor dem Detektionsmaterial eine Folie mit einem Zielmaterial positioniert war. Dieses hatte einen hohen Einfangquerschnitt für Neutronen, wie z.B. Uran. Neutronen trafen auf einen Urankern, spalteten ihn, und die Bruchstücke erzeugten dann Ionisationskanäle im Kunststoff.

Der Vergleich der Messungen der Detektoren bei den Wassertanks und von Messungen an anderen Stellen des OWS erlaubte es, zwischen den einzelnen Quellen zu differenzieren. Es gab ursprünglich zehn Detektoren an Bord. Vier wurden von der ersten Crew zur Erde zurückgebracht, und die Auswertung ergab einen deutlich höheren Neutronenfluss als erwartet. Daher wurde einer aufgearbeitet und nochmals mit der dritten Crew zu Skylab gebracht. So sammelten vier Detektoren über 24 Tage Neutronen, sechs über 251 Tage und einer über 81 Tage.

ED78: Wellenbewegung in der Schwerelosigkeit

Dieses Experiment hatte zur Aufgabe herauszufinden, was mit der Wellenbewegung passiert, die sich bildet, wenn eine Gasblase in einer Flüssigkeit freigesetzt wird. Variiert wurden die Größe der Gasblase und die Kraft, mit der sie freigesetzt wurde.

Skylab B?

Die NASA baute neben dem gestarteten Skylab ein zweites flugfähiges Modell, das die NASA mit einer weiteren Saturn V starten konnte. Es wurde (wie die gestartete Weltraumstation) im Juli 1972 fertiggestellt. Darüber hinaus wurden zwölf Saturn IB gebaut, aber nur neun gestartet. Geplant waren ursprünglich zwei Workshops, die von jeweils zwei Besatzungen besucht werden sollten. Dahinter steckte auch der Gedanke, dass es so möglich gewesen wäre, beim zweiten Labor Erfahrungen, die beim Ersten gesammelt wurden, einzuarbeiten, so wie die Apollo-Missionen aufeinander aufbauten. Im Folgenden wird die schon im Orbit befindliche Station als „Skylab A" bezeichnet und das zweite Flugexemplar als „Skylab B". Andere interne NASA-Bezeichnungen waren auch „Skylab I und II".

Die Pläne für Skylab B variierten im Laufe der Zeit. Im November 1969 sah das JSC Skylab B als eine Fortentwicklung von Skylab A. Geplant waren für dieses Labor vier Besatzungen. Jede sollte sich über drei Monate an Bord der Station aufhalten. Skylab B sollte über ein Jahr betrieben werden, deutlich länger als beim ersten Exemplar. Die ATM-Teleskope sollten neue Instrumente erhalten (nun zur Beobachtung von stellaren Objekten anstatt der Sonne), und es waren auch Experimente mit künstlicher Schwerkraft geplant. Ebenso waren deutlich leistungsfähigere EREP-Instrumente vorgesehen. Es wurde weniger an eine Ansammlung von Experimenten, als vielmehr an aufeinander abgestimmte Instrumente, die sich gegenseitig ergänzen und auch zusammenarbeiten, gedacht. Neu wäre auch gewesen, dass die Besuche der Besatzungen sich um jeweils eine Woche überlappen würden, also zeit-

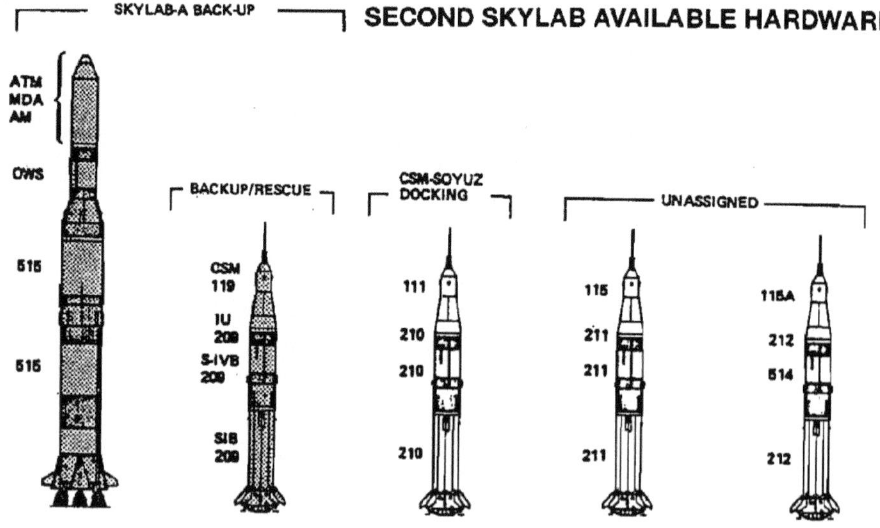

Abbildung 164: Verfügbare Hardware für Skylab B

300

weise sechs Astronauten an Bord wären. Die letzte Besatzung würde Skylab in Rotation um die Längsachse versetzen. So sollte die künstliche Schwerkraft am Boden des OWS erzeugt werden. Planungen sahen maximale Werte von einem Sechstel, einem Fünftel und einem Drittel der Erdschwerkraft vor. Der erste Wert entsprach der Gravitation auf dem Mond, der letzte Wert dem auf dem Mars. So könnte in der Station Ausrüstung für zukünftige Missionen getestet werden.

Der Grundgedanke war, dass Skylab B, um vom Kongress die Mittel zur Umsetzung zu bekommen, mehr leisten müsste als Skylab A. Eine Wiederholung, egal ob wissenschaftlich sinnvoll oder nicht, hatte bei einem real sinkenden Budget schlechte Chancen. Dieses Konzept stieß auf Widerstand beim MSFC. Es gab keine Einwände gegen die vier Besuche auf der Station. Sie würden nur geringe Aufwendungen nach sich ziehen, ebenso wie weitergehende Erdbeobachtungen. Anders sah es bei den leistungsfähigen Teleskopen und der künstlichen Schwerkraft aus: Sie würden gravierende Änderungen am Design der Station notwendig machen und die Kosten für die Experimente verdoppeln oder verdreifachen. So erforderten Langzeitbeobachtungen mit astronomischen Teleskopen eine viel genauere Ausrichtung und bessere Nachführung als die Sonnenbeobachtungen mit den kurzen Belichtungszeiten. Zudem lag der Betrieb über ein Jahr über den Möglichkeiten von Skylab A und erforderte größere Änderungen, da Skylab A Verbrauchsgüter für maximal 8 Monate an Bord hatte. Die Rotation und die astronomischen Beobachtungen würden bedeuten, dass der ATM entfernt werden müsste. Stattdessen sollte ein zweites Paar Solararrays an der Luftschleuse angebracht werden und die astronomischen Teleskope in einem Zylinder um den MDA. Das MSFC schlug daher eine kürzere Betriebsdauer von acht Monaten und geringere Änderungen vor. Es schätzte die Kosten für diese Version auf 1.600 Millionen Dollar, während ein Nachbau mit Anpassungen für längere Missionen für 740 Millionen Dollar machbar wäre.

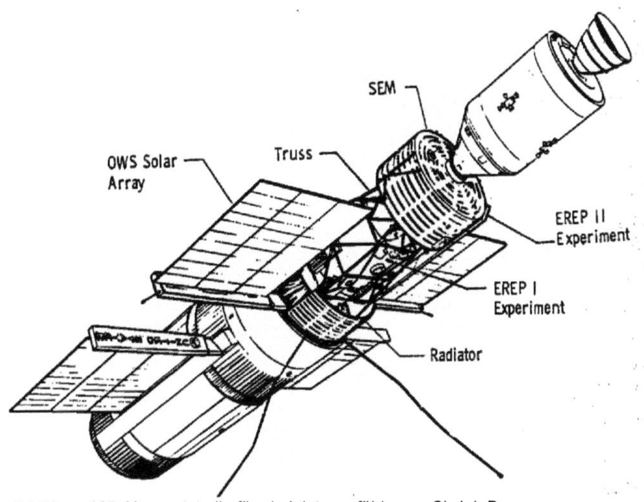

Abbildung 165: Konzeptstudie für ein leistungsfähigeres Skylab B

Andere Alternativen, die für Skylab B untersucht wurden, war eine höhere Inklination als bei Skylab – 70 Grad wurden vorgeschlagen. Das erforderte eine Zündung des CSM Antriebs nach Abtrennung von der Saturn IB und senkte die Nutzlast ab. Am Labor wären aber keine Anpassungen nötig. Vorgeschlagen wurde auch eine reine Kartierungsmission: Sie würde nur 15 Tage dauern. Im Servicemodul würden sich Multispektralkameras befinden. Bei drei Passagen der USA wären die Vereinigten Staaten lückenlos in mehreren Spektralkanälen erfasst worden. Vor der Rückkehr müssten bei einer EVA die Filme geborgen werden. Auch an eine Zusammenarbeit mit der ESRO wurde gedacht: Es liefen damals gerade Verhandlungen über die Entwicklung des „Sortie Labs" durch Europa für das Space Shuttle. Eine gemeinsame Mission würde die internationale Zusammenarbeit intensivieren und zudem die NASA nur wenig kosten. In einem Träger, der mit dem Kopplungsadapter des Mondlanders ausgerüstet ist, sollten zwischen 1.600 und 3.700 kg Experimente (abhängig vom Orbit) in die Umlaufbahn gebracht werden und vor der Ankopplung abgetrennt werden.

Am 6.4.1970 bekam Skylab B noch das „Okay" von Ken Kleinknecht, Leiter des Skylab Program Office. Die gestrichenen Apollo-Missionen würden genügend Raumfahrzeuge für Skylab B übrig lassen. Der Start war mit der Saturn SA-515 für Ende 1974 geplant. Die ambitionierte Planung für Skylab B wurde zunächst beibehalten, obwohl weitere Kosten für strukturelle Anpassungen an der Saturn V für das nun schwerere Labor hinzukamen. Bei den Budgetberatungen für das Jahr 1972 ging die NASA von 1,32 bis 1,5 Milliarden Dollar für den Bau und Betrieb von Skylab B aus – etwa die Hälfte der Kosten von Skylab A. Die Unterstützung blieb aber aus. Seit 1968 fiel das Budget für bemannte Raumfahrt. In dieser Situation neue Mittel zu erhalten war schwer. Die Nixon-Administration wollte ein neues Programm starten, das Space Shuttle. Das NASA-Direktorat wollte die bestehenden Programme nicht gefährden und trat daher auch nicht besonders für Skylab B ein. So blieb es bei Plänen, die für die nächsten Jahre weitergingen, aber allen Beteiligten war klar, dass wenn Skylab B vielleicht noch kommen würde, es nur ein Ersatzmodell für Skylab A wäre.

Zudem beschnitt sich die NASA frühzeitig die Möglichkeiten, indem schon 1968/69 die am Apollo-Programm beteiligten Firmen Auflösungsverträge bekamen. Dies ging teilweise soweit, dass schon bestellte und bezahlte Apollo-Raumfahrzeuge nicht mehr fertig montiert wurden. Als Skylab A startete, hatte die NASA noch drei Saturn IB, die nicht für Starts vorgesehen waren, jedoch nur noch ein Raumschiff, das nicht verplant war. Zwei weitere waren bezahlt, aber noch nicht fertiggestellt worden. Es gab zwar noch weitere Block II Exemplare des CSM, die für Tests genutzt wurden, doch es wäre aufwändig gewesen diese Exemplare wieder in Flugbereitschaft zu bringen, da sie nie für einen Flug vorgesehen waren.

Im März 1973 wurde NASA-Administrator Fletcher vom Kongress noch aufgefordert, eine Planung für das zweite Skylab vorzulegen, um die bevorstehende Lücke von sechs Jahren bis zu den ersten operationellen Shuttle Flügen zu schließen. Doch als er die Planungen vorlegte, die 665 Millionen Dollar für eine Kopie von Skylab A und 815 Millionen Dollar für ein Skylab B mit neuen Experimenten vorsahen, war es schon zu spät. Die Kosten für das Space Shuttle Programm stiegen an, gleichzeitig sank das Budget für bemannte Raumfahrt – es gab kein Geld für eine zweite Station.

Skylab B wurde als 1:1 Kopie von Skylab A fertiggestellt und bis zum September 1973 startbereit gehalten. Schon am 13.8.1973 gab die NASA bekannt, das Skylab B nicht als eigene Raumstation starten würde. Danach wurde es eingelagert, für den Fall eines katastrophalen Versagens des Orbitallabors. Die NASA hätte es innerhalb von 15 Monaten starten können, für zusätzliche Kosten von 300 Millionen Dollar, 13% der Gesamtkosten des Programmes. Es gab weiter von der Industrie und den NASA-Zentren Vorschläge für den Einsatz von Skylab B. Alleine die noch verbliebene Hardware, Apollo-Raumschiffe, Skylab B und die Saturn-Trägerraketen hätten einen Wert von 850 Millionen Dollar, und diese sollten doch sinnvoll eingesetzt werden. Limitierend war die Zahl der Saturn IB. Da deren Produktionsstopp recht früh kam, gab es nur noch zwei verfügbare Saturn IB, eine weitere war für das ASTP reserviert. Zeitweise gab es auch den Vorschlag das Apollo-CSM mit einer Titan 3M, einer Titan 3D mit verlängerten Boostern und erster Stufe zu starten.

So untersuchte die NASA den Start von Skylab B im Juni 1976. Es wäre von zwei Besatzungen für jeweils 56 Tage besucht worden, einmal von Juni bis September 1976 und einmal von Dezember 1976 bis Februar 1977. Da eine Saturn IB/Apollo für eine Rettungsmission bereitgehalten werden musste, waren nur zwei Missionen möglich. Obwohl Skylab A länger bemannt war und es Reserven gab, waren keine längeren Flüge, welche neue Rekorde aufgestellt hätten, geplant.

Dies hätte 665 Millionen Dollar zwischen 1973 und 1977 erfordert – verhältnismäßig geringe Aufwendungen, verglichen mit den Kosten von Skylab A. Sie fielen vor allem dadurch an, dass zwei Raumfahrzeuge zusätzlich gefertigt werden mussten. Das Hauptargument war, dass die zeitliche Lücke zwischen Skylab 4 und dem ersten Shuttle-Start kleiner gewesen wäre. Eine Aufrüstung von Skylab B mit neuen Experimenten, die auf den Erfahrungen mit Skylab A aufbauten, hätte weitere 150 Millionen Dollar gekostet.

Geplant war ein Start in einen 445 × 574 km hohen Orbit mit einer Inklination von 55 Grad. Die etwas höhere Bahnneigung trägt den Erdbobachtungsexperimenten Rechnung, die nun noch mehr von der Nordhalbkugel abbilden können. Die elliptische Umlaufbahn mit einem höheren Apogäum lässt die Nutzlast der Apollo-Kapseln nicht zu stark abnehmen und ist über 10 Jahre stabil – dies eröffnete eine Option zur erneuten Nutzung, wenn das Space Shuttle in einigen Jahren flugbereit gewesen wäre.

Einen zweiten Plan hatte McDonnell Douglas: Skylab B sollte in seinen Orbit im Juli 1975 gebracht werden. Die Bahn-

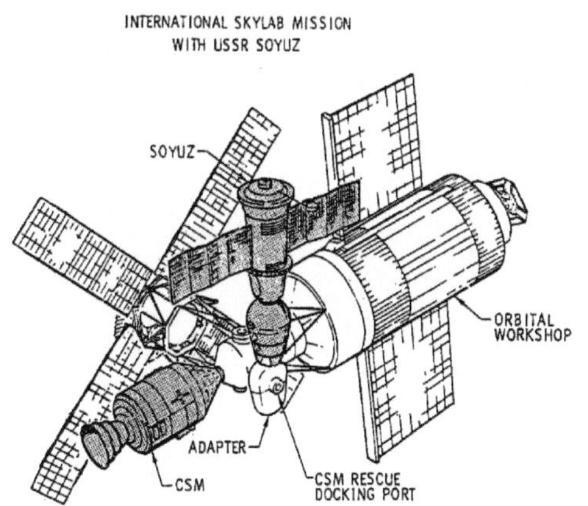

Abbildung 166: Konzept einer Kombination von ASTP und Skylab B

neigung wäre an die der geplanten Apollo-Sojus Mission angepasst worden. Nach Durchführung der Kopplung mit der Sojus sollten die drei Astronauten in ihrer Kapsel die Bahn anheben und Skylab B anfliegen. Damit wären drei Missionen zu Skylab möglich, da die ASTP-Mission hinzukäme. Die Kosten wurden auf 220 bis 290 Millionen Dollar beziffert.

McDonnell Douglas vertrat sogar die Meinung, dass der Dockingadapter soweit modifiziert werden könnte, dass er am axialen Port den für das ASTP entwickelten Kopplungsadapter für die Sojus aufnehmen könnte. Damit könnte auch eine Sojus ankoppeln, und anstatt dass sich die Kapseln in einem niedrigen Erdorbit treffen, können auch sechs Kosmonauten/Astronauten sich in Skylab für kürzere Zeit aufhalten. Möglich wäre ein Start einer US-Besatzung im April 1976, gefolgt von zwei sowjetischen Besatzungen. Nach einer Ersten von 22 Tagen Dauer würde nach einem Monat eine Zweite folgen, die sich 28 Tage lang auf der Station aufhalten sollte. Erst danach würde die Apollo wieder abkoppeln. Sie hätte sich dann insgesamt 90 Tage an Bord der Station aufgehalten. Eine zweite US-Besatzung könnte folgen. Dieses Konzept würde 650 Millionen Dollar kosten. Die ASTP-Mission würde in diesem Fall ganz entfallen.

Ähnliche Pläne für Gastbesuche hatten auch die Sowjets, die einen Besuch von Skylab mit einer Sojus und von Saljut mit einem Apollo-Raumschiff schon 1970 der NASA vorschlugen. Dies kam für Skylab A zu spät, um es für die Ankopplung einer Sojus zu modifizieren.

Ein weiterer Plan von McDonnell Douglas war die Kombination von Skylab B mit dem Space Shuttle. Anders als spätere Pläne, die vorsahen, die im Erdorbit befindliche Station an den Shuttle anzupassen, sah dieser Plan vor, eine S-IVB zu einem zweiten Orbital Workshop umzubauen und diesen mit dem von Skylab B zu verbinden. Luftschleuse, ATM und MDA würden entfallen, dafür würde ein neuer Kopplungsadapter für die Ankopplung eines Versorgungsmoduls, das ein Space Shuttle bringen würde, angebracht werden. Die Vorteile wären ein doppelt so großes Wohnvolumen und die Möglichkeit, anders als bei Skylab A, die Station viel länger zu nutzen, da das Versorgungsmodul Vorräte zur Station bringen würde. Zusammen mit einem System, welches das Wasser recyceln würde, wäre so eine viel längere Betriebszeit und eine Stammbesatzung von sechs bis acht Personen möglich. Dieser Umbau wäre aufwändig. Dieses modifizierte Skylab B wäre nicht vor 1978 oder 1979 gestartet worden.

Nach der Rückkehr der letzten Besatzung wanderten Skylab B und die restliche Apollo-Hardware in die Museen, und die NASA konzentrierte sich auf Pläne, wie das im Orbit befindliche Labor in das Space Shuttle Programm eingebaut werden könnte.

Am 16.12.1976 hob Fletcher die Lagerung der Saturn, Apollo und von Skylab auf. Heute ist Skylab B im National Air and Space Museum in Washington ausgestellt. Sie ist das teuerste Einzelexponat und sicherlich auch eines der größten. 1977 wurden einige Szenen für die Fernsehserie „Battlestar Galactica" (Kampfstern Galactica) im OWS von Skylab B gedreht.

Die Ergebnisse

Skylab war sehr erfolgreich, vor allem gemessen an den Investitionen. Das Projekt war Wegbereiter für zukünftige Experimente an Bord des Spacelab und der ISS. Es lieferte aber auch Erkenntnisse über die Arbeit an Bord zukünftiger Raumstationen und vor allem über die Veränderungen des Körpers unter Schwerelosigkeit über drei Monate.

Der Rekord über die Aufenthaltsdauer im Weltall blieb erstaunlich lange bestehen. Er wurde erst von der Besatzung von Sojus 26 an Bord von Saljut 6 im März 1978, also nach vier Jahren gebrochen. Die Astronauten waren länger im All gewesen als alle ihre Vorgänger vom Mercury-Programm bis zum Apollo-Programm zusammen (171 gegenüber 146 Tage). Auch die Weltraumspaziergänge mit einer Gesamtdauer von 42 Stunden waren ein neuer Rekord. Dabei waren die Besatzungen in recht gutem Zustand, als sie landeten, die Dritte sogar in einem besseren als die Zweite, was auf das intensivere Training zurückgeführt wurde. Das weckte Hoffnung, dass auch eine Marsmission, die nochmals zehnmal länger als die längste Skylabmission dauern würde, vom medizinischen Standpunkt aus beherrschbar war.

Allerdings waren trotz guten Allgemeinzustands Abbauvorgänge beobachtbar. Die dritte Besatzung verlor zwischen 4 und 12% des Calciums in den Knochen, und alle drei Besatzungen zeigten den Trend, dass dieser Verlust über die Dauer anstieg. Der Grund war eine durch die Verschiebung von Flüssigkeiten verringerte Blutplasmamenge, welche die Ausschüttung des Hormons Aldosteron verursacht. Dieses reguliert nicht nur den Elektrolythaushalt, sondern forciert auch die Mobilisierung von Calcium aus den Knochen und dessen Ausscheidung. Als Folge der Störung des Hormongleichgewichtes kommt es zur Entmineralisierung von Knochen, vergleichbar der Osteoporose. Dies tritt auch bei andauernder Bettlägrigkeit auf, dort jedoch viel langsamer: Die durchschnittliche Abnahme liegt bei Bettlägrigkeit bei 0,5% pro Monat. Die Mediziner sahen zumindest für Missionen von bis zu sechs bis neun Monaten Dauer keine Probleme aufgrund der Entmineralisierung.

Auch die Menge an roten Blutkörperchen nahm ab, aber geringer als in den vorherigen Programmen: Waren es bei Gemini noch durchschnittlich 16% und bei Apollo 10%, so waren es nun nur noch 8%. Über die Ursache wurde debattiert. Eine Fraktion führte dies auf die veränderte Atmosphäre zurück, die nun auch Stickstoff enthielt. Andere sahen in mehr Bewegung die Ursache – in den Gemini-Raumschiffen konnte sich die Besatzung kaum bewegen, in Apollo ein wenig (dazu kamen die Mondspaziergänge), und bei Skylab machten alle Astronauten regelmäßige Fitnessübungen und Belastungstests. Es zeigte sich bei Skylab 3 und 4, dass die Anzahl der roten Blutkörperchen nach neun Wochen langsam wieder anstieg. Auch bei der letzten Mission hatte sie allerdings nicht das Niveau wie vor dem Flug erreicht.

Neben der Weltraumkrankheit, die nach dem dritten Tag abklang, war die wichtigste Beeinträchtigung bei der Arbeit die Verschiebung von Blut in den Oberkörper und Kopf. Das führt zu einem anhaltenden Druckgefühl im Kopf ähnlich einer Grippe und dämpft die Wahrnehmung. Auch litten die Besatzungsmitglieder oft unter Müdigkeit und fielen leicht in einen Kurzzeitschlaf, der mit einem Nickerchen vergleichbar war. Das Unterdruckexperiment konnte dies lindern, doch die Erfahrungen am Ergometer zeigten, dass dieses genauso wirksam war, allerdings weitaus weniger umständlich zu bedienen. Das Herz-Kreislaufsystem verlor an Leistung, passte sich aber nach vier bis sechs Wochen an und blieb dann auf einem konstanten Niveau. Nach der Landung brauchten die Besatzungsmitglieder zwischen einer und drei Wochen, um ihr „prä" Skylabniveau an physischer Leistungsfähigkeit wieder zu erreichen.

Die Weltraumkrankheit wurde mit dem Drehstuhl untersucht, und hier zeigte sich, dass nach Abklingen der Symptome sogar eine viel höhere Rotationsgeschwindigkeit vertragen wurde als auf der Erde. Diese Immunität hielt auch noch auf der Erde für einige Tage an. Auf der anderen Seite bewirkte die wieder eintretende Schwerkraft zusammen mit der Landung im Wasser bei Wellengang, dass einigen Besatzungsmitgliedern nach der Landung übel wurde, und alle hatten Probleme direkt nach der Landung geradeaus zu gehen und mussten gestützt werden. Ein Zusammenhang mit der Empfänglichkeit gegenüber Weltraumkrankheit und nachweisbaren Symptomen auf dem Drehstuhl konnte nicht nachgewiesen werden. Es war auch kein Faktor, der vorhergesagt werden konnte: Am stärksten litt Pogue unter der Krankheit. Auf der Erde galt er als der Mann mit dem „stählernen Bauch". Er war vorher Mitglied des Luftakrobatikteams „Thunderbird" gewesen und machte auch bei den Trainingsflügen in den T-38 Flugzeugen Kunststücke, bei denen sich beim Copiloten ein flaues Gefühl in der Magengrube einstellte. Vier der neun Besatzungsmitglieder bekamen das SAS. Medikamente, die nach dem Start genommen werden mussten, halfen zwar gegen die Symptome, konnten aber nicht verhindern, dass die „Weltraumkrankheit" ausbrach.

Der Abbau der Muskelmasse, vor allem bei den Füßen, war bei der letzten Besatzung um 50% geringer als bei den vorhergehenden. Dies wurde auf das neue „Laufband" von Thornton und ein intensiveres Training zurückgeführt. Die letzte Besatzung trainierte am längsten:

Crew	Energieaufnahme	Trainingsleistung	Gewichtsverlust	Muskelkraftverlust Füße	Muskelkraftverlust Arme
SL-2	18,1 kcal/kg	2.150 Wmin	4,2%	20%	8%
SL-3	19,7 kcal/kg	4.686 Wmin	5,3%	20%	0%
SL-3	21,0 kcal/kg	4.836 Wmin	1,6%	14%	10%

Eine verbesserte Version des Laufbandes wurde beim Space Shuttle eingesetzt, und Geräte mit demselben Funktionsprinzip befinden sich auf der ISS. Russland entwickelte eine Unterdruckhose, die nach demselben Prinzip wie die Unterdruckkammer arbeitete, während die USA auf eine Weiterentwicklung des LBNP verzichteten, da es als umständlich in der Handhabung empfunden wurde.

Der Energiebedarf war vor der Mission kontrovers diskutiert worden. Die Energieaufnahme stieg bei jeder Besatzung aufgrund des steigenden Trainings auf dem Ergometer an und erreichte bei Skylab 4 rund 13.000 bis 13.400 kJ/Tag. Es zeigte sich auch, dass das Essen eine wichtige Rolle für das Wohlbefinden der Besatzung spielte. Besonders beliebt waren die „leeren Kalorien" wie Speiseeis und Butter-Cookies.

Insgesamt entfielen 27% der Experimentierzeit auf medizinische Untersuchungen.

Die Ergebnisse der Erderkundungsexperimente waren durchwachsen. Die Fotos waren von vorzüglicher Qualität, vor allem von den S190A Kameras. Die USA hatten aber auch schon das Landsat-System in Betrieb. Dessen Multispektralscanner waren dem des Experiments S192 überlegen, da sie die Daten gleich digital aufzeichneten, und auch die Auswertung war durch die lineare Aufzeichnung (kein Kurvenbogen) vereinfacht. Die immer leistungsfähigere Computertechnik machte es auch möglich, diese Datenfülle auszuwerten. Bei Vergleichen von Szenen des gleichen Orts aufgenommen von Landsat und Skylab wurden letztere Aufnahmen als kontrastärmer und von schlechterer Qualität eingestuft. Dies lag auch an dem (gegenüber den Planungen) erhöhten Rauschen der Detektoren. Der Detektor für das langwellige IR im Bereich von 10-12 µm wurde deswegen bei der letzten Skylab-Mission ausgetauscht. Lediglich bei Fotografien im sichtbaren Licht war Skylab überlegen. Doch die Möglichkeit, nur den Teil des Spektralbereichs zu nutzen, der für die Anwendung wichtig war, ermöglichte ganz andere Anwendungsgebiete. Dazu gehörte beispielsweise die Unterscheidung kranker von gesunden Pflanzen, Plankton im Wasser nachzuweisen oder im infraroten Spektralbereich Wärme wie z.B. von Heizungen zu detektieren. Die Filme waren hier zu unselektiv. Detektoren sind erheblich schmalbandiger.

Vor allem ermöglichten die Satelliten eine kontinuierliche Erfassung – es zeigte sich, dass die Satelliten sehr nützlich in der Land- und Forstwirtschaft zur Vorhersage der Ernte oder der langfristigen Überwachung von Agrarflächen waren. Die auch auf den Landsat-Satelliten installierten Videokameras (als Filmersatz) erwiesen sich als störungsanfällig und ohne zusätzlichen Wert und wurden bei der nächsten Generation entfernt.

Das aktive Mikrowelleninstrument S193 zeigte, dass diese Technik sehr nützlich war. Das Altimeter konnte das Geoid, also das Modell der genauen Form der Erde, verbessern. Es gab Abweichungen in der mittleren Meereshöhe von 20 m rund um den Globus aufgrund der nicht ganz runden Form der Erde. Mittels Scatterometer und Radiometer war es möglich, bei dem Hurrikan Ava die Windstärke im Zentrum zu 90 km/h und die Wellenhöhe zu 10 m zu bestimmen. Es konnte sogar bei bewölktem Himmel und leichtem Regen die Windgeschwindigkeit gemessen werden. Daraus ließen sich Wellenhöhe und Wellengang berechnen, was für die Schifffahrt wichtig war. Es sollte jedoch noch lange Zeit dauern, bis diese Instrumente auf Satelliten eingesetzt wurden. 19% der zur Verfügung stehenden Zeit für Experimente entfielen auf die Erdbeobachtungen. Über 46.000 Aufnahmen entstanden, und 75.000 m Magnetband wurden beschrieben.

Die Sonnenbeobachtung profitierte sehr von Skylab. Die Aufnahmen, die erstmals auch in von der Erde aus nicht zugänglichen Spektralbereichen entstanden, waren für die damalige Zeit phänomenal. Zahlreiche wissenschaftliche Artikel entstanden auf Basis der Arbeiten von Skylab. Skylab erweiterte das Verständnis der Sonne, und es wurden die koronalen Löcher auf den Aufnahmen entdeckt. Erstmals waren auch Aufnahmen im UV- und Röntgenstrahlenbereich möglich. Das gab der Sonnenforschung starken Auftrieb. Es führte letztendlich zu der Entwicklung von Satelliten, welche die Sonne permanent beobachteten. Sie unterschieden sich von der schon damals eingesetzten OSO-Serie dadurch, dass sie wie Skylab abbildende Teleskope einsetzten. SMM, Yohkoh, Soho, Hinode, Trace und das Solar Dynamic Observatory sind Kinder von Skylab. Bei Skylab war ein Astronaut an der ATM-Konsole nötig, um im rechten Augenblick auf den Auslöser zu drücken, weil zu dieser Zeit nur Film geeignet war, die gesamten Kontrastverhältnisse auf der Sonne abzubilden. Die Erfindung des CCD-Detektors im Jahr 1976 machte Film überflüssig und erlaubte es dauernd Aufnahmen zu machen, nur begrenzt durch die Übertragungsmöglichkeiten / -geschwindigkeit zum Boden, und dann diejenigen auszuwählen, bei denen auch Aktivität zu sehen war. Von der für Experimente nutzbaren Zeit wurden 31% für die Sonnenbeobachtung aufgewandt. Es war das wichtigste Forschungsprojekt. 93% des verfügbaren Films wurden belichtet.

Experiment	Bilder pro Magazin	SL-2	SL-3	SL-4	Gesamt
S052	8.025	4.381	15.735	15.802	35.918
S054	6.970	5.155	13.325	13.305	31.785
S056	6.000	4.184	11.493	12.098	26.775
S082A	201	220	402	402	1.025
S082B	1.608	1.608	3.195	1.608	6.411
H-Alpha 1	15.400	12.998	30.787	24.400	68.185
Gesamt:	38.204	28.546	74.937	67.615	171.098
S055A-Stunden		152 h	772 h	1.368 h	2.292 h

Eine Disziplin, die von der Forschung an Bord der Raumstation profitierte, waren die Materialwissenschaften. Sie hatten bei der Planung keinen hohen Stellenwert. Nur 10 h Arbeitszeit waren für die Experimente vorgesehen. Obwohl schließlich 32 h daraus wurden, war es immer noch eine recht unbedeutende Disziplin. Doch die Resultate überraschten. Es gelang, Legierungen aus Metallen herzustellen, die sich auf der Erde wegen unterschiedlicher Dichte wieder entmischten, sowie Kristalle von außerordentlicher Größe und Reinheit zu züchten. Das führte zu äußerst optimistischen Vorhersagen, die bis hin zu einer Produktion im Weltraum gingen, die sich z.B. bei sehr wertvollen Produkten wie Computerchips oder Pharmazeutika lohnen könnte.

So beginnen beim Wegfall der Schwerkraft bei Flüssigkeiten neue Kräfte wirksam zu werden, die auf der Erde zwar bekannt, aber durch andere Phänomene überdeckt werden. Es entfallen die Wärmekonvektion, Wandstörungen und die Auftriebskraft. Die schwache Van-der-Waals-Kraft, die für intermolekulare Wechselwirkungen verantwortlich ist, ist nun die stärkste Kraft, und Flüssigkeiten formen sich innerhalb weniger Sekunden zu perfekten Kugeln. Man sah hier eine Möglichkeit, absolut symmetrische Kugeln aus Metallen zu formen. Auf der Erde gibt es immer Verformungen durch Werkzeuge oder die Oberfläche von Gussformen.

Die fehlende Auftriebskraft sollte es ermöglichen, auf der Erde „unmögliche" Werkstoffe herzustellen. Neben Metalllegierungen dachten die Wissenschaftler auch an Metall-Metalloxidverbindungen, Keramiken oder Glasverbindungen. Es sollten Verbindungen möglich sein, die völlig unterschiedliche Eigenschaften vereinigen, wie z.B. Keramik (hart, temperaturfest, elektrisch nicht leitend, kaum Wärmeleitung) mit Metallen (biegsam, erweichen bei höheren Temperaturen, elektrisch gut leitend, guter Wärmeleiter) zu kombinieren. So gelang es, experimentell die Metalle Germanium und Gold zu einer Legierung zu vereinigen – diese Verbindung war dann auch noch supraleitend. Ohne Schwerelosigkeit wäre es sogar möglich, Luft und Metalle zu verbinden und einen Metallschwamm, der im Inneren aus Luft besteht, zu erzeugen – diese Metallverbindung würde auf dem Wasser schwimmen und hätte sowohl Metalleigenschaften wie auch die Eigenschaften eines Isolators.

Ohne Konvektion wurden beim Kristallisieren von Metallen und Halbleitern sehr reine Kristalle mit einer auf der Erde bis dahin nicht erreichten reinen Kristallstruktur erhalten, und es gelang, einen Germaniumselenidkristall von 2,5 cm Länge zu züchten – zehnmal länger als die auf der Erde verfügbaren Kristalle. Da Germanium damals noch als Halbleitermetall der Zukunft gehandelt wurde, sah die NASA darin einen ersten Schritt für die Kristallproduktion im Weltraum und damit auch einer Kommerzialisierung der bemannten Raumfahrt.

Die Materialwissenschaft ist (nach der medizinischen Forschung) seitdem das zweitwichtigste Forschungsgebiet bei der bemannten Raumfahrt, sowohl bei den Spacelab-Missionen wie auch an Bord der ISS, auch wenn die Vorhersagen über eine Produktion im Weltraum sich nicht bewahrheiteten.

Der wissenschaftliche Erfolg Skylabs schlägt sich auch in nicht weniger als neun Titeln der „Special Publication" (SP-XXX) Serie nieder. Weder Apollo noch das Shuttle können so viele Publikationen aufweisen. Im Gegensatz dazu wurde das Projekt in der Öffentlichkeit kaum wahrgenommen, mit Ausnahme der Rettung kurz nach dem Start und dann nochmals, als der Wiedereintritt anstand. Es zeigte sich ein Effekt, der auch bei der ISS beobachtbar ist: Nur spektakuläre Erstleistungen oder Dramen, wie die Reparatur im All, stoßen auf Interesse bei der Allgemeinheit.

Bei der Zusammenarbeit mit der Bodenkontrolle setzte Skylab neue Maßstäbe. Bei Apollo war eine Rundumbetreuung vorhanden, ergänzt um die Wissenschaftler in den hinteren Räumen und Techniker der Herstellerfirmen. Aber die gesamte Kommunikation erfolgte durch den Capcom, einen aktiven Astronauten. Bei den viel längeren Skylab-Missionen musste der Aufwand reduziert werden. Daher wurde ein 24-Stunden-Arbeitstag an Bord der Station eingeführt, der mit den Arbeitszeiten der Missionskontrolle synchronisiert war. Das erlaubte es, die Nachtschicht zu reduzieren, da sie nur das Raumschiff überwachen und die Sprachaufzeichnungen der Astronauten, die nachts überspielt wurden, auswerten musste. Weiterhin zeigte es sich, dass es vor allem bei der Arbeit an der ATM-Konsole wichtig war, dass Astronauten nicht Film verschwendeten, sondern die Experimente dann aktivierten, wenn es nötig war. Dazu war Wissen aus erster Hand nötig. Die Principal Investigators (PI), also die für das Experiment verantwortlichen Wissenschaftler, sprachen daher erstmals direkt mit den Astronauten über die Experimente, auf was sie achten mussten, und gaben Hinweise. Über sie konnten auch die Beobachtungen mit dem Netz von über 250 Sonnenbeobachtern auf der Erde synchronisiert werden.

Auch das Thema Privatsphäre erhielt eine neue Bedeutung. Es gab schon bei früheren Missionen besondere Kanäle für eine private Kommunikation. Sie wurden genutzt, wenn es medizinische Fragen gab oder eine Rücksprache mit dem Flugdirektor oder anderen Führungspersonen notwendig war. Dieser „B-Kanal" wurde auch von Conrad am Anfang der Mission genutzt, um die Frage zu klären, ob die medizinischen Untersuchungen wie geplant durchgeführt

Abbildung 167: Mangels Platz an Bord der ISS unmöglich: Derartige Kunststücke waren nur an Bord von Skylab möglich (Carr/Pogue)

310

werden sollten – Kerwin plädierte wegen der hohen Innentemperaturen dagegen. Das führte dazu, dass alle Missionsverantwortlichen versammelt wurden, um diese Frage zu klären. Doch so lange Missionen machten eine Anpassung nötig. Über den B-Kanal wurden nun auch detaillierte Problemberichte ausgetauscht (die Astronauten sollten ja auch ihren Alltag und die Station reflektieren und beschreiben, was in der Station gut ist und was nicht). Es wurde vermutet, dass die Veröffentlichung dieser Details zu dem Eindruck führen könnte, die Astronauten würden sich über die Arbeit und Station beschweren.

Diese neuen Anforderungen führten zu einer Änderung des Status des B-Kanales. Nun gab es jeden Tag über diesen Kanal einen privaten medizinischen Statusbericht mit einem der Flugärzte und einmal in der Woche auch eine private Unterhaltung mit der Familie. Da die gesamte Sprachübertragung über die Systeme des CM verlief, war eine Privatsphäre einfach herstellbar, indem sich ein Astronaut dorthin zurückzog und die Luke schloss. Aus einer „Notfallverbindung" wurde eine „Privatverbindung".

Es gab während des Programms Kontroversen über den B-Kanal. Die NASA-Verantwortlichen für die Medien (PAO) waren für eine Veröffentlichung, weil sie die Meinung vertraten, die Öffentlichkeit interessiere sich weniger für die Raumstation als vielmehr für die Personen, wie sie sich fühlen und welche Probleme sie meistern. Insgesamt war die Öffentlichkeitsarbeit durchaus verbesserungswürdig. So äußerte sich die NASA noch, während die Mission lief, wie folgt über die Skylab 4 Besatzung:

„In some ways the performance of the third crew has not been as good as that of the others. There was some loss of confidence just after the crew began work, when an attempt was made to conceal evidence of motion sickness. Shortly afterwards they were given a day off work to get organised because they were so far behind schedule. Their responses to NASA requests have generally been slower, they have shown little or no enthusiasm to work on their off days, and they have been prone to errors in their work" — aus Flight International S.89 vom 17.1.1974. Das war ungewöhnlich in einer Zeit, in der generell die Arbeit der Astronauten über den Busch gelobt wurde. Hier hat sich in der Folge viel geändert. Nicht nur sind seit den Space Shuttle-Flügen alle medizinischen Belange absolut vertraulich. Seitdem schweigt die NASA auch, wenn es negative Dinge über die Besatzung zu berichten gibt.

Skylab hatte erstmals ein Telefaxgerät an Bord. Damit waren zwar viel mehr Möglichkeiten gegeben Pläne rasch zu ändern als bei den vorherigen Missionen, wo diese mündlich übermittelt und von den Astronauten aufgeschrieben wurden. Es zeigte sich aber, dass zukünftige Geräte eine Rückmeldungsmöglichkeit brauchten. Die einzelnen Vorgaben erreichten nicht selten eine Länge von 3 m Papier, und die Gefahr war groß, etwas zu übersehen. Auch war so leicht eine Überlastung der Besatzung möglich. Die Missionskontrolle lernte, dass nicht alle Besatzungen gleich waren, dass jede neue Crew einige Wochen brauchte, um ihre maximale Leistungsfähigkeit zu erreichen und daher am Anfang das Arbeitsprogramm heruntergefahren werden musste. Die Besatzung stellte fest, dass es in der Praxis besser war, wenn es Spezialisierungen gab, ein Besatzungsmitglied sich z.B. nur um die ATM-Experimente kümmerte. Als ausgleichendes Moment war es dagegen wichtig, die Freizeit gemeinsam verbringen zu können und auch (anders als geplant) gleichzeitig zu essen.

Auch die erst spät hinzugekommenen Experimente von Schülern waren ein voller Erfolg. Sie waren nicht nur bei der Öffentlichkeit auf ein sehr positives Echo gestoßen (die Versuche der Spinne Arabella, ein Netz in der Schwerelosigkeit zu bilden, wurde in der Berichterstattung der Skylab 3 Mission mehr erwähnt als die anderen Arbeiten an Bord), sondern alle Schüler schlugen eine erfolgreiche berufliche Laufbahn ein. Ein Großteil ergriff naturwissenschaftliche oder technische Berufe, fast alle schlossen eine akademische Ausbildung ab. Es zeigten sich aber bei den Arbeiten mit den Schülern (die jeweils noch einen Wissenschaftler zur Seite gestellt bekamen) auch Defizite im naturwissenschaftlichen Verständnis und fehlende Kenntnisse, wie in Naturwissenschaften gearbeitet wird, um Erkenntnisse wissenschaftlich abzusichern. In keinem späteren Raumfahrtprogramm wurden Schülern solche Möglichkeiten der Teilnahme eingeräumt.

Bei dem Design von Raumstationen leistete Skylab für die USA Basisarbeit. Eine wichtige Erkenntnis war, dass die Position der Luftschleuse falsch gewählt war. Sie war in der Mitte positioniert. Das war ideal, um das ATM-Gerüst zu erreichen, aber wenn sie nicht mehr geschlossen werden konnte, so musste die Raumstation aufgegeben werden. Bei der Raumstation ISS sind die beiden Luftschleusen im russischen und amerikanischen Teil jeweils in eigenen Modulen untergebracht, die sich nicht in der Verbindungslinie zu anderen Modulen befinden. Ein Ausfall legt damit nicht die ganze Station lahm.

Eine zweite wichtige Erkenntnis war, dass es in einer so großen Station schwer wird, die Übersicht zu behalten. Trotz Inventarlisten und Prozeduren, wo was zu verstauen ist, gingen immer wieder Gegenstände verloren. Bei der ISS ist es durch den technischen Fortschritt möglich, dieses Problem zu lösen: Bewegliche Gegenstände haben RFID-Tags und können so über Funk geortet werden.

Eine weitere Erkenntnis war, dass sich die Arbeit in einer Raumstation von den bisherigen Erfahrungen bei bemannten Missionen unterscheidet. Bei Apollo und Gemini folgte die Besatzung weitgehend den Anweisungen der Bodenkontrolle, die alles vorausplante. Sie passte die Planungen an, wenn Ziele nicht erreicht wurden. Das klappte bei Skylab nur bedingt. Es lief dort schon weitaus lockerer, doch besonders die letzte Crew hatte den Eindruck, dass sie effektiver gewesen wäre, wenn sie noch selbstständiger hätte agieren können.

Es erwies sich als Nachteil, dass es keinerlei Haltemöglichkeiten an der Außenseite des OWS gab. Bei der ISS wurde großen Wert darauf gelegt, dass die Astronauten jeden Teil der Station erreichen können, um Reparaturen durchzuführen. Es sind sogar mobile Kräne im Einsatz, welche die Astronauten bei EVAs unterstützen können. Insgesamt absolvierten Skylabs Besatzungen 42 Stunden an EVAs. Das war nicht nur ein Vielfaches dessen, was vorher bei Gemini und Apollo erfolgte (die Aufenthalte auf der Mondoberfläche sind wegen der reduzierten Schwerkraft nicht mit der Arbeit in einer Umlaufbahn vergleichbar), sondern die Arbeiten waren komplexer und länger. Es zeigte sich, dass die vorgesehenen Routinetätigkeiten wie das Wechseln der Filme und Nehmen von Proben von Experimenten, die Materialien dem Weltraum aussetzen, kein Problem waren. Hier gab es auch genügend Haltemöglichkeiten. Bei der nächsten Raumstation der USA, Freedom, wurden EVAs schon im großen Maßstab eingeplant.

Reparaturen waren für Skylab nicht geplant. Die Ergebnisse waren durchwachsen. Es gelang bei den CMG, diese durch neue Kreisel komplett zu ersetzen. Bei anderen Reparaturen konnte nur eine Notlösung erzielt werden, wie z.B. das sich nicht mehr drehende Filterrad beim Experiment S054 in eine neutrale Position zu schieben oder der Ersatz von 16-mm Kameras durch 35-mm Kameras (mit kleineren Magazinen). Reparaturen im All sind seitdem Routinetätigkeiten geworden, und die Hardware ist so konzipiert, dass eine Reparatur und Wartung möglich ist. Eine neue Generation von Satelliten wurde so geplant, dass sie im Orbit gewartet werden konnten. Dies wurde nach einem Ausfall einer Sicherung in einem Elektronikmodul auch bei dem Satelliten SMM durchgeführt.

Auf der anderen Seite ist die Rettung von Skylab ein außerordentlicher Erfolg. Es gelang, eine Station fast ohne Energie, mit Temperaturen, die so hoch waren, dass sie unbewohnbar war, wieder in einen Zustand zu versetzen, in dem die Stromversorgung ausreichte und die Temperaturen auf wohnliche 22 Grad sanken.

Die Erprobung des Manövriergerätes verlief durchwachsen. Die dritte Besatzung hatte einige Probleme mit der Technik, die zu diesem Zeitpunkt mehrmals ausfiel. Auf der anderen Seite kam Garriott mit dem Gerät, obwohl er niemals vorher mit ihm trainiert hatte, sofort zurecht und konnte sich damit gezielt bewegen, die Position halten und sich an Gegenstände heran manövrieren. Die Erkenntnisse flossen in das Design der beim Space Shuttle so erfolgreichen MMU ein.

Die Tatsache, dass Skylab die einzige Raumstation der USA war und Langzeitflüge oder auch Erfahrungen mit den Arbeiten in einer Raumstation nur von Skylab vorlagen, bescherte den Astronauten auch 25 Jahre nach ihrer Mission noch Anfragen. Als die ISS geplant wurde, holte die NASA die zahllosen Filme, die in der Station gedreht wurden, aus dem Archiv, hörte Tonbänder nochmals ab und las die Kommunikationsprotokolle, um festzustellen, worauf Ingenieure beim Design einer Raumstation achten müssen und was die Lehren aus Skylab waren.

Das Medienecho beim Wiedereintritt bewirkte, dass die folgenden Raumstationen auch auf russischer Seite gezielt deorbitiert wurden, solange sie noch kontrolliert werden konnten und über genügend Resttreibstoff verfügten. Auch bei der ISS ist dies vorgesehen. Wegen der Größe der Station wird dies aber nicht einfach werden.

Was wurde aus den Astronauten?

Pete Conrad hatte schon vor dem Start angekündigt, nach seinem Flug aus der NASA auszuscheiden. Bean und Conrad waren seit Gemini aktive Astronauten. Conrad war dreimal mit Gemini 5, Gemini 8 und Apollo 12 vorher im All gewesen. Conrad schied im Dezember 1973 aus der NASA aus und war danach von 1976 bis 1996 für McDonnell Douglas tätig. Dort arbeitete er an Konzepten für Träger, die mit einer Stufe den Orbit erreichen. Er war an der Entwicklung des Experimentalfluggeräts DC-X beteiligt. Conrad starb 1999 bei einem Unfall mit seinem Motorrad.

Paul Weitz war bei Skylab schon für den Entwurf der EREP-Experimente verantwortlich. Diese Erfahrungen brachte er danach in das Landsat-Programm ein. 1975 wechselte er in das Space Shuttle-Programm und flog erneut 1982 ins All. Es war der Jungfernflug der Challenger mit der Mission STS-6. Zu dieser Zeit war er schon stellvertretender Leiter des Astronautencorps. Er stieg danach in die Führungsebene des JSC auf und war dort zuerst technischer Berater, dann stellvertretender Leiter und von 1993 bis 1994 Leiter des JSC. Danach ging er in den Ruhestand.

Joseph Kerwin war nach Skylab 2 verantwortlich für das Training der Astronauten für Orbit- und Rendezvousarbeiten. Von 1982 bis 1983 war er technischer Repräsentant der NASA in Australien und von 1984 bis 1987 Direktor der Abteilung „Lebenswissenschaften" im JSC. 1987 schied er aus der NASA aus und ging zu Lockheed, wo er an dem SAFER-System für Raumanzüge und Bewegungseinheiten für die ISS mitarbeitete.

Alan Bean war Backup-Pilot für Gemini 10 und zusammen mit Conrad bei Apollo 12 auf dem Mond gelandet. Er wurde dann als Backup-Pilot für das Apollo-Sojus-Testprojekt nominiert. Danach wurde er Chef der Astronautentrainingsgruppe, bis er im Dezember 1981 aus der NASA ausschied. Er malte schon vorher als Hobbyist und machte dies nun zu seinem Beruf. Dabei hat er ein Hauptmotiv: den Mond aus Sicht der Astronauten. Er sagt zwar, es gäbe auch Anfragen, seine Erlebnisse bei Skylab zu malen, doch wäre er noch über Jahre mit Aufträgen für Mondbilder ausgelastet.

Jack Lousma blieb beim Astronautencorps und wechselte nicht in eine andere Position. Er war danach Ersatzkopplungspilot der ASTP-Mission und später Kommandant der Mission STS-3. Danach verließ er 1983 die NASA, um 1984 für das Repräsentantenhaus zu kandidieren, verlor aber knapp. Seitdem arbeitet er auch fürs Fernsehen und kommentiert dort Raumfahrtereignisse.

Owen Garriott war bei der NASA in den späten siebziger Jahren Direktor der Abteilung „Science and Applications". Er absolvierte 1983 seinen zweiten Raumflug als Missionsspezialist bei der ersten Spacelab-Mission (STS-9). Er war auch der erste Amateurfunker im All. Danach war er von 1984 bis 1986 Projektwissenschaftler im JSC. In der Folge arbeitete er für verschiedene Raumfahrtfirmen. Sein Sohn Richard Garriott ist ein erfolgreicher Computerprogrammierer und an der Ultima-Spieleserie beteiligt. Das dabei erzielte Einkommen ermöglichte ihm einen bezahlten Flug zur ISS an Bord eines Sojus-Raumschiffs im Jahr 2008. Er ist bisher der einzige Sohn eines Astronauten, der im All war.

Gerald Carr war bis 1977 verantwortlich für die Gruppe des JSC, welche die Sicherheit von Raumfahrzeugen untersuchte. Er verließ die NASA im Juni 1977 und war zuerst für einige Raumfahrtfirmen tätig und gründete dann eine eigene Firma namens CAMUS. Sie ist heute ein wichtiger Unterauftragnehmer von Boeing und verantwortlich für das Design der Crewsysteme an der Internationalen Raumstation.

Edward Gibson verließ schon im Dezember 1974 die NASA und arbeitete dann einige Jahre als technischer Berater, unter anderem für ERNO am Spacelab-Projekt. Schon im März 1977 kehrte er ins Astronautenbüro zurück und war zuständig für die Selektion der Kandidaten und deren wissenschaftliches Training. Er verließ 1990 die NASA erneut und gründete seine eigene Firma Gibson International Corp, die Beratungsdienstleistungen in der Raumfahrt anbietet.

William Pogue verließ 1975 die NASA. Er arbeitete seitdem als Berater für andere Luft- & Raumfahrtfirmen. Er hat seitdem einige Bücher veröffentlicht, auch über seine Erlebnisse bei der Skylab 4 Mission.

Abbildung 168: Die ISS nach Ablegen der Discovery bei Mission STS-133.

Skylab und die ISS

Skylab war die erste US-Raumstation, die ISS ist die bisher letzte Raumstation. Zwischen Start von Skylab und Fertigstellung der ISS liegen fast vierzig Jahre – was verbindet diese beiden Projekte?

Zuerst fallen natürlich die Unterschiede auf. Skylab entstand in dem Bestreben, Apollo-Hardware nutzbringend weiter zu verwenden. Neben den Kosteneinsparungen reflektiert Skylab auch den damaligen Stand der Erfahrungen bei Operationen im Weltraum. Es gab bei der Konzeption noch keine Erfahrungen mit Weltraumstationen. Skylab setzte Maßstäbe, was den Komfort im All betraf. Die Anzahl der Experimente und die dazu zur Verfügung stehenden Möglichkeiten (Größe, Gewicht, Versorgung mit Ressourcen wie Film und Magnetbändern) waren ein Quantensprung zu dem, was bisher in der bemannten und unbemannten Raumfahrt möglich war.

Aber Skylab war auch ein Produkt seiner Zeit. Die Station wurde fertig mit einem fixen Vorrat an Vorräten gestartet – mehr als ausreichend für die geplante Mission, aber nicht ergänzbar. Es wäre auch technisch mit den Apollo-Raumschiffen nicht mehr möglich gewesen. Wie beschrieben war geplant eine zweite Station zu starten, doch fehlten letztendlich die Mittel, sie auch zu betreiben. Erst 1977 führte Russland bei Saljut 6 die Versorgung mittels automatisch betriebener Transporter ein. Seitdem sind nicht nur immer längere Aufenthalte im Weltraum möglich, es ist nun auch lohnend, große Stationen aus Einzelzeilen aufzubauen, weil sie nun sehr lange betrieben werden können.

Skylab war gedacht als eine Brücke: Sie sollte zwischen dem Apollo-Programm und dem nächsten bemannten Raumfahrtprogramm vermitteln. Da ein solches Programm mehrere Jahre in der Zukunft lag, sollten die Flüge zur Raumstation einen Bruch im bemannten Weltraumprogramm verhindern.

Doch es kam anders als geplant. Als 1969 die ersten Pläne für das Space Shuttle aufkamen, war dies ein kleinerer Orbiter als die heutigen Raumfähren, der dazu geplant war, eine Raumstation aufzubauen und zu versorgen. Diese sollte gleichzeitig mit dem Raumgleiter beschlossen werden. Es war das nächste bemannte Projekt der NASA. Doch das Konzept aus zwei wiederverwendbaren Stufen war zu teuer, und die politische Stimmung war gegen neue, teure bemannte Projekte. Das führte zu zwei Entscheidungen. Die Erste war, dass die Raumstation gestrichen wurde – wäre das Shuttle einmal einsatzfähig, könnte sie als Nächstes angegangen werden. Das Zweite war, dass sich die NASA, um den Raumtransporter durch den Kongress zu bekommen, auf Forderungen des Verteidigungsministeriums einließ. Dieses benötigte für ihre Spionagesatelliten ein Gefährt mit einer doppelt so hohen Nutzlast und einer sehr hohen Querreichweite. Da nun das Raumschiff noch schwerer war, musste die erste Stufe zwei Feststoffboostern weichen, und Orbiter und Treibstofftank wurden getrennt.

So wurde das Space Shuttle 1972 genehmigt. Doch anstatt 1979 flog es erst 1981 zum ersten Mal. 1984 war das Entwicklungsprogramm beendet, und Reagan genehmigte nun endlich die Raumstation, welche die NASA so wünschte. Von 1991 bis 1995 sollte „Freedom", so der Name der Raumstation, im All montiert werden. Doch es kam wiederum anders als geplant. Der ursprüngliche Bauplan sah sehr viele Arbeiten im Weltall vor und zahlreiche Flüge der Raumfähren. Nach dem Verlust der Challenger erschienen die EVAs zu riskant, und die Flugrate musste reduziert werden. Die folgenden Veränderungen der Station führten zu Kostensteigerungen. Die Station war nun dem Kongress zu teuer, und es folgten mehrere Jahre, in denen die Station umgeplant wurde, um billiger zu werden. Zwischendurch wurde die Station in „Alpha" umbenannt. Die NASA würde wahrscheinlich noch heute an der Raumstation planen, eröffnete der Zusammenbruch der Sowjetunion nicht die Möglichkeit einer Zusammenarbeit, wobei die russische Beteiligung die Station verbilligen sollte. So entstand aus Alpha 1993 die ISS. Als sich Japan und Europa 1995 anschlossen, war die Station in der heutigen Form beschlossen. 1998 wurde das erste ISS-Modul gestartet. Verzögerungen sowohl von russischer als auch amerikanischer Seite und zuletzt das Columbia-Unglück verschoben den Zeitpunkt der Fertigstellung von 2004 auf 2011.

Trotz fast vierzig Jahren Zeitunterschied gibt es aber doch einige Gemeinsamkeiten zwischen ISS und Skylab, und in einigen Punkten ist Skylab der ISS sogar voraus:

Wie Skylab ist der amerikanische Teil der ISS nicht auf unbemannte Versorgung und Betrieb ausgelegt. Module müssen vom Shuttle angekoppelt werden. Das Gleiche gilt für Versorgungsgüter. Selbst wenn diese mit unbemannten Transportern kommen, wie den neuen Systemen Cygnus und Dragon, so koppelt diese die ISS-Besatzung manuell an. Die Steuerung der Transporter bringt diese nur in den Nahbereich der Station, wo sie dann vom Montagearm der Station eingefangen werden.

Bei Skylab entfielen im Durchschnitt 26% der Gesamtzeit auf Experimente und 4,9% auf „Housekeeping"-Arbeiten, also die Station in Schuss zu halten. Bezogen auf die Zeit, die für Experimente und diese Tätigkeiten zur Verfügung steht, waren dies 15,5% der nutzbaren Arbeitszeit.

Bei der ISS ist dieser Anteil viel höher. Nur 30 Stunden wöchentlich entfallen auf die Forschung. Zum Vergleich: Nur halb so viele Astronauten forschten bei Skylab im Durchschnitt 128,5 Stunden in der Woche! So feierte die NASA auch die Tatsache, dass die Station ab 2009 nunmehr sechs anstatt drei Astronauten versorgen kann, als den Beginn der eigentlichen Forschungstätigkeit an Bord der ISS.

Die ISS teilt mit Skylab, dass es den Astronauten nicht langweilig wird. Die ISS hat drei Labore. In jedem gibt es genug für zwei bis drei Astronauten zu tun. Zwischen zehn und dreizehn Racks nehmen in jedem Labor die Experimente auf, jedes Rack wiederum typischerweise drei bis sieben Instrumente. Heute sind die Versuchsgeräte weitgehend automatisiert und benötigen menschliche Eingriffe nur zum Auswechseln von Proben, Kontrolle von Parametern oder dem Ein-/Ausschalten oder Verändern von Einstellungen. Nur so ist es möglich, überhaupt drei Labore zu betreiben.

Am Beispiel der Forschung zeigt sich die Veränderung in den letzten dreißig Jahren. Nicht nur nehmen die Experimente viel mehr Platz als bei Skylab ein. Sie sind heute auch standardisiert: Skylab setzte einzelne Experimente ein, vielleicht mit Ausnahme der Sonnenbeobachtung, wo die Teleskope sich ergänzten. Heute werden an Bord der ISS sowohl für Ausrüstung wie auch für Experimente standardisierte Racks mit genormten Anschlüssen für Gase, Wasser, Strom und zum Computernetzwerk eingesetzt. Sie erlauben es auch, die Experimente auszuwechseln.

Trotz nominell weniger Innenvolumen war Skylab deutlich komfortabler: Das untere Deck des OWS war als Wohnquartier ausgelegt. Das obere Deck nahm nur wenige Apparaturen auf. Bei der ISS wurde das amerikanische Wohnmodul, das als Einziges ausschließlich als Mannschaftsquartier ausgelegt war, nach dem Verlust der Columbia eingespart. Auf der ISS gibt es keinen persönlichen Bereich für die Astronauten und auch keine abgeschlossenen Räume für sanitäre Einrichtungen. Stattdessen wurden in Standardracks Schlafkabinen, Dusche und Toilette installiert. Es gibt weder einen Privatbereich für die Astronauten, noch einen gemeinsamen Mittagstisch, geschweige denn einen Sanitärraum.

Auch werden die Bilder von an dem Innenring des OWS tanzenden Astronauten auch in Zukunft einzigartig bleiben: Die ISS-Module haben maximale Außendurchmesser von 4,40 m. Nach Installation der Racks bleiben noch 2,00 – 2,40 m freier Raum im Inneren übrig, genügend für eine Bewegung im Modul, aber nicht für Saltos an den Wänden. Diese dürften schon aus dem Grunde ausscheiden, weil alle Wände (auch die Fußböden und Decken) mit Racks belegt sind und so die Gefahr bei einem Tanz besteht, hier Schalter zu betätigen.

Es war auch in Skylab leiser als auf der ISS. In den russischen Modulen betrug die Lautstärke anfangs 65-72 dB in den für Arbeit vorgesehenen Teilen und 55 dB bei den Schlafquartieren. Auf Skylab betrugen die Extremwerte 50 und 60 dB. Die Astronauten beschrieben die Lüfter als relativ leise. Dezibel ist eine logarithmische Maßeinheit, daher entsprechen 10 dB Unterschied der zehnfachen Lautstärke.

Wie das MSFC bei Skylab aus dem Vollen schöpfen konnte, zeigt alleine die Tatsache, dass die Verbrauchsmaterialien Treibstoff, Wasser, Gase und Essen mit den entsprechenden Behältern zusammen über 22 t wogen. Weder Wasser noch der Sauerstoff wurden regeneriert. Da die Trägerrakete noch 8 t mehr hätte befördern können und nur eine begrenzte Aufenthaltsdauer geplant war, musste hier nicht gespart werden. Die ISS kann sich so einen Luxus nicht leisten, wird sie doch mit doppelt so vielen Astronauten/Kosmonauten permanent bemannt sein. Ihre Kreisläufe sind fast geschlossen. Wasser wird aus der Luft abgeschieden und destilliert, dasselbe geschieht mit dem Brauchwasser und Urin. Aus dem Wasser wird Sauerstoff durch Elektrolyse gewonnen, der dabei entstehende Wasserstoff wird mit dem Kohlendioxid zu Methan und weiterem Wasser umgesetzt. So bleibt auch eines einmalig bei Skylab: Sie war und bleibt die einzige Raumstation, bei der die Besatzung sich nicht vorwiegend von dehydratisierten Lebensmitteln ernährt hat, denen Wasser aus der Brauchwasseraufbereitung zugesetzt wird.

Letztendlich gibt es gravierende Unterschiede zwischen beiden Stationen: die Betriebsdauer, Größe und die Kosten. Skylab wurde 171 Tage lang benutzt. Skylab „B" hätte länger betrieben werden können, da der limitierende Faktor der TACS-Treibstoff war, der durch den verlorenen Solarzellenflügel stärker verbraucht wurde. Das zweite Exemplar hätte mindestens 250 Tage lang betrieben werden können. Für zwei Flüge zu Skylab B veranschlagte die NASA Kosten von weiteren 665 Millionen Dollar, also in etwa ein Drittel bis ein Viertel der Kosten von Skylab 1. Inflationsbereinigt sind dies 8.888 (Skylab A) und 2.011 Millionen Dollar (Skylab B) im Wert des Jahres 2000.

Demgegenüber soll auf der ISS zehn Jahre lange geforscht werden. Die Station ist allerdings erheblich kostspieliger. Bis 2015 wird sie rund 135 Milliarden Dollar kosten. Ein „Mannstag" an Bord der ISS kostet so etwa 11,3 Millionen Dollar (im Wert von 2000). Er ist nicht viel preiswerter als einer an Bord von Skylab (14,8 Millionen Dollar). Wird berücksichtigt, dass viel mehr „Housekeeping"-Arbeiten an Bord der ISS nötig sind, so dreht sich das Verhältnis sogar um: 1 h reine Experimentierzeit kostet bei der ISS rund 8,6 Millionen Dollar, bei Skylab waren es nur 2,4 Millionen Dollar (beide Angaben im Wert eines Dollars aus dem Jahr 2000).

Skylab B wäre als Ersatzexemplar deutlich günstiger gewesen. Bei zwei Missionen mit jeweils 56 Tagen Aufenthalt hätte ein Arbeitstag die NASA rund 5,4 Millionen Dollar (im Wert von 2000) gekostet, bei einer aufgrund der Ressourcen möglichen Verlängerung auf jeweils 112 Tage Missionsdauer pro Besatzung sogar nur die Hälfte.

Die ISS ist deswegen so teuer, weil das Projekt so lange dauerte und das Shuttle als Haupttransporter ausgewählt wurde. Die Hardware kostet auf US-Seite z.B. nur 35,4 Milliarden Dollar, der Transport aber weitere 30,6 Milliarden Dollar. Weitere Kosten kamen durch die Verzögerung des Ausbaus (die ISS verursacht laufende Fixkosten in der Höhe von 2 Milliarden Dollar pro Jahr) und bezahlte kommerzielle Transporte seitens der US-Anbieter und Russlands hinzu.

Auch dies unterscheidet die Apollo-Ära von heute: Skylab wurde wie eine Apollo-Mission in einem relativ kurzen Zeitpunkt „durchgezogen". Kaum war die eine Besatzung gelandet, startete die Nächste. Heute verlaufen Planungen viel langfristiger, die inzwischen aufgebaute Bürokratie macht Entscheidungswege lang. Schnelle Reaktionen wie im Mai 1973 wären heute wohl unmöglich.

Aufgrund der Beteiligung der ESA, JAXA und Roskosmos ist die ISS eine internationale Raumstation. Die USA stellen gerade einmal zwei der als Wohn- und Arbeitsraum eingesetzten Module. Somit wird Skylab in einer Hinsicht einzigartig bleiben: Es ist die einzige amerikanische Raumstation.

Statistiken

Trägerrakete	Raumschiff	Startdatum	Landedatum	Dauer
Saturn V SA-513	Skylab 1	14.5.1973	11.7.1979	2249 Tage 3 Stunden 7 min
Saturn IB SA-206	Skylab 2 (CSM-116)	25.5.1973	22.6.1973	28 Tage 49 min
Saturn IB SA-207	Skylab 3 (CSM-117)	28.7.1973	25.9.1973	59 Tage 11 Stunden 9 min
Saturn IB SA-208	Skylab 4 (CSM-118)	16.11.1973	8.2.1974	84 Tage 1 Stunde 16 min
Saturn IB SA-209	Skylab R (CSM-119)	-		

Zeitverteilung								
	Skylab 2		Skylab 3		Skylab 4		Gesamt	
	Stunden	%	Stunden	%	Stunden	%	Stunden	%
Medizinische Aktivitäten	145,3	7,5%	312,5	8,5%	366,7	6,1%	824,5	6,9%
Sonnenbeobachtung	117,2	6,0%	305,1	7,8%	519,0	8,5%	941,3	7,9%
Erdbeobachtungen	71,4	3,7%	223,5	5,7%	274,5	4,5%	569,4	4,8%
Andere Experimente	65,4	3,4%	243,6	6,2%	403,0	6,7%	712,0	6,0%
Gesamt Experimente	392,0	20,6%	1085	27,7%	1.563,0	25,8%	3.040,0	25,5%
Schlafen, Ausruhen, Freizeit	675,6	34,7%	1.224,5	31,2%	1,846,5	30,5%	3.746,6	31,5%
Essen, Zeit nach/vor dem Schlafen	477,1	24,5%	975,7	24,8%	1,384,0	23,0%	2.836,8	23,8%
„Hausarbeiten"	103,6	5,3%	158,4	4,0%	298,9	4,9%	560,9	4,7%
Krafttraining, Hygiene	56,2	2,9%	202,2	5,2%	384,5	6,4%	642,9	5,4%
Anderes (EVA)	232,5	12,0%	279,7	7,1%	571,4	9,4%	1.083,6	5,4%
Total	1.944,3	100,0%	3.925,2	100,0%	6.048,5	100,0%	11.918,0	100,0%

Experimente	Skylab 2		Skylab 3		Skylab 4		Gesamt	
	Stunden	%	Stunden	%	Stunden	%	Stunden	%
Sonnenbeobachtung	117,2	29,9%	305,1	28,2%	519,0	33,2%	941,3	31,0%
Erdbeobachtungen	71,4	18,2%	223,5	20,6%	274,5	17,6%	569,4	18,8%
Schülerexperimente	3,7	0,9%	10,8	1,0%	14,8	0,9%	29,3	0,9%
Astrophysik	36,6	9,4%	103,8	9,6%	133,8	8,5%	274,2	9,0%
Technologieexperimente	12,1	3,1%	117,4	10,8%	83,0	5,3%	212,5	7,0%
Materialwissenschaften	5,9	1,5%	8,4	0,8%	15,4	1,0%	29,7	1,0%
Lebenswissenschaften	145,3	37,0%	312,5	29,0%	366,7	23,5%	824,5	27,2%
Komet Kohoutek Studien	0	0	0	0	156,0	10,0%	156,0	5,1%
Gesamt	392,2	100,0%	1.081,5	100,0%	1.563,2	100,0%	3.036,9	100,0%

Außeneinsätze	Skylab 2	Skylab 3	Skylab 4	Gesamt
Stand-Up EVA	25.5.1973 33 min			33 min
EVA 1	7.6.1973 4 h 31 min	6.8.1973 6 h 31 min	22.11.1973 6 h 33 min	17 h 35 min
EVA 2	19.6.1973 1 h 37 min	24.8.1973 4 h 30 min	25.12.1973 6 h 51 min	12 h 58 min
EVA 3		22.9.1973 2 h 42 min	29.12.1973 3 h 30 min	6 h 12 min
EVA 4			3.2.1974 5 h 19 min	5 h 19 min
Gesamt	6 h 20 min	13 h 43 min	22 h 13 min	41 h 22 min

Gewonnene Daten	Skylab 2	Skylab 3	Skylab 4	Gesamt
Sonnenbeobachtung	28.739 Bilder	74.942 Bilder	73.366 Bilder	177.047 Bilder
Erdbeobachtungen	9.846 Bilder	16.800 Bilder	19.400 Bilder	46.146 Bilder
Magnetband	13.716 m	28.285 m	30.300 m	72.725 m

Zusammenfassung Experimente	Geplant	Tatsächlich	Abweichung zum Plan
Erdbeobachtungen	62 h	99 h	+60%
Sonnenbeobachtung	566 h	724,7 h	+27,5%
Anwesenheit eines Astronauten an der ATM-Konsole	879,5 h	941,3 h	+7,1%
Biomedizinische Untersuchungen	701 h	922 h	+32%
Ingenieurswissenschaften, Technologische Experimente	264	245	-3,4%
Materialwissenschaften	10 h	32 h	+220%
Astrophysikalische Beobachtungen	168 h	345 h	+105%
Schülerexperimente	44 h	52 h	+18%
Wissenschaftliche Demonstrationen	26	11	-42%

Vorräte	Start	Missionsende	Verbrauch
Wasser	2.720 kg	776 kg	1.944 kg
Sauerstoff	2.771 kg	1.254 kg (918 kg nutzbar)	1.516 kg
Stickstoff	739 kg	212 kg	525 kg
TACS	356.000 Ns	55.550 Ns	300.450 Ns

Abbildung 169: Trainierte für die Mission, musste aber bis zum Einsatz des Space Shuttle warten: Die Ersatzcrew von Skylab 3+4. Von Links nach rechts: Vance Brandt, William Lenoir, Don Lindt

Abkürzungsverzeichnis

AAP: Apollo Applications Program: Bezeichnung des Projektbüros ab 1965. Lange Zeit hieß auch die Raumstation schlicht und einfach nach dem Programm, da es das letzte verbliebene Projekt war.

AES: Apollo Extension Programm: Erste offizielle Bezeichnung für das Projekt, aus dem später Skylab hervorgehen sollte.

AGC: Apollo Guidance Computer: Bordcomputer des Apollo-Raumschiffs.

AM: Airlock Module: Bezeichnung für die Luftschleuse von Skylab. Sie befand sich in der Mitte zwischen OWS und MDA und erlaubte den Ausstieg, nahm aber auch die Gastanks auf.

Apogäum: erdfernster Punkt einer Umlaufbahn.

ATM: Apollo Telescope Mount: Bezeichnung für die Sonnenteleskope an einem ausklappbaren Gittermast. Die Teleskope und die an ihnen befindlichen Solarzellen werden der Sonne nachgeführt.

ATMDC: Apollo Telescope Mount Digital Computer: Bezeichnung für den Bordcomputer der Station, dessen Hauptfunktion die Steuerung des Teleskops war. Er war auch in der ATM-Steuerkonsole untergebracht.

CM: Command Module: Bezeichnung für die Kapsel des Apollo-Raumschiffs.

CMG: Control Momentum Gyro: Bezeichnung der Kreisel an Bord des Lageregelungssystems, das dazu dient, die Ausrichtung der Station zu kontrollieren.

CPU: Central Processing Unit: Abkürzung für den Hauptprozessor eines Computers. Ältere Rechner haben oft auch andere Prozessoren für andere Aufgaben an Bord wie die FPU (Floating Processing Unit) für schnelle Fließkommaberechnungen.

CRDU: Command and Relay Driver Unit: Teil der Station, welche die Kommandos zur Steuerung empfing, dekodierte und die Systeme der Station fernsteuerte.

CSM: Command and Service Module: Bezeichnung für das Apollo-Raumschiff mit seinem Servicemodul. In dieser Form wurde es bei Erdorbitmissionen ohne den Mondlander eingesetzt.

DA: Deployment Assembly: Mechanismus zum Drehen des ATM nach dem Start um 90 Grad.

EVA: Extravehicular Acitivity: Bezeichnung für die Arbeit außerhalb der Station in Raumanzügen.

F-1: Acht F-1 Triebwerke treiben die erste Stufe der Saturn V an. Jedes hat einen Bodenschub von 6.700 kN.

FAS: Fixed Airlock Shroud: Unterstützungsstruktur der Luftschleuse mit den Druckgastanks. Sie leitet die Kräfte, die beim Raketenstart entstehen, auf den OWS weiter.

H-1: Triebwerk in der ersten Stufe der Saturn IB. Acht H-1 Triebwerke treiben diese an. Jedes hat einen Schub von 910 kN. Später wurde es auch in der Delta 2000 bis 6000 Serie eingesetzt.

ISS: International Space Station: Die Internationale Raumstation wird im Endausbau über 420 t schwer sein, Arbeits- und Wohnplätze für sechs Astronauten bieten und ist nach dem Apollo-Programm das teuerste Unternehmen in der bemannten Raumfahrt.

IU: Internal Unit: Bezeichnung für den Bordcomputer mit Trägheitsplattform und Bordstromversorgung der Saturn V. Die IU von Skylab war wie bei einer S-IVB Stufe oberhalb des OWS angebracht.

J-2: Das J-2 Triebwerk treibt sowohl die zweite Stufe der Saturn IB als auch die zweite und dritte Stufe der Saturn V an. Bei der S-IVB wurde ein J-2 eingesetzt, bei der S-II sogar fünf.

JSC: Johnson Space Center: Seit dem 1973 die offizielle Bezeichnung des Manned Spacecraft Centers.

LBNP: Lower Body Negative Pressure: Bezeichnung für die Unterdruckkammer von Experiment M092, das in den Beinen und der Hüfte einen Unterdruck erzeugte und damit das Blut aus dem Kopf in die Beine zog und somit erdähnliche Verhältnisse simulierte.

LH2: flüssiger Wasserstoff mit einer Temperatur von -253 °C. Seine Dichte beträgt 0,069 g/cm³. Wasserstoff liefert bei der Verbrennung mit Sauerstoff oder Fluor sehr viel Energie und damit die höchsten bekannten spezifischen Impulse.

LOX: flüssiger Sauerstoff mit einer Temperatur von -183 °C. Seine Dichte beträgt 1,27 g/cm². Flüssiger Sauerstoff ist ein sehr verbreiteter Oxidator in der Raketentechnik. LOX wird mit flüssigem Wasserstoff oder Kerosin verbrannt.

MCC: Mission Control Center: Die Missionskontrolle in Houston, welche die Aktivitäten an Bord von Skylab überwacht und den Plan für die Arbeit koordiniert.

MDA: Multiple Docking Adapter: An diesem zylinderförmigen Kopplungsadapter konnten zwei Raumschiffe ankoppeln. Benutzt wurde nur der axiale Adapter. Im MDA waren zahlreiche Experimente und die ATM Steuerkonsole untergebracht.

MMH: Monomethylhydrazin: Ein sehr oft verwendeter Raketentreibstoff. Er wird oft mit Stickstofftetroxid oder Salpetersäure als Treibstoffmischung verwendet. MMH ist zwischen -52 und +87°C flüssig und hat eine Dichte von 0,88 g/cm³. Von praktischem Vorteil gegenüber anderen Hydrazin-Verbindungen (Hydrazin und UDMH) ist, dass bei dem Mischungsverhältnis von 1,64 zu 1 beide Flüssigkeiten gleiches Volumen benötigen – das lässt die Verwendung identischer Tanks zu. Das CSM nutzt MMH als Treibstoff.

MOL: Manned Orbital Laboratory: Ein Projekt einer militärischen Raumstation, welche mit modifizierten Gemini-Raumschiffen gestartet werden sollte. An Bord der Station sollte militärische Fotoaufklärung betrieben werden. Die Station wurde zu schwer und zu teuer. Das Projekt wurde 1969 vom Verteidigungsministerium eingestellt.

MSC: Manned Spacecraft Center: Das MSC ist seit der Mission Gemini 4 das wichtigste Zentrum der bemannten Raumfahrt. Dort findet die Betreuung aller bemannten Missionen statt, die Astronautenausbildung, und es ist Heimat des Astronautenbüros. Es wurde am 19.2.1973 in Johnson Spacecraft Center (JSC) umbenannt. Der Texaner Lyndon B. Johnson hatte sich noch als Senator stark für die Gründung des MSC in Texas starkgemacht.

MSFC: Marshall Spacecraft Flight Center. NASA-Zentrum in Huntsville, Alabama. Im MSFC entstand die Idee für Skylab und es wurde hier entwickelt. Hauptaufgabe des Zentrums ist die Entwicklung von Antrieben. Das MSFC war federführend bei der Entwicklung der Saturn Trägerraketen, des Space Shuttle Tanks und der Triebwerke. Das MSFC hat auch den US-Teil der ISS entwickelt und ist derzeit betraut mit dem Design der Ares I und V Träger und des Orion Raumschiffs.

NASA: National Aeronautics and Space Agency: Die Raumfahrtbehörde der USA.

NBL: Neutral Buoyancy Laboratory: Synonym für den NBS.

NBS: Neutral Buoyancy Simulator: Ein Wassertank im MSFC, in dem die Astronauten die Arbeit in der Schwerelosigkeit und außerhalb der Raumstation üben können.

nm: Nanometer: 1 nm ist ein Milliardstel Meter. Im elektromagnetischen Spektrum haben Röntgenstrahlen eine Wellenlänge im Bereich von wenigen Nanometern. Der sichtbare Bereich des Spektrums liegt dagegen bei einer Wellenlänge von etwa 400 bis 700 nm.

NTO: amerikanische Abkürzung für Stickstofftetroxid: NTO ist ein lagerfähiger Oxidator, der zusammen mit Hydrazinen selbst entzündliche Gemische bildet. Beide Eigenschaften sind ideal für Antriebssysteme, die über Monate und Jahre hinweg betrieben werden müssen. NTO hat eine Dichte von 1,45 g/cm³ und ist zwischen -11 und 21 °C flüssig. Das Apollo-CSM setzte NTO zusammen mit MMH als Treibstoff ein.

OWS: Orbital Workshop: Bezeichnung für den Teil von Skylab, der aus der Saturn IVB Stufe entstand und in dem die Besatzung wohnte.

PAO: Public Affairs Officer: Der für den Medienkontakt verantwortliche NASA-Mitarbeiter im MCC.

Perigäum: Erdnächster Punkt einer Umlaufbahn.

PI: Principal Investigator: Der Wissenschaftler, der für ein Experiment verantwortlich ist und meistens eine Gruppe von Wissenschaftlern leitet. Er ist Ansprechpartner der NASA für das Experiment und bekommt auch als Erster alle Daten.

RCS: Reaction Control System: Bezeichnung der NASA für die kleinen Triebwerke zur Veränderung der räumlichen Lage oder für kleine Kurskorrekturen. Bei der Kombination Skylab/CSM versteht die NASA unter dem RCS nur die Triebwerke des Servicemoduls der Apollo-Kapsel. Das entsprechende System bei Skylab heißt TACS.

SAL: Scientific Airlock: Bezeichnung für die beiden Luftschleusen im oberen Teil des OWS. Eine befand sich auf der sonnenbeschienenen Seite der Station (solare), eine auf der gegenüberliegenden Seite (antisolare). Jede ermöglichte es, Experimente mit einer Breite von maximal 22 cm dem Vakuum des Alls auszusetzen.

S-IB: Bezeichnung für die erste Stufe der Saturn IB mit acht H-1 Triebwerken

S-IC: Bezeichnung für die erste Stufe der Saturn V mit fünf F-1 Triebwerken

S-II: Bezeichnung für die zweite Stufe der Saturn V mit fünf J-2 Triebwerken

S-IVB: Bezeichnung für die dritte Stufe der Saturn V und der Zweiten einer Saturn IB. Aus einer umgebauten S-IVB wurde der OWS.

SAA: Saturn/Apollo Applications Office: Erstes Büro für die Planung des Apollo Applications Programms.

SAS: Solar Array System: Bezeichnung für die beiden Solarpaneele, die links und rechts am Workshop angebracht waren.

SAS: Space Adaption Syndrome: Vornehme Bezeichnung für die mit der Seefahrerkrankheit vergleichbaren Symptome (Übelkeit, allgemeines Krankheitsbefinden) der sogenannten Weltraumkrankheit.

SI: Sun Inertial: Nominale Ausrichtung von Skylab. Die Raumstation folgt dabei der Sonne, sodass sowohl Solarzellen wie auch ATM-Instrumente auf die Sonne ausgerichtet sind.

SLA: Spacecraft Lunar Module Adapter. Bezeichnung für die vier Segmente, welche das CSM mit der S-IVB Stufe verbinden. Sie werden erst im Orbit abgetrennt und kommen bei der Saturn IB und V zum Einsatz.

SM: Service Module: Das zylinderförmige Servicemodul des Apollo-Raumschiffs beinhaltet den Antrieb, die Stromversorgung für den größten Teil der Mission, Gase und Wasser. Es war für Missionen von maximal 14 Tagen Dauer ausgelegt.

SMEAT: Skylab Medical Experiment Altitude Test: Generalprobe der Skylabmission in einer Höhenforschungskammer zur Erprobung der Diät und der medizinischen Experimente.

Spezifischer Impuls: ein Maß für den nutzbaren Energiegehalt eines Treibstoffs und die Effizienz eines Antriebs. Im SI-System wird dazu die Ausströmungsgeschwindigkeit (in Meter pro Sekunde) der Gase genommen, wenn sie die Düse verlassen. In den USA wird der Wert durch die Erdbeschleunigung geteilt und es wird als Dimension eine Zeit (Einheit Sekunde) erhalten.

SPS: Service Propulsion System: Bezeichnung für das Haupttriebwerk des Apolloraumschiffs. Es wurde für größere Kurskorrekturen eingesetzt. Kleine Änderungen der Geschwindigkeit erfolgten mit den RCS Triebwerken.

STS: Structural Transition Section: Der Teil der Luftschleuse, der sich an den Kopplungsadapter anschließt.

SWS: Saturn Workshop: interne MSFC-Bezeichnung für die Raumstation ohne das Apollo-Raumschiff.

TACS: Thruster Attitude Control System: Stickstoff-Kaltgassystem zur Veränderung der räumlichen Lage und Aufrechterhaltung der Bahnhöhe von Skylab. Die Tanks dazu befanden sich am Boden des OWS.

TDRS: Tracking and Data Relay Satellite: NASA Satelliten im geostationären Orbit, über welche ein Großteil der Kommunikation der Space Shuttles und zahlreicher Satelliten abgewickelt wird.

TRS: Teleoperator Retrieval System: Projekt eines ferngesteuerten Antriebs, der Skylab in eine höhere Umlaufbahn befördern sollte. Das Projekt wurde 1978 eingestellt, als klar war, dass die Raumfähre nicht rechtzeitig für eine Rettung zur Verfügung stehen würde.

UDMH: unsymmetrisches Dimethylhydrazin: Ein Hydrazinderivat, welches wie MMH zusammen mit NTO als Treibstoffkombination eingesetzt wird.

VAB: Vertical Assembly Building: Für den Zusammenbau der Saturn-Trägerraketen 1965 errichtetes Gebäude. Es hat eine Höhe von 160,3 Metern, ist 218,2 Meter lang und 157,9 Meter breit. Mit einem Rauminhalt von 3.664.883 Kubikmetern zählt das VAB zu den größten Hallenbauten der Erde und besitzt mit 139 Metern die höchsten Tore der Welt. Die Saturn-Trägerraketen wurden hier vertikal montiert und mit einem Schlepper zur Startrampe gefahren. Im VAB konnten drei Saturn V gleichzeitig auf den Start vorbereitet werden. Heute findet dort die Montage des Space Shuttles statt.

WMS: Waste Management System: Raum im unteren Stockwerk des Labors mit der Toilette, Dusche, Waschgelegenheit und den Einrichtungen, um Urin- und Kotproben zu nehmen, zu trocken, einzufrieren und zwischenzulagern.

Links

Folgende NASA-Publikationen zu Skylab sind sehr lesenswert und beinhalten weiterführende Informationen. Sie sind alle online abrufbar.

Skylab: A Guidebook (NASA EP-107, 1973)
http://history.nasa.gov/EP-107/ep107.htm

Biomedical results from Skylab (NASA SP-378,1977)
http://hdl.handle.net/2060/19770026836

Skylab explores the Earth (NASA SP-380)
http://hdl.handle.net/2060/19820004619

Skylab EREP Investigations Summary (NASA SP-399, 1978)
http://history.nasa.gov/SP-399/sp399.htm

Skylab: Our First Space Station (NASA SP-400, 1977)
http://history.nasa.gov/SP-400/sp400.htm

Skylab, Classroom in Space (NASA SP-401, 1977)
http://history.nasa.gov/SP-401/sp401.htm

A New Sun: The Solar Results from Skylab (NASA SP-402, 1979)
http://history.nasa.gov/SP-402/contents.htm

Skylab' Astronomy and Space Sciences (NASA SP-404, 1978)
http://history.nasa.gov/SP-404/contents.htm

Skylab: A Chronology. (NASA SP-4011 1977)
http://history.nasa.gov/SP-4011/cover.htm

Living and Working in Space: A History of Skylab. (NASA SP-4208, 1983)
http://history.nasa.gov/SP-4208/sp4208.htm

NASA investigation board report on the initial flight anomalies of Skylab 1 (NASA TM-80031, 1973)
http://history.nasa.gov/skylabrep/SRcover.htm

Skylab Reactivation Mission Report (NASA TM X-72867)
http://hdl.handle.net/2060/19800012907

Skylab 1-4 Presskits, zu finden bei den KSC Skylab-Seiten
http://www-pao.ksc.nasa.gov/history/skylab/skylab.htm

NASA Skylab Home
http://www.nasa.gov/mission_pages/skylab/index.html

MSFC Skylab Page
http://history.msfc.nasa.gov/skylab/index.html

Historic Spacecraft:
http://historicspacecraft.com/skylab.html

Skylab Diagrams & Drawings
http://history.nasa.gov/diagrams/skylab.html

JSC Digital Image Collection
http://images.jsc.nasa.gov/

NSSDC Recherche für Skylab-Experimente
http://nssdc.gsfc.nasa.gov/nmc/experimentSearch.do?spacecraft=Skylab

Images from Skylab
http://spaceflight.nasa.gov/gallery/images/skylab/index.html

NASA Images
http://www.nasaimages.org/

NASA Technical Reports Server
http://ntrs.nasa.gov/search.jsp

Hier kann über die Suche die gesamte Dokumentation des Himmelslabors gefunden werden. Teilweise liegt diese auch online vor. Die wichtigsten Dokumente sind die Technical Memorandums TM X-64808 bis 64826, die umfassend das Labor, seine Subsysteme und dessen Geschichte beschreiben.

NASA History Division
http://history.nasa.gov/series95.html
Enthält zahlreiche Dokumente zur Geschichte der NASA und einzelnen Projekten.

Thomas J. Frierling: „Skylab B Unflown Missions, Lost Opportunities“: Quest Vol 5 Nr. 4
Eine kurze Geschichte des Skylab und Skylab B Projekts.

William Pogue's Homepage
http://www.williampogue.com/
Homepage des letzten Skylab Kommandanten.

Literaturhinweise

Werner Büdeler: Skylab. Labor im Weltraum, Econ Verlag 1973
Sehr ausführliche Beschreibung der Raumstation, der geplanten Missionen, veröffentlicht vor dem Start. Heute nur noch antiquarisch erhältlich. Basiert auf dem Buch „Skylab – a Guidebook" der NASA.

David J. Shayler: Skylab: America's Space Station
Springer Praxis Books in Space Exploration. Didaktisch gut aufbereitetes Standardbuch über Skylab, von den ersten Planungen bis zur ISS. Das ausführlichste Buch zum Thema in letzter Zeit. Es enthält im Gegensatz zum nächsten Band viel mehr Details über die Hardware, Arbeiten und das Projekt.

David Hitt, Owen K. Garriott, Joe P. Kerwin: Homesteading Space: The Skylab Story
University of Nebraska Press 2008
Geschrieben mit Hilfe der Skylab-Crews. Hauptaugenmerk liegt auf den Missionen und den Erlebnissen der Astronauten. Im Gegensatz zu Shaylers Buch vor allem Erzählung aus der „Ich" Perspektive. Zahlreiche Zeitzeugen kommen zu Wort. Was fehlt ist eine genaue Beschreibung, was gemacht wurde, Diagramme und Skizzen jenseits von Mannschaftsfotos.

David J. Shayler: Around the World in 84 Days: The Authorized Biography of Skylab Astronaut Jerry Carr, Apogee Books Space, 2006
Das Buch zur Mission Skylab 4, für alle die es noch genauer wissen wollen.

David J. Shayler: Apollo the Lost and Forgotten Missions: Springer Verlag 2002.
Das Buch behandelt die Missionsplanung bei Apollo, aber auch die Pläne für Missionen die Apollo Hardware einsetzen. Es geht viel ausführlicher als dieses Buch für auf die Planungen für Erdorbitmissionen unter Einsatz des Apollo-CSM und umgebauten Mondlandern ein.

Jesco von Puttkamer: Der erste Tag der neuen Welt, Umschau Verlag 1982.
Beschreibung der Rettung von Skylab und vor allem der Ergebnisse in drei Kapiteln. (S.86 bis 138).

Jesco von Puttkamer: Raumstationen, Laboratorien im All, VCH Verlag 1971.
Ein Überblick über Skylab und wie optimistisch die NASA 1971 noch die Zukunft der Raumfahrt sah.

Matthias Gründer: SOS im All, Schwarzkopf & Schwarzkopf Verlag, 2001
Pointierter Blick auf das, was schief lief, und wie Skylab trotzdem noch ein Erfolg wurde. Leider eine zu vereinfachte und verzerrte Darstellung der Missionen.